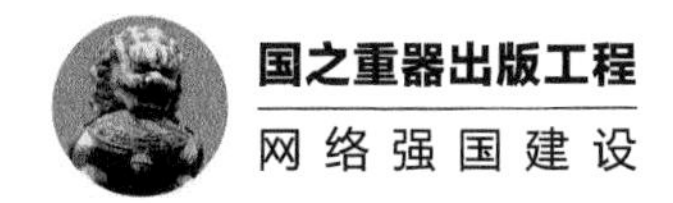

5G 丛书

5G 组网与工程实践

Networking and Engineering Practice of 5G

中国通信建设集团设计院有限公司 

人民邮电出版社
北京

图书在版编目（CIP）数据

5G组网与工程实践 / 中国通信建设集团设计院有限公司编著. -- 北京 : 人民邮电出版社有限公司, 2019.12（2023.1重印）
（5G丛书）
国之重器出版工程
ISBN 978-7-115-52509-3

Ⅰ. ①5… Ⅱ. ①中… Ⅲ. ①无线电通信－移动通信－通信技术 Ⅳ. ①TN929.5

中国版本图书馆CIP数据核字(2019)第239535号

内 容 提 要

本书首先介绍了5G技术的发展背景和标准的最新进展情况，然后着重介绍了5G网络架构中的组网技术。接着在阐述5G原理的基础上，从5G网络的规划方面入手，着重介绍了网络覆盖和容量规划的需求与步骤，以及关键技术与帧结构、信道变化对容量和覆盖的影响。最后介绍了5G其他网络规划以及室内覆盖与工程实施。

本书适合广大的网络工程建设和优化从业人员，包括运营商、设备商、设计院等5G网络规划、建设和优化工程人员，同样也非常适合作为培训教材。

◆ 编　　著　中国通信建设集团设计院有限公司
　责任编辑　李　强
　责任印制　杨林杰

◆ 人民邮电出版社出版发行　　北京市丰台区成寿寺路11号
　邮编　100164　　电子邮件　315@ptpress.com.cn
　网址　http://www.ptpress.com.cn
　固安县铭成印刷有限公司印刷

◆ 开本：720×1000　1/16
　印张：26　　　　　　2019年12月第1版
　字数：480千字　　　　2023年1月河北第2次印刷

定价：159.00元

读者服务热线：(010)81055493　印装质量热线：(010)81055316
反盗版热线：(010)81055315

《国之重器出版工程》编辑委员会

李伯虎 中国工程院院士
李应红 中国科学院院士
李春明 中国兵器工业集团首席专家
李莹辉 国际宇航科学院院士
李得天 国际宇航科学院院士
李新亚 国家制造强国建设战略咨询委员会委员、中国机械工业联合会副会长
杨绍卿 中国工程院院士
杨德森 中国工程院院士
吴伟仁 中国工程院院士
宋爱国 国家杰出青年科学基金获得者
张　彦 电气电子工程师学会会士、英国工程技术学会会士
张宏科 北京交通大学下一代互联网互联设备国家工程实验室主任
陆　军 中国工程院院士
陆建勋 中国工程院院士
陆燕荪 国家制造强国建设战略咨询委员会委员、原机械工业部副部长
陈　谋 国家杰出青年科学基金获得者
陈一坚 中国工程院院士
陈懋章 中国工程院院士
金东寒 中国工程院院士
周立伟 中国工程院院士

郑纬民 中国工程院院士

郑建华 中国科学院院士

屈贤明 国家制造强国建设战略咨询委员会委员、工业和信息化部智能制造专家咨询委员会副主任

项昌乐 中国工程院院士

赵沁平 中国工程院院士

郝　跃 中国科学院院士

柳百成 中国工程院院士

段海滨 “长江学者奖励计划”特聘教授

侯增广 国家杰出青年科学基金获得者

闻雪友 中国工程院院士

姜会林 中国工程院院士

徐德民 中国工程院院士

唐长红 中国工程院院士

黄　维 中国科学院院士

黄卫东 “长江学者奖励计划”特聘教授

黄先祥 中国工程院院士

康　锐 “长江学者奖励计划”特聘教授

董景辰 工业和信息化部智能制造专家咨询委员会委员

焦宗夏 “长江学者奖励计划”特聘教授

谭春林 航天系统开发总师

本书编辑委员会

编者：

李洪波　　高　峰　　李盼星　　张　博

李　磊　　马哲锐　　吴　迪　　张亚飞

杨政伟　　马迎庆　　刘子群　　刘海玲

前　言

随着各种智能终端的普及，预计 2020 年起，移动数据流量将呈现爆炸式增长。移动通信网络也正朝着多元化、宽带化、综合化、智能化的方向发展，越来越多的设备接入移动通信网络，新的服务和应用层出不穷。为了应对上述挑战，5G 移动通信网络应运而生。

5G 网络的优点之一是数据传输速率远远高于以前的蜂窝网络，最高可达 10 Gbit/s，比 LTE R8 版本的蜂窝网络快 100 倍；另一个优点是空口时延小于 1 ms，而 4G 为 30～70 ms。由于数据传输更快、时延更低，5G 网络将不仅仅为用户提供高速大带宽服务，更为广阔的垂直行业提供丰富的业务应用。

2019 年 6 月 6 日，工信部正式向中国电信、中国移动、中国联通、中国广电发放 5G 商用牌照，我国正式进入 5G 商用元年，5G 工作的重心也由理论研究与实验网测试转入大规模商用网络建设层面。由于 5G 部署频段较高，为了保证网络覆盖效果，需要建设大量基站，网络建设人员往往对 5G 技术原理了解不够深入，对 5G 技术理解深刻的专家又通常不在工程一线，所以工程人员亟需一本网络工程建设方面的图书为日常工作提供支撑。

目前市场上讲解 5G 网络原理和规划的图书较多，但是大部分内容都是参照标准，理论难度较高，网络建设工程师不容易理解掌握。通常，网络建设工程师在实际工作中，只需要了解相关结论并掌握该结论如何使用，以及结论适用的场景和限制的条件即可，本书在组网和工程建设部分就是以满足这样的需求为原则编写的。

本书定位于工程读物，尽量减少原理部分的详细讲解，对必要结论的说明力求简明扼要；语言力求平实明确。本书主要针对 5G 网络规划、勘察设计、工程建设、运营维护领域的工程技术人员；对于从事 5G 网络领域学习研究，立志投身 5G 网络部署和服务的高校师生，也有参考价值。

本书共 9 章，第 1 章为 5G 发展概述，介绍 5G 的发展背景及发展现状。第 2 章为 5G 组网技术，介绍组网过程中的关键技术，包括 5G 架构，网络架构选项、CU-DU 分离方案以及超密集组网、网络切片、移动边缘计算等。第 3 章为 5G 空口关键技术，为了实现相关的业务要求，5G 网络的空口技术采用了高频段大带宽、大规模天线阵列（Massive MIMO）、OFDM 载波技术、非正交多址技术以及更先进的信道编码和调制技术。第 4 章为 NR 帧结构和信道，主要从理论方面介绍 5G NR 的帧结构和信道相关概念。第 5 章为 5G 无线网规划，通过对 5G 工程场景的分析，进一步阐述了高频信道传播模型，对 5G 网络的覆盖能力、容量能力、系统间干扰及参数规划进行了分析。第 6 章为 5G 核心网方案，介绍了 5G 核心网的技术演进，并对 5G 核心网的部署和规划提出建议。第 7 章为 5G 承载网规划，论述了 5G 对承载网关键性能的要求，同时给出了 5G 承载网规划的建议。第 8 章为室内覆盖与微基站，从传统室内覆盖系统面临的挑战引出 5G 室内覆盖系统的发展趋势及解决方式，并对 5G 室内覆盖及微基站的规划建设进行了探讨。第 9 章为工程实施，介绍目前主流的 5G 无线设备，并对站址建设及基站的安装工艺要求进行了论述。

本书由李洪波主持编写，高峰、李盼星、张博、李磊、马哲锐、吴迪、张亚飞、杨政伟、马迎庆、刘子群、刘海玲具体负责各个章节内容的写作。

在本书编写过程中，中国通信建设集团设计院有限公司的童鑫、王磊、王文渊、陈千协助进行了全书的资料收集和整理工作，并完成对全书的文字校对工作，对其辛勤劳动我们表示衷心的感谢。

本书凝聚了中国通信建设集团设计院有限公司全体同事多年的研究与工程实践成果，并得到了公司同事和领导的大力支持，在此一并表示衷心的感谢。

感谢人民邮电出版社李强编辑为本书的出版所做的大量耐心、细致的工作。感谢本书中所参考和引用的诸多资料的有关机构提供方和作者。由于编者水平有限，以及编写时间仓促，书中还有诸多不足之处，敬请读者批评指正。

编者

2019 年 10 月

目　录

第1章 概述

5G将通过高接入速率、低使用时延、海量连接能力、超高流量密度，实现人与物的智能互联、信息的高速传输，从而渗透到未来社会的各个领域，构建以用户为中心的全方位信息生态系统。

本章将重点介绍移动通信发展历程、5G标准化组织、5G能力要求与应用场景、5G标准进展、5G试验及部署情况以及全书章节结构。

1.1 移动通信发展概述

现代蜂窝移动通信所具有的移动性和个人化服务特性，适应了信息时代的需要，自诞生以来都表现出旺盛的生命力和巨大的市场潜力。截止到 2018 年年底，全球移动电话用户总数突破 80 亿，普及率达 104%。我国移动电话用户总数超过 15.7 亿，普及率达 112.2%，基本实现了人与人的连接。

与其他技术相比，移动通信的代际演进特点更为明显，几乎是每 10 年时间研发一代，再 10 年部署运营一代，同时研发下一代。自 1968 年贝尔实验室提出蜂窝移动通信系统概念以来，移动通信已经历了四代系统的演变，目前正处于二代、三代、四代混合运营阶段（截止到 2019 年 5 月底，我国 4G 用户规模为 12.2 亿户，占移动电话用户的比例为 76.7%），并正向着第五代系统迈进。

移动通信技术的发展历程，回顾起来可以分为 4 个阶段，如表 1-1 所示。

表 1-1　移动通信系统的发展历程

1G	2G	3G	3.9G/4G
模拟通信	数字通信	多媒体业务	宽带移动互联网
• 模拟调制 • 小区制	• 数字调制 • 软切换 • 短信息	• 多媒体业务 • >>100 kbit/s 数据速率 • 分组数据业务	• 随时随地的无线接入 • 网络融合与重用 • 多媒体终端

续表

1G	2G	3G	3.9G/4G
• 硬切换	• 高质量语音业务	• 动态无线资源管理	• >>10 Mbit/s 数据速率 • 基于全 IP 核心网
AMPS TACS NMT-450 NTT	GSM HSCSD/GPRS IS-136 IS-136+ PDC EDGE IS-95A IS-95B	WCDMA HSPA/HSPA+ TD-SCDMA CDMA 2000 1X EV Wibro	IMT-Advanced 3GPP LTE 3GPP2 AIE
~kbit/s	9.6~14.4 kbit/s	1.144~2~10 Mbit/s	~100 Mbit/s/1 Gbit/s

20 世纪 80 年代第一代移动通信技术出现，其为模拟制式，仅支持语音服务，第一次让普通人可以使用移动电话业务。第二代移动通信技术是在 20 世纪 90 年代初出现的，完成了从模拟到数字的过渡，实现了全球的部署和商用，基本保障了每个人在绝大多数时间、地点都能进行语音、短信和简单的数据接入。第三代移动通信最早在 2001 年推出，除了提供更优质的语音服务外，还支持多媒体业务，实现了普遍的移动互联网接入。第四代移动通信最早在 2009 年引入，能够提供更大的带宽，更高的频谱效率，更快的接入速率，提供真正的宽带移动互联网服务。

1.1.1 第一代移动通信系统

第一代移动通信系统（1G）是指采用蜂窝组网，仅支持模拟语音通信的移动电话标准，其制定于 20 世纪 80 年代，主要采用模拟技术和频分多址（Frequency Division Multiple Access，FDMA）技术。以美国的高级移动电话系统（Advanced Mobile Phone System，AMPS），英国的全接入移动通信系统（Total Access Communications System，TACS）为代表。各标准彼此不能兼容，无法互通，不能支持移动通信的长途漫游，只能是一种区域性的移动通信系统。

第一代移动通信系统的主要特点是：

- 模拟语音直接调频；
- 多信道共用和 FDMA 接入方式；
- 频率复用的蜂窝小区组网方式和越区切换；
- 无线信道的随机变参特征使无线电波受多径快衰落和阴影慢衰落的影响；
- 环境噪声和多类电磁干扰的影响；
- 无法与固定电信网络迅速向数字化推进相适应，数据业务很难开展。

1.1.2 第二代移动通信系统

由于模拟移动通信系统本身的缺陷，如频谱效率低、网络容量有限、业务种类单一、保密性差等，已使得其无法满足人们的移动通信需求。20 世纪 90 年代初期开发了基于数字技术的移动通信系统——数字蜂窝移动通信系统，即第二代移动通信系统（2G）。第二代移动通信系统主要采用时分多址（Time Division Multiple Access，TDMA）技术或者是窄带码分多址（Narrowband Code Division Multiple Access，N-CDMA）技术。最具代表性的是全球移动通信系统（Global System of Mobile Communication，GSM）和 CDMA 系统。

GSM 是由欧洲提出的第二代移动通信标准，较其他标准最大的不同是其信令和语音信道都是数字式的。CDMA 移动通信技术是由美国提出的第二代移动通信系统标准，其最早是被军用通信所采用，直接扩频和抗干扰性是其突出的特点。第二代通信系统的核心网仍然以电路交换为基础，因此，语音业务仍然是其主要承载的业务，随着各种增值业务的不断增长，第二代移动通信系统也可以传输低速的数据业务。目前，第二代移动通信系统正在全世界快速地退网。

第二代移动通信系统具有下述特征：

- 有效利用频谱：数字方式比模拟方式能更有效地利用有限的频谱资源，随着更好的语音信号压缩算法的推出，每信道所需的传输带宽越来越窄；
- 高保密性：模拟系统使用调频技术，很难进行加密，而数字调制是在信息本身编码后再进行调制，故容易引入数字加密技术；
- 可灵活地进行信息变换及存储。

1.1.3 第三代移动通信系统

尽管基于语音业务的移动通信网已经足以满足人们对于语音移动通信的需求，但是随着社会经济的发展，人们对数据通信业务的需求日益增高，已不再满足以语音业务为主的移动通信网所提供的服务。第三代移动通信系统（3G）是在第二代移动通信系统基础上的进一步演进，以宽带 CDMA 技术为主，能同时提供语音和数据业务。

3G 与 2G 的主要区别在传输语音和数据速率上的提升，其能够在全球范围内更好地实现漫游，并处理图像、音乐、视频流等多种媒体形式，提供包括网页浏览、电话会议、电子商务等多种信息服务，同时也要考虑与已有第二代系统的良好兼容性。目前，国内支持国际电联确定的 3 个无线接口标准，分别是中国电信运营的 cdma2000（Code Division Multiple Access 2000），中国联通运营的 W-CDMA（Wideband Code Division Multiple Access）和中国移动运营的 TD-SCDMA（Time Division Synchronous Code Division Multiple Access）。

TD-SCDMA 由我国信息产业部电信科学技术研究院提出，采用不需配对频谱的时分双工（Time Division Duplexing，TDD）工作方式，以及 FDMA/TDMA/CDMA 相结合的多址接入方式，单载波带宽为 1.6 MHz，对支持上下行不对称数据业务有优势。TD-SCDMA 系统还采用了智能天线、同步 CDMA、自适应功率控制、联合检测及接力切换等技术，使其具有频谱利用率高、抗干扰能力强、系统容量大等特点。WCDMA 源于欧洲，同时与日本几种技术相融合，是一个宽带直扩码分多址（DS-CDMA）系统。其核心网是基于演进的 GSM/GPRS 网络技术，单载波带宽为 5 MHz，基础版本可支持 384 kbit/s～2 Mbit/s 不等的数据传输速率。在同一传输信道中，W-CDMA 可以同时提供电路交换和分组交换的服务，提高了无线资源的使用效率。W-CDMA 支持同步/异步基站运行模式、采用上下行快速功率控制、下行发射分集等技术。cdma2000 以高通公司为主导提出，是在 IS-95 基础上的进一步发展，分为两个阶段：cdma2000 1X EV-DO（Data Optimized）和 cdma2000 1X EV-DV（Data and Voice）（cdma2000 1X EV-DV 实际上并无商业部署）。cdma2000 的空中接口保持了许多 IS-95 空中接口设计的特征，为了支持高速数据业务，还提出了许多新技术：前向发射分集和前向快速功率控制，增加了快速寻呼信道、上行导频信道等。

第三代移动通信系统具有以下基本特征：

- 具有更高的频谱效率、更大的系统容量；
- 能根据环境提供带宽，并具有多媒体接口：快速移动环境，最高速率达 144 kbit/s；室外到室内或步行环境，最高速率达 384 kbit/s；室内环境，最高速率达 2 Mbit/s；
- 具有更好的抗干扰能力：这是由于其宽带特性，可以通过扩频通信抵抗干扰；
- 支持频带间无缝切换，从而支持多层次小区结构；
- 便于 2G 向 3G 的过渡、演进，并与固网兼容。

1.1.4 第四代移动通信系统

长期演进（Long Term Evolution，LTE）是由第三代移动通信合作伙伴计划（The 3rd Generation Partnership Project，3GPP）组织制定的通用移动通信系统（Universal Mobile Telecommunications System，UMTS）技术标准的长期演进。2004年12月，在3GPP的多伦多会议上LTE正式立项并启动，并于2009年3月发布第一个版本（Release 8）。为满足高速数据业务的需求，LTE系统采用了正交频分复用（Orthogonal Frequency Division Multiplexing，OFDM）和多入多出（Multiple Input Multiple Output，MIMO）等关键技术，在网络架构和多址接入技术方面较3G网络有了革命性的提升，因此被业界称为4G。

LTE系统的设计目标是以OFDM和MIMO为主要技术基础，开发出一套满足更低传输时延、提供更高用户传输速率、增加系统容量、增强网络覆盖、减少运营费用、优化网络架构、采用更大载波带宽并以优化分组数据域业务传输为目标的新一代移动通信系统。

第四代移动通信系统具有以下基本特征。

1. 峰值速率和峰值频谱效率

LTE系统在20 MHz带宽内的上/下行数据峰值速率分别为50 Mbit/s和100 Mbit/s，对应的频谱效率分别为2.5 bit/（s·Hz）和5 bit/（s·Hz）（这里的基本假设是终端具有两根接收天线和一根发射天线）。

2. 小区性能

小区性能是一个重要指标，因为它直接关系到运营商所需要部署的小区数量及部署整个系统的成本。

LTE需求规定的小区上/下行平均频谱效率分别为0.66～1.0 bit/（s·Hz·cell）和1.6～2.1 bit/（s·Hz·cell），小区边缘上/下行频谱效率分为0.02～0.03 bit/（s·Hz·user）和0.04～0.06 bit/（s·Hz·user）。

3. 移动性

从移动性的角度考虑，LTE系统需要在终端移动速度达到250 km/h的情况下支持通信连接，或根据使用的频段在更高速（如350～500 km/h）时仍能支持通信。

4. 时延

用户平面时延对于实时业务和交互业务来说是一个非常重要的性能指标，LTE系统要求该时延小于10 ms；控制平面时延由执行不同LTE状态过渡所需要的时间来衡量，LTE系统要求从空闲状态到激活状态的过渡时间小于100 ms。

5. 带宽配置

LTE系统的上行和下行信道都可适应各种的带宽配置。LTE的信道带宽可以为 1.4 MHz、3 MHz、5 MHz、10 MHz、15 MHz、20 MHz。

6. 兼容性更平滑

LTE 系统应具备全球漫游，接口开放，能与多种网络互联，终端多样化以及能从 2G/3G 平稳过渡等特点。

1.2　移动通信标准化组织

参与制定 5G 的标准化组织包括 ITU、3GPP、IMT-2020 推进组等。

1.2.1　ITU

国际电信联盟（International Telecommunications Union，ITU）是于 1865 年成立的制定国际电信标准的专门机构，也是联合国机构中历史最长的一个国际组织。

ITU 的宗旨是：维持和扩大国际合作，以改进和合理地使用电信资源；促进技术设施的发展及其有效地运用，以提高电信业务的效率，扩大技术设施的用途，并尽量使公众普遍利用，协调各国行动，以达到上述目的。ITU 的原组织有全权代表会、行政大会、行政理事会和 4 个常设机构：总秘书处，国际电报电话咨询委员会（International Consultative Committee on Telecommunications and Telegraph，CCITT），国际无线电咨询委员会（International Radio Consultative Committee，CCIR），国际频率登记委员会（International Frequency Registration Board，IFRB）。CCITT 和 CCIR 在 ITU 常设机构中占有很重要的地位，随着技术的进步，各种新技术、新业务不断涌现，它们相互渗透、相互交叉，已不再有明显的界限。如果 CCITT 和 CCIR 仍按原来的业务范围分工和划分研究组，已经不能准确地反映电信技术的发展现状和客观要求。1993 年 3 月 1 日 ITU 第一次世界电信标准大会（WTSC-93）在芬兰首都赫尔辛基隆重召开。ITU 的改革首先从机构上进行，对原有的 3 个机构 CCITT、CCIR、IFRB 进行了改组，取而代之的是电信标准化部门（TSS，或称 ITU-T）、无线电通信部门（RS，或称 ITU-R）和电信发展部门（TDS，或称 ITU-D）。

电信标准化部门（TSS，或称 ITU-T）：由原来的 CCITT 和 CCIR 从事标准化工作的部门合并而成。主要职责是完成国际电联有关电信标准方面的目标，即研究电信技术、操作和资费等问题，出版建议书，目的是在世界范围内实现电信标准化，包括公共电信网的无线电系统互联以及实现互联所应具备的性能。

无线电通信部门（RS，或称 ITU-R）：核心工作是管理国际无线电频谱和卫星轨道资源。ITU-R 的主要任务也包括制定无线电通信系统标准，确保有效使用无线电频谱，并开展有关无线电通信系统发展的研究。此外，ITU-R 从事有关减灾和救灾工作所需无线电通信系统发展的研究，具体内容由无线电通信研究组的工作计划予以涵盖。5G 的相关标准化工作主要是在 ITU-R 5D 工作组（WP5D）下进行的。

电信发展部门（TDS，或称 ITU-D）：成立的目的在于帮助以公平、可持续和支付得起的方式普及信息通信技术（ICT），将其作为促进和加深社会与经济发展的手段。ITU-D 的主要职责是鼓励发展中国家参与国际电联的研究工作，组织召开技术研讨会，使发展中国家了解国际电联的工作，尽快应用国际电联的研究成果；鼓励国际合作，向发展中国家提供技术援助，在发展中国家建设和完善通信网。

2012 年在 ITU-R 5D 工作组（WP5D）的领导下，“面向 2020 和未来 IMT”的项目启动了，提出了 5G 移动通信空中接口的要求。WP5D 制定了工作计划、时间表、流程和交付内容。

从 3G 开始，ITU 以国际移动电信（International Mobile Telecommunications，IMT）为前缀为每一代移动通信定义一个官方名称，3G 官方名称为 IMT-2000，4G 官方名称为 IMT-Advanced。2019 年 6 月 6 日，工信部向中国电信、中国移动、中国联通、中国广电发放 5G 商用牌照。

ITU 明确了 IMT-2020 的业务趋势、应用场景和流量趋势。在业务方面，5G 将在大幅提升“以人为中心”的移动互联网业务体验的同时，全面支持“以物为中心”的物联网业务，实现人与人、人与物和物与物的智能互联。在应用场景方面，5G 将支持增强移动宽带（Enhanced Mobile BroadBand，eMBB）、海量机器类通信（Massive Machine Type Communications，mMTC）和超高可靠低时延通信（Ultra-Reliable and Low Latency Communications，URLLC）三大应用场景。

1.2.2 3GPP

第三代合作伙伴计划（The 3rd Generation Partnership Project，3GPP）于 1988 年 12 月成立，是由欧洲电信标准化委员会（European Telecommunication

Standards Institute，ETSI）、日本无线工业及商贸联合会（Association of Radio Industries and Business，ARIB）和日本电信技术委员会（Telecommunications Technology Committee，TTC）、中国通信标准化协会（China Communications Standards Association，CCSA）、韩国电信技术协会（Telecommunications Technology Association，TTA）以及北美的世界无线通信解决方案联盟（the Alliance for Telecommunications Industry Solutions，ATIS）合作成立的通信标准化组织。

3GPP 本质上是一个代表全球移动通信产业的行业联盟，其目标是根据 ITU 的需求，制定更加详细的技术规范和标准，规范产业的行为。在 5G 标准化开始之前，各主要公司均希望推动全球形成统一的 5G 标准，并确定 5G 国际标准化在 3GPP 具体开展。3GPP 制定的 5G 新空口（New Radio，NR）标准将成为 5G 的主流国际标准。

3GPP 的工作组（WG）与技术规范组（TSG）的具体分工与职能，如图 1-1 所示。

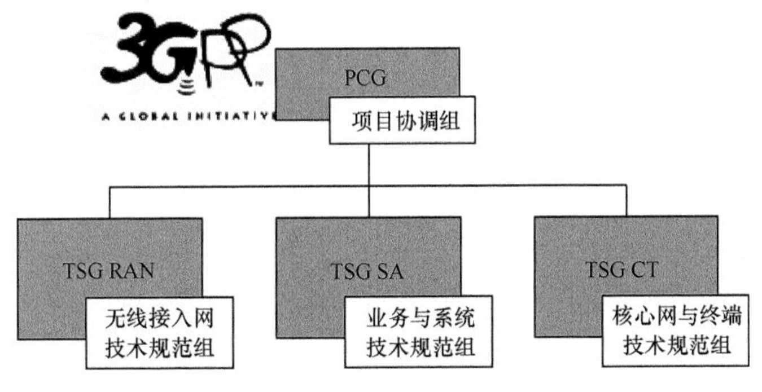

图 1-1　3GPP 工作组职能划分

3GPP 的组织结构中，项目协调组（Project Cooperation Group，PCG）是最高决策机构，负责整体时间安排与技术工作的管理，以确保能够按照市场需求及时完成 3GPP 规范。其每 6 个月召开一次正式会议，以完成各技术规范组（Technical Specification Group，TSG）Work Item 的最终采纳，批准选举结果和相关资源。3GPP 的技术规范开发工作由 TSG 完成，TSG 向 PCG 汇报。每个 TSG 都对其所涉及的规范有推进、批准和维护的责任。

目前，3GPP 包括 3 个 TSG，分别是对应无线接入网的 TSG RAN，对应业务与系统的 TSG SA，对应核心网与终端的 TSG CT。每一个 TSG 又分为多个工作组（Work Group，WG），如图 1-2 所示。

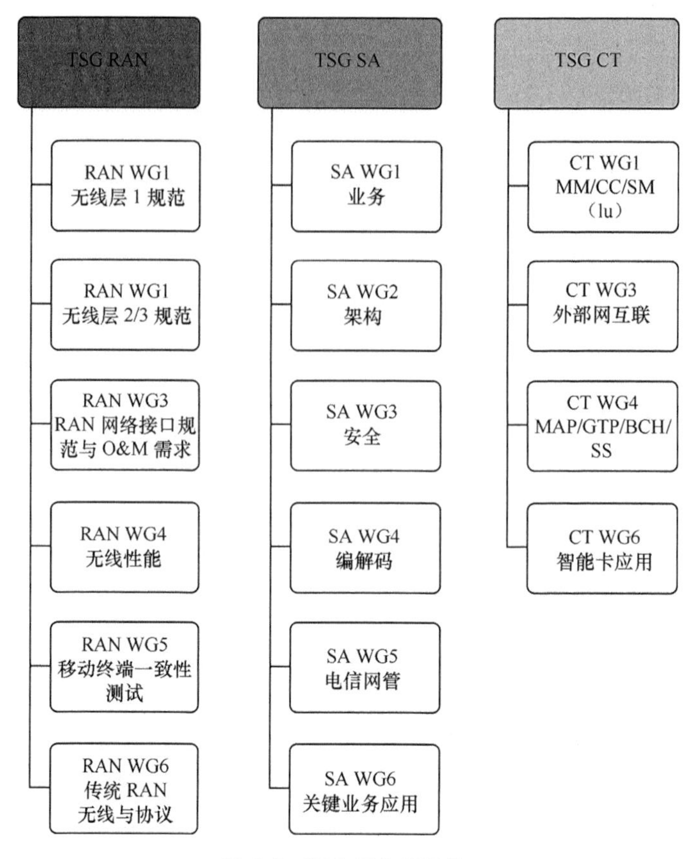

图 1-2　TSG 工作组划分

3GPP 最早提出 5G 是于 2015 年 9 月在美国凤凰城召开的 RAN workshop on 5G 会议上,这次会议讨论并初步制定一个面向 ITU IMT-2020 的 3GPP 5G 标准化时间计划。3GPP 规划了 R14 到 R16 3 个版本的时间表，其中，R14 主要开展 5G 系统框架和关键技术研究。R15 作为 5G 的第一版标准，满足部分 5G 需求。R16 完成第二版 5G 标准，满足 ITU 所有 IMT-2020 的需求，并最终向 ITU 提交。

3GPP 的标准化工作可以分为 3 个阶段（对于所有 RAN/SA/CT 技术规范组都是如此）：

Stage 1：业务需求定义；

Stage 2：总体技术实现方案（架构）；

Stage 3：实现该业务在各接口定义的具体协议规范。

3GPP R14/R15/R16 各版本完成时间如表 1-2 所示。

表 1-2　3GPP R14/R15/R16 各版本完成时间

	R14	R15	R16
Stage 1 完成时间	2016.03	2017.06	2018.12
Stage 2 完成时间	2016.09	2017.12	2019.06
Stage 3 完成时间	2017.03	2018.06	2019.12
标准冻结	2017.06	2018.09	2020.03

1.2.3　IMT-2020（5G）推进组

IMT-2020（5G）推进组于 2013 年 2 月由我国工业和信息化部、国家发展和改革委员会、科学技术部联合推动成立，组织架构基于原 IMT-Advanced 推进组，是聚合移动通信领域产学研用力量，推动第五代移动通信技术研究，开展国际交流与合作的基础工作平台。IMT-2020 组织架构如图 1-3 所示。

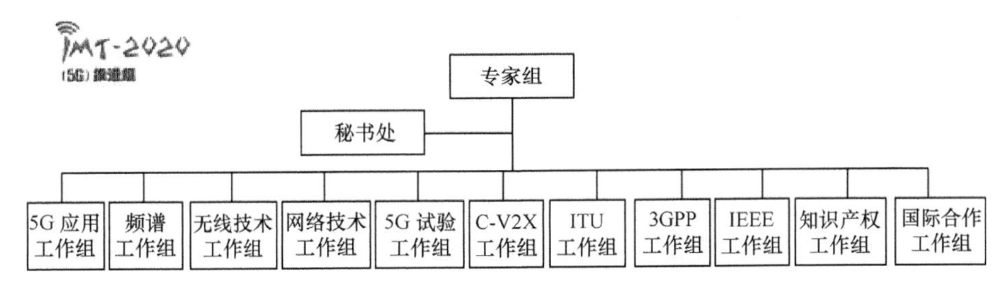

图 1-3　IMT-2020 组织架构

各个工作组的职能如下所示。

- 专家组：负责制定推进组的整体战略和研究计划。
- 5G 应用工作组：研究 5G 与垂直行业融合的需求及解决方案，开展试验与应用示范，进行产业与应用推广。
- 频谱工作组：研究 5G 频谱相关问题。
- 无线技术工作组：研究 5G 潜在关键技术和系统框架。
- 网络技术工作组：研究 5G 网络架构及关键技术。
- 5G 试验工作组：推进 5G 试验相关工作。
- C-V2X 工作组：研究 V2X 关键技术，开展试验验证，进行产业与应用推广。
- 各标准工作组：推动 ITU、3GPP 和 IEEE 等国际标准化组织的相关工作。

• 知识产权工作组：研究 5G 相关知识产权问题。
• 国际合作工作组：组织开展 5G 相关对外交流与合作。

中国 5G 推进组的成员单位已达 60 家。在已有工作组的基础上，中国 5G 推进组又新成立了两个工作组：下一代蜂窝车联网工作组（C-V2X 工作组）与 5G 试验工作组。

新成立的 5G 试验工作组，主要目标是组织 5G 技术研发试验，包括对 5G 测试规范的定义和对 5G 测试结果进行分析。

1.3 第五代移动通信的发展

在过去的 30 年中，移动通信经历了从语音业务到移动宽带数据业务的飞跃式发展，不仅深刻地改变了人们的生活方式，也极大地促进了社会和经济的飞速发展。我们当前处于新一代网络快速部署，新业务层出不穷，用户规模迅速扩大，移动互联网流量爆发式增长的时代（2018 年全年我国移动互联网用户接入流量达 711 亿 GB，同比增长 189.1%）。移动通信宽带化发展，宽带通信移动化发展，两者不断融合。网络、终端与应用三大驱动力促使移动互联网快速迭代。同时，移动互联网和物联网作为未来移动通信发展的两大主要驱动力，为第五代移动通信技术（5th Generation，5G）提供了广阔的应用前景。

5G 移动通信技术的总体愿景是“信息随心至，万物触手及”，通过高接入速率、低使用时延、海量连接能力、超高流量密度，实现人与物的智能互联、信息的高速传输，从而渗透到未来社会各个领域，构建以用户为中心的全方位信息生态系统。

自 20 世纪 80 年代以来，移动通信每 10 年出现一次新一代革命性技术，推动信息通信技术、产业的革新，为经济社会发展注入强劲动力。“4G 改变生活，5G 改变社会”，第五代移动通信以全新的网络架构、关键技术，提供超高传输速率、毫米级传输时延和千亿级连接能力，开启万物广泛互联、人机深度交互的新时代，对社会的影响力远超前几代移动通信技术。

5G 能够为用户提供高清视频、虚拟现实（Virtual Reality，VR）、增强现实（Augmented Reality，AR）、云桌面、在线游戏等极致业务体验。5G 还将渗透到物联网等领域，与工业设施、医疗仪器、交通工具等深度融合，全面实现“万物互联”，有效满足工业、医疗、交通等垂直行业的信息化服务。

1.3.1 5G 的能力要求

对于 1G 和 2G，用户关注的是移动语音，其主要目标是为尽可能多的用户提供良好的语音质量。对于 3G 和 4G，关注重点转为移动宽带，其主要目标是为尽可能多的用户实现尽可能高的数据速率。而对于 5G，会有更为广泛的能力和要求。

ITU 定义的 5G 能力包括：支持 0.1～1 Gbit/s 的用户体验速率，每平方千米上百万的连接数密度，毫秒级的端到端时延，每平方千米数十 Tbit/s 的流量密度，每小时 500 km 以上的移动性和数十 Gbit/s 的峰值速率。其中，用户体验速率、连接数密度和时延为 5G 最基本的 3 个性能指标。同时，5G 还需要大幅度提高网络部署和运营的效率，相比 4G，频谱效率提升 5～15 倍，能效和成本效率提升百倍以上。

1. **数据速率**

为了进一步增强移动宽带体验，5G 要求能为用户提供更高的数据速率。在城市和郊区等运动环境下，可为用户提供 100 Mbit/s 甚至更高的速率。而在室内静止环境下，可为用户提供 1 Gbit/s 体验速率、10 Gbit/s 或更高的峰值速率。

2. **时延**

为用户提供超低时延，将是未来 5G 网络提出的比高速率更为重要的要求。低时延可以用于具有触觉反馈的远程控制和用于交通安全的无线连接。目前，只有非常少的需要低于 1 ms 时延的无线应用，但提供低时延对于未来可能出现的需要超低时延的应用非常重要。因为 5G 不仅应该是为已经识别的应用和用例提供连接的平台，更应该为尚未预料的用例提供连接。

3. **极高可靠性**

5G 中另一项重要要求就是极高可靠性。车联网、智慧电网、远程医疗、工业控制等场景需要提供极低错误概率的连接能力（低于 10^{-9} 的错误率），即近乎于 100%的超高可靠性。

4. **低功耗与低成本**

智慧城市、智慧农业、智慧家庭等一些应用需要从大量的传感器收集数据，这需要比当今的设备成本低得多的设备，才能负担得起海量部署。同时，这样的应用还需要具有极低的能量消耗，需要两节五号电池的电量能够待机几年甚至更久，以降低人工维护成本。而这些应用通常仅需要支持适当的数据速率，并能够容忍较长的时延和不高的移动性。

1.3.2 5G 的应用场景

广泛的新用例是 5G 网络的主要驱动因素，ITU-R（国际电信联盟无线电通信部门）定义了 3 种应用场景，如图 1-4 所示。

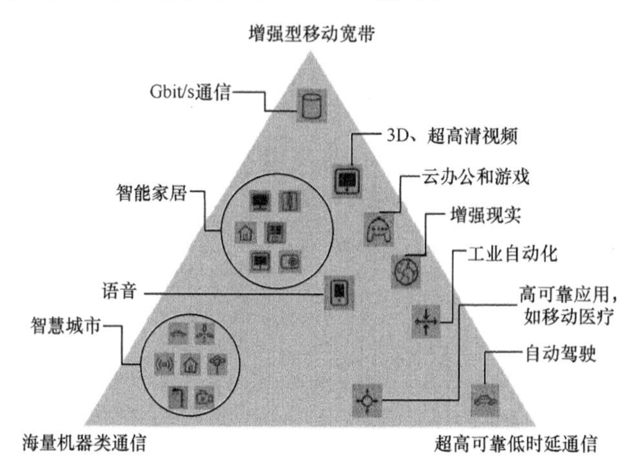

图 1-4 5G 三大应用场景

1. **增强型移动宽带**（Enhanced Mobile BroadBand，eMBB）

3G 和 4G 时代，支撑移动宽带互联网发展成为移动通信最重要的任务。5G 时代，移动宽带仍然属于最重要的应用场景。新需求不断增加，新的应用领域也在不断涌现，为 ITU-R 的增强型移动宽带提出了新的要求。由于其广泛使用，所以涵盖了具有不同挑战的一系列使用案例，包括热点高容量和移动广域覆盖。热点高容量实现高数据速率、高用户密度和高容量需求。移动广域覆盖强调移动性和无缝的用户体验，对数据速率和用户密度的要求较前者低。增强型移动宽带场景通常被认为是解决以人为中心的通信。

2. **海量机器类通信**（Massive Machine Type Communications，mMTC）

海量机器类通信是一个纯粹以物与物连接为中心的用例，其主要特征是大量的连接设备，这些设备不具有时延敏感特性，并且传输数据量较小。但是需要提供非常高的连接密度，并且要求极低的成本，以及要求电池寿命非常长。

3. **超高可靠低时延通信**（Ultra-Reliable and Low Latency Communications，URLLC）

该场景涵盖以人为中心和以机器为中心的通信，后者被称为关键任务机器类通信（Citical Machine Type Communication，C-MTC）。C-MTC 的特点是对时延、可靠性和可用性有严格的要求。用例包括安全性的车联网、工业设备无线控制、远程医疗和智能电网中的配电自动化。以人为中心的用例包括 3D 游戏等，需要极低时延和非常高的速率。

1.4 5G 标准进展

随着全球经济联系日益紧密，各国移动通信网络之间需要更加密切、无缝的切换连接，因此移动通信网络应该形成全球性的统一技术标准。3G 时代 WCDMA、cdma2000、TD-CDMA 3 个通信标准竞争对全球移动通信网络建设造成极为不利的影响，4G 时代初期，WiMAX、UMB 与 LTE 的竞争也延后了 4G 的研发和推进。因此，目前业界普遍认为 5G 应该在全球范围内制定统一的标准，以减少不必要的竞争和重复性建设。目前，5G 网络的标准制定工作由 ITU 进行全球组织、协调工作，并最后确定全球统一的 5G 通信标准。

3GPP 是全球权威的无线通信技术规范机构，集合了欧盟、美国、中国、日本、韩国、印度等全球最重要的通信组织及企业，负责 5G 标准技术层面的具体研发、推进工作，3GPP 的 5G 技术标准（标准名称即为 5G）是得到全球厂商认可的通用标准。目前仅有美国 Verizon 和韩国 KT 发布了自己的 5G 标准，但技术水平和认可程度较低，大概率会在研发、商用中途废弃。3GPP 的第一版 R15 非独立组网（NSA）标准已在 2017 年 12 月完成，非独立组网是指以现有 LTE 无线接入和核心网作为移动性管理和覆盖锚点，在热点地区新增 5G 无线接入。非独立组网标准的冻结有利于运营商利用现有 4G 网络提前部署 5G 商用，并保证 5G 标准的全球统一性。独立组网能实现所有 5G 的新特性，有利于发挥 5G 的全部能力，是业界公认的 5G 目标方案，在 2018 年 6 月完成，将满足 5G 增强型移动通信场景（eMMB）的要求。2018 年第 3 季度将完成整体标准的冻结，届时 5G 全球标准的第一版本将正式确定，满足超高可靠低时延通信（URLLC）和海量机器类通信（mMTC）的场景。

5G 标准 3GPP R15 的其余部分于 2018 年 9 月完成。此版本中支持 28 GHz 毫米波频谱和 MIMO 天线阵列技术。当前 R15 版本的标准已经全部完成并冻结。

R15 作为第一阶段 5G 的标准版本，按照完成时间共分为 3 个部分。

Early Drop：此版本支持 5G NSA（非独立组网）模式，系统架构选项采用 Option 3，对应的规范及 ASN.1，在 2018 年 3 月已经完成。

Main Drop：此版本支持 5G SA（独立组网）模式，系统架构选项采用 Option 2，对应规范及 ASN.1，分别在 2018 年 6 月及 9 月已经完成。

Late Drop：2018 年 3 月在原有的 R15 NSA 与 SA 的基础上进一步拆分出的第三部分，考虑到部分运营商升级 5G 的需要，此版本包括了系统架构选项 Option 4 与 Option 7、5G NR 双连接（NR-NR DC）等。此部分内容原计划在 2019 年 7 月完成，当前标准完成时间比原定计划延迟了 3 个月。3GPP 5G 标准 R15 的具体时间计划如图 1-5 所示。

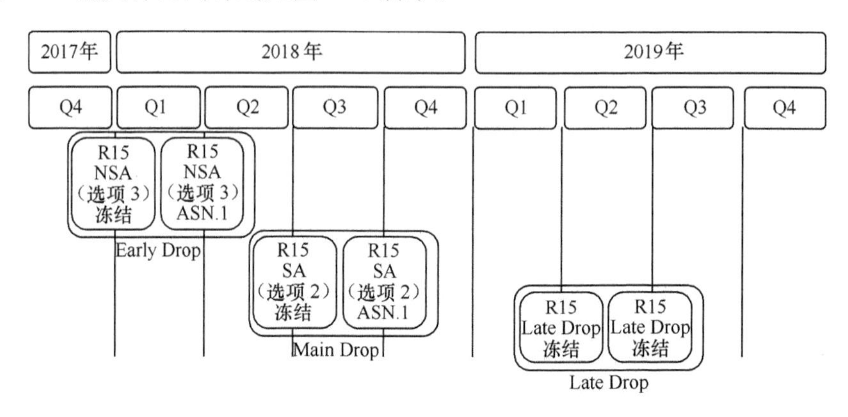

图 1-5　3GPP 5G 标准 R15 版本时间表

R16 是 5G 第二阶段的标准，主要关注垂直行业应用及整体系统的提升，主要是提升智能汽车交通领域的 5G V2X、工业物联网和增强的 URLLC 等应用领域的能力指标，如时延指标等，目标是在工厂场景全面替代有线以太网；另外还包括 LAA 与独立非授权的非授权频段的 5G NR，室内定位、MIMO 增强、手机功耗等指标的提升等。

2018 年 6 月已经确定了 R16 的内容范围。目前 R16 规范正在制定过程中，计划在 2020 年 3 月完成物理层规范。

受 R15 Late Drop 版本冻结时间推迟的影响，R16 规范发布时间由原定的 2019 年 12 月推迟至 2020 年 3 月，ASN.1 发布推迟到 6 月。3GPP 5G 标准 R16 的具体时间计划如图 1-6 所示。

3GPP 标准制定工作的习惯都是上一版标准还在制定时，就已经开始准备下一版的标准制定工作和内容了。

当前 3GPP 已经确定 R17 版本标准的几个关键时间点。在 2019 年 6 月的 RAN#84 会议上，组织者专门安排了一整天时间来讨论 R17 相关的建议，并将各家厂商提出的建议都归到了工作区，开始基于邮件的交流讨论。

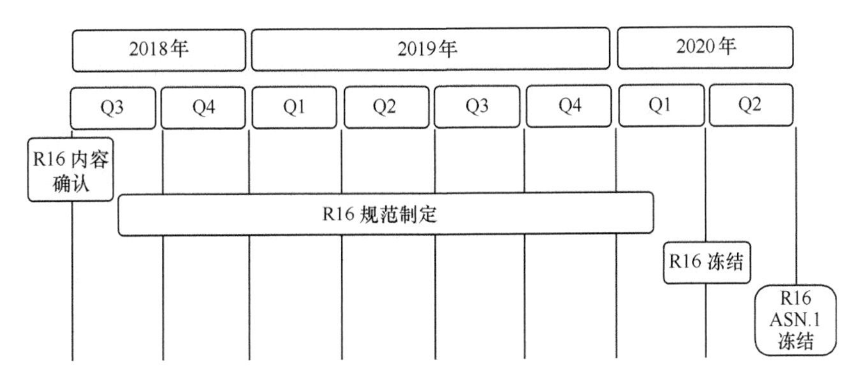

图 1-6 3GPP 5G 标准 R16 版本时间表

计划在 2019 年 9 月 RAN#85 会议上会评审检讨工作区的邮件讨论进展并进行调整；2019 年 12 月 RAN#86 会议最终确认批准 R17 的内容，后面开始正式制定 R17 规范；到 2021 年 6 月发布 R17 版本的协议。3GPP 5G 标准 R17 的具体时间计划如图 1-7 所示。

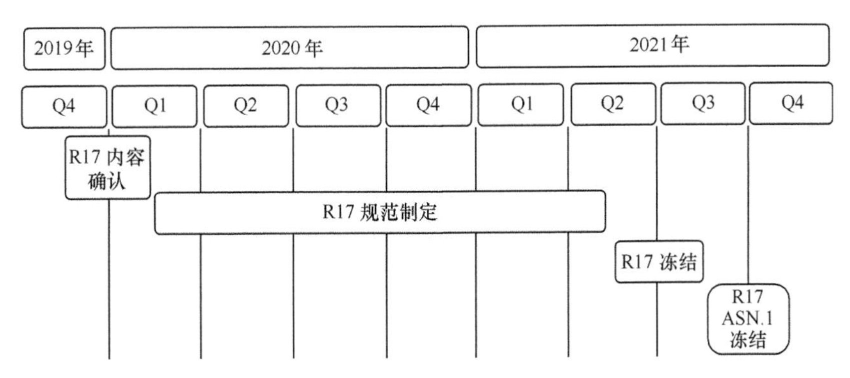

图 1-7 3GPP 5G 标准 R17 版本时间表

5G R17 标准讨论的内容包括以下方面：

- 5G 如何更好地应用于工业物联网；
- 如何在 52.6 GHz 以上的频谱中使用该标准；
- 汽车和其他设备如何在 V2X 场景中使用 5G，以及它们是否可以使用“side link”的中继技术进行通信；
- 5G 标准是否可以实现低功耗、广域应用；
- 5G 如何更有效地支持 XR、AR 等技术；
- 如何使 5G 标准不受频谱许可的限制。

1.5 5G 试验及部署情况

伴随标准的日益演进，全球政府、企业也在同步推进 5G 战略制定，启动研发项目，向着 5G 大规模商业化落地奔进。纵观全球，我们不难看出除中国之外，韩国、美国、日本等也是 5G 商业化的领跑者。

在商业化的小范围试行、大规模推广之外，大部分政府和电信运营商都会选择一个国际性事件进行技术展示，在增强市场信心的同时展现国力。2018 平昌冬奥会期间，韩国电信进行了 5G 360 度虚拟现实体验和全息影像直播技术展示;美国在世界瞩目的 2018 橄榄球赛事超级碗期间由 Verizon 进行了 180 度远程立体实时直播；俄罗斯在 2018 年世界杯期间采用了低时延的视频助理裁判，并展示了 5G 环境中的 VR 和高清视频直播；日本预计将在 2020 年东京奥运会由 NTT Docomo 提供 360 度视角的 8K 视频流，并且利用边缘智能进行场馆入口等安防场景的人脸识别。

2019 年第二季度随着新型 5G 手机的推出，多个市场均已开通 5G。一些运营商制定了雄心勃勃的目标，希望 5G 在第一年的覆盖率达到 90%。5G 终端的日益增加让很多从业者乐观地预测，在 2019 年年底，全球将有超过 1000 万的 5G 用户。在全球范围内，5G 网络的部署速度在 2020 年会显著加快，为 5G 的大规模商用奠定基础。爱立信预测，到 2024 年年底，增强型移动宽带的 5G 签约用户将达到 19 亿人。

1.5.1 国际 5G 试验及部署进展

在世界范围内，5G 网络建设和商用的重心在中国、美国、日本、韩国和欧盟。这些国家和地区引领着 5G 技术的发展。各个国家的 5G 网络建设的时间节点如图 1-8 所示。

下面我们对国外的 5G 网络建设情况进行介绍。

1. 美国

AT&T、Verizon、Sprint 和 T-Mobile 这四大运营商的 5G 计划将决定了美国 5G 的进展。2017 年 8 月 3 日，美国联邦通信委员会（FCC）发布了一份调查通知（NOI），寻求关于 3.7 GHz 和 24 GHz（中频频谱）频段内无线宽带业务的额外灵活接入潜在机会的意见。特别是，FCC 就扩大 3 个特定中频频谱范围内的接入征求公众意见：3.70～4.20 GHz 用于可能的移动用途和 5.925～6.425 GHz 与 6.425～7.125 GHz 用于灵活（移动或固定）应用中。FCC 还询问 3.7～24 GHz 范围内是否有其他频段适合商业用途。

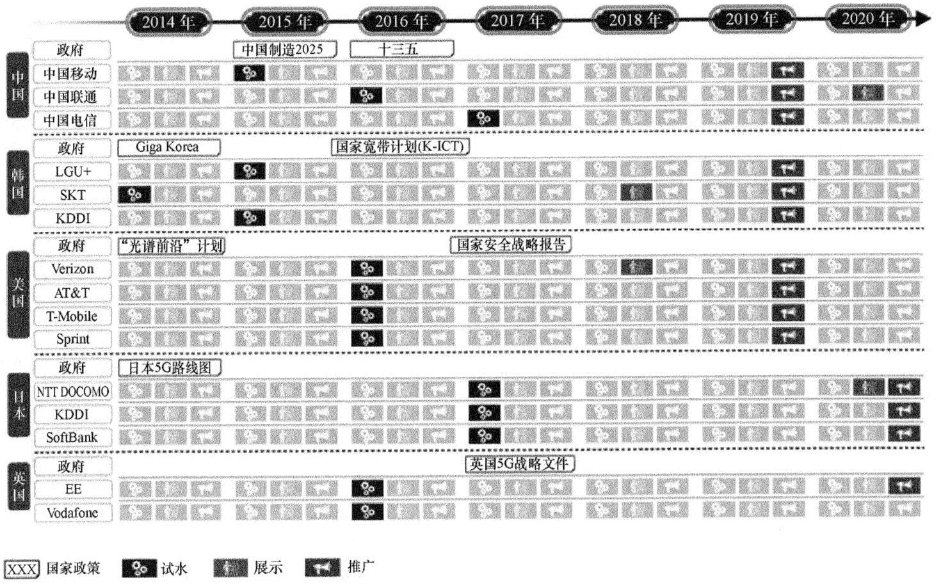

图 1-8 各个国家的 5G 网络建设时间节点

2018 年 7 月 13 日，美国联邦通信委员会发布了 3.7～4.2 GHz 频段的建议规则制定通知（NPRM）。NPRM 建议在 3.70～4.20 GHz 频段增加移动分配，并就扩大频段灵活使用的各种提案征求意见，包括是否通过基于市场的机制，拍卖机制或其他方式过渡全部或部分频段替代机制。对于 3.70～4.20 GHz，NPRM 还要求：对现有运营商的未来进行投入，包括对现有卫星运营商的适当保护，服务的重新安置选择以及可能的太阳能设定或者现有的固定微波点对点许可证；可能允许在频段的一部分中共享使用点对多点通信等可能性；如果委员会决定扩大灵活使用或允许在频段内进行点对多点使用，应改变或采用哪些服务和技术规则。

2018 年 3 月 23 日，FCC 发布了关于 4.9 GHz 频段（4.94～4.99 GHz）的第六次进一步通知。这种 50 MHz 的连续频谱在 2002 年被分配用于公共安全用途，但实际上只被轻微利用。在这个 FNPRM 中，美国联邦通信委员会寻求关于刺激 4.9 GHz 频段扩大使用和投资的替代方案的意见。该委员会的目标是确保公共安全继续在该频段中具有优先使用权，同时可能将该频段用于其他用途，包括更突出的移动用途。

2018 年 10 月 24 日，美国联邦通信委员会发布了 6 GHz NPRM，该协议建议根据现行第 15 部分关于未经许可（Unlicensed）设备操作的规则，为未经许可（Unlicensed）的操作提供 5.925～6.425 GHz 和 6.525～6.875 GHz 频谱。

自 2014 年以来，联邦通信委员会一直通过多个 NOI、NPRM 和 FNPRM 推动这一过程，从而产生报告和订单。结果，指定了 24 GHz（24.25～24.45/24.75～25.25 GHz），37 GHz（37.6～38.6 GHz），39 GHz（38.6～40 GHz）和 47 GHz（47.2～48.2 GHz 频段）的多个频段上微波灵活使用服务（UMFUS）和 64～71 GHz 频谱用于未经许可（Unlicensed）的范围。

28 GHz 频段于 2019 年 1 月正式开始拍卖。预计 24 GHz 频段的拍卖将在 28 GHz 频段拍卖结束后开始。此外，FCC 主席已宣布有意在 2019 年第 4 季度拍卖 37/39/47 GHz 频段。

FCC 还提出了多种频段，包括 26 GHz（25.25～27.5 GHz），32 GHz（31.8～33.4 GHz），42 GHz（42～42.5 GHz），50 GHz（50.4～51.4 GHz），以提供灵活的使用服务，用于固定业务的 70 GHz 频段（71～76 GHz）和 80 GHz 频段（81～86 GHz）。

2018 年 2 月，FCC 采用了一种名为“频谱视野”（Spectrum Horizons）的新 NPRM，使新的创新服务和技术更容易获得 95 GHz 以上的频谱。

Verizon：2018 年 10 月，Verizon 推出了“5G Home”，声称它是第一个商用 5G 服务，超过其专有的 5GTF 网络标准。速度为 300 Mbit/s～1 Gbit/s，具体取决于位置。它在 4 个大城市的部分地区提供固定无线接入（FWA）宽带。服务费为 70 美元/月，原有客户 50 美元/月。Verizon 的 5G 网络部署在 28 GHz 的频段上，此频段适合高速数据下载，但不适用于广覆盖。Verizon 声称距离基站 300 m 都可以获得 5G 的服务，但现场测试显示只能覆盖 150 m。自 2017 年以来，Verizon 在 11 个城市进行测试 5G 毫米波的网络覆盖。2018 年超级碗的比赛中，Verizon 展示了 5G 视频通话。2018 年 6 月，Verizon 测试了双向数据传输、多载波聚合以及户外超高速移动的场景。2018 年 9 月，在华盛顿特区与诺基亚联合进行了 5G 核心网络原型机和 5G 空口测试。

T-Mobile USA：T-Mobile 在重视 5G 高频段的同时，还想利用其在 600 MHz 频段的投资。T-Mobile 于 2019 年 1 月开通了 600 MHz 频段 5G 演示网络。并在 2019 年年初进行商业发布。MNO 预计，在未来 5 年内，基于 5G 的固定无线接入（FWA）将为 2/3 以上的美国人提供 100 Mbit/s 以上的数据服务，在 2024 年达到 90%的覆盖水平。

2019 年 1 月，在拉斯维加斯举行的消费电子展上，T-Mobile 宣布使用 600 MHz 频段进行了首次数据和视频通话。T-Mobile 还成功使用了 3 个频段的视频通话，通过3个不同的频段600 MHz、28 GHz和39 GHz连接3个用户进行视频通话。因此，2019年T-Mobile在600 MHz部署5G网络的资本支出将达61亿美元。T-Mobile宣布，达拉斯、拉斯维加斯、洛杉矶和纽约市作为目标城，在2020年实现5G网络全覆盖。

AT&T：2018年12月21日，AT&T宣布成为美国第一家推出基于3GPP的5G标准的运营商。并在2018年年底向12个城市推出5G网络服务，在2019年进一步向另外19个城市推出。

2018年，AT&T在12个城市的密集城区实现了5G热点服务，并在2019年扩展到其他7个城市。

Sprint在2019年6月发布了5G网络的商用计划，在9个目标城市的部署基于mmWave的5G网络。2019年部署了2.5 GHz频段的5G实验网。Sprint仍在讨论与T-Mobile USA合作建网的可能性，Sprint利用2.5 GHz频段实现城市中心的5G网络覆盖，T-Mobile使用600 MHz频段实现农村和郊区的5G网络覆盖。

2019年7月27日，美国司法部批准美国第三大运营商T-Mobile和第四大运营商Sprint合并。这次合并条件是T-Mobile和Sprint剥离部分资产给Dish公司，Dish成为美国第四大移动运营商，维持了四家运营商的竞争格局。根据合并协议，T-mobile和Sprint在完成合并后，Dish将以14亿美元收购Sprint的预付费业务，以及930万客户；以36亿美元收购Sprint的800 MHz频谱资源；可在7年内接入T-Mobile的网络，包括5G网络，以为Dish客户提供服务。

2. 日本

2013年9月，日本无线电工业协会设立了“2020 and Beyond Ad Hoc”（20B AH）项目，以支持5G技术在未来10年的发展。2014年开始，日本移动运营商开始陆续与各大设备厂商合作开展5G技术方面的试验。2014年9月，20B AH项目更名为5G推广论坛（5GMF），致力于5G在日本的技术研究、信息共享与知识普及。2017年，日本政府开始对5G应用场景进行构想与初步实践。

2018年开始，日本政府动作频频，开始从政府层面对5G产业进行布局。2018年下半年，主管日本通信事业的日本总务省举办了一系列会议，开始对5G商用展开讨论。2019年1月16日，日本总务省发布5G基站实施计划，并公布运营商5G频段申请考核标准。2019年1月24日到2月25日，日本总务省开始接受企业5G频段申请，4月10日，日本总务省公布5G频谱的分配结果，日本三大传统通信运营商NTT DoCoMo、KDDI和软银，以及新晋运营商

日本乐天移动取得 5G 频谱。

从频谱分配结果看，在 3.7 GHz 及 4.5 GHz 频段，NTT DoCoMo 和 KDDI 分别获得了两个频段，乐天与软银各获得一个频段。在 28 GHz 频段，4 家运营商各获得一个频段。根据 5G 频谱分配结果，预计 NTT DoCoMo 和 KDDI 未来将主导日本 5G 的发展。

2019 年 7 月 31 日，日本总务省向 NTT DoCoMo 和 KDDI 发放了 5G 基站和陆地移动站（手机终端及车载移动基站）的商用许可证。同时，总务省还向软银发放了 5G 基站和陆地移动站的预备许可证。其中，NTT DoCoMo 获得的许可证范围几乎遍布日本全国各地。包括北海道地区、东北地区、关东地区、北陆地区、东海地区、近畿地区、四国地区、九州地区和冲绳县等 10 个地区。KDDI 则获得了关东地区和九州地区等 3 个地区的商用许可。软银则获得了东北地区、关东地区、九州地区等 4 个地区的预备许可证。

日本将在 2020 年举办东京奥运会，在奥运会之前 5G 的建设必然会加速进行。从运营商的规划上看，日本 4 家运营商均力争于 2020 年上半年在日本全都道府县提供 5G 服务，今后 5 年 4 家运营商 5G 建设投入预计将超过 1.6 万亿日元（约合 1032 亿元人民币）。NTT DoCoMo 将于 2019 年 9 月在日本举办的橄榄球世界杯为契机，推出 5G 服务试运营，为能服务好 2020 年东京奥运会与残奥会，NTT 预计将从 2020 年春季开始提供 5G 商用服务。KDDI 的 5G 商用服务将于 2019 年先进行小范围试点，2020 年 3 月将开展全面部署，未来将侧重使用 5G 打造智能社会，用以解决日本面临的社会问题。软银将从 2019 年夏天后开放 5G 体验室，让观众使用 VR 技术体验 360 度全景观看体育场的真实感。

3. 韩国

2014 年 1 月 22 日韩国政府确定了以第五代移动通信（5G）发展总体规划为主要内容的“未来移动通信产业发展战略”，决定在 2020 年推出全面的 5G 商用服务，并将为此投资 1.6 万亿韩元（约合 90.3 亿元人民币）。

2016 年 10 月，韩国最大移动通信运营商 SK Telecom 宣布，他们将在韩国设立 5G 移动网络研究中心——5G Playground，表示 2017 年就能建成测试网络，争取成为世界上第一个 5G 运营商。

韩国政府为了尽早推出 5G 移动业务，在 2018 年 6 月拍卖了 3.5 GHz 和 28 GHz 的频段（TeleGeography，2018c）。

2018 年 12 月 1 日，韩国三大运营商 SK 电讯、KT、LG Uplus 正式在首尔以及主要大都市，启动 5G 商用。其中，所使用的 5G 终端，是 5G 路由器。

韩国开启 5G 商用 2 个月后 5G 用户即突破 100 万人。韩国 5G 基站建设迅速，商用共建有 8.33 万站，达 4G 基站 10%；网络体验较 4G 大幅提升，每兆比特资费下降；普及速度超 4G 初期，DOU 及 ARPU 大幅提升；政府多方面扶持力度加大。中韩通信市场发展相似度高，韩国 5G 发展状况对中国具有重要参考意义。

5G 基站建设迅速，网络体验大幅提升。

- 基站建设：截至 2019 年 4 月 5 日，韩国共建有 5G 基站 8.33 万个，多在 2 月、3 月建成，SKT 更是 2 周内狂建 2.4 万个基站，预计韩国截至 2019 年年末共建有基站 23 万个。
- 网络体验：网速相比 4G 大幅提升，未来仍有很大提升空间。
- 资费与补贴：5G 初期产品资费高于 4G 约 20%，运营商补贴大，每兆比特资费降低。

5G 普及速度超 4G 初期，平均 ARPU 值大幅提高。

- 普及速度：65 天内 5G 用户超 100 万人，超 4G 初期，预计年末用户达 400～500 万人。
- 用户群体：首批用户主要为对价格相对不敏感的中高端人群。
- DOU 和 ARPU 大幅提高：商用以来，DOU 是 4G 时期 5 倍以上，ARPU 提高 75%，随着 5G 终端应用场景丰富，ARPU 将进一步提高。

4. 欧盟进展总结

欧盟委员会在 2016 年 2 月宣布将启动“第五代移动通信行动计划”，旨在使欧洲具备这样的能力：自 2020 年始，于标准化 5G 网络的商用部署方面，领先全球。

2016 年 11 月，欧盟委员会无线频谱政策组（RSPG）即发布了欧洲 5G 频谱战略，确定了 5G 初期部署频谱。

RSPG 是欧盟针对无线电频谱政策的高级顾问组，负责从战略层面向欧盟委员会提供频谱策略观点、建议和研究报告。

在 RSPG 发布的欧洲 5G 频谱战略中，明确指出 3400～3800 MHz 频段是 2020 年前欧洲 5G 部署的主要频段，连续 400 MHz 的带宽有利于欧盟在全球 5G 部署中占得先机。

2018 年 2 月，欧盟 RSPG 第二次发布 5G 频谱观点，意在进一步细化 5G 频谱战，而“大块”频谱仍然是其中的关键词。“在欧盟发布的第二次 5G 频谱观点中，特别强调了 3.4～3.8 GHz 频段是 5G 的首要频段，各成员国必须在 2020 之前为分配大块的频谱做好准备；与此同时，还指出要在 2020 年之前，在 26 GHz 频段上提供大块的频谱（如 1 GHz 带宽），以满足市场需求”。

欧盟 RSPG 在 2016 年 11 月第一次发布的频谱战略，就全面覆盖了高、中、低三大频段。

除了将中频的 3400～3800 MHz 频段用作欧洲 5G 部署的主要频段外，RSPG 还披露了高频和低频计划：

- 1 GHz 以下频段，特别是 700 MHz 将用于 5G 广覆盖；
- 24 GHz 以上频段是欧洲 5G 潜在频段，RSPG 将根据各频段上现有业务和清频难度为 24 GHz 以上频段制定时间表。

针对 24 GHz 以上潜在频段，欧盟 RSPG 还进一步给出了细化方案：

- 建议将 24.25～27.5 GHz 频段作为欧洲 5G 先行频段，建议欧盟在 2020 年前确定此频段的使用条件，建议欧盟各成员国保证 24.25～27.5 GHz 频段的一部分在 2020 年前可用于满足 5G 市场需求；
- RSPG 将研究对 24.25～27.5 GHz 频段上现有的卫星地球探测业务、卫星固定业务、卫星星间链路及无源业务的保护；
- 31.8～33.4 GHz 也适用于欧洲的潜在 5G 频段，RSPG 将继续研究此频段的适用性，建议现阶段避免其他业务往此频段迁移，保证此频段在未来便于规划用于 5G；
- 40.5～43.5 GHz 从长期来看可用于 5G 系统，建议现阶段避免其他业务往此频段迁移，保证此频段在未来便于 5G 规划。

欧盟已经启动 5G PPP、METIS 等项目，计划在 2020 年实现 5G 为垂直行业服务。欧盟的国家中，开通 5G 网络服务的国家包括瑞士、英国、意大利，2019 年 6 月 15 日，欧洲电信巨头沃达丰在西班牙马德里、巴塞罗那等 15 个城市正式启动商用 5G 网络。

1.5.2 我国 5G 试验及部署进展

我国的 5G 研发起步于 2016 年，分为 5G 关键技术试验、5G 技术方案验证和 5G 系统验证 3 个阶段。

2016 年 1 月，中国 5G 技术研发试验正式启动，这是中国第一次与国际标准组织同步对新一代通信技术测试和验证，该阶段于 2016 年 9 月宣布完成。2017 年 2 月，中国宣布启动第二阶段实验，即新空口测试，其是第二阶段的主要内容，2017 年 9 月宣布完成。2017 年 11 月下旬工业和信息化部宣布正式启动 5G 技术研发试验第三阶段工作。2019 年 1 月，IMT-2020（5G）推进组宣布，5G 第三阶段测试基本完成。

作为 5G 商用的关键一环，5G 频谱如何分配一直是市场关注的焦点。2018 年 12 月 7 日，工业和信息化部向三大运营商划分了 5G 频段，即 5G 中低频段试验频率使用许可。其中，中国电信和中国联通获得 3.5 GHz 频段试验频率使用许可，中国移动获得 2.6 GHz 和 4.9 GHz 频段试验频率使用许可。

2019 年 5 月 22 日，在中国移动年度股东大会上，中国移动董事长杨杰表示，5G 投资高峰期在 2020—2022 年。虽然没有明确的具体数字，但杨杰明确表示，中国移动 2019 年将建设 3～5 万个 5G 基站。有业内人士分析，这可能需要投入 100 亿元左右。

在 5G 投资方面，2019 年年初，三大电信运营商均表示，将根据今年 5G 规模试验的结果再决定明年是否扩大投资。根据规划，2019 年中国移动、中国联通和中国电信的 5G 总投资在 310 亿左右，远低于 4G 和 3G 商用元年的投入。

2019 年 6 月 6 日，工信部向中国移动、中国电信、中国联通和中国广电 4 家企业颁发了基础电信业务经营许可证，批准 4 家企业经营“第五代数字蜂窝移动通信业务”。

围绕网络部署、应用落地以及生态建设，三大电信运营商都发布了各自的 5G 发展策略。中国移动在杭州、广州等 5 个城市建设 5G 试验网；中国联通发布了“7+33+*n*” 5G 网络部署计划；中国电信在北京、上海等 17 个城市开展 5G 创新示范试点。

主设备商则发力 5G 的系统解决方案，在无线接入、5G 云化核心网、有源天线、5G Anyhaul、5G 小基站、Massive MIMO 基站等方面助力运营商打造一张优质的 5G 网络。

5G 牌照发放后，我国 5G 将进入网络大规模建设的新阶段。目前三大电信运营商今年的网络投资总体约为 300 亿元。

在 2019 年 6 月 26 日举行的 2019 上海世界移动通信大会上，中国移动、中国联通和中国电信三大电信运营商纷纷发布了 5G 建网和布局的最新进展。

中国移动董事长杨杰宣布，2019 年中国移动将在全国范围内建设超过 5 万个 5G 基站，在超过 50 个城市实现 5G 商用服务；2020 年，将进一步扩大网络覆盖范围，在全国所有地级以上城市城区提供 5G 商用服务。

中国电信董事长柯瑞文表示，在 5G 建设初期，中国电信将在全国 40 个城市建设 NSA/SA 混合组网的网络，提供 5G 服务，同时，力争在 2020 年率先全面启动 5G SA 的网络。

中国联通总经理李国华则透露，联通 2019 年将在 40 个城市建设 5G 试验网络，搭建各种行业应用场景。

结合三大电信运营商的最新表态，业内普遍预计，2019 年三大电信运营商将在全国建成 10～15 万个 5G 基站。而从城市来看，截至目前，宣布将在 2019

年年底前建成超过 1 万个 5G 基站的城市有北京、上海、深圳和成都。考虑到在最早进行 5G 商用的韩国，仅在首尔周边就已建成了超过 5 万个 5G 基站，仍无法实现 5G 信号的完全覆盖，1 万个基站远无法满足上述城市正常的 5G 商用。

2019 年 6 月 26 日，全球移动通信系统协会（GSMA）发布的《移动经济》系列亚太版报告显示，亚洲运营商计划在 2018—2025 年间投入 3700 亿美元构建新的 5G 网络，其中，仅中国一个国家就预计将为 5G 投资 1840 亿美元。2019 年 6 月 28 日下午，工信部原部长李毅中在金融界 2019 夏季达沃斯之夜暨智享+科技高峰论坛上表示，预计 5G 全国布网需要 600 万个基站，投资 1.2~1.5 万亿元，5G 基站的发展节奏如图 1-9 所示。

	2019 年	2020 年	2021 年
室内一体化微 RRU	5G 单模 4T4R，250 mW， 3.5～3.6 GHz 100 MHz 5G 外接天线 4T4R/2T2R， 250 mW 3.5～3.6 GHz 100 MHz		
	5G/4G 多模 4T4R/2T2R， 250/100 mW， 100 MHz/30 MHz +40 MHz 5G/4G 多模 4T4R/2T2R， 250/100 mW， 100 MHz/40 MHz		
	5G 单模（共享型） 外接型， 4T4R/2T2R， 250 mW 3.3～3.6 GHz 100 MHz		
	5G 单模（共享型） 4T4R/2T2R， 250 mW 3.3～3.6 GHz 100 MHz	5G 单模（共享型） 4T4R，250 mW 3.3～3.6 GHz 200 MHz	5G 单模（共享型） 4T4R，250 mW 3.3～3.6 GHz 300 MHz
室外一体化微 RRU		5G 单模 4T4R， 5W/10W 3.5～3.6 GHz 100 MHz	5G/4G 多模 4T4R+2T2R，10W/5W，5G 100 MHz 4G 30 MHz+40 MHz
室内一体化微站 / 室内扩展型微站		一体化微站 4T4R，250 mW 3.3～3.6 GHz 100 MHz	
	扩展型微站 4T4R，250 mW， 3.3～3.6 GHz 100 MHz	5G 单模（共享型） 4T4R，250 mW 3.3～3.6 GHz 200 MHz	5G 单模（共享型） 4T4R，250 mW 3.3～3.6 GHz 300 MHz
室内白盒基站	毫米波原型设备	白盒微基站 5G 单模 4T4R 250 mW，3.5～3.6 GHz 100 MHz	

图 1-9　5G 基站设备的发展节奏

万亿级别 5G 建设的投资主体是三大电信运营商，而主要的投资费用是以基站建设为主的网络部署。尽管运营商可以采用多种方式降低建设成本，但面对万亿元级别的资本投入，节流的同时，开源也同样重要。

1.6 每章要点

本书共有9章，主要分析如下。

第1章为概述，主要介绍了行业的发展情况和5G当前的现状。

第2章为5G组网技术，重点介绍5G组网过程中的关键技术，包括超密集组网、网络切片、移动边缘计算、D2D及无线Mesh组网等相关技术。

第3章为5G空口关键技术，包括高频段大带宽、Massive MIMO天线、OFDM载波技术、非正交多址技术以及更先进的信道编码和调制技术。

第4章为NR帧结构和信道，主要介绍5G NR的帧结构和信道相关概念。为了降低空口时延，5G提出了更加灵活的帧结构配比。由于5G网络中应用了大规模天线技术，天线端口数量比较多，所以5G参考信号和LTE的参考信号有了变化。与4G相比，5G的上行信道完全一样，下行信道相比4G更加简洁。

第5章为5G无线网规划，通过对5G工程场景的分析，进一步论述了高频信道传播模型，对5G网络的覆盖能力、容量能力、系统间干扰及参数规划进行了分析。通过分析可知，5G网络规划的流程和方法与4G类似，但由于5G业务应用的多样性，毫米波、Massive MIMO等技术的引入，在工程场景分析、无线传播模型、覆盖及容量规划等关键问题上与4G还是存在很大的区别，具体区别需要详细的分析。

第6章为5G核心网方案，从网络架构和部署方式进行了全面重构，主要介绍了5G核心网的技术演进，并对5G核心网的部署和规划提供建议。

第7章为5G承载网规划，主要介绍了5G承载网的差异化需求；网络在关键性能方面，更大带宽、超低时延和高精度同步等需求非常突出；在组网及功能方面，呈现“多层级承载网络、灵活化连接调度、层次化网络切片、智能化协同管控、4G/5G混合承载以及低成本高速组网”等需求。

第8章为室内覆盖与微基站，主要介绍了传统DAS系统存在的问题，5G时代大流量、高容量的业务需求仍在增加，且组网频段更高，运营商为了提升室内5G网络的覆盖能力，未来在室内覆盖方面可逐步采用有源设备，扩展室内网络覆盖的能力等策略。

第9章为工程实施，主要针对5G的无线网工程实施进行讨论。讨论包括工程实施流程，5G的基站设备的形态对工程的影响，5G基站对站址条件的要求和设备的施工工艺内容。

| 参考文献 |

[1] 高峰，李盼星，杨文良，等. HCNA-WLAN 学习指南[M]. 北京：人民邮电出版社，2015. 11.

[2] Erik Dahlman[瑞典]，等著，堵久辉，译. 5G 之道：4G、LTE-A Pro 到 5G 技术全面详解[M]. 北京：机械工业出版社，2018. 7.

[3] 刘晓峰，孙韶辉，杜忠达，等. 5G 无线系统设计与国际标准[M]. 北京：人民邮电出版社，2019. 2.

[4] Afif Osseiran[瑞典]，等著，陈明，译. 5G 移动无线通信技术[M]. 北京：人民邮电出版社，2017. 3.

第2章

5G 组网技术

相对于LTE系统，5G系统架构发生了一些变化，主要体现在无线接入网的变化。考虑到5G在无线接入网的演进及与现有LTE网络的共存，需采用合适的多网络融合组网架构及CU-DU的分离方案。本章将重点介绍5G组网过程中的关键技术，包括超密集组网、网络切片、移动边缘计算、D2D及无线Mesh组网等。

2.1 5G 系统架构

5G 系统架构如图 2-1 所示，系统包含 5G 核心网（5G Core Network，5GC）和下一代无线接入网（Next Generation Radio Access Network，NG-RAN）两部分。

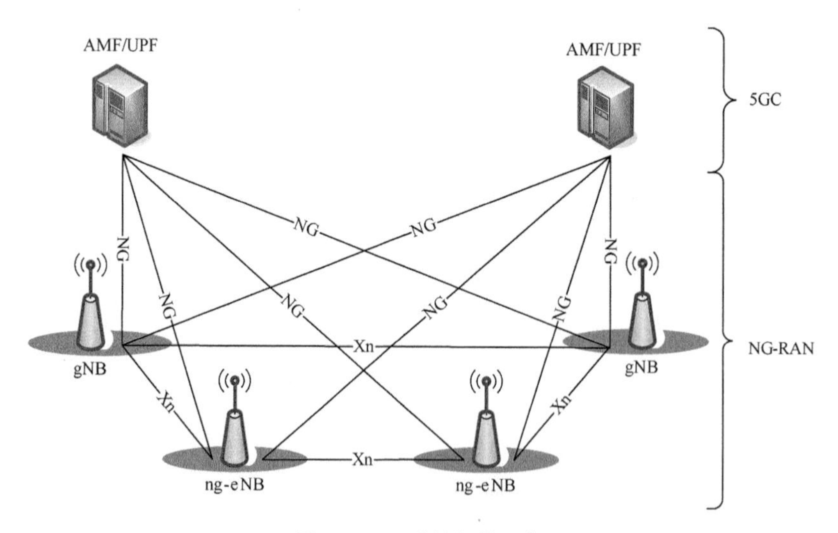

图 2-1　5G 系统架构示意

其中：

- 5GC 包含 3 个主要功能模块：接入和移动性管理功能（Access and Mobility Management Function，AMF），用户面功能（User Plane Function，UPF）和会话管理功能（Session Management Function，SMF）。
- NG-RAN 包括两种网元：5G 基站称作 gNB，其功能主要是提供 NR 用户平面和控制平面协议和功能；升级后的 4G 基站称作 ng-eNB，其功能主要是提供 E-UTRA 用户平面和控制平面协议和功能。

2.1.1 5GC 与 NG-RAN 的功能拆分

NG-RAN 包含 gNB 或 ng-eNB 两种网元，这两种网元的主要功能为：小区间无线资源管理、无线承载控制、连接移动性控制、测量配置与规定、动态资源分配（调度）。

5G 核心网网元包括接入和移动性管理功能（Access and Mobility Management Function，AMF）、会话管理功能（Session Management Function，SMF)、用户平面功能（User Plane Function，UPF）、策略控制功能（Policy Control Function，PCF）、网络开放功能（Network Exposure Function，NEF）、NF 存储库功能（NF Repository Function，NRF）、统一数据管理功能（Unified Data Management，UDM）、鉴权服务器功能（Authentication Server Function，AUSF）、统一数据存储库（Unified Data Repository，UDR）、网络切片选择功能（Network Slice Selection Function，NSSF）。其中，最主要的网元有 3 个：AMF，UPF 和 SMF。

AMF 的主要功能为 NAS（非接入层）安全管理、空闲状态移动性管理；

UPF 的主要功能为移动性锚点管理、PDU 处理（与互联网连接）；

SMF 的主要功能为终端 IP 地址分配、PDU 会话控制。

5G 网络的功能划分如图 2-2 所示。

1. NG-RAN（gNB/ng-eNB）功能描述

gNB 和 ng-eNB 具有的详细功能描述如下：

- 用于小区间无线资源管理的功能：无线承载控制，无线准入控制，连接移动性控制，在上行链路和下行链路（调度）中向 UE 动态分配资源；
- IP 报头压缩，数据的加密和完整性保护；
- 将用户平面数据路由至 UPF；
- 将控制平面信息路由至 AMF；
- 连接设置和释放；

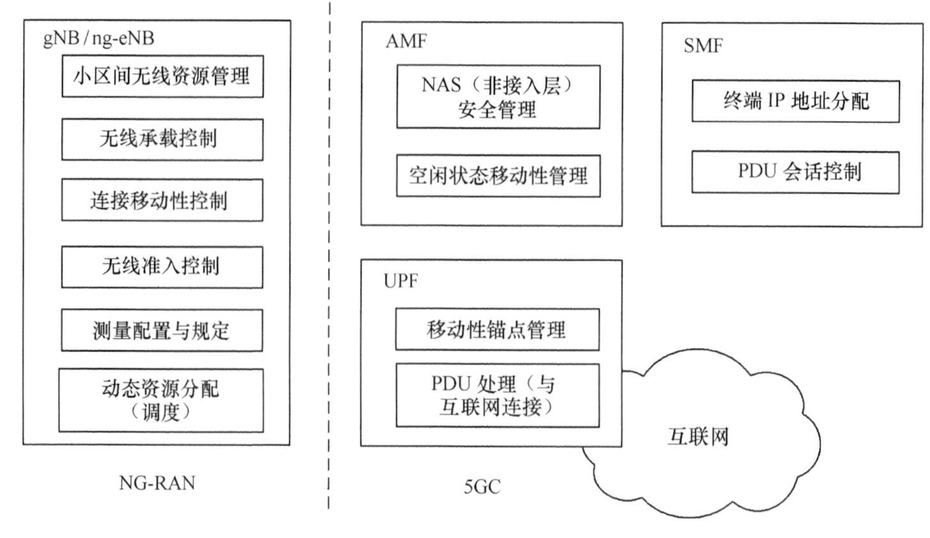

图 2-2　5G 网络的功能划分示意

- 调度和传输寻呼消息；
- 调度和传输系统广播信息（源自 AMF 或 O&M）；
- 移动性和调度的测量以及测量报告配置；
- 上行链路中的传输级别数据包标记；
- 会话管理；
- 支持网络切片；
- QoS 流管理和映射到数据无线承载；
- 支持处于 RRC_INACTIVE 状态的 UE；
- NAS 消息的分发功能；
- 无线电接入网络共享；
- 双连接；
- NR 和 E-UTRAN 之间的紧密互通。

2．5GC（AMF、UPF、SMF）功能描述

5GC 主要网元—AMF、UPF 和 SMF 的功能如下所示，其他网元及实体功能介绍详见第 8 章。

（1）AMF

AMF 承载以下主要功能：

- NAS 信令的安全性保护及终止；
- 安全控制；
- CN 节点间的信令，用于 3GPP 接入网络之间的移动性；

- 空闲模式 UE 可达性（包括控制和执行寻呼重传）；
- 注册区域管理；
- 支持系统内和系统间的移动性；
- 接入认证；
- 访问授权，包括漫游权的检查；
- 移动性管理控制（订阅和策略）；
- 支持网络切片；
- SMF 选择。

（2）UPF

UPF 承载以下主要功能：

- 在 RAT 内或 RAT 间移动性锚点管理（适用时）；
- 连接到数据网络的外部 PDU 会话点；
- 分组路由和转发；
- 策略规则实施的数据包检查和用户平面部分；
- 流量使用情况报告；
- 上行链路分类器，支持将数据流路由至数据网络；
- 分支点支持多宿主 PDU 会话；
- 用户平面的 QoS 处理，如分组过滤，门控，执行 UL/DL 速率；
- 上行链路流量验证（SDF 到 QoS 流量映射）；
- 下行链路分组缓冲和下行链路数据通知触发。

（3）SMF

SMF 承载以下主要功能：

- 会话管理；
- UE IP 地址分配和管理；
- UP 功能的选择和控制；
- 配置流量转向至 UPF，将流量路由至正确的目的地；
- 控制部分策略执行和 QoS 功能；
- 下行链路数据通知。

2.1.2 空中接口协议栈

5G 无线接口协议栈可以从两个维度进行理解，简称“三层两面”。其中，“两面”指的是用户面协议栈和控制面协议栈，他们分别负责用户数据和系统信令的传输。“三层”指的是：

• L1：物理层（Physical，PHY）；

• L2：数据链路层，包括媒体接入控制层（Media Access Control，MAC）、无线链路控制层（Radio Link Control，RLC）和分组数据汇聚协议层（Packet Data Convergence Protocol，PDCP）；

• L3：网络层，包括服务数据适配协议层（Service Data Adaptation Protocol，SDAP）和无线资源控制层（Radio Resource Control，RRC）。

（注：除此之外，还有非接入层（Non-Access Stratum，NAS）属于 AMF，并非接入网的部分，但是出于协议栈完整性考虑，在此表现出来）。

与 4G 系统的空中接口协议栈比较，5G 系统的控制面协议栈基本没有变化，但用户面协议栈多了 SDAP 层，SDAP 层在 PDCP 层之上，主要功能是标记 QoS 流 ID 和 QoS 流与无线承载的映射关系。5G 无线接口协议栈结构如图 2-3 所示。

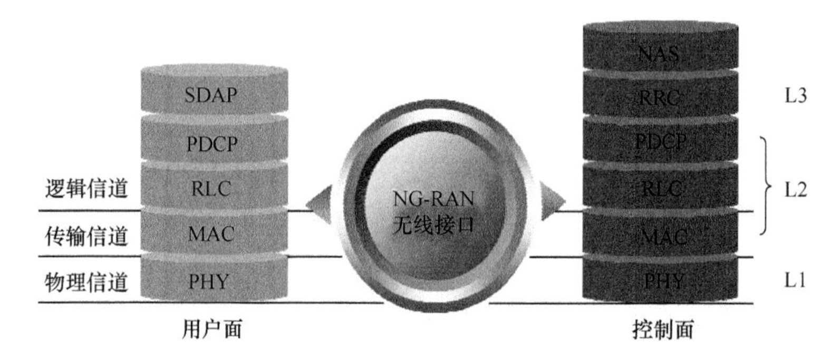

图 2-3　5G 无线接口协议栈结构示意

逻辑信道位于 MAC 与 RLC 层之间，定义传送信息的类型，这些数据流包括所有用户的数据。

传输信道位于 PHY 与 MAC 层之间，是在对逻辑信道信息进行特定处理后再加上传输格式等指示信息后的数据流，描述了物理层为 MAC 层和高层所传输的数据特征。

物理信道将属于不同用户、不同功能的传输信道数据流，分别按照相应的规则确定其空时频资源等，并最终调制为模拟射频信号发射出去。

1. **用户平面协议栈及功能**

用户平面协议栈包括 SDAP、PDCP、RLC、MAC 和 PHY 5 个子层，具体如图 2-4 所示。

其中，SDAP 层是服务数据适配协议层，其主要功能是 QoS 流与数据无线承载之间的映射，以及在 DL 和 UL 分组中标记 QoS 流 ID（QFI）。

PDCP 层的主要功能包括：

- 顺序编号；
- 标题压缩和解压：仅限鲁棒包头压缩（Robust Header Compression，ROHC）方式；
- 用户数据的传输；
- 重新排序和重复检测；
- PDCP PDU 路由（在拆分承载的情况下）；
- 重传 PDCP SDU；
- 加密、解密和完整性保护；
- PDCP SDU 丢弃；
- RLC AM 的 PDCP 重建和数据恢复；
- PDCP PDU 的重复。

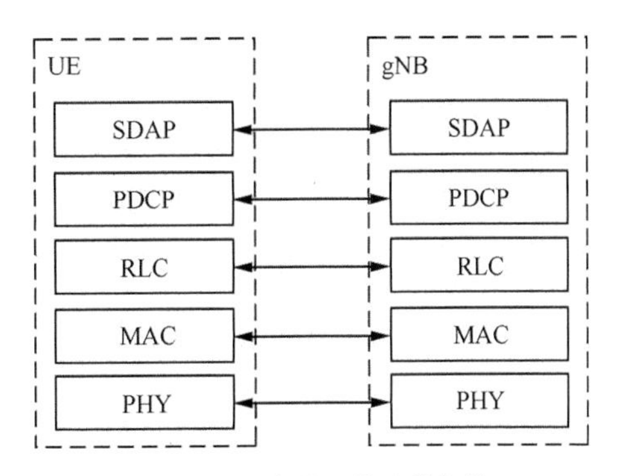

图 2-4　用户平面协议栈架构

RLC 层支持 3 种传输模式：透明模式（TM）、非确认模式（UM）、确认模式（AM）。对于 SRB0，寻呼和广播系统信息，使用 TM 模式。对于其他 SRB 使用 AM 模式。对于 DRB，使用 UM 或 AM 模式。RLC 层的主要功能取决于传输模式，包括：

- 上层 PDU 传输；
- 顺序编号独立于 PDCP（UM 和 AM）中的编号；
- 通过 ARQ 纠错（仅限 AM）；
- RLC SDU 的分段（AM 和 UM）和重新分段（仅 AM）；
- 重新组装 SDU（AM 和 UM）；
- 重复检测（仅限 AM）；
- RLC SDU 丢弃（AM 和 UM）；
- RLC 重建；
- 协议错误检测（仅限 AM）。

MAC 层的主要功能包括：

- 逻辑信道和传输信道之间的映射；
- 将属于一个或不同逻辑信道的 MAC SDU 复用/解复用到/从传输信道上传送到物理层/从传输信道上的物理层传送的传送块（TB）；
- 计划信息报告；
- 通过 HARQ 的纠错（在 CA 的情况下每个小区一个 HARQ 实体）；
- 通过动态调度在 UE 之间进行优先处理；

- 通过逻辑信道优先化来优化 UE 的逻辑信道之间的处理；
- 填充。

PHY 层的主要功能：物理层位于无线接口最底层，提供物理介质中比特流传输所需要的所有功能。包括：

- 物理层 HARQ；
- FEC 编码/解码；
- 信道编码/译码；
- 调制和解调；
- 时频同步；
- MIMO 处理。

2. **控制平面协议栈及功能**

与 4G 网络相似，5G 控制平面协议栈包括 NAS、RRC、PDCP、RLC、MAC 和 PHY 6 个子层，具体如图 2-5 所示。

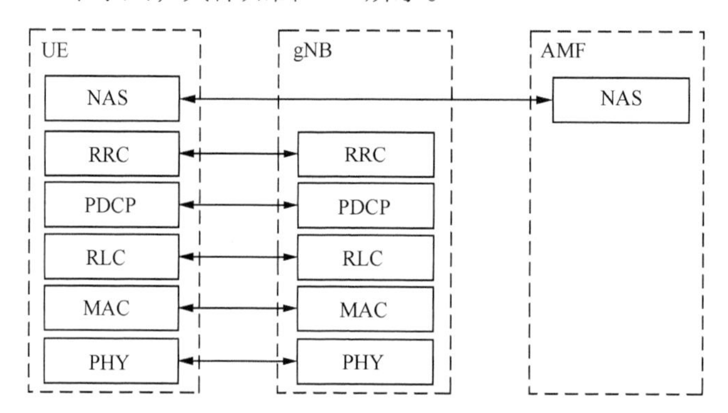

图 2-5 控制平面协议栈架构

其中，PHY、RLC、MAC 层的主要功能与用户面中的功能相似，而 PDCP 层的主要功能包括：

- 顺序编号；
- 加密、解密和完整性保护；
- 控制平面数据的传输；
- 重新排序和重复检测；
- PDCP PDU 的复制。

RRC 层的主要功能包括：

- 广播与 AS 和 NAS 相关的系统信息；
- 由 5GC 或 NG-RAN 发起的寻呼；
- 在 UE 和 NG-RAN 之间建立，维护和释放 RRC 连接，主要包括：

- 载波聚合的添加、修改和释放；
- 在 NR 或 E-UTRAN 与 NR 之间添加，修改和发布双连接。

• 安全功能，包括密钥管理；

• 信令无线承载（SRB）和数据无线承载（DRB）的建立、配置、维护和发布；

• 移动功能包括：

- 切换和上下文传输；
- UE 小区选择和重选以及小区选择和重选的控制；
- RAT 间移动性。

• QoS 管理功能；

• UE 测量报告和对报告的控制；

• 无线链路故障的检测和恢复；

• 从/到/来自/到 NAS 的 NAS 消息传输。

NAS 层的主要功能包括完成核心网承载管理、鉴权及安全控制等功能。

2.1.3　网络接口协议栈

5G 网络接口主要包括 NG 接口、Xn 接口和 F1 接口，本节分别从控制平面和用户平面介绍其功能和协议栈结构。

1. NG 接口

（1）控制面

NG-C 可实现以下功能：

• NG 接口管理；

• UE 上下文管理；

• UE 移动性管理；

• NAS 消息的传输；

• 寻呼；

• PDU 会话管理；

• 配置转移；

• 警告消息传输。

NG 控制平面接口（NG-C）定义在 NG-RAN 节点和 AMF 之间。NG 接口的控制平面协议栈如图 2-6 所示。为了可靠地传输信令消息，流控制传输协议（Stream Control Transmission Protocol，SCTP）是一个面向连接的流传输协议，它可以在两个端点之间提供稳定、有序的数据传递服务，在 IP 层之上

可以更好地保证可靠传输。应用层信令协议被称为 NGAP（NG 应用协议）。SCTP 层提供应用层消息的保证比特速率（Guaranteed Bit Rate，GBR）传送。在传输中，IP 层点对点传输用于传递信令 PDU。

（2）用户面

NG-U 接口在 NG-RAN 节点和 UPF 之间提供 Non-GBR（非保证）的用户平面 PDU 传输。

NG 用户平面接口（NG-U）被定义在 NG-RAN 节点和 UPF 之间。NG 接口的用户面协议栈如图 2-7 所示。GTP-U 在核心网内，无线接入网与核心网之间传送用户数据，用户数据包可以以 IPv4、IPv6 或点对点协议（Point to Point Protocol，PPP）中的任何格式传输。GTP 是一组基于 IP 的高层协议，位于 TCP/IP 或 UDP/IP 等协议上，主要用于在 GSM、UMTS 和 LTE 网络中支持通用分组无线服务（General Packet Radio Service，GPRS）的通信协议。

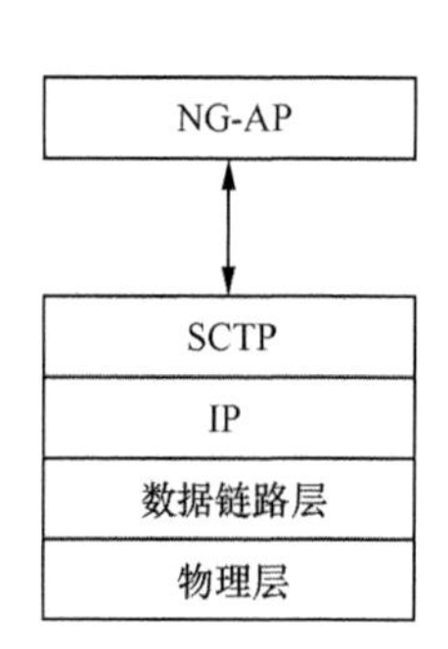

图 2-6　NG-C 协议栈

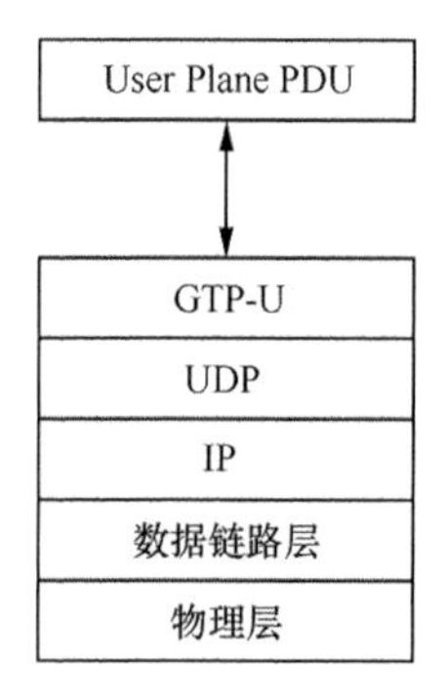

图 2-7　NG-U 协议栈

2. Xn 接口

（1）控制面

Xn-C 接口支持以下功能：

- Xn 接口管理；
- UE 移动性管理，包括上下文传输和 RAN 分页；
- 双连接。

Xn 控制平面接口（Xn-C）被定义在两个 NG-RAN 节点之间。Xn 接口的控制平面协议栈如图 2-8 所示。应用层信令协议被称为 XnAP（Xn 应用协议）。SCTP 层提供应用层消息的保证传送。在传输 IP 层中，使用点对点传输来传递信令 PDU。

（2）用户面

Xn-U 提供用户平面 PDU 的非保证传送，并支持以下功能：

- 数据转发；
- 流量控制。

Xn用户平面（Xn-U）接口定义在两个NG-RAN节点之间。Xn接口上的用户面协议栈如图2-9所示。传输网络层建立在IP传输上，GTP-U在UDP/IP之上用于承载用户平面PDU。

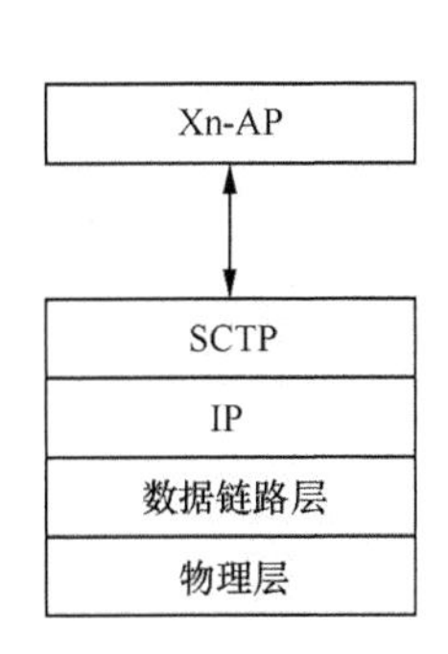

图2-8 Xn-C协议栈

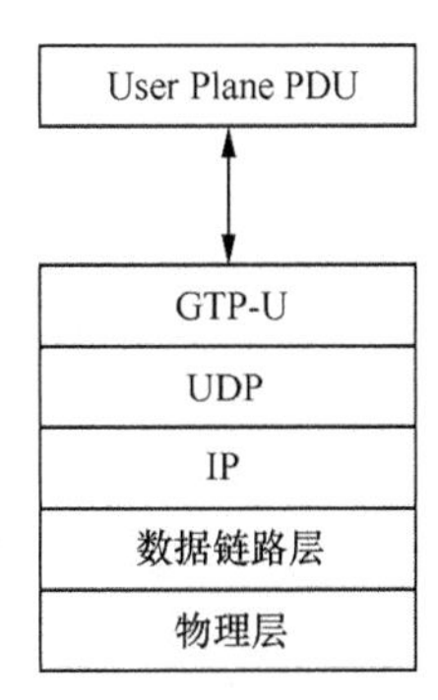

图2-9 Xn-U协议栈

3. F1接口

在5G无线接入网中，基于集中单元/分布单元（Centralized Unit/Distributed Unit，CU/DU）的基带处理两级架构也已经为业界所认可。gNB网元由CU和DU两级逻辑单元组成，其中，CU和DU之间的接口为F1接口，CU/DU间F1接口示意如图2-10所示。

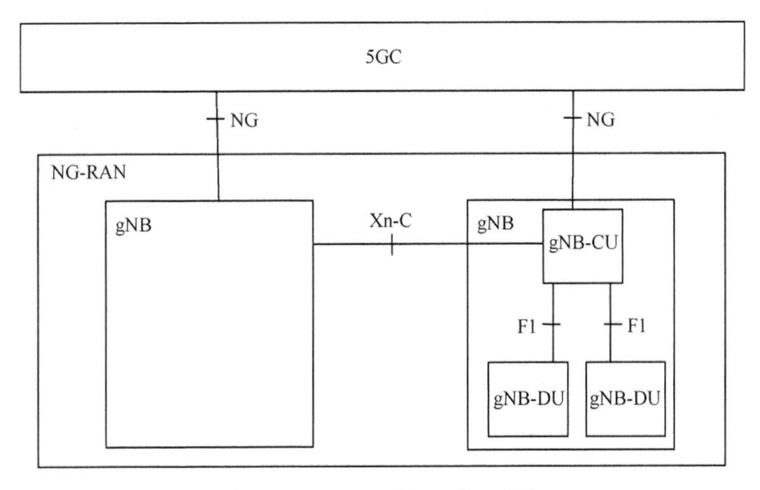

图2-10 CU/DU间F1接口示意

F1是逻辑接口，同时也是一个开放接口，负责连接CU和DU。F1接口支

持端点之间的信令信息交换，还支持数据传输到各个端点，包括以下功能：

- F1 接口支持控制面和用户面分离；
- F1 接口将无线网络层和传输网络层分开；
- F1 接口能够交换 UE 关联信息和非 UE 关联信息；
- F1 界面以可靠的方式设计，以满足不同的新需求，支持新的服务和功能；
- gNB-CU 可以在控制平面（CP）和用户平面（UP）中分开。

| 2.2 5G 网络架构与选项 |

2.2.1 多网络融合选项

2016 年 3GPP 釜山会议上，德国电信 RP-161266 提案提出了 8 系 12 种子项网络融合候选架构（Option 1，2，5，6，3/3a，4/4a，7/7a，8/8a），在 R15 版本协议中增加了 Option 3x，7x 两个子项。目前，业界把这些组网架构分为 8 个系列、14 个子项。

各候选架构间的区别主要在于核心网选择（EPC 或 5GC）、接入网控制面锚点选择（LTE 或 5G NR）及数据面分流路径。

8 种候选组网架构的方案对照如表 2-1 所示。

表 2-1　8 种候选组网架构的方案对照

选项	组网类型	结构	架构描述	备注
Option 1	SA	EPC LTE Option 1	UE 连接到 4G E-UTRAN，核心网沿用 EPC；即为现有的 LTE 网络架构	
Option 2	SA	5GC 5G NR Option 2	UE 连接到 5G NR，核心网采用 5GC；为 5G 系统演进的目标架构	

续表

选项	组网类型	结构	架构描述	备注
Option 3	NSA	EPC LTE 5G NR Option 3	UE 同时连接到 5G NR 和 4G E-UTRAN，控制面锚定于 E-UTRAN，核心网沿用 EPC	3 个子项，Option 3/3a/3x
Option 4	NSA	5GC eLTE 5G NR Option 4	UE 同时连接到 5G NR 和 eLTE，控制面锚定于 5G NR，核心网采用 5GC	两个子项，Option 4/4a
Option 5	SA	5GC eLTE Option 5	UE 连接到 eLTE，核心网采用 5GC；与选项 7 类似，但没有与 NR 的双连接	
Option 6	SA	EPC 5G NR Option 6	UE 连接到 5G NR，核心网沿用 EPC；没有在 3GPP 中优选	
Option 7	NSA	5GC eLTE 5G NR Option 7	UE 同时连接到 5G NR 和 eLTE，控制面锚定于 eLTE，核心网采用 5GC	3 个子项，Option 7/7a/7x
Option 8	NSA	EPC LTE 5G NR Option 8	UE 同时连接到 5G NR 和 4G E-UTRAN，控制面锚定于 5G NR，核心网沿用 EPC；没有在 3GPP 中优选	两个子项，Option 8/8a

2.2.2 各组网选项介绍

本节介绍各组网架构的特点。

1. Option 1

Option 1 是现有的 LTE 网络架构。Option 1 网络架构示意如图 2-11 所示。

2. Option 2

Option 2 为 5G 网络的目标架构，即独立组网（Standalone，SA）适用于 5G 网络已经完成全覆盖时。Option 2 网络架构示意如图 2-12 所示。

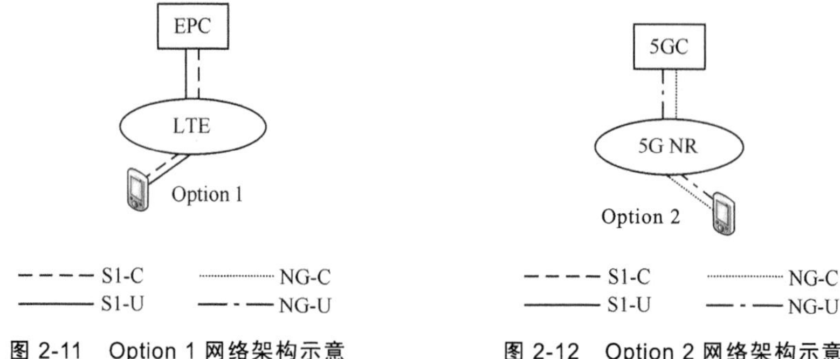

图 2-11 Option 1 网络架构示意

图 2-12 Option 2 网络架构示意

Option 2 网络中，仅 NR 存在与 5GC 的控制面连接。NR 负责主要的控制面功能。eLTE 能够发送部分控制信令。

Option 2 网络中，用户承载只在 NR 中传输。此选项是 5G 网络成熟阶段的目标架构。对于同时具备低频和高频频谱资源的运营商，选择 Option 2 独立组网是一个比较好的选择。同时，Option 2 也为未来一些特定市场中拥有 5G 频段，但是没有 2G/3G/4G 频谱和执照的运营商提供了 5G 单独组网的可能性。

3. Option 3

在 Option 3 中，UE 同时连接到 5G NR 和 4G E-UTRAN，控制面锚定于 E-UTRAN，核心网沿用 EPC。Option 3/3a/3x 网络架构示意如图 2-13 所示。

Option 3 组网时，5G 边沿的 4G 基站升级支持双连接，未来投资集中在 5G。用于 5GC 还未成熟时，5G 对 4G 的容量补充阶段的建设。Option 3 仅支持传统 MBB 业务，不支持 5G 新业务，通过 EPC 统一提供业务。这种组网方式对终端要求高，须建立双连接。一些领先运营商可利用 Option 3 在建网初期部署 5G 宽带业务（解决带宽问题），同时节省投资。

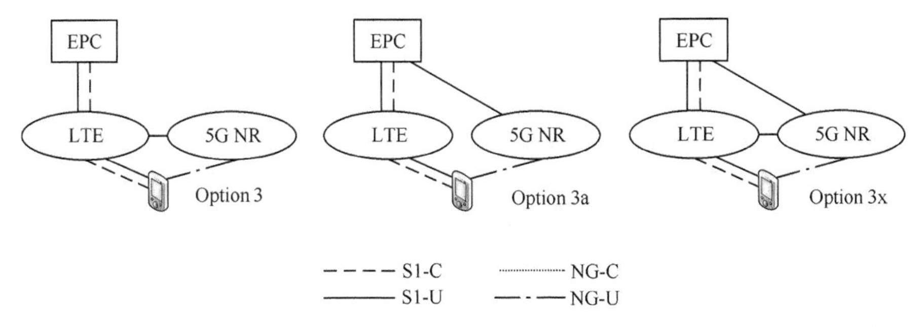

图 2-13 Option 3/3a/3x 网络架构示意

Option 3 本质是参考 3GPP R12 的 LTE 双连接架构，在 LTE 双连接架构中，UE 在连接态下可同时使用至少两个不同基站的无线资源（分为主站和从站）；双连接引入了“分流承载”的概念，即在 PDCP 层将数据分流到两个基站，主站用户面的 PDCP 层负责 PDU 编号、主从站之间的数据分流和聚合等功能。Option 3 控制面协议栈示意如图 2-14 所示。

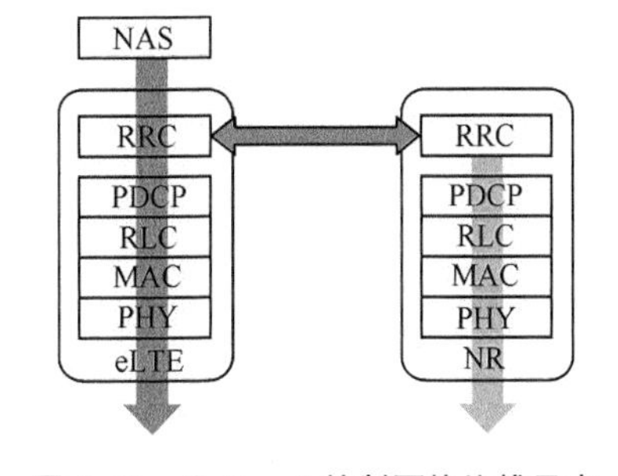

图 2-14 Option 3 控制面协议栈示意

Option 3 网络中，仅 LTE 存在与 EPC 的控制面连接。LTE 负责主要的控制面功能。NR 能够发送部分控制信令。Option 3 用户面协议栈示意如图 2-15 所示。

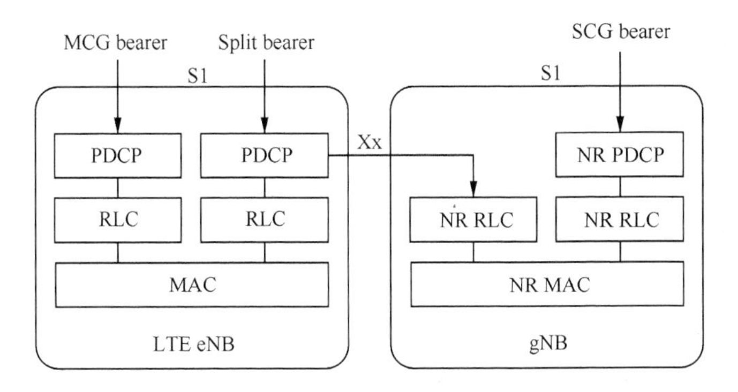

图 2-15 Option 3 用户面协议栈示意

Option 3 网络中，同一承载可在 LTE 和 NR 上同时传输；LTE 需要更强的处理转发能力；LTE 与 NR 之间回传需支持 NR 的传输。

Option 3 指的是 LTE 与 5G NR 的双连接（LTE-NR DC），eNB 为主站，gNB 为从站。其缺陷在于传输性能受限于 LTE PDCP 层的处理瓶颈。

Option 3a 用户面协议栈示意如图 2-16 所示。

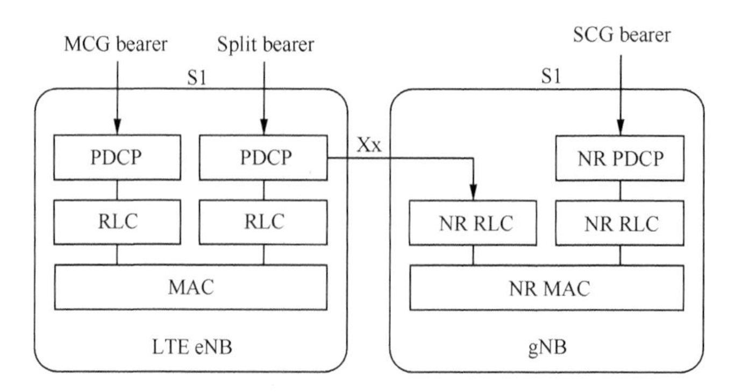

图 2-16　Option 3a 用户面协议栈示意

Option 3a 网络中，同一承载仅可在 LTE 或者 NR 上传输；EPC 需要升级与 NR 相连；LTE 与 NR 之间的回传无容量要求。

Option 3a 和 Option 3 的差别在于，Option 3 中，4G/5G 的用户面在 4G 基站的 PDCP 层分流和聚合；而在 Option 3a 中，4G 和 5G 的用户面各自直通核心网，仅在控制面锚定于 4G 基站。

Option 3x 用户面协议栈示意如图 2-17 所示。

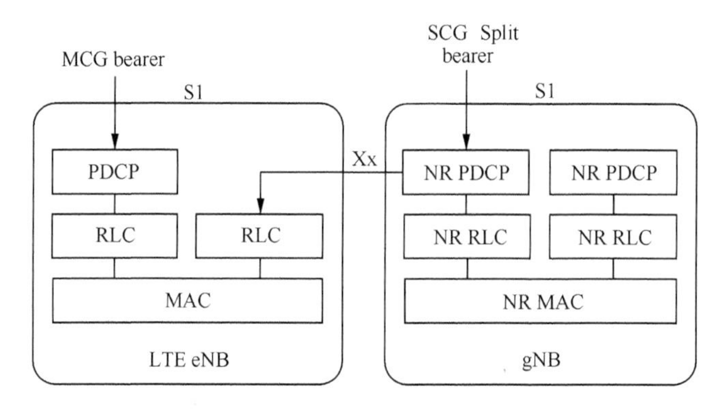

图 2-17　Option 3x 用户面协议栈示意

Option 3x 网络中，同一承载可在 LTE 和 NR 上同时传输；EPC 需要升级与 NR 相连；LTE 与 NR 之间的回传需要支持 LTE 的传输速率。

5G 的峰值速率远远大于 4G，4G 的最大速率不超过 1 Gbit/s，LTE PDCP 层原本不是为 5G 高速率而设计的，因此在 Option 3 中，为了避免 4G 基站处理能力遭遇瓶颈，就必须对原有的 4G 基站，也就是双连接的主站，进行硬件升级。

为了避免 Option 3 中的 LTE PDCP 层遭遇处理瓶颈，Option 3x 其将数据分流和聚合功能迁移到 5G 基站的 PDCP 层，即 NR PDCP 层。

4. Option 4

在 Option 4 中，UE 同时连接到 5G NR 和 4G E-UTRAN，控制面锚定于 5G NR，核心网采用 5GC。Option 4 更接近目标方案 Option 2，利用 5G 做锚点，通过 5GC 统一提供业务。对 4G 无线影响大，需要投资升级支持 eLTE。对终端要求高，必须双连接，主要面向 5G 覆盖已经有相当规模的阶段/地区，由 5GC 统一提供业务。

Option 4 系列包括 4 和 4a 两个子选项。在 Option 4 下，4G 基站和 5G 基站共用 5G 核心网，5G 基站为主站，4G 基站为从站。Option 4/4a 网络架构示意如图 2-18 所示。

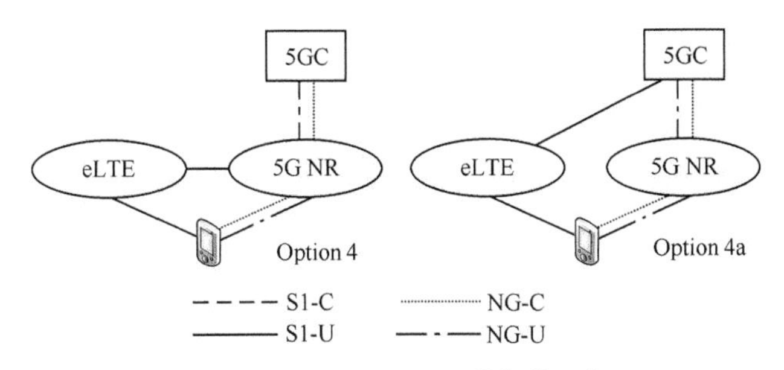

图 2-18　Option 4/4a 网络架构示意

Option 4 要求一个全覆盖的 5G 网络，因而采用小于 1 GHz 频段来部署 5G 的运营商比较青睐这种部署方式，如美国 T-Mobile 计划用 600 MHz 部署 5G 网络。

Option 4 控制面协议栈与 Option 2 相同，仅 NR 存在与 5GC 的控制面连接。NR 负责主要的控制面功能。eLTE 能够发送部分控制信令。Option 4 控制面协议栈示意如图 2-19 所示。

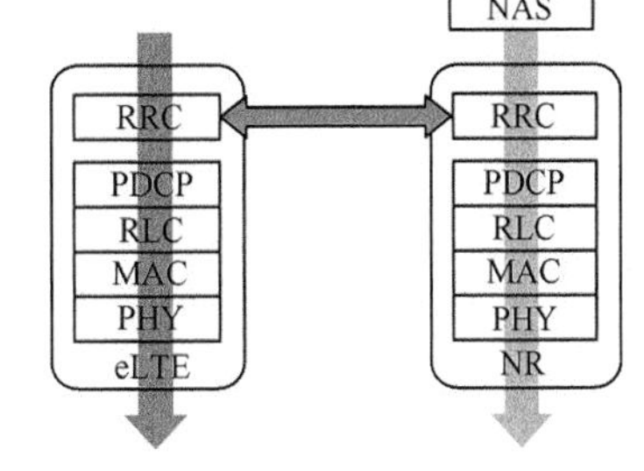

图 2-19　Option 4 控制面协议栈示意

Option 4 用户面协议栈示意如图 2-20 所示。

Option 4 网络中，同一承载可在 NR 和 eLTE 上同时传输；LTE 需要升级成 eLTE；eLTE 与 NR 之间回传需支持 eLTE 的传输。

Option 4a 用户面协议栈示意如图 2-21 所示。

Option 4a 网络中，同一承载可在 eLTE 或者 NR 上传输；LTE 需要升级成 eLTE；eLTE 与 NR 之间回传无容量要求。

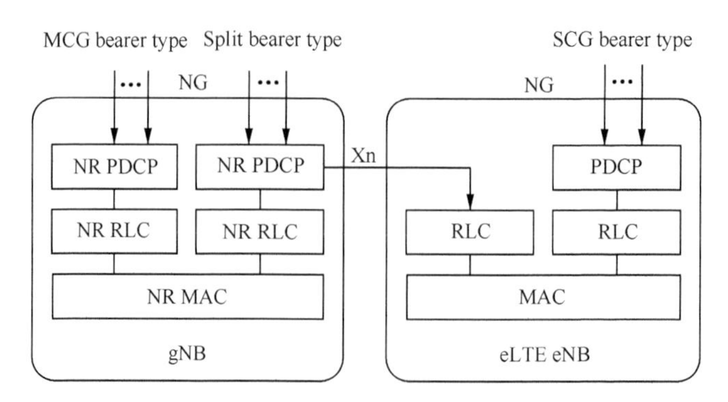

图 2-20 Option 4 用户面协议栈示意

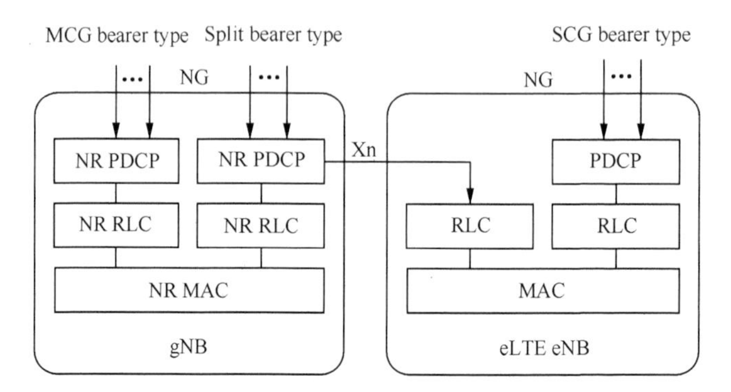

图 2-21 Option 4a 用户面协议栈示意

5. Option 5

Option 5 将 4G 基站连接到 5GC。部分运营商选择 Option 5，将核心网演进到 5GC，具备网络切片功能，暂不新建 5G NR。Option 5 网络架构示意如图 2-22 所示。

Option 5 控制面协议栈示意如图 2-23 所示。

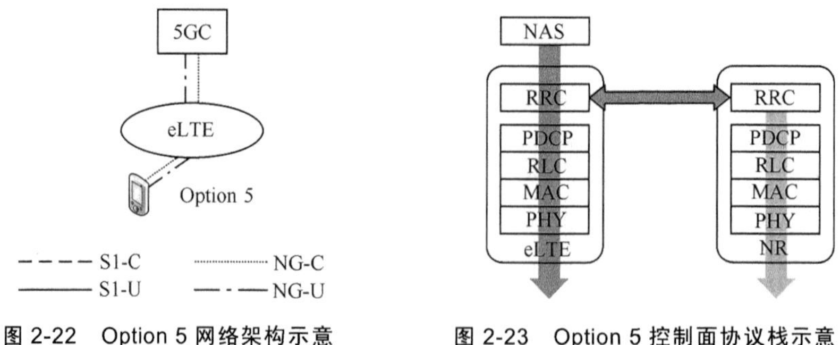

图 2-22 Option 5 网络架构示意

图 2-23 Option 5 控制面协议栈示意

Option 5 网络中，仅 LTE 存在与 5GC 的控制面连接。LTE 负责主要的控制面功能。NR 能够发送部分控制信令。Option 5 用户面协议栈示意如图 2-24 所示。

Option 5 网络中，LTE 需要升级成 eLTE，用户承载只在 eLTE 传输。

6. Option 6

Option 6 尽管没有在 TR 38.801 中优选，但初期仍有小部分运营商支持该方案，主要原因有两点：一是其对于 5GC 在初期是否能够提供多于 EPC 的业务持保守的态度；二是其认为 5GC 与 EPC 的演进关系有待确定，EPC 可能还会长期存在并演进。Option 6 网络架构示意如图 2-25 所示。

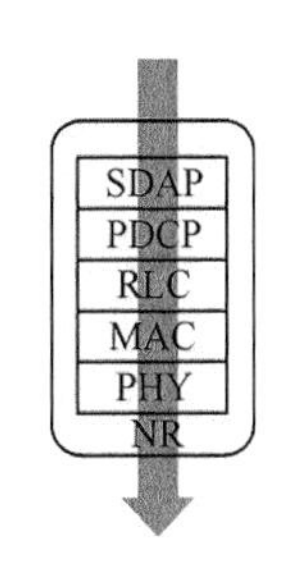

图 2-24 Option 5 用户面协议栈示意

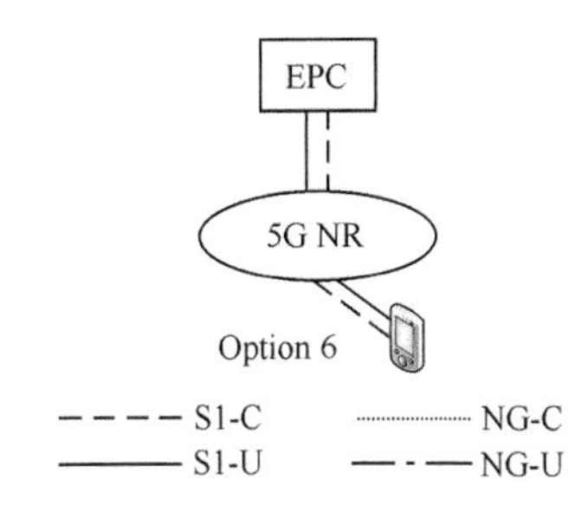

图 2-25 Option 6 网络架构示意

7. Option 7

在 Option 7 中，UE 同时连接到 5G NR 和 4G E-UTRAN，控制面锚定于 E-UTRAN，核心网采用 5GC。Option 7/7a/7x 网络架构示意如图 2-26 所示。

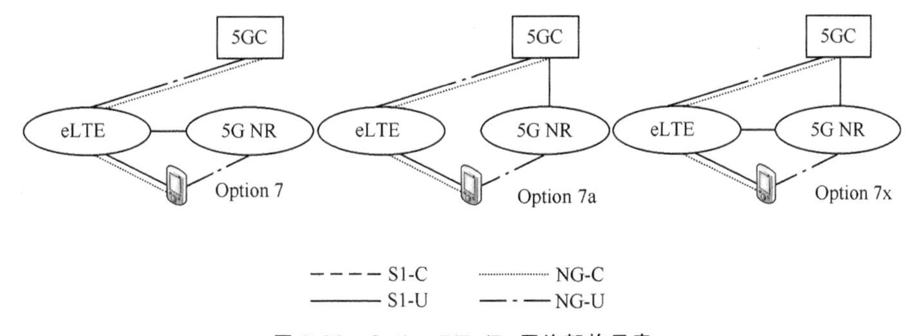

图 2-26 Option 7/7a/7x 网络架构示意

通过 5GC 统一提供业务，利用 4G 做锚点，业务连续性好。

对 4G 无线影响大，需要规模投资升级支持 eLTE。对终端要求高，必须双连接。

定位：5G 发展初期，通过 5GC 统一提供业务。

Option 7 控制面协议栈与 Option 5 相同，仅 LTE 存在与 5GC 的控制面连接。LTE 负责主要的控制面功能。NR 能够发送部分控制信令。Option 7 控制面协议栈示意如图 2-27 所示。

Option 7 用户面协议栈示意如图 2-28 所示。

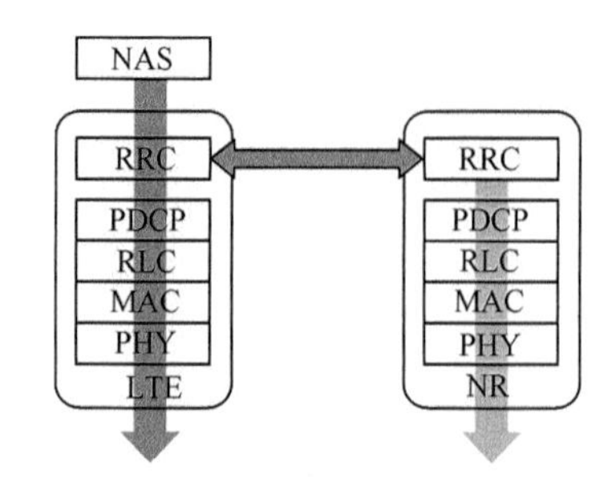

图 2-27 Option 7 控制面协议栈示意

Option 7 网络中，同一承载可在 eLTE 和 NR 上同时传输；LTE 需要升级成 eLTE；eLTE 与 NR 之间回传需支持 NR 的传输。

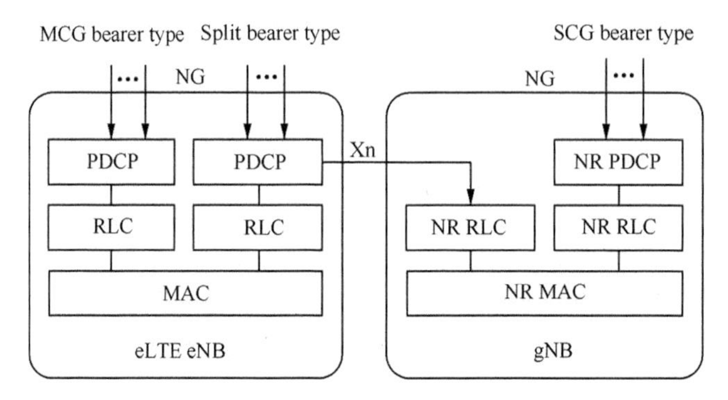

图 2-28 Option 7 用户面协议栈示意

Option 7a 用户面协议栈示意如图 2-29 所示。

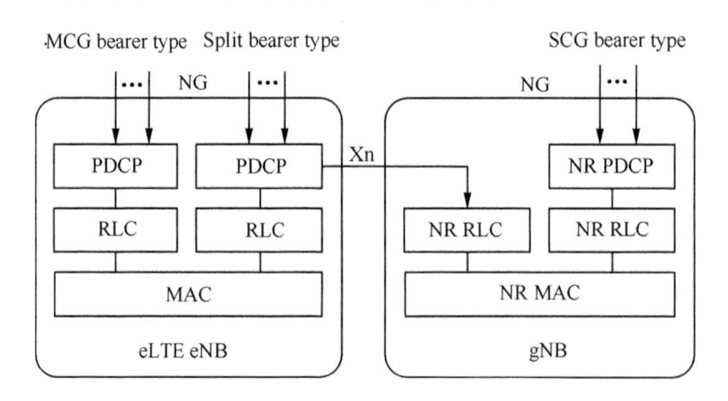

图 2-29 Option 7a 用户面协议栈示意

Option 7a 网络中，同一承载仅可在 eLTE 或者 NR 上传输；LTE 需要升级成 eLTE；eLTE 与 NR 之间的回传无容量要求。

Option 7x 用户面协议栈示意如图 2-30 所示。

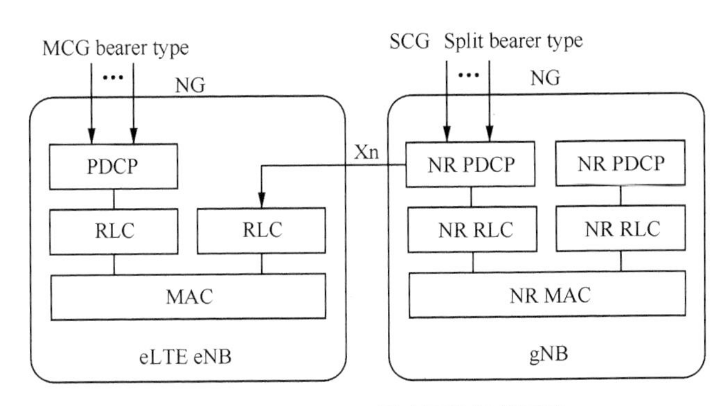

图 2-30　Option 7x 用户面协议栈示意

Option 7x 网络中，同一承载可在 eLTE 和 NR 上同时传输；LTE 需要升级成 eLTE；eLTE 与 NR 之间的回传需要支持 eLTE 的传输速率。

8. Option 8

在 Option 8 中，UE 同时连接到 5G NR 和 4G E-UTRAN，控制面锚定于 5GC，核心网沿用 EPC。Option 8/8a 网络架构示意如图 2-31 所示。

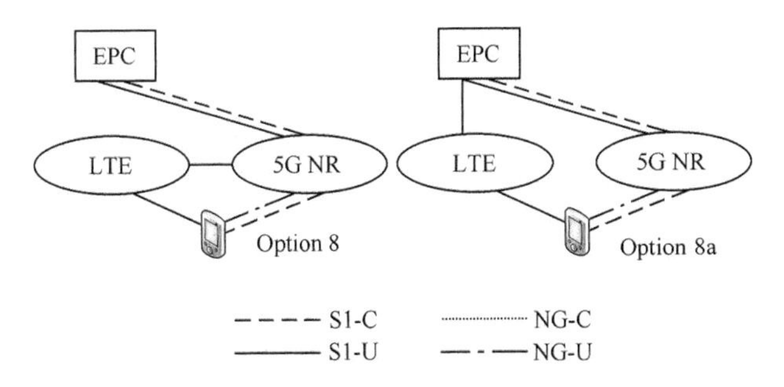

图 2-31　Option 8/8a 网络架构示意

尽管 Option 8/8a 没有在 TR 38.801 中优选，但初期仍有小部分运营商支持该方案，与 Option 6 类似，主要原因有两点：一是其对于 5GC 在初期是否能够提供多于 EPC 的业务持保守的态度；二是其认为 5GC 与 EPC 的演进关系有待确定，EPC 可能还会长期存在并演进。由于 Option 8 组网核心网为 EPC，但将 NR 作为信令锚点，在网络部署初期，NR 未能连片覆盖，而中后期 5GC 已建成，绝大多数运营商的网络架构不会经过该选项，故下面对比 NSA 候选架构时将此选项略去。

2.2.3　NSA 候选架构对比

这里针对常用的 Option 3/4/7 系候选架构进行对比，结果如表 2-2 所示。

表 2-2　NSA 候选架构对比

	Option 3	Option 4	Option 7
架构图	EPC LTE　5G NR Option 3	5GC eLTE　5G NR Option 4	5GC eLTE　5G NR Option 7
4G 无线升级	需要，需支持双连接	需要，升级较大，支持 eLTE	需要，升级很大，支持 eLTE
4G EPC 升级	需要，升级支持双连接	不需要	不需要
业务连续性	切换时延最小	切换时延小	切换时延最小
4G 下的业务能力	仅支持 eMBB 业务	支持各种 5G 业务；4G 接入下性能有缺陷	支持各种 5G 业务；4G 接入下性能有缺陷
网络能力	4G+5G 双连接增益	4G+5G 双连接增益	4G+5G 双连接增益
无线异厂家互通能力	困难	困难	困难
对终端要求	要求高，支持 4G/5G 双连接	要求高，支持 4G/5G 双连接	要求高，支持 4G/5G 双连接
对 4G 的传输新要求	Option 3 和 Option 3x：高，需支持 Xn 互通； Option 3a：低，需要支持 Xn 控制面互通	Option 4：高，需支持 Xn 互通； Option 4a：低，需要支持 Xn 控制面互通	Option 7 和 Option 7x：高，需支持 Xn 互通； Option 7a：低，需要支持 Xn 控制面互通
优点	无须部署 5GC，标准化完成最早，能够将 NR 最快速引入现网	同时引入 5GC 和 NR，可以提供 5G 全业务支持	同时引入 5GC 和 NR，可以提供 5G 全业务支持
缺点	对 5G 业务的支持有限，无法支持 URLLC 业务；LTE 或 EPC 需要较大的升级	以 NR 提供宏覆盖为前提，在 5G 网络部署初期，NR 存在覆盖受限问题，因此短期内不会考虑； 在 NR 可以实现宏覆盖的情况下，LTE 作为 SeNB 的意义有限	LTE 需升级为 eLTE 以支持 5GC 的相关功能

2.2.4　SA 共存方案介绍

网络演进至 SA 阶段之后，5G 网络与 LTE 网络共存状态下可能会有两种组网方案：Option 1+2 和 Option 2+5，以下分别介绍这两种组网方案的特性。

（1）Option 1+2

Option 1+2 为松耦合选项，UE 为单连接，4G UE 连接到 E-UTRAN，5G UE 连接到 5G NR，4G EPC 与 5GC 仅在核心网进行互操作。网络架构如图 2-32 所示。此选项的优势在于对 4G 网络影响小，对终端要求低；互操作方案最简单，投资最节省。但 4G 模式下仅支持传统 MBB 业务，不支持 5G mMTC、URLLC 业务。劣势在于初期切换频繁，切换时延大。

（2）Option 2+5

Option 2+5 为紧耦合选项，UE 为单连接，4G UE 连接到 eLTE，5G UE 连接到 5G NR，核心网采用 5GC，在无线接入层面，eLTE 与 5G NR 进行互通。网络架构如图 2-33 所示。此选项通过 5GC 统一提供业务，业务连续性好，对终端要求低，需要投资改造现网 LTE 基站升级为 eLTE 基站，对 4G 无线影响大。

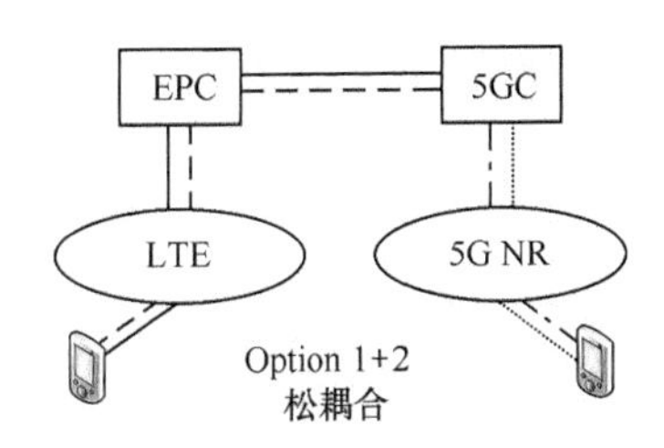

图 2-32　Option 1+2 网络架构示意

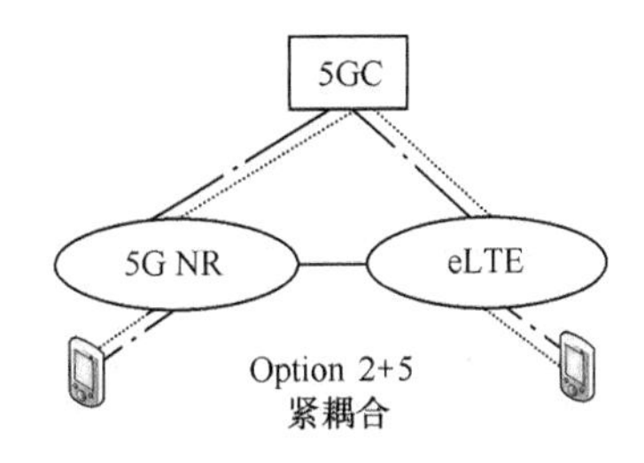

图 2-33　Option 2+5 网络架构示意

初期切换次数多，有一定切换时延，相比 Option 1+2 的方式在时延上有一定的优势，需进一步评估是否影响 VoLTE 业务。

定位：5G 发展初期，通过 5GC 统一提供业务，对互操作时的质量要求不高。

（3）两种方案对比

松耦合的 Option 1+2 与紧耦合的 Option 2+5 对比后，结果如表 2-3 所示。

表 2-3　两种 SA 组合方案对比

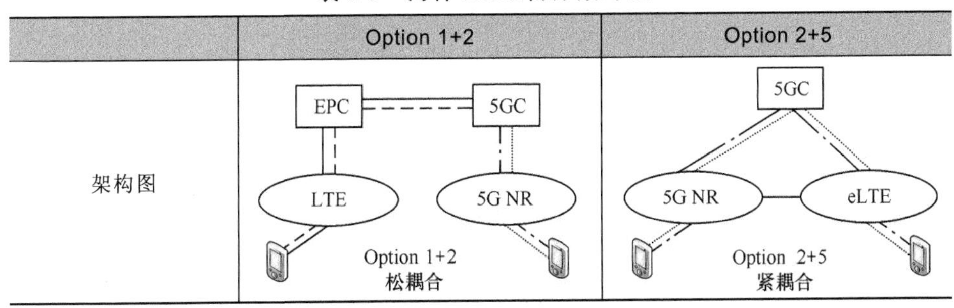

	Option 1+2	Option 2+5
架构图		

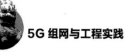

续表

	Option 1+2	Option 2+5
4G 无线升级	需要，仅需支持邻区配置等	需要，升级较大，支持 eLTE
4G EPC 升级	需要，支持与 5GC 的互操作	不需要
业务连续性	切换时延大；初期切换频繁；VoLTE 可能有影响	切换时延比 Option 1+2 好；初期切换频繁
网络速率	5G 速率	5G 速率
无线异厂家互通能力	无需求	支持
对终端要求	要求低	要求低
对 4G 的传输新要求	无	低，需要支持 Xn 控制面互通

2.3 CU-DU 分离方案

根据《迈向 5GC-RAN：需求、架构与挑战白皮书》，5G 的 BBU 功能将被重构为 CU 和 DU 两个功能实体。CU 与 DU 以处理内容的实时性进行功能切分（CU 设备主要包括非实时的无线高层协议栈功能，同时也支持部分核心网功能下沉和边缘应用业务的部署，而 DU 设备主要处理物理层功能和实时性需求的层 2 功能）。

针对不同的组网场景需求，CU-DU 采用灵活的架构进行匹配，主要分两种类型：分离和合设。

（1）CU-DU 分离架构

这种架构下，NR 协议栈的功能可以动态配置和分割，其中一些功能在 CU 中实现，剩余功能在 DU 中实现。为满足不同分割选项的需求，需要支持理想传输网络和非理想传输网络。CU 与 DU 之间的接口应当遵循 3GPP 规范要求。

（2）CU-DU 合设架构

CU 和 DU 的逻辑功能整合在同一个 gNB 中，这个 gNB 实现协议栈的全部功能。

2.3.1 CU-DU 架构

SA 组网时，gNB 的逻辑体系采用 CU 和 DU 分离模式。基带非实时处理位于 CU，而基带实时处理位于 DU。

DU 需要较高的实时性，与传统 BBU 类似，需采用专用硬件平台，支持高密度数学运算能力。CU 的实时性要求较低，也可采用虚拟化技术和通用处理平台。

图 2-34 中对 LTE 网元及功能与 5G 系统进行了对比。可以看到，采用 CU 和 DU 架构后，CU 和 DU 可以由独立的硬件来实现。从功能上看，部分核心网功能可以下移到 CU 甚至 DU 中，用于实现移动边缘计算。此外，原先所有的 L1/L2/L3 等功能都在 BBU 中实现，新的架构下可以将 L1/L2/L3 功能分离，分别放在 CU 和 DU 甚至 RRU/AAU 中来实现，以便灵活地应对传输和业务需求的变化。

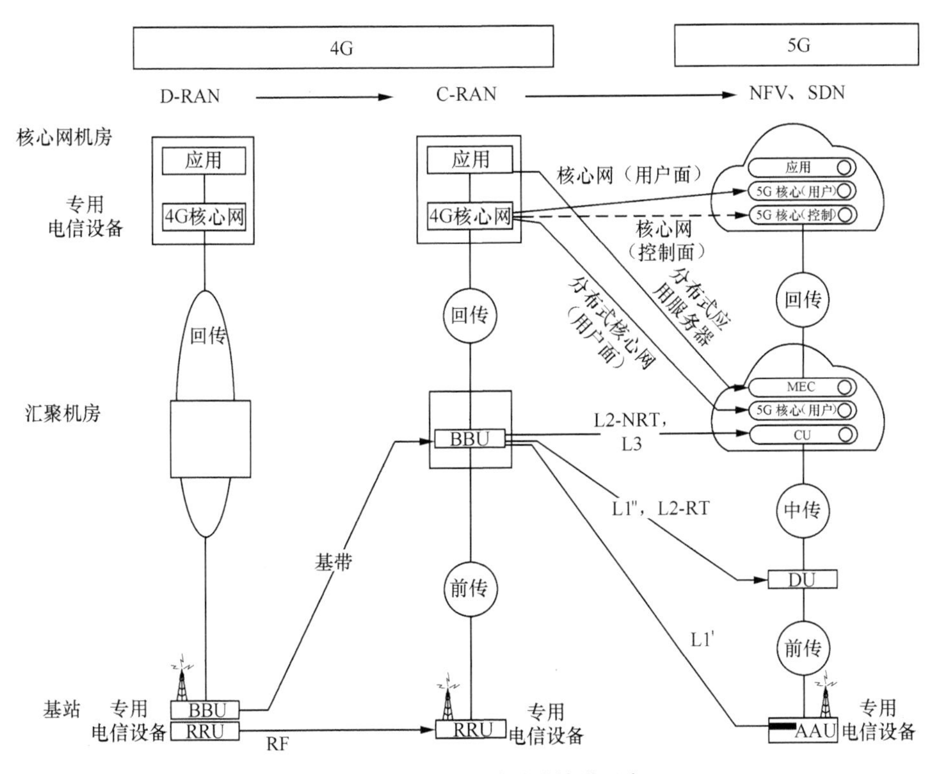

图 2-34 CU-DU 分离技术演进示意

图 2-34 可以作为示例进行参考。它将 L3 和 L2 中的非实时功能 [L2-NRT (Non-Realtime)] 部署在 CU 中实现，L2 的实时功能 [L2-RT (Realtime)] 以及 L1 的部分功能（L1′）部署在 DU 中实现，L1 的另外一部分功能（L1′）移入 AAU 来实现。

引入 CU/DU 架构的好处是：

- CU/DU 分离架构有助于 5G 网络根据业务需求进行网络结构的灵活演进；
- CU 集中虚拟化可充分利用通用的硬件平台，方便网络扩缩容和在线迁移等；
- 与网络切片技术结合，有利于支持灵活的资源协调和配置。例如，CU/DU 分离适用于 mMTC 小数据包业务。

基于协议栈功能的配置，CU-DU 逻辑体系可以分为两种，如图 2-35 所示，即 CU-DU 分离架构和 CU-DU 融合架构（LTE 的 eNB 连接到 EPC，NR 的 gNB 连接到 5G）。

3GPP TR 38.801 给出了 CU 和 DU 之间的不同功能划分。CU-DU 功能划分方案具有以下特点：

- 尽可能低的传输带宽需求；
- 尽可能满足协议层之间传输时延的要求；
- 由于集中程度不同，协作化算法（如联合调度、联合接收、联合发送）的支持程度和所获增益不同；
- CU 节点的虚拟化资源集中程度不同，对通用平台服务器要求不同。

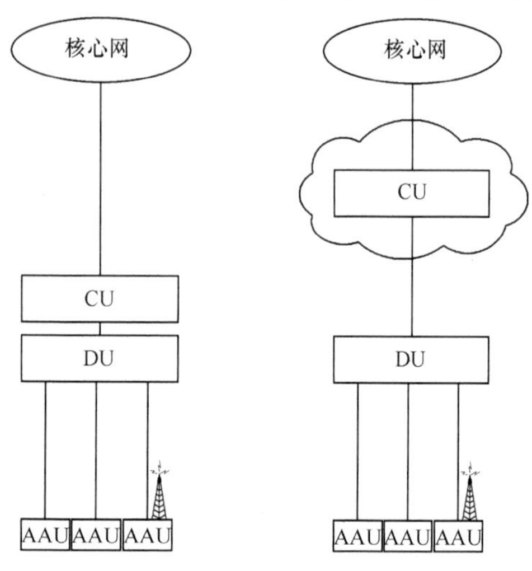

图 2-35 CU-DU 合设（左）分离（右）架构示意

集中单元和分布单元之间的以下功能分割共有 8 种 Option，具体功能划分方案如图 2-36 所示。

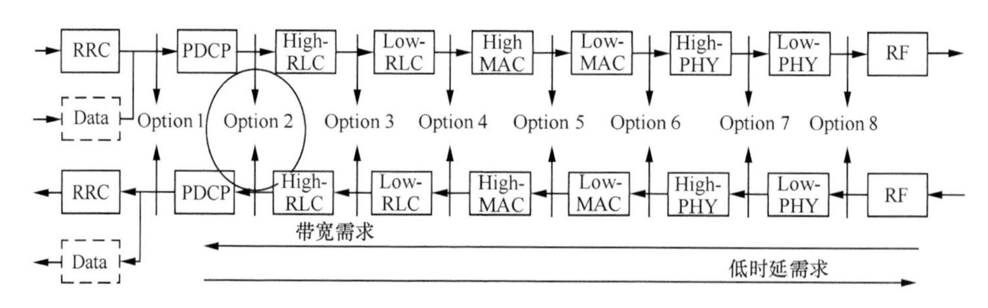

图 2-36 CU-DU 功能划分方案示意

最终 3GPP 协议中选择 Option 2 作为 CU-DU 功能划分的方案。

此选项中，RRC、PDCP 在集中单元中。RLC、MAC、物理层和 RF 在分布单元中。CU-DU 性能评估时 5G 系统的假定参数设置如表 2-4 所示。

表 2-4　CU-DU 性能评估时 5G 系统的假定参数设置

参数	假定参数设置	适用场景
信道带宽	[100 MHz(DL/UL)]	所有场景
调制阶数	[256QAM(DL/UL)]	
MIMO 层数	[8(DL/UL)]	
I/Q 路位宽	[2×(7~16)bit(DL)，2×(10~16)bit(UL)]	Option 7-1 Option 7-2 Option 7-3
	[2×16 bit(DL/UL)]	Option 8
天线端口数	[32(DL/UL)]	Option 7-2 Option 7-3 (UL) Option 8

由于 CU-DU 功能分割而导致对底层传输网络的要求有变化，主要影响传输带宽及传输时延这两个指标，CU-DU 功能分割对传输网络的要求如表 2-5 所示。

表 2-5　CU-DU 功能分割对传输网络的要求

协议划分选项	需求带宽	最大允许单向时延	备注
Option 2	[DL: 4016 Mbit/s] [UL: 3024 Mbit/s]	[1.5~10 ms]	[DL 的 16 Mbit/s 和 UL 的 24 Mbit/s 被假定为信令]

CU 和 DU 通过 F1 接口进行连接，其中，控制面消息采用 SCTP；用户面消息采用 GTP-U。一个 CU 可以控制多个 DU，现阶段一个逻辑 DU 仅能连接一个 CU。CU 接口分为 CU-C 和 CU-U 两个部分，CU-C 和 CU-U 的部分采用 F1 口进行连接。

控制面与用户面分离的 CU 架构示意如图 2-37 所示，其中，en-gNB 为在 NSA 网络中连接 EPC 的 gNB 基站。

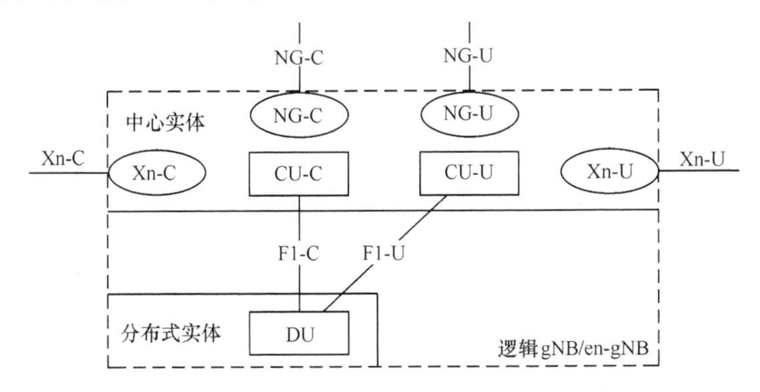

图 2-37　控制面与用户面分离的 CU 架构示意

2.3.2 CU 云化（Cloud RAN）

5G 无线网支持 AAU/CU/DU 的灵活切分和部署，满足不同场景下的切片组网需求。CU 云化部署方便无线资源的集中管理，也可下沉与 DU 合一部署降低传输时延，满足低时延场景的需求。

- 无线侧 CU 网元的集中化和云化代表先进的技术发展方向。
- 建议先进行虚拟化平台建设，然后再进行 CU/UPF/MEC 的统一部署，实现 CU 的集中化和云化。
- CU 承载 RRC 层、用户面等非实时功能，可以运行在通用服务器上，实现软件和硬件解耦。
- DU 承载 PDCP 层，用户面数据，有加/解密的需求。

CU 云化组网示意如图 2-38 所示。

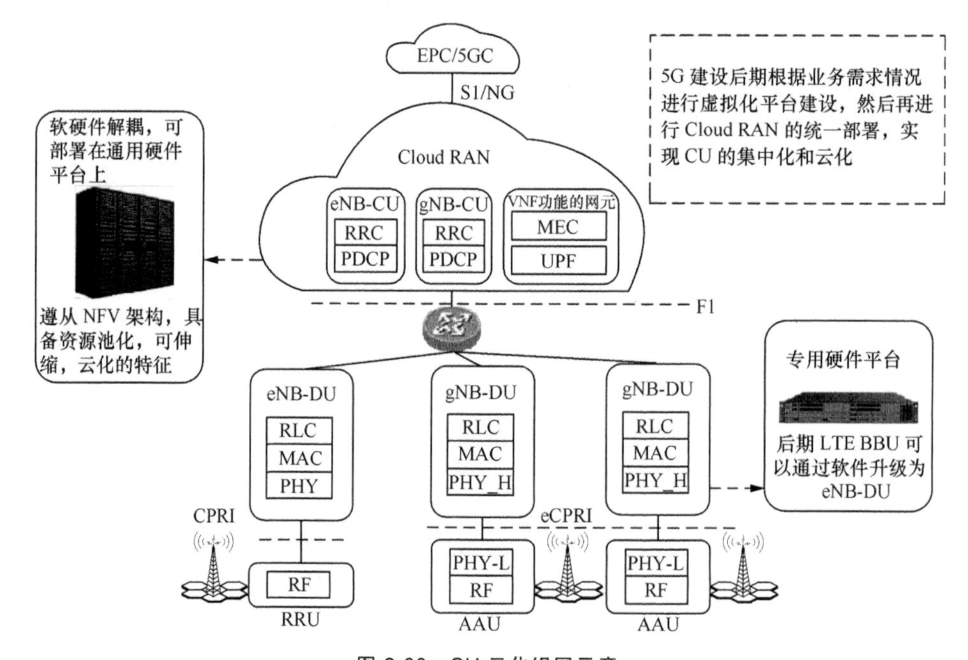

图 2-38　CU 云化组网示意

SDN/NFV 技术融合将提升 5G 进一步组网的能力：NFV 技术实现底层物理资源到虚拟化资源的映射，构造虚拟机（VM），加载网络逻辑功能（VNF）；虚拟化系统实现对虚拟化基础设施平台的统一管理和资源的动态重配置；SDN 技术则实现虚拟机间的逻辑连接，构建承载信令和数据流的通路。最终实现接入网和核心网功能单元动态连接，配置端到端的业务链，实现灵活组网。

2.3.3　满足多种应用场景

根据应用场景不同，CU-DU 部署架构可以分为以下 4 种：

- D-RAN 场景：CU+DU 合设；
- C-RAN 场景：CU 云化，DU 集中；
- 仅 CU 云化场景：DU+AAU 集中部署；
- 小基站场景：CU+DU+AAU 集中部署。

具体架构示意如图 2-39 所示。

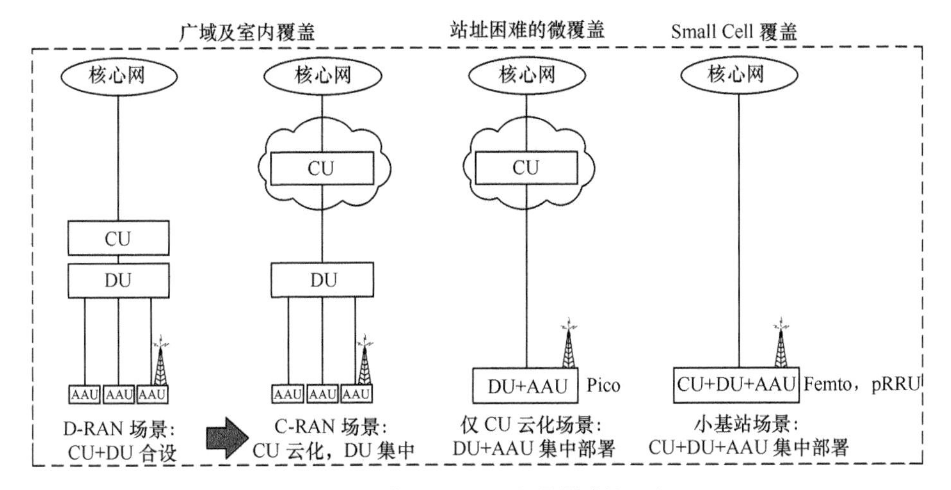

图 2-39　满足不同组网场景需求的示意

2.4　超密集组网技术

超密集组网（Ultra Dense Network，UDN）是小小区增强（Small Cell Enhancements）技术的进一步演进，包括低功率传输节点（Transmission Point，TP）的密集化和终端侧的密集化。TP 的密度进一步提高，它的站间距由 4G 系统的 200～300 m 减小到 10～20 m，同时也拉进了 TP 与终端的距离，使得 TP 的发射功率大大降低。终端设备的数量和种类将极大地增加，带来更为复杂的干扰环境。

2.4.1 5G 系统对超密集组网的技术需求

ITU 在 5G 白皮书中同时定义了 5G 系统的峰值速率、用户体验速率、频谱效率、移动性、时延、连接密度、网络能量效率、流量密度 8 个方面的关键能力。其中，5G 系统需同时满足 Tbit/（s·km²）的流量密度和百万连接/km² 连接密度的要求，需要提升系统容量。5G 系统关键能力要求对超密集组网的需求如图 2-40 所示。

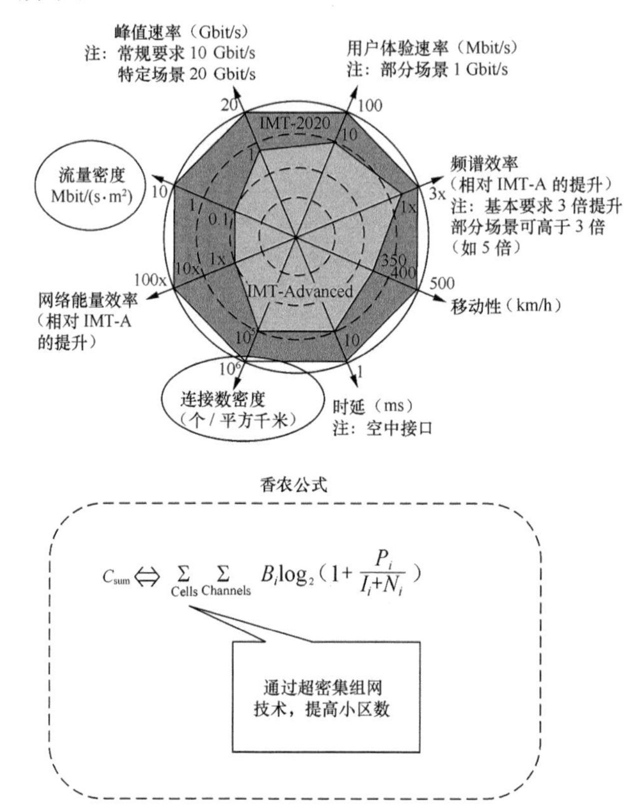

图 2-40 5G 系统关键能力要求对超密集组网的需求

根据香农公式，为了提升 5G 系统网络容量，需要通过超密集组网技术，低功率传输节点（Transmission Point，TP）的密集化和终端侧的密集化，减少小区半径，提高覆盖范围内的小区数，达到提高信道带宽，从而成为 5G 系统流量密度及连接密度目标的关键手段。

IMT-2020 推进组的《5G 无线技术架构白皮书》中指出，为了满足移动互联网用户极致的视频及增强现实等业务体验，支持移动互联网和物联网设备高效接入的要求，在网络容量方面对比 4G 系统需要达到 1000 倍的提升，5G 系统在关键能力方面需满足 Tbit/（s·km²）的流量密度和百万连接/km²连接密度的要求，超密集组网通过增加基站部署密度，可实现频率复用效率的巨大提升，但考虑到频率干扰、站址资源和部署成本，超密集组网仍可在部署区域内实现百倍量级的系统容量提升。

2.4.2 带来的挑战

超密集组网在带来可观的容量提升的同时，产生的干扰、回传资源、移动性管理等问题为密集部署的无线网络带来严峻的挑战。

1. 100 Mbit/s～1 Gbit/s 的体验速率

现有 4G 网络架构中，基站之间通过 X2 接口进行信息交互和干扰协调，只能完成低速的信息交互，信息交互时延达到数十毫秒，无法通过基站间信息交互实现高效的无线资源调度、移动性管理和干扰协同等功能。现有网络小区中心与边缘接入速率性能差异较大，很难满足城区覆盖下 100 Mbit/s 用户体验速率以及热点地区 1 Gbit/s 体验速率的要求。

2. 热点区域数十 Tbit/（s·km²）的流量密度

现有核心网网关的部署位置较高、数据转发模式单一，导致业务数据流量向网络中心汇聚，特别是在热点高容量场景下，容易对移动回传网络造成较大的容量压力。同时 5G 网络需要支持不同特性的业务，如对时延敏感的 eMBB 和 URLLC 业务，需要对回传链路的传输进行精确管理及优化。

3. 百万级连接数密度

单一的网络架构和同化的控制功能不能适应 5G 差异化的物联网终端接入要求。如针对低功率大连接场景与移动互联网场景，网络采用相同的移动性和连接管理机制，将导致终端频繁切换，控制信令开销猛增等问题。基于隧道的连接管理机制报头开销较大，承载物联网小量数据的效率较低。超密集组网的挑战及解决方案如图 2-41 所示。

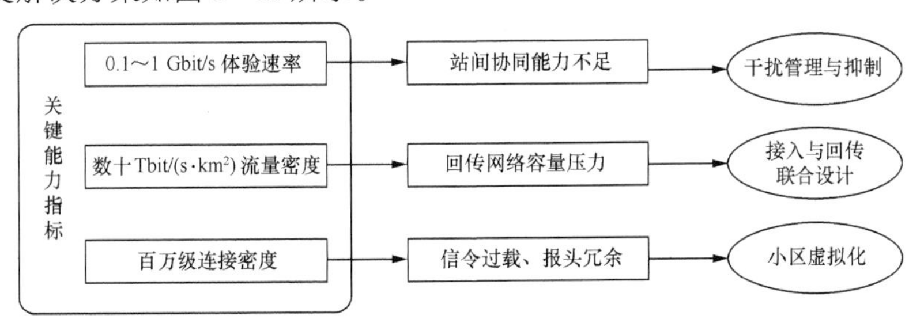

图 2-41 超密集组网的挑战及解决方案

2.4.3 干扰管理方案

5G 干扰管理方案主要包括网络侧干扰管理和终端侧干扰管理，其中，网络侧干扰管理又分为空域干扰协调、时域干扰协调和频域干扰协调。

1. 网络侧干扰管理

（1）空域干扰协调——协作多点传输（CoMP）

下行链路协调传输和上行链路协调接收，即下行由多个传输点在相同的时频资源上协作为同一个用户发送数据，或者上行由多个传输点在相同的时频资源上协作接收同一个用户的数据。

CoMP 可以分为同一站点（Intra-Site）CoMP 和站点间（Inter-Site）CoMP 两种方式。其中，站点间 CoMP 对于传输带宽和时延都有较高的要求。

在 3GPP R11/12 报告中，根据不同的回传条件和不同功率节点是否使用相同的频点，异构网络部署可以划分 3 种 CoMP 场景：JT、DPS 和 CS/CB。

（2）时域干扰协调——增强的小区间干扰协调（Enhanced Inter-Cell Interference Coodination，eICIC）

eICIC 通过配置几乎空白子帧（Almost Blank Subframe，ABS）来避免对被干扰小区的 PDCCH、PDSCH 的干扰，提高被干扰小区用户的 SINR。ABS 在 Macro-Pico 场景中的应用如图 2-42 所示。

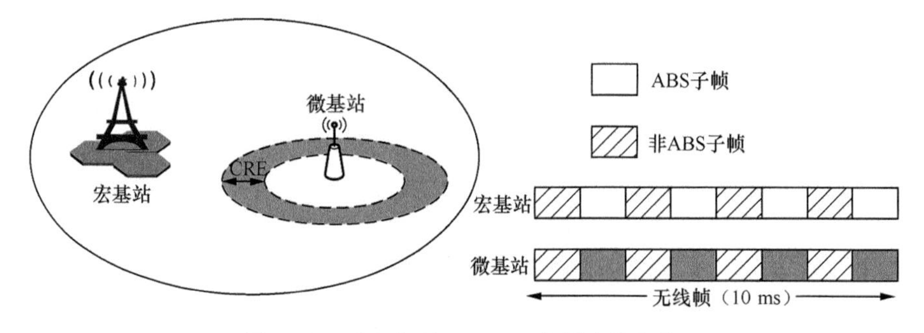

图 2-42 ABS 在 Macro-Pico 场景中的应用

在异构网络中，将宏基站干扰小区的多个子帧配置为 ABS，微基站被干扰小区在以上对应的 ABS 子帧上发送 PDCCH、PDSCH，使得被干扰小区用户在 ABS 子帧上更容易进行 PDCCH、PDSCH 信号的解调，从而规避宏基站的干扰，提升被干扰小区的边缘用户性能。

（3）时域干扰协调——进一步增强小区间干扰协调（Further Enhanced Inter-Cell Interference Coodination，FeICIC）

LTE R10 版本中，增加了 FeICIC 技术，为解决 eICIC 技术中未能解决的 CRS 的干扰和弱小区信号检测问题，主要包括以下几点。

① CRS 的干扰消除

CRS 干扰消除分类及解决方案如图 2-43 所示。

CRS 干扰

CRS 非直接对撞（Non-CRS-Coiling）	CRS 直接对撞（CRS-Coiling）
干扰小区的 CRS 与被干扰小区子帧上的非 CRS 位置上的资源单元相撞，主要影响终端的 PDCCH、PDSCH 等的解调	干扰小区的 ABS 子帧上的 CRS 资源单元与被干扰小区子帧上的 CRS 资源单元完全重合，主要影响终端的 PDCCH、PDSCH 等的解调和 CSI 的测量

发射端干扰消除	接收端干扰消除：使用先进接收机	接收端干扰消除：打掉受 CRS 干扰的资源单元
被干扰小区将 PDCCH、PDSCH 上对应干扰小区发送 CRS 位置的数据资源单元打掉不发送	需要基站辅助信令告知终端，需要进行干扰消除操作的小区列表信息，通过高复杂度的算法进行干扰消除，对以上两种 CRS 干扰都适用	当受干扰的终端检测到某些资源单元受到相邻小区 CRS 干扰较大时，便丢弃这些资源单元不进行译码，对 CRS 非直接对撞适用

图 2-43 CRS 干扰消除分类及解决方案

② PSS/SSS 的干扰处理

FDD 系统可通过平移子帧，避免 PSS/SSS 的干扰问题，此方法不适用于 TDD 系统。高版本的终端增强接收机可通过高复杂度算法消除来自干扰小区的 PSS/SSS 的干扰。

③ MIB/SIB1 的干扰处理

FDD 系统可通过平移子帧，避免 MIB/SIB1 的干扰，此方法同样不适用于 TDD 系统。高层信令辅助方式，在受保护资源上，受干扰小区可以通过 RRC 信令将 MIB/SIB1 信息发送给受干扰的用户。高版本的终端增强接收机可通过高复杂度算法消除来自干扰小区的 MIB/SIB1 的干扰。

（4）时域干扰协调——动态小区开关

异构网中，通过小区开关，将空负载或低负载的小区关闭，降低小区间的干扰；当小区有负载需求时，开启该小区，为用户提供服务。

LTE R12 提出了采用专用参与信号（Dedicated Reference Signal，DRS）的动态小区开关，小区在关闭时只发送 DRS，不发送任何信号。

根据实现方法，动态小区开关分为以下 3 种应用场景：

① 基于切换的动态小区开关；

② 基于载波聚合的动态小区开关；

③ 基于双连接的动态小区开关。

（5）频域干扰协调——ICIC

ICIC 属于载波内干扰协调方法，其通过基站间 X2 接口交互基站负荷信息，来进行同频部署场景的干扰管理，对无线资源的使用重新配置的时间以十毫秒或百毫秒为单位。ICIC 技术示意如图 2-44 所示。

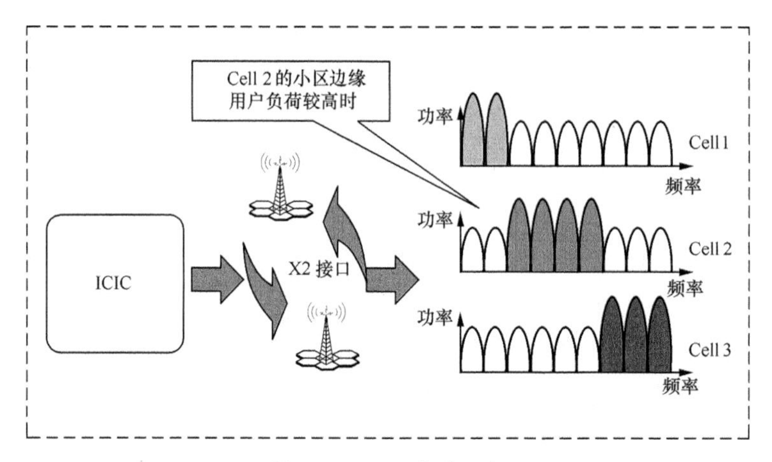

图 2-44 ICIC 技术示意

（6）频域干扰协调——异频分簇

异频分簇属于载波间干扰协调方法，即将干扰较小的小区合并于一个簇内，干扰较大的小区分在不同的簇；簇内的访问节点（Access Point，AP）使用相同的频点，簇间的 AP 使用不同的频点。

频域协调技术只需要 AP 之间交换有限的控制信息，更适合于非理想回传条件的场景。

对于超密集组网，多个微小区的高密度部署，会带来严重的小区间干扰，对系统性能有非常显著的影响。另外，MIMO 多流数据同时同频传输，用户的多个数据流间的干扰也制约 MIMO 带来的性能增益。

终端侧的先进接收机能够在接收侧抑制或删除下行信道的干扰，3GPP 在 R11～R13 中，终端侧引入了以下信道干扰处理的先进接收机：MMSE-IRC、NAICS、SU-MIMO。

2. 终端侧干扰管理

终端侧干扰抑制包括终端干扰抑制（Minimum Mean Squared Error-Interference Rejection Combining，MMSE-IRC）接收机和基于网络辅助的

终端干扰抑制/删除（Network-Assisted Interference Cancellation and Suppression，NAICS）接收机。

（1）MMSE-IRC 接收机

MMSE-IRC 是在空域进行过干扰处理的有力手段，能抑制用户多个数据流间的干扰，也能抑制小区间的干扰。接收机结构如式（2-1）所示。

$\boldsymbol{r}(k,l)$为第 k 个子载波和第 l 个 OFDM 符号上的终端接收信号矢量，其为有用信号 $\boldsymbol{H}_1(k,l)\,\boldsymbol{d}_1(k,l)$，干扰信号 $\boldsymbol{H}_j(k,l)\,\boldsymbol{d}_j(k,l)$（$j>1$）和白噪声 $\boldsymbol{n}(k,l)$之和。

$$\boldsymbol{r}(k,l)=\boldsymbol{H}_1(k,l)\boldsymbol{d}_1(k,l)+\sum_{j=2}^{N_{\rm BS}}\boldsymbol{H}_j(k,l)\boldsymbol{d}_j(k,l)+\boldsymbol{n}(k,l) \tag{2-1}$$

（2）NAICS 接收机

在 3GPP 36.866 报告中定义了 3 种 NAICS 场景，主要面向同构网络及稀疏小站部署的异构网络。NAICS 接收机仿真场景如图 2-45 所示。

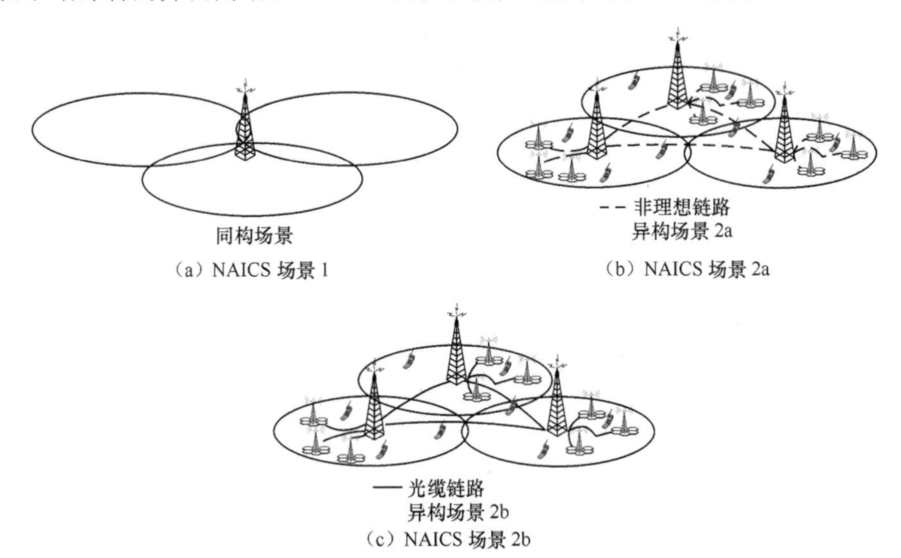

图 2-45 NAICS 接收机仿真场景

2.5 网络切片

网络切片是 5G 网络的重要关键技术之一，旨在一张网络上提供定制化、相互隔离、质量可保证的端到端“专用”网络。

网络切片包括一组为特定用例和商业模型设定的网络功能和特定 RAT 设置的组合。一个网络切片可以跨越网络所有领域，云节点上运行的软件模块，支持灵活功能放置的特定传输网络配置，一个专用无线配置甚至一个特定 RAT 和 5G 终端设备的配置。

2.5.1 网络切片的驱动力

由于移动网络需要服务多种类型和需求的业务，如果为每一种服务建设一个专有网络，成本将是难以估计的。网络切片技术可以让运营商基于一个硬件基础设施切分出多个虚拟的端到端网络，每个网络切片的设备、接入网、传输网、核心网在逻辑上隔离，适配各种类型服务的不同特征需求，保证从核心网到终端等，能动态、实时、有效地分配网络资源，从而保证质量、时延、速度、带宽等方面的指标。网络切片的出现有三大驱动力：

① 网络切片为各垂直行业创建基于切片的虚拟专网，大幅降低专网成本；

② 网络切片对资源和业务逻辑的隔离，大幅降低技术实现复杂度，缩短产品上市周期，刺激业务创新；

③ NFV/SDN 技术的出现，加速了网络切片的部署速度。

2.5.2 5G 网络切片整体架构及解决方案

5G 端到端网络切片是指将网络资源灵活分配，网络能力按需组合，基于一个 5G 网络虚拟出多个具备不同特性的逻辑子网。每个端到端切片均由核心网、无线网、传输网子切片组合而成，并通过端到端切片管理系统进行统一管理。

1. 核心网子切片

基于专用硬件的传统核心网无法满足 5G 网络切片在灵活性和服务等级协议（Service-Level Agreement，SLA）方面的需求。5G 核心网基于全新的服务化架构，将网络功能解耦为服务化组件，组件之间使用轻量级开放接口通信。这种高内聚低耦合（每个模块功能独立性强，接口简单）的结构使其具备敏捷、易拓展、灵活、开放的特性，从而满足网络切片的按需构建、动态部署弹缩和高可靠性要求。

核心网子切片的典型实体是 NSSF 和 NRF，以 PLMN 为单位部署；AMF、PCF、UDM 等 NF 可以共享为多个切片提供服务；SMF、UPF 等可以基于切片对时延、带宽、安全等的不同需求，为每个切片单独部署不同的 NF。

不同网络切片对于支持的网络特征和 NF 进行优化。在这种情况下，此类网络切片可能具有不同的切片/业务类型。

运营商可以针对不同组的 UE 部署多个提供完全相同特征的不同网络切片实例。网络可以为 UE 提供一个或多个网络切片实例供其经由 5G 接入网访问。

5G 核心网支持灵活组合 3GPP 定义的标准 NF 服务和公共服务。可通过将各类服务组合的方式灵活编排 NF，再将 NF 组合成需要的网络切片，如 eMBB、URLLC、mMTC 等切片。每个服务支持独立注册、发现和升级，从而更便于满足各垂直行业的定制需求。

2. 无线网子切片

无线网基于统一的空口框架，采用灵活的帧结构设计。针对不同的切片需求，首先无线网为每个切片进行专用无线资源（RB）的分配和映射，形成切片间资源的隔离，再进行帧格式、调度优先级等参数的配置，从而保证切片空口侧的性能需求。

根据不同的业务场景以及资源情况，可以对无线网进行 AAU/DU/CU 功能的灵活切分和部署。

通常来说，mMTC 场景对时延和带宽较不敏感，可以尽量进行集中部署，获取集中化处理的优势；eMBB 场景对带宽要求比较高，对于时延要求，差异比较大，CU 集中部署的位置根据时延要求来确定；而 URLLC 场景对时延要求极其苛刻，一般会采用合适的方式，来降低传输时延的损耗。

5G 无线网支持 AAU/CU/DU 的灵活切分和部署，满足不同场景下的切片组网需求。CU 可云化部署方便无线资源的集中管理，也可下沉与 DU 合一部署降低传输时延，满足低时延场景的需求。同时，统一的空口框架，灵活的帧结构设计支持切片无线资源的灵活分配，配合 Massive MIMO、MUSA 等关键创新技术，实现不同切片场景下对空口的差异化需求。

不同的业务对无线网子切片的隔离性要求也不一样，主要存在以下两种场景：

场景一：切片间完全隔离，不同切片在不同的小区上，如 eMBB 切片和 NB-IoT 切片；

场景二：CU-C 共享，CU-U 隔离，不同切片可以在相同的小区上，共享 CU-C，终端要求同时接入多个切片，如不同的 eMBB 切片。

3. 传输网子切片

传输网子切片，是在网元切片和链路切片形成的资源切片基础上，包含数据面、控制面、业务管理/编排面的资源子集、网络功能、网络虚拟功能的集合。

网元切片是基于网元内部的转发、计算、存储等资源进行切片/虚拟化，构建虚拟设备/虚拟网元（VNE），是设备的虚拟化，虚拟网元（VNE）具有类似物理网元的特征；链路切片是通过对链路进行切片，形成满足 QoS 要求的 VLink，VLink 可以是 LSP Tunnel，也可以是 FlexE Tunnel 或 ODUk 管道等。

基于虚拟化的 VNE 及 VLink，形成了虚拟网络（也可以称为资源切片，VNet）。虚拟网络（VNet）具有类似物理网络的特征，包括逻辑独立的管理面、控制面和转发面，满足网络之间的隔离特征。

传输网切片后，上层的业务与物理资源解耦，同时切片网络与业务解耦，即切片划分的时候无须感知业务。传输网子切片的技术架构，底层的物理网络被切分为多个子切片，业务运行于独立的切片上。

4. 端到端部署

3GPP 定义的网络切片管理功能包括通信服务管理、网络切片管理、网络切片子网管理。

（1）通信服务管理功能（CSMF）实现业务需求到网络切片需求的映射。

（2）网络切片管理功能（NSMF）负责切片的编排和部署，将 CSMF 的需求自动转化为切片需要的 SLA，并把端到端切片需求分解为子切片需求。

（3）网络切片子网管理功能（NSSMF）负责子切片的编排和部署，将切片或子切片的模板转化为网络服务的模板，再通过 MANO 进行切片的部署。

切片给网络带来灵活性的同时也增加了管理的复杂性，需要统一的智能化系统实现切片的端到端编排管理。电信级开发与运维（Development&Operations，DevOps）平台跨越切片的设计域和运行域，实现从设计、测试、部署到运行监控，以及动态优化的切片全生命周期自动化闭环管理。平台具备拖拽式的切片设计环境，自动化端到端编排部署，AI 增强的自动运维，通过全流程模型化驱动，实现业务需求和网络资源的灵活匹配，满足客户的快速定制和部署需求。

2.6　移动边缘计算

移动边缘计算（Mobile Edge Computing，MEC）是一种基于移动通信网络的全新的分布式计算方式，构建在 RAN 侧的云服务环境，通过使一定的网络服务和网络功能脱离核心网络，实现成本优化、时延和往返时间降低、流量优化、物理安全和缓存效率增强等目标。基于 MEC，终端用户可以获取更加极致的体验、更加丰富的应用以及更高的安全性。

2.6.1 概述

MEC是指在接近移动用户终端的无线接入网内提供云化的IT服务环境及计算能力。欧洲电信标准化协会（European Telecommunications Standards Institute，ETSI）定义MEC为通过在无线接入侧部署通用服务器，为移动网边缘提供IT和云计算的能力，强调靠近用户，如图2-46所示。

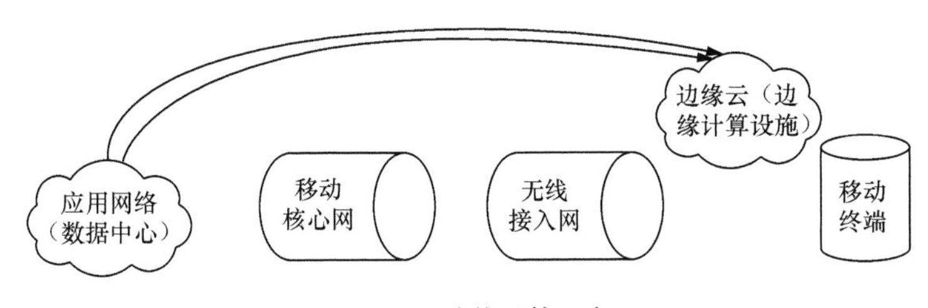

图 2-46 边缘计算示意

传统的无线互联网络主要分为3个部分：无线接入网、移动核心网和服务/应用网络，通过统一的接口相互连接。

在目前的网络架构中，由于核心网的高位置部署，传输时延比较大，不能满足超低时延的业务需求；此外，业务完全在云端终结并非有效，尤其一些区域性业务不在本地终结，既浪费带宽，也增加时延。因此，时延指标和连接数指标决定了5G业务的终结点不可能全部都在核心网后端的云平台。

移动边缘计算的出现顺应了这种需求，将服务、应用网络与无线接入网融合在了一起。一方面，移动边缘计算部署在无线接入网边缘位置，边缘服务在终端设备上运行，反馈更迅速，解决了时延问题；另一方面，移动边缘计算将内容与计算能力下沉，将业务本地化，内容本地缓存，让部分区域性业务不必在云端终结，有效降低网络负荷以及对网络回传带宽的需求。

业务应用的本地化部署使得业务应用更靠近无线网络及用户本身，更易于实现对网络上下文信息（位置、网络负荷、无线资源利用率等）的感知和利用，从而可以有效提升用户的业务体验。运营商可以通过MEC平台将无线网络能力开放给第三方业务应用以及软件开发商，为创新型业务的研发部署提供平台。

2.6.2 MEC的标准发展

ETSI于2014年成立移动边缘计算规范工作组，正式宣布推动移动边缘计算标准化。其基本思想是云计算平台从移动核心网络内部迁移到移动网络边缘，实现计算及存储资源的弹性利用。2016 年，ETSI 把 MEC 的概念扩展为多接入边缘计算（Multi-Access Edge Computing），将边缘计算从蜂窝网络进一步延伸至其他无线接入网，即支持 3GPP 和非 3GPP 多接入。ETSI 目前的研究方向主要集中在 MEC 平台和接口的标准化工作。未来将分阶段开放 MEC 接口并制定相关接口的标准。

2.6.3 MEC 的典型应用

MEC 在个人娱乐、车联网、物联网及工业控制等领域的应用案例如下。

1. **增强现实**（Augmented Reality，AR）

由于增强现实信息是高度本地化的，因此使用 MEC 服务器是非常具有优势的。用户位置或摄像机视图的处理可以在 MEC 服务器上执行，而不是在更集中化的服务器上执行。此应用可能需要快速地更新信息，具体取决于用户如何移动和需要用到上下文信息（如在美术馆中，展品的位置仅相隔几米，每件作品都补充了对艺术家和艺术作品的说明等）。根据用户的位置和方向，增强现实数据需要低延迟和高速率的数据处理才能向用户设备提供正确的数据，如图 2-47 所示。

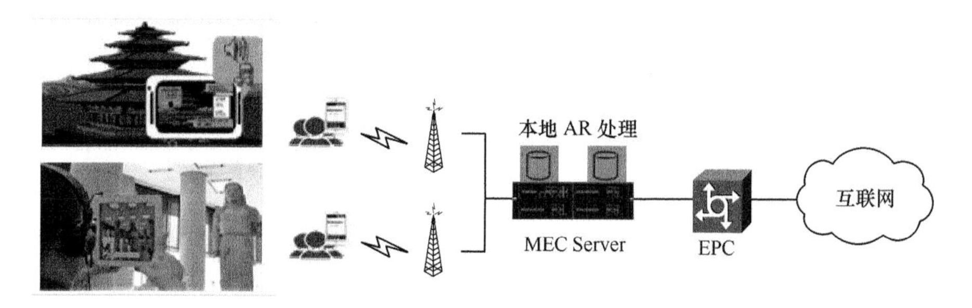

图 2-47　增强现实应用示意

2. **虚拟现实**（Virtual Reality，VR）**直播**

在大型的电竞、球赛、F1 赛车、演唱会等直播场景，用户对时延及沉浸式体验有较高的要求。MEC 平台可实现 VR 视频源的本地映射和分发，为观众提供高品质的 VR 视频体验，并可通过多角度全景摄像头为观众带来独特的视角体验。例如，距离球场较远位置的球迷可以通过实时 VR 体验坐在 VIP 位置的观看感觉。另外，MEC 的低时延、高带宽优势可避免在观看 VR 时因带宽和时延受限带来的眩晕感，并且可减少对回传资源的消耗，VR 直播应用如图 2-48 所示。

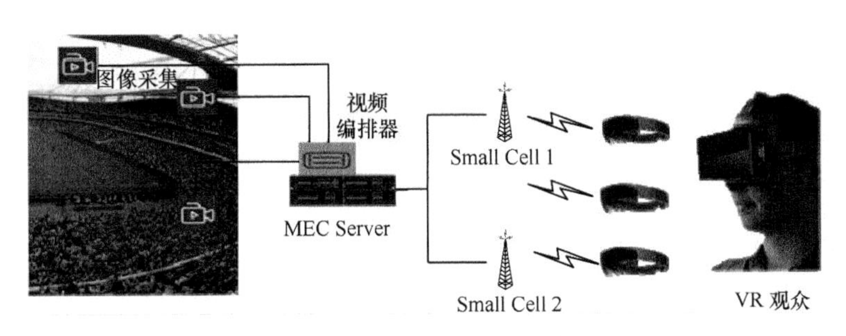

图 2-48 VR 直播应用示意

3. 视频分析

以监控为例，随着摄像头部署数目的增加以及视频拍摄质量的提升，监控视频的数据量也在逐渐提升。如果如此庞大的视频数据都经核心网被回传至集中云平台进行视频分析和处理，往返时延将非常大。因此，比较好的解决方案就是在本地 MEC 平台部署视频分析应用，将捕捉的视频流进行转码和就地保存，以节省传输资源。同时，视频管理应用还可对视频内容进行分析和处理，对监控画面有变化的片段或者出现预配置事件的片段进行回传，大量无价值的监控内容就地保存在 MEC 服务器内。该应用场景可面向公共安全（如防盗监控、人流密集场所安保）和智慧城市（如车牌检测）等，视频分析应用如图 2-49 所示。

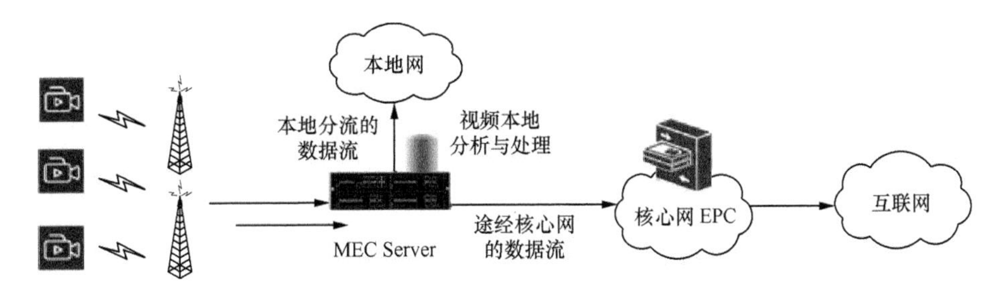

图 2-49 视频分析应用示意

4. CDN

当前移动网的 CDN 系统一般部署在中心城市 IDC 机房，并非运行于移动网络内部，距离移动用户较远，仍然需要占用大量的移动回传带宽，服务的“就近”程度尚不足以满足对时延和带宽更敏感的移动业务场景。运营商可以在 MEC 平台上部署边缘 CDN 系统，OTT 以 IaaS 的方式租用边缘服务器节点存储自身的业务内容，并在自有的全局 DNS 系统将服务指向边缘 CDN 节点，移动 CDN 下沉应用如图 2-50 所示。

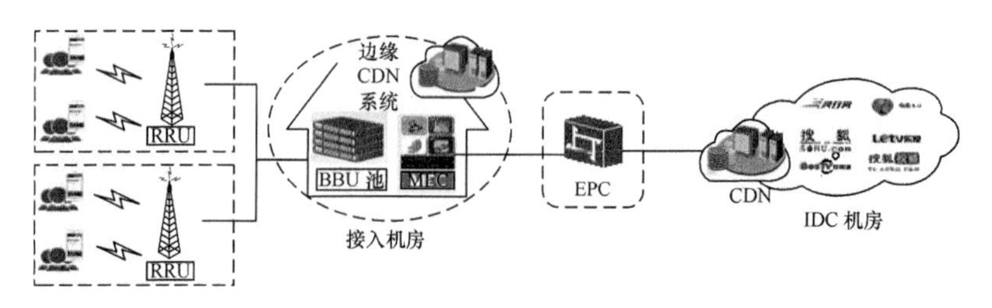

图 2-50　移动 CDN 下沉应用示意

5. **智能视频加速**

由于无线侧的信道和空口资源时刻频繁变动，应用层参数难以通过动态调整来适应无线信道的变化，一般要等网络过载或拥塞发生后，再降低其发送速率；传统的 TCP 拥塞控制策略主要针对有线环境，也难以准确适应无线信道的变化；基站无法感知应用层内容，也无法为不同类型的业务动态调度无线资源，无法为同一类型业务的不同用户提供差异化的 QoS。在这种情况下，无线分析应用程序驻留在 MEC 服务器中，可以在无线下行链路接口上使用，为视频服务器提供吞吐量的近乎实时的指示估计。根据网络提供的信息，如小区 ID、小区负载、链路质量、数据吞吐率等，视频服务器对内容进行动态的优化，以提升 QoE 和网络效率，如图 2-51 所示。

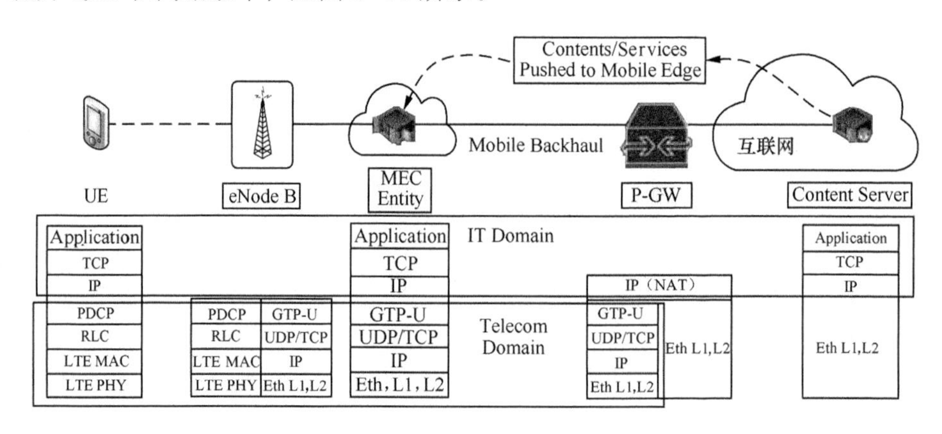

图 2-51　智能视频加速应用示意

6. **车联网**

车联网可为用户提供道路故障通知、减小交通拥堵、感知其他车辆行为/动作等服务，还可提供诸如汽车找回、泊车点找寻、车内信息娱乐（如移动视频分发）等各种增值服务，从而提高交通系统的安全性、效率及便捷度。

车联网的数据传送量将会不断增加，其对于延迟/时延的需求也越来越高。

将移动边缘计算技术应用于车联网之后，可以把车联网云“下沉”至移动通信基站或汇聚节点的 MEC 服务器，通过运行移动边缘计算应用（App）提供各种车联网功能。

移动边缘计算平台可提供一系列全新的车联网应用，数据及应用就部署于车辆（位置在不断发生变化，且与其他联网设备或传感器通信）及道路传感器的临近位置。

移动边缘计算应用直接从车载应用（App）及道路传感器实时接收本地化的数据，然后进行分析，并将结论（危害报警信息）以极低延迟传送给临近区域内的其他联网车辆，整个过程可在毫秒级别时间内完成，使驾驶员可以及时做出决策，具体内容如图 2-52 所示。

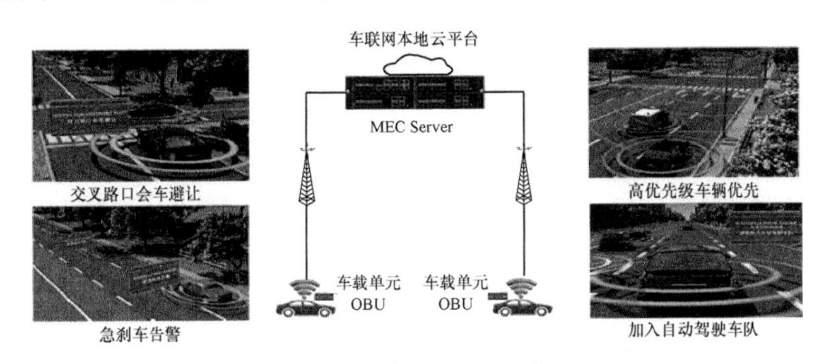

图 2-52　车联网应用示意

7. **物联网网关服务**

基于 GSM、3G、LTE、Wi-Fi 等无线技术的蜂窝/无线物联网设备越来越多。总体上，物联网数据基本都是采用不同协议加密的小包。而这些由海量物联网设备所产生的海量数据需要很大的处理及存储容量，从而就需要有一个低延迟/时延的汇聚节点来管理不同的协议、消息的分发、分析的处理/计算等。

如果采取移动边缘计算技术，上述的汇聚节点就将被部署于接近物联网终端设备的位置，提供传感数据分析及低延迟响应，具体内容如图 2-53 所示。

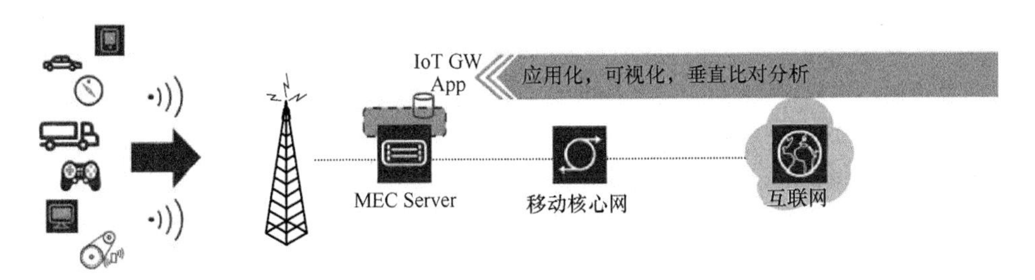

图 2-53　物联网网关服务应用示意

8. 工业控制

移动互联网的迅猛发展促使工业园区对无线通信的需求越来越强烈，目前，多数厂区/园区通过 Wi-Fi 进行无线接入。然而，Wi-Fi 在安全认证、抗干扰、信道利用率、QoS、业务连续性等方面无法进行保障，难以满足工业需求。结合蜂窝网络和 MEC 本地工业云平台，可在工业 4.0 时代实现机器和设备相关生产数据的实时分析处理和本地分流，实现生产自动化，提升生产效率。由于无须绕经传统核心网，MEC 平台可对采集到的数据进行本地实时处理和反馈，具有可靠性好、安全性高、时延短、带宽高等优势，工业控制应用如图 2-54 所示。

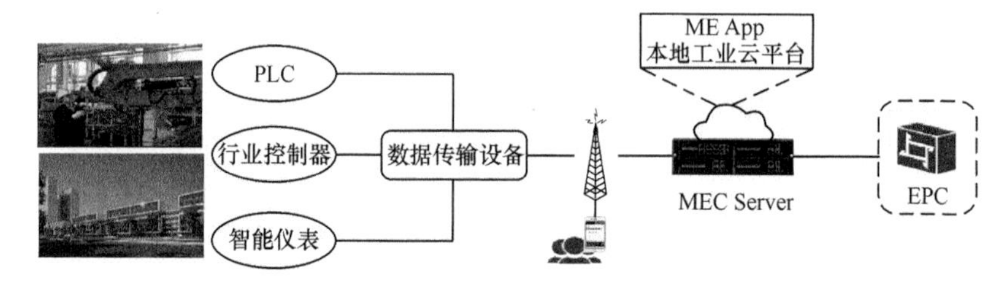

图 2-54　工业控制应用示意

2.6.4　MEC 的部署方式

当 5G 网络支撑边缘计算时，应用功能（Application Function，AF）向 NEF（非授信域）或者向 PCF（授信域）发送 AF Request。PCF 根据 AF 提供的这些信息参数，结合自身策略控制，为目标 PDU 会话业务流生成 PCC 规则，通过 SMF 为其选择一个合适的 UPF，并配置 UPF 如何把目标业务流通过 N6 接口传输到目标应用实例。同时，5G 核心网通过用户面管理事件消息通知 AF UPF 位置改变，这样 AF 可以对应改变应用的部署位置。此时，AF 相当于应用控制器的角色，提供应用与网络控制面之间的交互。

ETSI MEC 提供应用基础设施资源编排、应用实例化、应用规则配置等功能，其功能相当于应用控制器。因此，当 MEC 部署在 5G 系统中时，MEC 自然可以充当 AF 的角色，代表部署在 MEC 上的应用与 5G 系统控制面交互。并且 ETSI MEC 在系统层次上分为 System Level 和 Host Level。

从协议逻辑看，5G 边缘计算部署时，UPF 相当于 MEC 服务器的用户面功能。UPF 以及 MEC 服务器的位置取决于运营商与第三方应用基于基础设施虚拟化、业务时延及带宽、管理模式和商业考虑等各方面因素的影响。

UPF 在 5G 网络集成 MEC 部署中起到关键作用。从 MEC 系统的角度来看，

UPF 可以看作是分布式和可配置的数据层。该数据层的控制，即流量规则配置遵循 NEF-PCF-SMF 路线。因此，在某些特定部署中，本地 UPF 甚至可能是 MEC 实施的一部分。

图 2-55 显示了如何在 5G 网络中以集成方式部署 MEC 系统。图 2-55（c）中，MEC 协调器是 MEC 系统级功能实体，充当 AF 与 NEF 交互，或者在某些情况下直接与目标 5G NFS 交互。在 MEC 主机级别上，MEC 平台可以与这些 5G NF 进行交互，同样充当 AF 的角色。MEC 主机即主机级功能实体，最常部署在 5G 系统中的数据网络中。虽然作为核心网络功能的 NEF 与 NF 集中部署的系统级实体类似，但也可以在边缘部署 NEF 的实例以允许来自 MEC 主机的低延迟，高吞吐量服务访问。

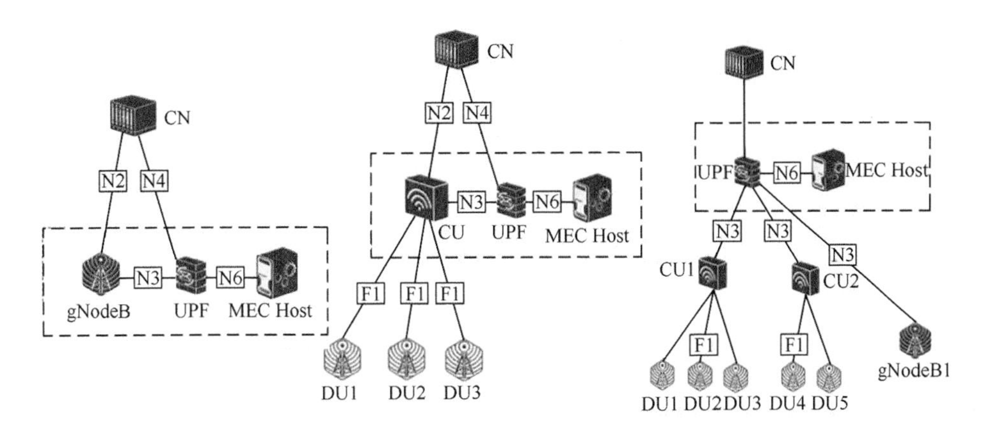

（a）MEC 与 gNB 共址部署　（b）MEC 与 CU 共址部署　（c）MEC 部署在传输 / 汇聚点

图 2-55　5G 网络中以集成方式部署 MEC 系统

UPF 负责将用户平面流量引导到数据网络中的目标 MEC 应用。数据网络和 UPF 的位置是网络运营商的选择，并且网络运营商可以选择基于技术和业务参数来放置物理计算资源，灵活决定 MEC 应用程序的部署位置。图 2-55 中概述了 MEC 物理位置的一些可行选项：

- MEC 与 gNB 共址部署；
- MEC 与 CU 共址部署；
- MEC 部署在传输/汇聚点。

2.6.5　MEC 的平台系统

MEC 平台的标准化主要在 ETSI 中完成，定义的基于 NFV 架构的 MEC

标准架构如下所示。各功能实体间的接口如：

- Mp 接口：与 MEC 平台的接口；
- Mm 接口：与 MEC 平台管理单元的接口；
- Mx 接口：与 MEC 系统外部实体间的接口。

该系统架构由业务域和右侧的管理域构成。业务域包括 MEC 平台、MEC 应用以及为之提供计算、存储、网络资源等的虚拟化基础设施。管理域包括 MEC 系统级管理以及 MEC 主机级管理。MEC 系统级管理以 MEC 编排器为核心部件，负责 MEC 整个系统资源的配置管理。MEC 主机级管理则主要由 MEC 平台管理单元和虚拟化基础设施管理单元组成。

图 2-56 中移动边缘系统的业务域：移动边缘主机（MEH）具体包括虚拟基础设施（数据面）（VI）、移动边缘平台（MEP）、移动边缘应用（MEA）。

• 移动边缘应用，基于移动边缘平台管理的配置或要求，在虚拟基础设施中实例化。

• 虚拟基础设施提供移动边缘应用使用的计算、存储、网络资源；虚拟基础设施（数据面）执行来自移动边缘平台下发的业务规则，将业务流分发到应用、服务、DNS 服务器/代理、3GPP 网络、本地网络、外部网络等。

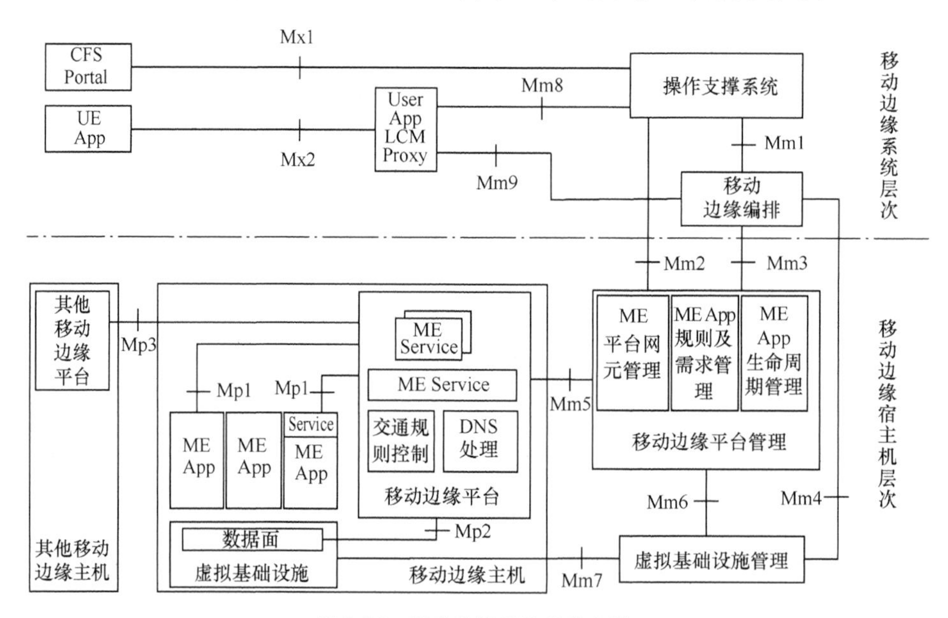

图 2-56　移动边缘系统的业务域

移动边缘系统的管理域包括以下两个层次的管理实体：

① 移动边缘系统层次：操作支撑系统（OSS）、移动边缘编排（MEO）；

② 移动边缘宿主机层次：虚拟基础设施管理（VIM）、移动边缘平台管理（MEPA）。

其中，移动边缘平台管理包括：移动边缘平台网元管理、移动边缘应用规则及需求管理、移动边缘应用生命周期管理。

2.6.6　5G 边缘计算的本地分流实现

5G 核心网可通过 SMF 灵活的会话管理机制，实现本地流量疏导。5G 网络可采用“上行分类”功能和 IPv6 Multi-Homing 实现本地流量卸载。

上行分类（UL CL）方案：UL CL 的增加、删除由 SMF 依据切换过程中的终端位置决定，当终端移入 MEC 覆盖区域时，SMF 通过 N4 接口对 UPF 增加 UL CL 功能和 PDU 会话锚点完成本地流量通路的创建。SMF 可以在一个 PDU 会话的数据路径上引入多个支持 UL CL 功能的 UPF。PDU 会话可以是 IPv4 或 IPv6，UL CL 通过识别业务流的传输特征信息实现分流。

IPv6 Multi-Homing 方案：Multi-Homing 场景下通过对分支点的增加、删除完成对本地业务锚点的创建，并完成分流功能。SMF 通过 N4 接口对 UPF 功能进行控制。当会话为 IPv6 类型时通过 Branching Point 将需要分流的本地流量疏导到本地锚点上。PDU 会话可以与多个 IPv6 前缀关联，提供多个 IPv6 PDU 锚点接入数据网络（DN）。

2.6.7　边缘计算的业务连续性保障

为了支持移动性下会话与业务的连续性，5G 网络提供 3 种不同的会话及业务连续性（Session and Service Continuity，SSC）模式。

① SSC 模式 1：UE 移动过程中，无论 UE 所采用何种接入技术，PDU 会话建立时的锚点 UPF 保持不变。这种模式类似于 LTE 网络中 PDN 锚点不变更的方式。此时，UE IP 不会发生变化。

② SSC 模式 2：当终端离开当前 UPF 的服务区域，网络会触发释放掉原有的 PDU 会话，指示 UE 立即建立与同一数据网络的新的 PDU 会话。建立新会话时，可以选择一个新的 UPF 作为 PDU 会话锚点 UPF，此时需要保证新建立的会话信息和原会话信息的 UE IP 相同。

③ SSC 模式 3：当终端离开锚点 UPF 的服务区域，保持原有的 PDU 会话及锚点 UPF，同时通过选择新的锚点 UPF，并在该锚点 UPF 上建立新的 PDU 会话，此时 UE 同时拥有 2 个锚点 UPF 的 PDU 会话，最后释放掉原有的 PDU

会话，在这个过程中 UE IP 保持不变。

根据运营商网络配置 SSC 模式选择策略，UE 可以为一个应用或者一组应用选择合适的 SSC 模式。在该策略中，可以为所有应用配置一个默认 SSC 模式。如果 UE 没有为应用选择 SSC 模式，网络可以根据签约信息、本地配置和应用请求等，为该应用选择一个合适的 SSC 模式，以支撑边缘计算业务连续性。UE 移动到 UPF1 覆盖的区域内，5G 核心网采用业务连续性 SSC 模式 1，并通过上行分类或 IPv6 Multi-Homing 的方式，保持本地分流业务的连续性。当 UE 移动到 UPF2 覆盖的区域内，5G 核心网采用业务连续性 SSC 模式 3，将业务迁移到新的 UPF2，业务不中断。当 UE 移动到 MEC 覆盖的区域之外，5G 核心网采用业务连续性 SSC 模式 2，业务中断或者通过云接续。

2.7 D2D 通信

D2D 通信是一种设备到设备的直接通信技术，与传统蜂窝通信最主要的区别在于不需要基站转发数据。在 3GPP TR 36.843 中定义了 4 种 D2D 基于接近度的服务（Proximity based Services，ProSe）场景，具体如图 2-57 所示。各种场景下的 UE1 与 UE2 的位置说明如表 2-6 所示。

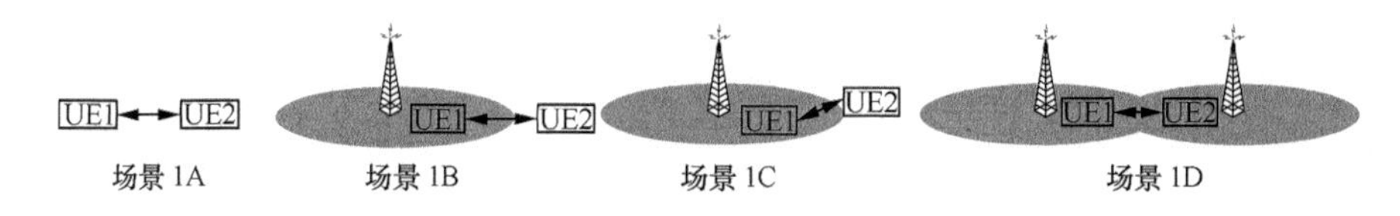

图 2-57 D2D ProSe 场景

表 2-6 各种场景下的 UE1 与 UE2 的位置详表

场景	UE1	UE2
1A：覆盖范围外	覆盖范围外	覆盖范围外
1B：部分覆盖	覆盖范围内	覆盖范围外
1C：覆盖范围内单小区	覆盖范围内	覆盖范围内
1D：覆盖范围内多小区	覆盖范围内	覆盖范围内

图 2-57 展示出了 UE1 和 UE2 位于小区的覆盖/覆盖范围之外的 D2D ProSe 的情景。当 UE1 具有传输角色时，UE1 发送发现消息并且通过 UE2 接收它。UE1 和 UE2 可以改变它们的发送和接收角色。来自 UE1 的传输可以由一个或

多个 UE（如 UE2）接收。

5G 系统引入 D2D 技术，具有以下优势：

- 有效减轻基站负担；
- 降低终端设备发射功率；
- 减小传输时延；
- 提高频谱资源的利用效率。

D2D 通信技术适用于以下应用场景：

- 公共安全；
- 社交应用；
- 本地应用；
- 网络中继。

图 2-58 中显示了网络覆盖内的集中式 D2D 场景，包括小区内的 D2D 通信、小区间的 D2D 通信。

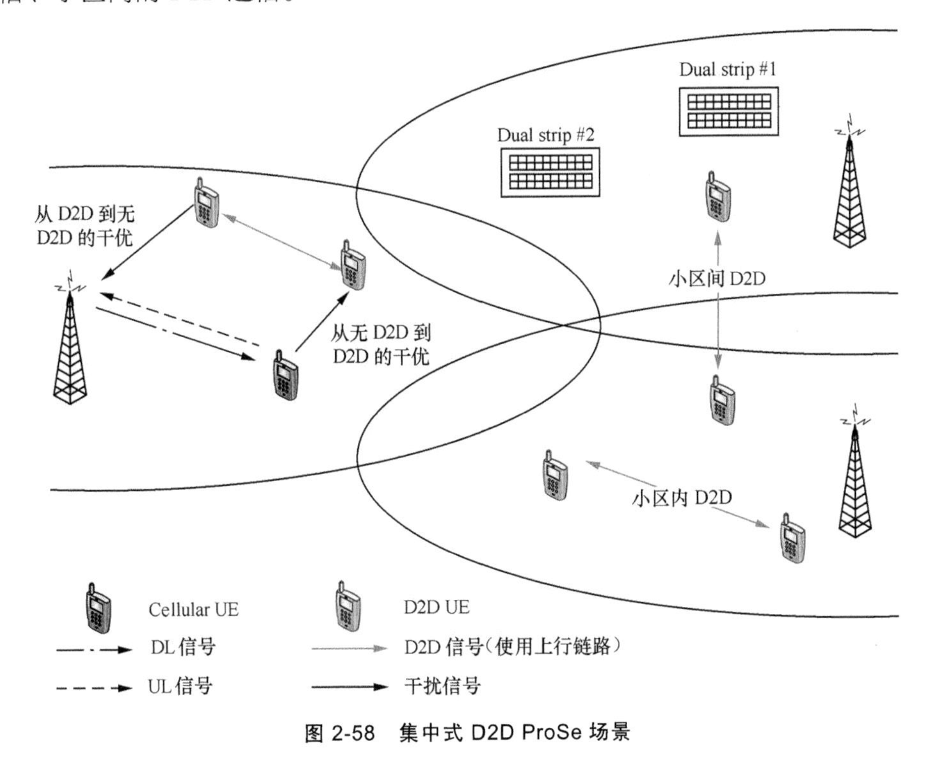

图 2-58　集中式 D2D ProSe 场景

1. D2D ProSe 发现机制

用于发现的无线协议栈至少包括一个 MAC 层，不需要 MAC 头。在 UE 中，RRC 协议将发现资源池通知给 MAC 层。用于 D2D 直接发现的协议栈如

图 2-59 所示。

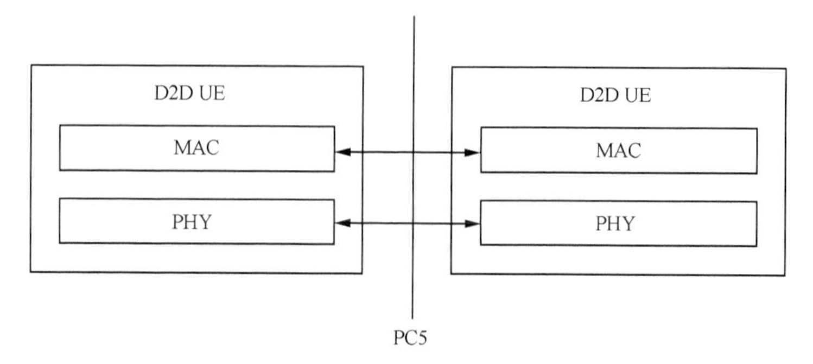

图 2-59 用于 D2D 直接发现的协议栈

2. **接入层（Access Stratum）执行以下功能**

与上层的接口：MAC 层从上层（应用层或 NAS 层）接收发现信息，发现消息中包括 ProSe UE 标识和 ProSe 应用标识，通过接入层透明地传输。

调度：MAC 层确定要用于发送发现信息的无线电资源。

发现 PDU 生成：MAC 层构建携带发现信息的 MAC PDU，并将该 MAC PDU 发送到 PHY 层以在所确定的无线电资源中进行传输。

- 2D 同步源至少发送 D2D 同步信号（D2DSS）

所发送的 D2DSS 可以被 UE 用来获得时间和频率同步。

- 同步源具有被称为物理层标识（PSS ID）
  - 由至少一个主 D2D 同步信号（PD2DSS）；
  - PD2DSS 是一个 Zadoff Chu 序列；
  - 也可以包括辅助 D2D 同步信号（SD2DSS）；
  - SD2DSS 是一个 M 序列。

5G 无线网络架构设计需要考虑逻辑架构和部署架构两个层面。依据网络功能模块之间的逻辑关系，无线网络逻辑架构可分为集中式逻辑架构和分布式逻辑架构两类。

部分网络功能集中部署，一方面可以利用全局视角，实现更优化的系统协同增益性能；另一方面可以利用汇聚与集中，形成最优化的资源处理和系统性能。但其对时延性能存在一定影响，可能存在系统顽健性问题。因此，集中式网络架构适用于时延敏感度低和有高增益要求的系统功能设计与部署，在特殊场景下还要求有丰富的传输资源。集中式逻辑架构示意如图 2-60 所示。

集中式逻辑架构的分类有两种：控制用户集中逻辑架构（BBU 池，宏微协同）和控制集中逻辑架构（D2D，无线 Mesh）。

所有网络功能集中于一个节点部署，有助于系统功能高度集成，同时提高系统顽健性和时延性能。但其对于传输带宽和时延提出了极为严苛的要求。其典型技术有ICIC、eICIC。分布式逻辑架构示意如图2-61所示。

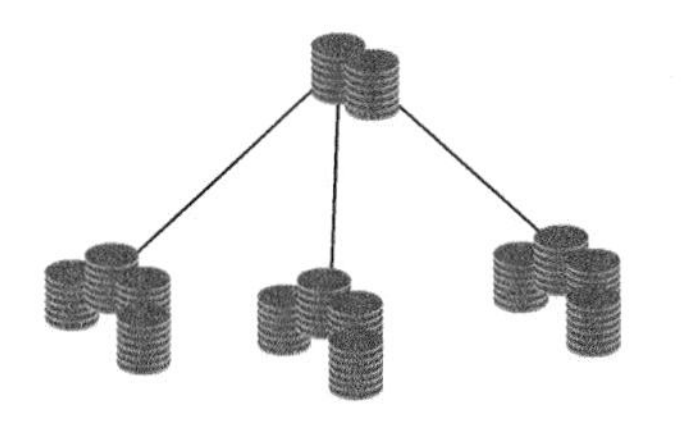

图2-60　集中式逻辑架构示意

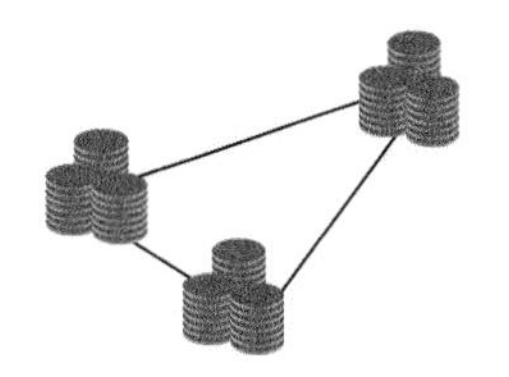

图2-61　分布式逻辑架构示意

2.8　无线Mesh网络

无线Mesh网络能够构建快速、高效的基站间无线传输网络，提高基站间的协调能力和效率，降低基站间进行数据传输和信令交互的时延，提供更加动态、灵活的回传选择，进一步支持多场景下的基站即插即用，实现易部署、易维护、用户体验轻快和一致的轻型网络。无线Mesh网络结构示意如图2-62所示。

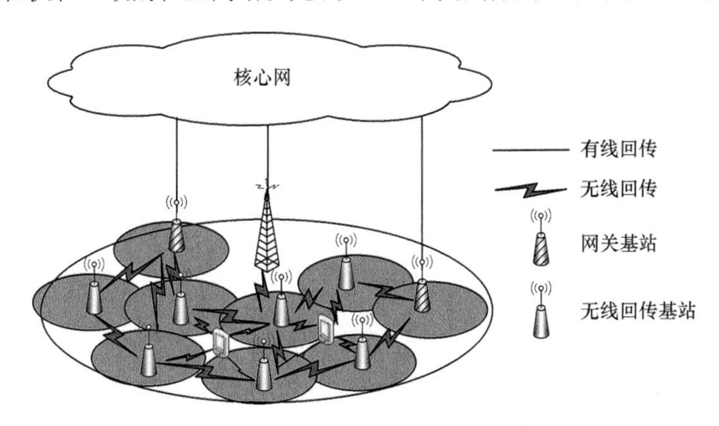

图2-62　无线Mesh网络结构示意

无线Mesh网络包括以下重要技术：

- 无线Mesh网络回传链路与无线接入链路的联合设计与联合优化；
- 无线Mesh网络回传网管规划与管理；
- 无线Mesh网络回传网络拓扑管理与路径优化；
- 无线Mesh网络回传网络资源管理；

- 无线 Mesh 网络协议架构与接口研究，包括控制面与用户面。

2.9 Wi-Fi 分流技术

在 5G 部署的初期阶段，5G 无法实现泛在覆盖，势必需要与现有覆盖技术融合组网。

随着移动业务流量的急剧增加，蜂窝网络面临巨大的数据承载压力。移动数据分流（Mobile Data Offloading，MDO）是将部分蜂窝网络的数据流量卸载到其他无线接入网络（如 Wi-Fi、Femtocell 等）进行传输，以达到减少宏蜂窝的数据流量过载压力，保障移动业务的传输速率，降低移动运营商的成本。移动数据分流方案使得网络系统资源利用率最大化，提高用户使用互联网业务的服务体验。在众多分流方案中，无线局域网（Wireless Local Area Network，WLAN）凭借其成本低、普及度高、带宽资源丰富等优势，成为移动运营商重点采用的分流手段。

目前，3GPP 也对使用 WLAN 进行数据分流和多种接入技术联合调度等议题进行研究，并且基于蜂窝网与 WLAN 异构融合网络的移动数据分流技术已经被国内外各大网络运营商接纳并广泛采用。在国内，三大电信运营商在全国范围内部署了大量的 Wi-Fi AP 以增强无线网络覆盖及对宏蜂窝网数据分流。在国外，AT&T 也已大量部署 Wi-Fi 热点进行 3G 网络分流，而 Verizon 开始通过 Small Cell 来应对急剧增长的无线网络业务容量需求。通过 WLAN 分流技术将蜂窝网的一部分数据分流是一种经济、创新的解决方案。

参考文献

[1] 3GPP Technical Specification 38.300. NR; NR and NG-RAN Overall Description [R].v15.4.3.0,2018.

[2] 3GPP Technical Specification 38.404.3. NG-RAN; Architecture description [R].v15.0.0,2017.

[3] 3GPP RP-161266. 5G Architecture Option s- Full Set. Joint RAN/SA Meeting, Busan, S. Korea, June 2016.

[4] 3GPP Technical Report 38.804.3. Study on new radio access technology: Radio access architecture and interfaces [R].v14.0.0, 2017.

[5] 3GPP Technical Report 38.806. Study of separation of NR Control Plane (CP) and User Plane [R].v15.0.0, 2017.

[6] 3GPP Technical Specification 38.470. NG-RAN; F1 general aspects and principles [R].v15.0.0,2018.

[7] IMT2020（5G）推进组. 5G无线技术架构白皮书[S]. 2015:5.

[8] IMT2020（5G）推进组. 5G概念白皮书[S]. 2015:2.

[9] ITU-R Report M.2320. Future technology trends of terrestrial IMT systems[R]. 2014.

[10] METIS Deliverable D6.2. Initial report on horizontal topics, first results and 5G system concept[R]. 2014:4.

[11] METIS Deliverable D6.4. Final report on architecture [R]. 2015:1.

[12] 3GPP Technical Report 36.872. Small cell enhancements for E-UTRA and E-UTRAN-physical layer aspects[R]. v12.1.0,2013.

[13] 3GPP Technical Report 36.814. Evolved Universal Terrestrial Radio Access (E-UTRA); Further advancements for E-UTRA physical layer aspects[R]. v9.2.0,2017.

[14] 3GPP Technical Report 36.874. Coordinated multi-point operation for LTE with non-ideal backhaul[R]. v12.0.0, 2013.

[15] 3GPP Technical Report 36.819. Coordinated multi-point operation for LTE physical layer aspects[R]. v11.2.0, 2013.

[16] 3GPP Technical Report 36.829. Technical Report on enhanced performance requirement for LTE User Equipment (UE)[R]. v11.1.0, 2012.

[17] 3GPP Technical Report 36.932. Scenarios and requirements for small cell enhancements for E-UTRA and E-UTRAN[R]. v14.0.0, 2017.

[18] 3GPP Technical Report 36.842. Study on Small Cell enhancements for E-UTRA and E-UTRAN:Higher layer aspects[R]. v12.0.0, 2013.

[19] 3GPP Technical Report 36.866. Study on Network-Assisted Interference Cancellation and Suppression (NAIC) for LTE[R]. v12.0.1, 2014.

[20] 朱剑驰，刘佳敏. 5G超密集组网技术[M]. 北京：人民邮电出版社，2017.

[21] 刘光毅，方敏. 5G移动通信系统:从演进到革命[M]. 北京：人民邮电出版社，2016:220-246.

[22] IMT2020（5G）推进组. 5G无线技术架构白皮书[S]. 2015:5.

[23] 3GPP Technical Report 36.843. Study on LTE Device to Device Proximity Services; Radio Aspects [R]. v12.0.1, 2012.
[24] 3GPP R1-131686, D2D evaluation methodology for in network coverage scenario, Samsung, 2013.
[25] 杨峰义，谢伟良. 5G 无线网络及关键技术[M]. 北京：人民邮电出版社，2017. 2.
[26] 5G Americas White Paper-Network Slicing for 5G and Beyond.
[27] 3GPP TS 28.530 V0.6.0.
[28] 中国联通. 5G 网络切片白皮书. 2018. 6.
[29] 中国通信标准化协会. 5G 核心网络切片场景及关键技术研究. 2017. 12.
[30] ETSI. ETSI White Paper No.28-MEC in 5G networks. 2018. 8.
[31] ETSI. ETSI GS MEC 003-Mobile Edge Computing (MEC) Framework and Reference Architecture V1.1.1. 2016. 3.
[32] ETSI. ETSI GS MEC-IEG 004-Mobile-Edge Computing (MEC) Service Scenarios V1.1.1. 2015.11.
[33] 中国通信标准化协会. 5G 边缘计算核心网关键技术研究. 2018. 8.
[34] 中国联通. 边缘计算技术白皮书. 2017. 6.
[35] 俞一帆，任春明，阮磊峰，陈思仁. 5G 移动边缘计算. 北京：人民邮电出版社，2017.
[36] 吕华章，陈丹，范斌，等. 边缘计算标准化进展与案例分析[J]. 计算机研究与发展，2018，55（3）：487-511.
[37] 戴晶，陈丹，范斌. 移动边缘计算促进 5G 发展的分析. 邮电设计技术，2016，7.
[38] 中国电信. 5G 技术白皮书. 2018. 6.
[39] IMT-2020（5G）推进组. 超密集组网专题组技术报告.
[40] 5G 联合创新中心创新研究报告—移动边缘计算. 中国移动. 2017. 11.
[41] 中国通信建设集团设计院有限公司. LTE 组网与工程实践. 北京：人民邮电出版社，2014. 7.
[42] IMT2020（5G）推进组. 5G 网络架构设计白皮书[S]. 2015:5.
[43] 高依依. 5G 与 Wi-Fi 融合组网中 Wi-Fi 分流策略的研究[D]. 重庆邮电大学，2017.
[44] 陈发堂，杜颜敏，张怡凡. 5G 异构部署网络中的干扰建模与分析[J]. 南京邮电大学学报（自然科学版），2019，39（1）：18-23.

第3章
5G 空口关键技术

5G 作为新一代的移动通信技术，可以承载更加丰富的业务种类、更高速率的业务需求和更加灵活的资源调度，这对 5G 的空口技术提出了更高的要求。为了满足相关的业务要求，5G 网络的空口技术采用了高频段大带宽、Massive MIMO 天线、OFDM 载波技术、非正交多址技术以及更先进的信道编码和调制技术。这些技术让 5G 空口有了新的变化和特点。

| 3.1 高频段大带宽 |

由香农信道容量定理可知，信道容量和信道带宽为线性关系，信道带宽越大，可实现的信道速率越高。目前在低频段范围内，可使用的频谱资源越来越少，为了实现网络更高速率的目标，5G 网络需要使用更高的频谱获得更大的带宽。但是随着使用的频段升高，5G 网络覆盖性能变差。为保证 5G 独立组网的需求，3GPP 在传统的低频段上也定义了 5G 可使用的频段。

3.1.1 5G NR 的频率范围

5G 通过工作在低频段的新空口来满足大覆盖、高移动性场景下的用户体验和设备连接；利用高频段丰富的频谱资源，满足热点区域极高的用户体验速率和系统容量需求。综合考虑国际频谱规划及频段传播特性，3GPP 协议定义 5G 可使用的频率分为 FR1 和 FR2。FR1 统称为 sub 6 GHz，即低于 6 GHz 的频谱，这是全球运营商当前部署 5G 网络的主流频段。电磁波的传播特性是频率越低，覆盖能力越强，穿透能力越好，低于 3 GHz 的频段部分已经在前几代的网络中使用了。FR2 的频率范围主要是 24.25 GHz 以上的高频，也就是通常说的毫米波。虽然高频段电磁波的穿透能力较弱，但频谱带宽十分充足，且干扰源少，未来的应用十分广泛。

在 Release15 中，3GPP 中定义了两种频率范围：FR1 频段为低于 6 GHz 的频段，FR2 频段为频率范围为 24.25～52.6 GHz。

不同的频谱在 5G 网络中适用于不同的使用场景和应用，如图 3-1 和表 3-1 所示。

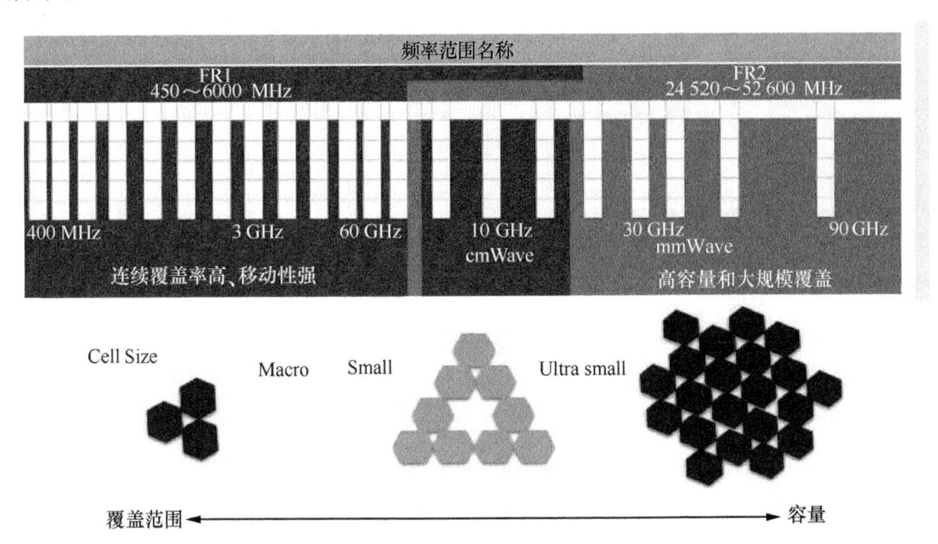

图 3-1 不同频段的组网模式

表 3-1 不同频段的应用场景与模式

频谱范围	频段	覆盖范围	峰值传输速率	带宽	用例
低频段 <3 GHz	600 MHz(n71) 700 MHz(n28) 900 MHz SUL(n81) 1800 MHz SUL(n80)	深层室内 >1 km	100 Mbit/s	FDD 2×10 MHz 或仅 UL	深度室内覆盖，如 MTC； 补充 eMBB 上行覆盖； MBB 覆盖层
中频段 3～6 GHz	3.3～3.8 GHz(n78) 3.3～4.2 GHz(n77) 4.4～5.0 GHz(n79)	与 LTE1800M 同网格 ～1km	1 Gbit/s	TDD <100 MHz	eMBB 场景在 LTE 网格中的 5G 覆盖； 5G 主要频谱范围（JPN、KRN、CHN、EUR） 上行挑战
高频段 >24 GHz <52.6 GHz	26 GHz(n257) 28 GHz(n258) 39 GHz(n260)	热点地区 视距区 100 m	10 Gbit/s	TDD <1 GHz	极端传输速率，如体育场中的现场 VR 直播； 美国所使用的 5G 频段，因为 36 GHz 频段的重耕； 在韩国奥运会转播中使用

使用 sub 6 GHz 的低频段组网，有利于广域覆盖和吉比特每秒级别的数据速率业务。低频段可以提供可靠的覆盖，为物联网设备和远程控制或车联网等业务提供具有保障的连接解决方案。

实际上，在不同区域的应用场景下，5G 网络需要使用不同频段的频谱资源才能满足业务需求。例如，低延迟和短距离业务（分布在密集的城市区域）更多地使用毫米波频段（24 GHz 以上）；远程、低带宽业务（分布在农村地区）更多使用低于 1 GHz 的频率。在理想情况下，多层频谱可按以下原则使用。

- 覆盖层——利用低于 2 GHz（如 700 MHz）的频谱，提供广域和深度室内覆盖。
- 覆盖范围和容量层——利用 2～6 GHz 的频谱，在容量和覆盖范围之间实现最佳。
- 超级数据层——利用 6 GHz 以上的频谱和毫米波，满足极高数据速率的应用场景。

在全球运营商中主流的组网频段为 3.3～3.8 GHz，5G 初始业务将要或已经在此频段推动实施。

根据 ITU-R M.2411-0 报告规定的频谱要求，表 3-2 和表 3-3 列出了 3GPP R15 5G NR 的规定频段。对于 FR1 和 FR2 整个频率范围，3GPP 进一步进行了划分。

表 3-2　5G NR 频段的详细划分（FR1）

频段编号	双工模式	常用名称	子频段	上行（MHz）	下行（MHz）	信道宽度（MHz）
n1	FDD	IMT		1920～1980	2110～2170	5，10，15，20
n2	FDD	PCS		1850～1910	1930～1990	5，10，15，20
n3	FDD	DCS		1710～1785	1805～1880	5，10，15，20，25，30
n5	FDD	CLR		824～849	869～894	5，10，15，20
n7	FDD	IMT-E		2500～2570	2620～2690	5，10，15，20
n8	FDD	Extended GSM		880～915	925～960	5，10，15，20
n12	FDD	Lower SMH		699～716	729～746	5，10，15
n20	FDD	EU Digital Dividend		832～862	791～821	5，10，15，20
n25	FDD	Extended PCS	n2	1850～1915	1930～1995	5，10，15，20
n28	FDD	APT		703～748	758～803	5，10，15，20
n34	TDD	IMT		2010～2025		5
n38	TDD	IMT-E		2570～2620		5，10，15，20
n39	TDD	DCS-IMT Gap		1880～1920		5，10，15，20，25，30，40

续表

频段编号	双工模式	常用名称	子频段	上行（MHz）	下行（MHz）	信道宽度（MHz）
n40	TDD			2300～2400		5，10，15，20，25，30，40，50，60，80
n41	TDD	BRS/EBS/MMDS	n38	2496～2690		5，10，15，20，40，50，60，80，100
n48	TDD			3550～3700		5，10，15，20，40，50，60，80，100
n50	TDD	L-Band (EU)		1432～1517		5，10，15，20，40，50，60，80
n51	TDD	Extended L-Band(EU)		1427～1432		5
n65	FDD			1920～2010	2110～2200	5，10，15，20，25，30
n66	FDD	Extended AWS		1710～1780	2110～2200	5，10，15，20，40
n70	FDD	AWS-4		1695～1710	1995～2020	5，10，15，20，25
n71	FDD	US Digital Dividend		663～698	617～652	5，10，15，20
n74	FDD	Lower L-Band (US)		1427～1470	1475～1518	5，10，15，20
n75	SDL	L-Band (EU)		N/A	1432～1517	5，10，15，20
n76	SDL	Extended L-Band (EU)		N/A	1427～1432	5
n77	TDD		n78	3300～4200		10，20，40，50，60，80，100
n78	TDD			3300～3800		10，20，40，50，60，80，100
n79	TDD	C-Band		4400～5000		40，50，60，80，100
n80	SUL	DCS	n86	1710～1785	N/A	5，10，15，20，30
n81	SUL	Extended GSM		880～915	N/A	5，10，15，20

表3-3　5G NR频段的详细划分（FR2）

频段编号	上行（MHz）	下行（MHz）	带宽（MHz）	双工模式
n257	26 500～29 500	26 500～29 500	3000	TDD
n258	24 250～27 500	24 250～27 500	3000	TDD
n260	37 000～40 000	37 000～40 000	3000	TDD

5G网络分配使用的频率资源与4G网络分配使用的频率资源大部分是相同的，其区别是在5G网络使用的频率中包括SDL和SUL。其中，SDL即Supplementary Downlink，称为辅助下行，SUL即Supplementary Uplink，称

为辅助上行。SDL 和 SUL 频段只能做下行或者上行，不能独立工作，仅作为辅助频段。这些频段的频率较低，覆盖性能较好，可用来弥补上下行覆盖和容量的不足。

3.1.2 中国运营商的 5G 频谱分配

2018 年 12 月 10 日，工信部正式发文表示向中国电信、中国移动、中国联通发放了 5G 系统中低频段试验频率使用许可。其中，中国电信和中国联通获得 3.5 GHz 频段各 100 MHz 的试验频率使用许可，中国移动获得 2.6 GHz 和 4.9 GHz 频段共计 260 MHz 的试验频率使用许可。

中国联通和中国电信获得了较为国际主流的频段。中国移动获得 2515～2675 MHz、4800～4900 MHz 频段的 5G 试验频率资源，其中，2515～2575 MHz、2635～2675 MHz 和 4800～4900 MHz 频段为新增频段，2575～2635 MHz 频段为中国移动现有的 TD-LTE 频段。

在所分配的 5G 频段进行网络建设的时候，需要做好 5G 系统试验的基站部署，尤其要注意 5G 系统基站与同频段、邻频段卫星地球站等其他无线电台站的干扰协调工作，确保各类无线电业务兼容共存。

工信部在 2019 年 2 月 19 日公布的《2019 年全国无线电管理工作要点》中明确指出："适时发布 5G 系统部分毫米波频段频率使用规划，引导 5G 系统毫米波产业发展。"当前毫米波的频率还没有分配。

4G 时代，在 2.6 GHz 的频段，中国联通获得了 2555～2575 MHz 共计 20 MHz 的带宽，中国电信获得了 2635～2655 MHz 共计 20 MHz 的带宽，中国移动获得了 2575～2635 MHz 共计 60 MHz 的带宽。在 5G 时代，中国电信和中国联通需要退回原来占用的频段，具体方案如图 3-2 所示，3.5 GHz 频段分配如图 3-3 所示，4.9 GHz 频段分配如图 3-4 所示。

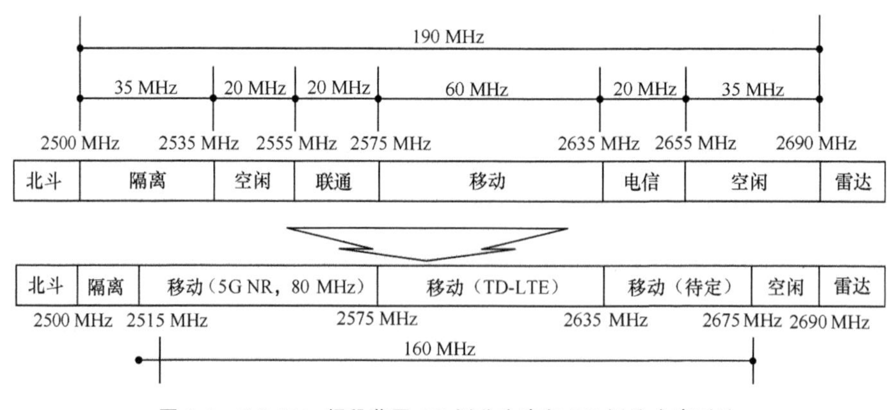

图 3-2 2.6 GHz 频段范围 4G 划分方案与 5G 划分方案对比

室内 100 MHz（未分配）	电信 100 MHz	联通 100 MHz

3300 MHz　3400 MHz　3500 MHz　3600 MHz

图 3-3　3.5 GHz 频段分配方案

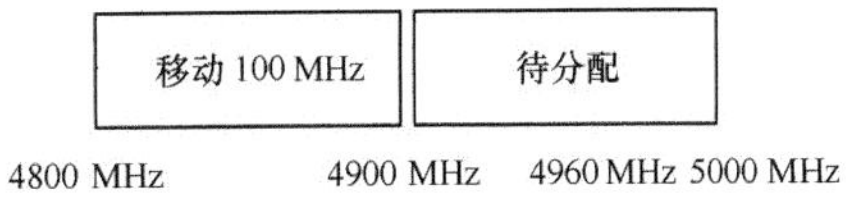

移动 100 MHz	待分配

4800 MHz　4900 MHz　4960 MHz　5000 MHz

图 3-4　4.9 GHz 频段分配方案

3.2　NR 载波技术——OFDM

作为多载波技术的典型代表，正交频分复用（Orthogonal Frequency Division Multiplexing，OFDM）是一种极具吸引力的多载波传输技术。在 OFDM 系统中，频率选择性宽带信道被划分为重叠但正交的非频率选择性窄带信道，从而避免了需要利用保护带宽来分割载波，因此使得 OFDM 技术具有较高的频谱利用率。OFDM 技术在 4G 和其他通信技术中已经得到应用，在 5G NR 的设计中，OFDM 也是基本的载波技术。NR 系统的上下行都支持 CP-OFDM，也就是说，上下行的波形是相同的。如果上下行之间产生了相互干扰，可以用相关的接收机进行干扰消除。另外，对于 NR 的上行，仍然支持 DFT-S-OFDM，因为 DFT-S-OFDM 相对于 CP-OFDM 有着更低的峰均功率比（Peak to Average Power Ratio，PAPR）。但是 OFDM 技术也存在着带外泄漏、时频同步偏差敏感等问题，需要配合其他的技术方案来应对这些问题。

3.2.1　OFDM 的基本原理

OFDM 是 MCM（Multi-Carrier Modulation）多载波调制的一种，其主要思路是，将信道分成若干正交子信道，将高速数据信号转换成并行的低速子数据流，将其调制到每个子信道上进行传输。正交信号可以通过在接收端采用相干技术来分开，这样可以减少子信道之间的相互干扰（Inter-Channel Interference，ICI）。每个子信道上的信号带宽小于信道的相关带宽，因此每个子信道上可以看作平坦性衰落信道，从而消除符号间干扰。而且由于每个子信道的带宽仅仅是原信道带宽的一小部分，信道均衡变得相对容易。无线通信在向 B3G/4G/5G 演进的过程中，OFDM 是关键的技术之一，它可以结合分集、时空编码、干扰和信道间干扰抑制以及智能天线技术，最大限度地提高系统性能。OFDM 包括 V-OFDM、W-OFDM、F-OFDM、MIMO-OFDM、多带-OFDM 等多种类型。OFDM 系统的实现过程如图 3-5 所示。

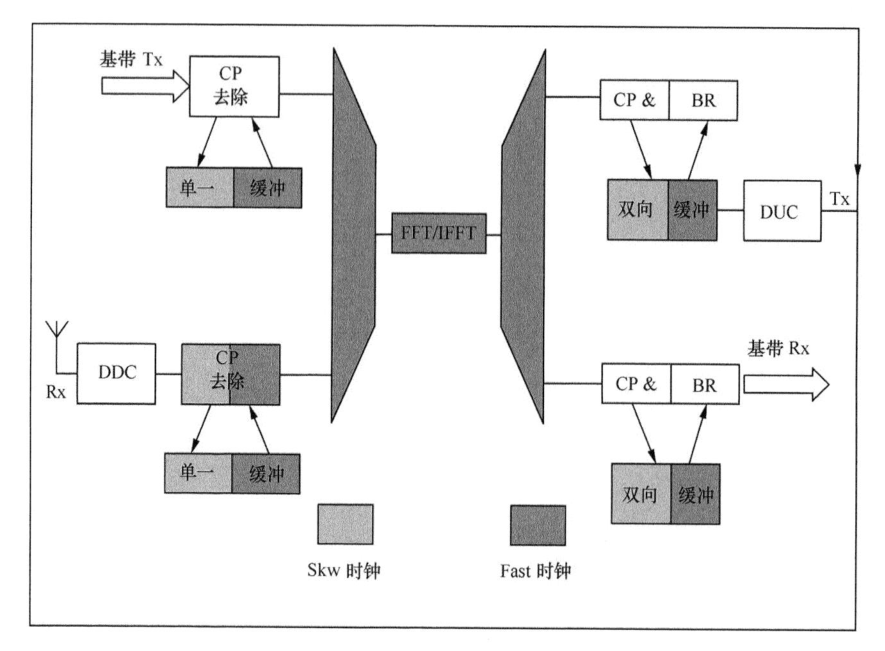

图 3-5 OFDM 系统的实现过程

OFDM 在 4G 中已经大规模应用，作为载波技术在使用方面有很多优势。

（1）抗衰落能力强

OFDM 将用户信息通过多个子载波传输，每个子载波上的信号时间相应地比同速率的单载波系统上的信号时间长，使得 OFDM 载波对脉冲噪声（Impulse Noise）和信道快衰落的抵抗力更强。同时，通过采用子载波联合编码的方式，实现了子信道间的频率分集，也增强了对脉冲噪声和信道快衰落的抵抗力。因此，如果衰落不是特别严重，就没有必要再添加时域均衡器。

（2）频率利用率高

OFDM 允许重叠的正交子载波作为子信道，而不是采用利用保护频带分离子信道的传统方式，提高了频谱利用效率。

（3）适合高速数据传输

OFDM 自适应调制机制使不同的子载波可以按照信道情况和噪声背景的不同使用不同的调制方式。当信道条件好的时候，采用效率高的调制方式；当信道条件差的时候，采用抗干扰能力强的调制方式。此外，采用 OFDM 加载算法使系统可以把更多的数据集中放在条件好的信道上以高速率进行传送。因此，OFDM 技术非常适合高速数据传输。

（4）抗码间干扰（Inter-Symbol Interference，ISI）能力强

码间干扰是数字通信系统中除噪声干扰之外最主要的干扰，它与加性的噪

声干扰不同，是一种乘性的干扰。造成码间干扰的原因有很多，实际上，只要传输信道的频带是有限的，就会造成一定的码间干扰。OFDM 由于采用了循环前缀，对抗码间干扰的能力很强。

虽然 OFDM 有上述优点，但是其信号调制机制也使得 OFDM 信号在传输过程中存在着一些劣势。

（1）对相位噪声和载波频偏十分敏感

这是 OFDM 技术非常致命的一个缺点，整个 OFDM 系统对各个子载波之间的正交性要求格外严格，任何一点小的载波频偏都会破坏子载波之间的正交性，引起 ICI，同样，相位噪声也会导致码元星座点的旋转、扩散，从而形成 ICI。而单载波系统就没有这个问题，相位噪声和载波频偏仅仅是降低了接收到的信噪比（SNR），而不会引起互相之间的干扰。

（2）峰均比过大

OFDM 信号由多个子载波信号组成，这些子载波信号由不同的调制符号独立调制。同传统的恒包络的调制方法相比，OFDM 调制存在一个很高的峰值因子。因为 OFDM 信号是很多个小信号的总和，这些小信号的相位是由要传输的数据序列决定的。对某些数据，这些小信号可能同相，幅度叠加从而产生很大的瞬时峰值幅度。而峰均比过大，将会增加 A/D 和 D/A 转换的复杂性，而且会降低射频功率放大器的效率。同时，在发射端，放大器的最大输出功率就限制了信号的峰值，这会在 OFDM 频段内和相邻频段之间产生干扰。

3.2.2　5G OFDM 参数介绍

经过多次的会议讨论，5G 最终确定沿用 OFDM 载波技术。尽管没有颠覆性的改变，但和 4G 相比，5G 的空口物理层还是复杂了许多。本节主要介绍 5G 空口的 OFDM 参数集（Numerology）。

1. 5G 支持的 NR 载波带宽和传输带宽配置

在 FR1 频段，最大组网带宽是 100 MHz；在 FR2 频段，最大组网带宽可以达到 400 MHz。由于 OFDM 调制器的最大 FFT 采样数和子载波间隔决定了信道带宽，大子载波间隔的参数集需要较大的信道带宽，小子载波间隔的参数集则需要的信道带宽也会较小一些。因此，子载波间隔为 15 kHz 和 30 kHz 的参数集只能用在 sub 6 GHz 频段，子载波间隔为 120 kHz 的参数集只能用在毫米波频段，而子载波间隔为 60 kHz 的参数集则两类频段都能使用。各种带宽下不同 SCS 的 RB 数量和占用带宽见表 3-4。

表 3-4　各种带宽下不同 SCS 的 RB 数量和占用带宽

		5 MHz	10 MHz	15 MHz	20 MHz	25 MHz	30 MHz	40 MHz	50 MHz	60 MHz	80 MHz	100 MHz
FR1	SCS (kHz)											
	15	25	52	79	106	133	[160]	216	270	N/A	N/A	N/A
		4.500 kHz	9.630 kHz	14.22 MHz	19.08 MHz	23.94 MHz	[28.5]	38.88 MHz	48.60 MHz	N/A	N/A	N/A
	30	11	24	38	51	65	[78]	106	133	162	217	273
		3.960 kHz	8.640 kHz	13.68 MHz	18.36 MHz	23.40 MHz	[28.08]	38.16 MHz	47.88 MHz	58.32 MHz	78.12 MHz	98.28 MHz
	60	N/A	11	18	24	31	[38]	51	65	79	107	135
		N/A	7.920 kHz	12.96 MHz	17.28 MHz	22.32 MHz	[27.36]	36.72 MHz	46.80 MHz	56.88 MHz	77.04 MHz	97.2
FR2		50 MHz	100 MHz	200 MHz	400 MHz							
	SCS (kHz)					支持 NR 载波带宽						
						FR 1：低于 6 GHz						
	60	66	132	264	N/A	5 MHz，10 MHz，15 MHz，20 MHz，25 MHz，30 MHz，40 MHz，50 MHz，60 MHz，80 MHz，100 MHz						
		4.500 kHz	9.630 kHz	14.22 MHz	N/A	FR 2：高于 24.25 GHz						
	120	32	66	132	264	50 MHz，100 MHz，200 MHz，400 MHz						
		46.08 kHz	95.04 kHz	190.08 MHz	380.16 MHz	800 MHz contiguous allocation supported with 2×400 MHz aggregation						

2. 5G NR 频段的子载波间隔

在 R14 的 TR38.802 [V14.0.0 (2017-03)]中对子载波间隔进行了定义，在其文档第 5.3 节“Numerologies and frame structure”中提到以下几点。

- 支持多种 Numerologies，参数集采用子载波间隔和 CP 开销来定义。
- 多种子载波间隔是由基本的子载波间隔采用整数 *N* 等比例扩展而成的。
- 虽然假定在较高的载波频率下不使用较小的子载波间隔，但是所使用的参数集可以独立于频段进行选择。
- 可扩展子载波间隔至少从 15 kHz 到 480 kHz。
- 子帧长度固定为 1 ms，帧长度为 10 ms。不管 CP 开销如何，采用 15 kHz 及以上的子载波间隔的 Numerololgy，在每 1 ms 的符号边界处对齐。
- 对于子载波间隔 15 kHz×2*n*（*n* 为非负整数）。

子载波间隔的大小对相位噪声和多普勒频移的影响，决定了最终的覆盖面积、时延等因素，为了支持多种频段、业务类型和移动速度，引入了多种子载波间隔。SCS 的大小及影响见表 3-5。

表 3-5　SCS 的大小及影响

SCS 变化趋势	影响	典型场景
较小	符号长度变长	覆盖增大（低频段大覆盖）
较大	多普勒频移影响变小	移动性能增强（超高速移动）
	符号长度变小	时延缩短（URLLC 高可靠低时延业务）
	相位噪声变小	性能增强（高频段大带宽）

3. 5G NR 时域参数集

OFDM 符号的持续时间与子载波间隔成反比。由于在所有的参数集中，在常规 CP 情况下，每个时隙包含的符号数相同，且都为 14 个，这意味着随着子载波的间隔变大，时隙的持续时间变短。5G 中将所有参数集中的“OFDM 符号数量/时隙”参数固定为 14，简化了调度机制和参考信号设计。而更重要的是，采用更大子载波间隔时，符号时长和时隙同比变小，可带来更低的空口时延。不同 SCS 的符号时间见表 3-6。

表 3-6　不同 SCS 的符号时间

常规 CP					
子载波间隔（kHz）	15	30	60	120	240
符号时长（μs）	66.7	33.3	16.6	8.33	4.17

续表

常规 CP					
常规 CP（μs）	4.7	2.41	1.205	0.6	0.3
最大载波带宽（MHz）	49.5	99	198	396	-
最大 FTT 尺度	4096	4096	4096	4096	-
ODFM 符号/间隙	14	14	14	14	-
最小调度时隙（timeslot）	1	1	1	1	-
最小调度时间（ms）	1	0.5	0.25	0.125	-

扩展 CP							
子载波间隔（kHz）	符号时长（μs）	分支 CP（μs）	最大载波带宽（MHz）	FTT 尺度	最小调度时隙（sym）	最小调度时隙（slot）	最小调度时隙（ms）
60	16.6	4.2	198	4096	12	1	0.25

| 3.3 Massive MIMO |

5G（后 4G）时代，小区越来越密集，对容量、耗能和业务的需求越来越高。提升网络吞吐量的主要手段包括提升点到点链路的传输速率、扩展频谱资源、高密度部署的异构网络；对于高速发展的数据流量和用户对带宽的需求，现有 4G 蜂窝网络的多天线技术（8 端口 MU-MIMO、CoMP）很难满足需求。研究表明，在基站端采用超大规模天线阵列（如数百个天线或更多）可以带来很多的性能优势。这种基站采用大规模天线阵列的 MU-MIMO 被称为大规模天线阵列系统（Large Scale Antenna System，或称为 Massive MIMO）。

3.3.1 MIMO 及 Massive MIMO

MIMO 技术指在发射端和接收端分别使用多个发射天线和多个接收天线，充分利用空间资源，让信号在收发端实现多路的发送接收，从而改善通信质量。在不增加频谱资源和天线发射功率的情况下，可以成倍地提高系统信道容量。

1. MIMO 定义及分类

MIMO 系统的广义定义是多输入多输出，它们既可以来自多个数据流，也可以来自同一个数据流的多个版本。它的狭义定义是引入空间维度，多个信号流在空中并行传输，以提高峰值速率。

对于 MIMO 系统而言，其信道可以分解为 min（M_T-M_R）个独立的并行信道，信道容量与 K=min（M_T-M_R）个并列 SISO（Single-Input/Single-Output，单输入/单输出）系统的信道容量等价，且随着发射天线和接收天线数目以 K 倍线性增长。当 M_T=M_R 时，MIMO 系统容量的上限容量是 SISO 系统容量的 K 倍。使用 MIMO 技术，在不增加带宽和线性功率的情况下，频谱的利用率可以线性地增加。

按照 MIMO 工作模式，又可分为空间分集、波束赋形、空间复用 3 种模式。

空间分集：利用较大间距的天线阵元之间的不相关性，发射或接收一个数据流或与该数据流有一定相关性的数据，避免单个信道衰落对整个链路的影响，如图 3-6 所示。

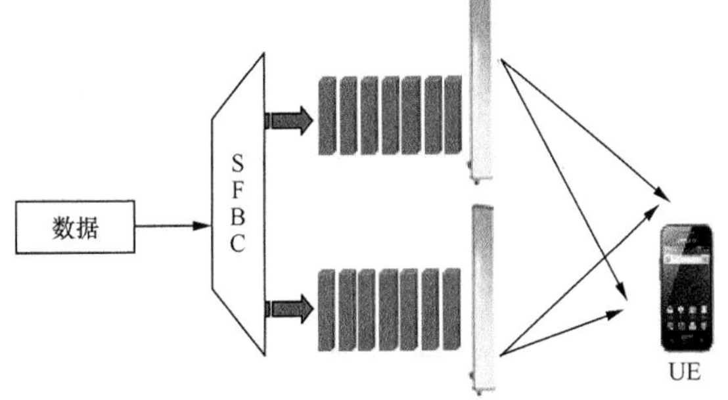

图 3-6　空间分集示意

波束赋形：利用天线阵子之间的相关性，通过发射波形成干涉，把能量集中在某个（或某些）特定方向上，形成波束，从而实现更大的覆盖和干扰抑制效果，如图 3-7 所示。

空间复用：利用较大间距的天线阵元之间或波束赋形之间的不相关性，向一个终端/基站并行发射多个数据流，以提高链路容量（峰值速率），如图 3-8 所示。

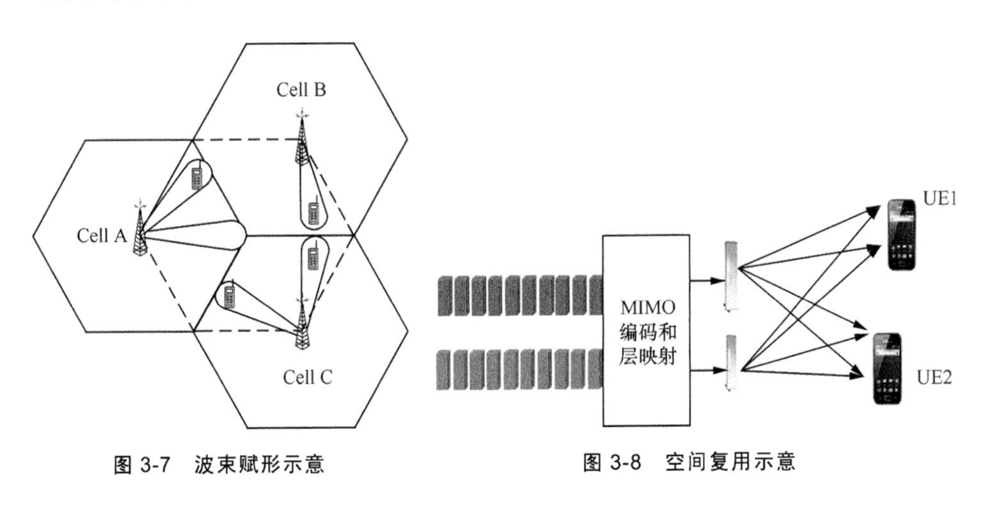

图 3-7　波束赋形示意

图 3-8　空间复用示意

2. Massive MIMO 定义

一般来说，MIMO 系统的发送端和接收端的天线配置越多，信号路径就越多，自由度越高，数据的传输速率和链路可靠性越好（性能增益的代价是硬件复杂度增加，即射频放大前段及相应基带通道的个数，实际系统天线个数不可能无限增加）。

Massive MIMO 的理论依据是随着基站天线个数趋于无穷大，多用户间的信道趋于正交。系统的很多性能都只与大尺度相关，与小尺度无关。因此，在 Massive MIMO 上实现数据流间干扰抑制会相对容易。

在实际应用中，通过 Massive MIMO，基站可以在三维空间形成具有高空间分辨能力的高增益窄细波束，如图 3-9 所示，从而提供更灵活的空间复用能力，改善接收信号强度并更好地抑制用户间干扰，进而实现更高的系统容量和频谱效率。

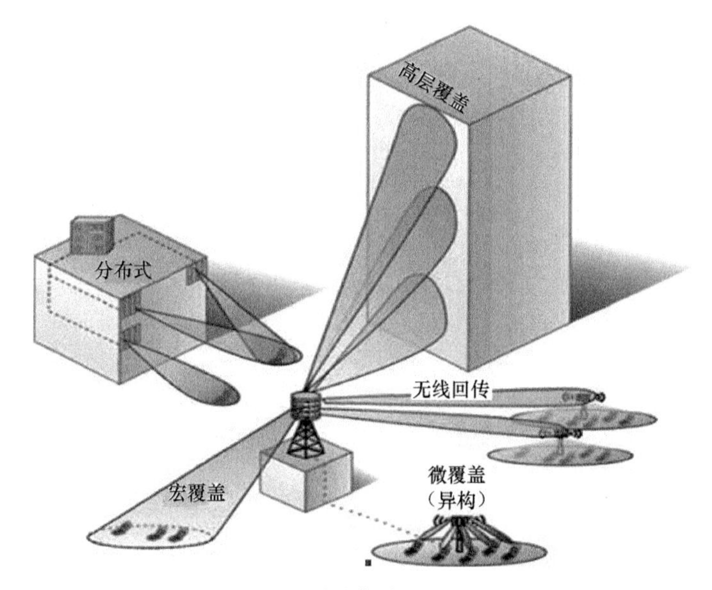

图 3-9 三维空间波束应用场景

3GPP R13 的协议是 Massive MIMO 技术在通信中标准化的第一个协议版本，协议中下行天线支持 16 个发射天线端口和 8 个接收天线端口，实现了电磁波束在水平和垂直两个方向的灵活调整，但是业界认为支持的天线端口数量尚不足以让其称为真正的 Massive MIMO。在 5G 的 R15 版本的协议中，Massive MIMO 下行最大支持 16 流，上行最大支持 8 流，与 4G 的 2 流相比增加了 8 倍。当前 Massive MIMO 的天线产品中，192 个天线阵子排列的天线成为主流产品，最大通道数量为 64。

Massive MIMO 通过大量天线阵子构成物理天线阵列，提高波束赋形的灵活性，满足对覆盖灵活性要求高的场景。利用波束赋形增益和阵列增益提高小区容量，实现三维的覆盖能力。Massive MIMO 的关键技术包括波束赋形和空间复用。

3. **大规模天线的波束管理**

在高频段环境下，大规模天线需要在模拟域进行波束赋形。多天线在模拟域进行波束赋形的粒度是整段载波，即在一个特定的时刻波束只能指向一个方向。不同方向上的终端发送下行数据时，在不同的时刻分别发送下行数据。接收端也要在模拟域进行波束赋形，接收波束在某一时刻也只能对准一个方向进行接收。

波束管理的最终目标是建立和维护相匹配的波束对。接收端选择匹配的接收波束，在发射端选择匹配的发射波束，就形成了良好的传播链路。信道条件最好的波束链路并不一定就是收发两端的波束正好是对准的情形。由于无线传播环境中可能存在大量的障碍物，如果收发两端之间不存在直视路径的话，可能某些反射路径的信道条件更加优良。对于高频的波束管理，必须能够处理这种情景，并能建立保持匹配的波束对。

当基站进行下行传输时，网络选择合适的波束发送数据，同时终端侧也选择合适的波束接收数据。并且波束赋形对于上行波束也是有效的，终端选择合适的波束发送数据，网络侧也选择匹配的波束接收数据。

通常，在下行传输是最优的情景中，根据信道的互易性，对上行传输而言也是最优的波束对，反之亦然。波束的管理并不需要跟踪快速和频选的信道变化，同时，波束的互易性也不仅仅局限在同一个载波上的上下行数据传输。波束的一致性也可以用于对称频谱的情景，如 FDD 的场景。

通常，波束管理分为初始波束建立过程的管理，在连接状态中终端移动和旋转导致的波束调整，由于信道环境快速变化导致的波束失败后的波束恢复。

（1）波束赋形

发射信号经过加权后实现波束赋形，形成极精确的用户超级波束，并随用户的位置变化而变化，将信号辐射到用户所在位置。相对于传统的天线，可以有效地提升信号覆盖，降低用户间干扰。另外，依据权值能否动态调整，可以将 Massive MIMO 分为静态波束天线和动态波束天线。

（2）空间复用

空间复用包括 SU-MIMO 和 MU-MIMO。SU-MIMO 表示单用户 MIMO，空间复用的数据流被调度给一个单独的用户，以提升该用户的传输速率和频率效率；MU-MIMO 表示多用户 MIMO，空间复用的数据流被调度给多个用户，多个用户利用空间复用的方式共享相同的时频资源，可以有效地提高小区的吞吐量。

依据增益获取的原理不同，大规模天线的增益分为阵列增益、分集增益、空间复用增益、干扰抑制增益，如图 3-10 所示。

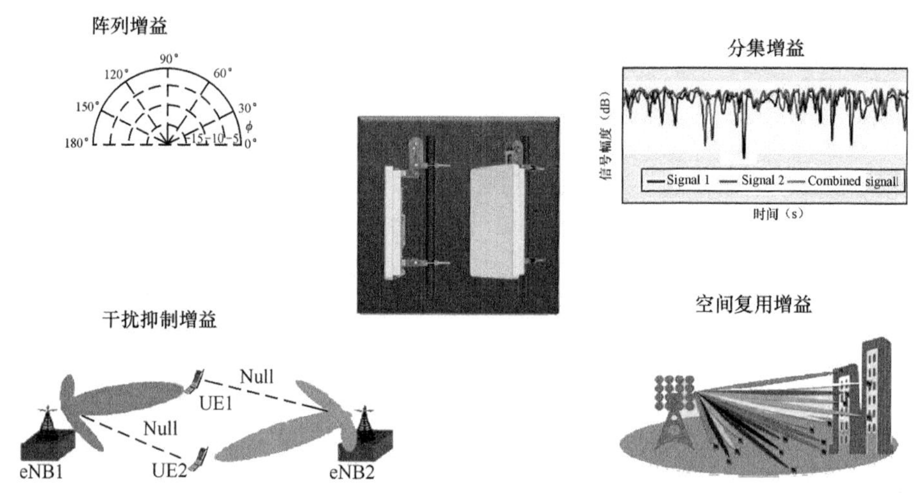

图 3-10　大规模天线增益示意

阵列增益：MIMO 系统利用各天线上信号的相关性和噪声的非相关性，提高合并后信号的平均 SINR 而获得的性能增益。

分集增益：MIMO 系统对抗信道衰落性能产生的影响，利用各天线上信号深衰落的不相关性，减少合并后信号的衰落幅度（信噪比的方差）而获得性能增益。

空间复用增益：在相同带宽，相同总发射功率的前提下，通过增加空间信道的维数（增加天线数目）获得的吞吐量增益。大规模天线增益带来的性能提升如图 3-11 所示。

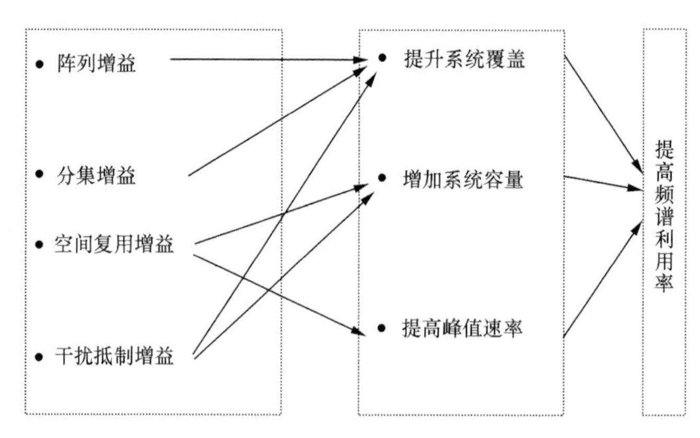

图 3-11　大规模天线增益带来的性能提升

干扰抑制增益：通过利用 IRC 或其他多天线干扰抵消算法，为系统带来干扰场景下的增益。

3.3.2 Massive MIMO 的标准演进

1. 天线设备演进

在网络演进的过程中，天线设备的阵元数目不断增加，用以提升频谱效率和网络容量。4G 到 5G 系统的天线设备演进过程如图 3-12 所示，不同天线设备的典型参数对比如表 3-7 所示。

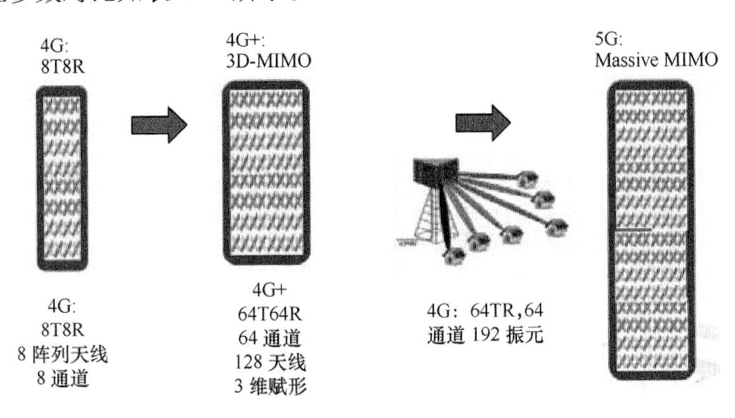

图 3-12 4G 到 5G 系统的天线设备演进过程

表 3-7 不同天线设备的典型参数对比

	2 天线	8 天线	Massive MIMO
频段（GHz）	1.8	1.8	2.6
尺寸（mm^3）	1360×160×80	1410×320×105	900×500×190
质量（kg）	10	20.5	40
接口	2 接口/扇区	9 接口/扇区	光纤接口/扇区
阵子（个）	10×1×2（20）	8×4×2（64）	8×8×2（128）
单列（dBi）	≥16.5～17	≥14～17	≥14～17

在 5G 系统中，工作频段进一步提升，高频段可实现大阵列天线小型化，适合工程部署。大阵列天线建议部署在 2.6 GHz 及以上频段，各频段应用 64T64R 后，天线的典型物理参数如图 3-13 所示。

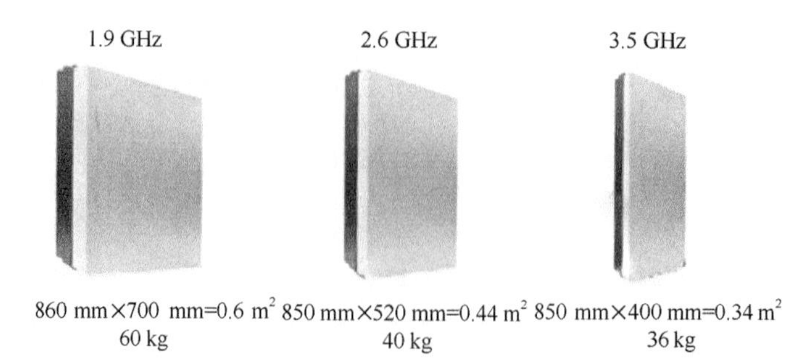

图 3-13　64T64R 天线应用各频段设备尺寸参考

2. NR 标准中的大规模天线

在 NR 系统的第一个版本（R15）中，针对大规模天线技术的研究与标准化也一直是 3GPP 关注的重要方向之一。

在 5G 系统中，新的技术的需求与更灵活的部署场景将会给 MIMO 技术方案的设计带来新的挑战。

（1）天线规模带来的影响

在给定的频段，天线阵列的尺寸与天线阵子的数量直接相关，天线阵子数量又对体积、质量和迎风面积影响比较大，为了保证天线的迎风面积和系统质量维持在可接受的范围内，实际工程中天线系统使用的数字通道不会超过 64 个。这一因素会对信道状态信道参考信号（CSI-RS）端口数的选择、SU-MIMO 与 MU-MIMO 层数、码本与反馈设计等产生影响。

随着天线规模的增大以及 UE 数量的提升，如果按照传统的 MIMO 处理流程，系统在进行各项 MIMO 处理的过程中将面临大量的高维矩阵运算。天线系统与地面基带系统之间需要交互大量数据，会给前传接口（Fronthaul）带来较大的传输压力。对于 Fronthaul 的传输，可以通过大容量光纤和传输技术解决，也可以对信道进行降维处理。举例来说，对上行信号的接收，基站可以在靠近天线的一侧首先用一个粗匹配信道的接收检测矩阵对信号进行线性处理，降低信道处理的维度，后续的 MIMO 检测和 Fronthaul 需要传输的数据冗余就可以相应降低。降维处理的思路既适用于全数字阵列，也适用于数模混合阵列。

天线规模的增加对信道状态信息（CSI）的获取与参考信号的设计也带来了新的挑战。CSI 的测量与反馈对于 MIMO 技术乃至整个系统都有至关重要的作用。天线规模扩大后，CSI 测量精度与参考信号和反馈信息开销之间的矛盾愈发显现。此问题的解决与导频设计、码本设计和反馈机制等方面有直接的关系。

（2）多用户 MIMO 技术的影响

MU-MIMO 技术是提升系统频谱利用率的重要手段，相对于 SU-MIMO 而言，由于 UE 侧的天线数与并发数据流的比率更低，而且干扰信号的信道矩阵一般难以估计，MU-MIMO 系统的性能更加依赖于 CSI 的获取精度以及后续的预编码与调度算法的优化程度。因此，NR 系统中定义了两种类型的码本，即常规精度（Type I）与高精度（Type II）方式。其中，Type I 主要用于 SU-MIMO 或 MU-MIMO，而 Type II 则主要用于 MU-MIMO 传输的增强。天线规模的增加一方面为 MU-MIMO 性能增益的提升创造了条件；另一方面对系统的复杂度和开销造成了巨大的影响。系统性能与复杂度及开销的平衡性将是大规模天线系统设计面临的一个重要问题。

（3）系统设计灵活性需求的影响

由于数据业务越来越丰富，5G 的大规模天线系统设计需要充分考虑各项系统参数配置的灵活性，并尽可能在各个层面降低处理时延。这些需求体现在 CSI-RS、DMRS 和 CSI 反馈的设计等方面。

CSI-RS 导频设计的灵活性主要是为了保证前向兼容性和降低功耗，NR 应尽量减少“永远在线”的参考信号，基本上所有的参考信号的具体功能、发送的时频位置、带宽等都应当是可以配置的。

对于 DMRS，为了降低时延，NR DMRS 被放置在尽量靠前的位置，即放在一个时隙的第 3 个或者第 4 个 OFDM 符号上，也可以放置在所调度的 PDSCH/PUSCH 数据区域的第 1 个 OFDM 符号上。

NR 系统中设计了统一的反馈机制，能够同时支持 CSI 反馈和波束的测量上报。该反馈框架内，所有和反馈相关的参数都是可以配置的，包括测量信道和干扰的参考信号、反馈 CSI 类型、码本、反馈所占用的上行信道资源、反馈时域和频域信息。

3. 大规模天线的信道与信号设计

（1）同步信道设计

同步信道是终端（UE）进行小区初始选择、小区同步、小区搜索、上行接入以及小区切换的关键通道。针对 NR 的高频段，同步信道需要使用大规模天线技术进行波束赋形，利用窄带波束的增益实现尽可能大的覆盖范围。

依据用户状态的不同，同步信道的设计有所不同。对于连接态（RRC_CONNECTED），不同基站之间可以通过 Xn 接口共享其下行同步信道的波束赋形信息参数，包括波束数量、同步信号在时域/频域的位置等，源小区可以向本小区用户通知目标小区的同步信号参数信息，供其在小区切换过程中进行时频同步获取操作。而对于空闲态（RRC_IDLE），UE 在下行同步之前没有网络的任何先验信息，需要对所有可能的同步信道进行搜索。为了提高同步信道的覆盖范围，基站对同步信道进行波束赋形，形成多个窄带波束，利用波束扫描实现小区内的全覆盖，其主要挑战在于如何支持不同的扫描方案、时域和频域的波束扫描流程以及波束扫描下的下行同步信道设计。

（2）控制信道设计

和 LTE 系统相比，5G NR 系统支持更大带宽，并且同一小区内用户间的带宽可能不同，UE 的带宽也可以与小区带宽不同。根据控制信道的种类和应用场景，不同的 MIMO 发送方案具有不同的优势和限制。

公共控制信道需要被发送给小区内所有用户，通常有两种 MIMO 发送方案。其一为宽波束方案，在单个的传输时频单元内将控制信道发送给整个小区，实现对所有用户的覆盖；其二为窄波束方案，使用指向不同方向的窄波束在不同的时频资源上扫描发送，此时 UE 需要监测不同时频资源内不同波束对应的控制信道，检测的复杂度和时延有可能增加。

UE 专用控制信道发送给处于连接状态的特定 UE，其 MIMO 发送方案与用户移动速度有关。对于大多数移动速度较低的用户，其在小区内的位置和相对基站的角度比较固定，通过一个窄波束进行控制信道的波束赋形可以获得赋形增益，增加控制信令的覆盖距离。控制信道的波束赋形步骤和数据信道可以有相似的步骤。对于某些移动速度较高的 UE，其在小区内的位置和相对于基站的角度变化较快，难以通过一个窄波束精确进行控制信道的波束控制，可以通过发送分集或者开环传输方式，产生一个较宽波束，提升控制信号的覆盖顽健性。

（3）信道测量与反馈

在天线数量持续增加的情况下，实现高精度的信道状态信息（CSI）反馈，并保持较低的测量复杂度、反馈开销、功率消耗和 UE 复杂度，是 5G NR 面临的难题。

依据双工方式的不同，信道测量与反馈的方式有所不同。对于 FDD 系统，由于信道互易性不存在或者只存在长期信道互易性，基于下行测量后的信道反馈仍然是主要的 CSI 获取方案。需要考虑的关键因素有：CSI-RS 端口数量、新空口 CSI-RS 设计、高端口反馈码本设计和增强、高精度 CSI 反馈方案、显式反馈等。5G NR R15 标准化了两种类型的码本，即 Type I 和 Type II 码本。Type I 为普通精度码本，用于支持单用户 MIMO 和多用户 MIMO 传输。Type II 为高精度码本，用于支持多用户 MIMO 传输，提升系统频谱效率。对于 TDD 系统，由于上下行信道互易，可以通过上行信道测量获取下行信道信息。考虑的关键因素有：如何使用少数上行发送天线获取下行多数接收天线的信道、干扰测量增强、CQI 计算增强等。

3.3.3　大规模天线的工程应用

大规模天线的体积、质量与迎风面积等参数对大规模天线系统的部署与维护有着十分重要的影响。在给定频段时，天线阵列的大小尺寸与天线规模直接相关。在常用的频段中，为了让天线的迎风面积和天线的质量维持在合理的范围内，通常使用的天线不超过 64 个通道。这一因素将会对信道状态信息参考信号（CSI-RS）端口数的选择、SU-MIMO 与 MU-MIMO 层数、码本与反馈设计等产生影响。

Massive MIMO 与波束赋形等多天线技术的出现，使得 5G 网络规划不仅仅需要考虑小区和频率等常规规划，还需要增加波束规划以适应不同场景的覆盖需求，这使得干扰控制复杂度呈几何级数增加，给网络规划和运维优化带来极大挑战。

3.5 GHz 的 5G NR 采用 TDD 双工方式，对时钟同步要求高，失步将导致大范围干扰。5G 部署初期仍然基于 eMBB 业务需求进行网络部署，主要用来满足公众高速率数据业务需求。后期大规模机器通信（mMTC）及超高可靠与低延迟通信（URLLC）将主要面向垂直行业、工业控制、城市基础设施等领域，网络部署区域、业务感知需求都差异甚大，可能需要进行大的网络调整或使用新的载波。

3.4　5G 的多址方案

关于 5G 系统的多址方案，TR38.802 中做出了以下说明：5G 下行多址方式可基于同步/调度的正交多址至少支持下行传输，至少针对 eMBB 应用场景；5G 上行多址方式基于同步/调度的正交多址至少支持上行传输，至少针对 eMBB 应用场景。NR 目标是上行，除了支持正交接入方法之外，还支持非正交多址接入，至少针对 mMTC 应用场景。

TR38.802 指出，在 5G 系统中，除了支持目前广为应用的正交频分多址（OFDMA）技术外，还需要支持非正交多址技术。非正交多址方案主要应用于 mMTC 和 URLLC 类型的业务。

3.4.1 潜在多址方案

目前，在 5G 系统设计多址方案时，需要实现以下目标，如表 3-8 所示。

表 3-8 5G 多址方案关键设计目标

关键设计目标	具体细节
更高的网络频谱效率	最大化用户与基站之间的频谱效率； 支持 MU-MIMO
链路预算与容量平衡	基于具体案例需求，最大化链路预算和容量的同时，考虑两者之间的平衡
更低的开销	最小化信令开销以提升可扩展性、降低功耗、提升容量； 降低控制开销

- 提升多用户容量：在不额外增加天线和频谱资源的情况下，若要提升容量，必须引入非正交多址技术。
- 支持过载传输：用户间干扰足够小，以支持大量非正交传输。
- 覆盖与容量平衡：通过具体业务需求，最大化覆盖和容量的同时，考虑两者之间的平衡。
- 支持高可靠低时延的非授权传输：在半静态传输中，非正交多址对冲突具有更强的顽健性，可以支持更低的传输时延。
- 支持开环多用户复用和 CoMP：非正交多址可以在传输中改善传输时延，同时，开环复用无须精确的 CSI，在传输中面对不同的信道状况具有更强的顽健性。
- 支持灵活的服务复用：在实际应用中，不同的服务会存在并发的资源请求，为了提供高效传输，非正交多址系统中可以支持低时延短数据包与长数据包叠加传输。
- 更低开销：最小化信令开销以提升可扩展性、降低功耗、提升容量。

目前，5G 潜在多址方案主要涉及正交和非正交两大类。其中，正交多址接入技术包括：FDMA、TDMA、CDMA、OFDMA、SC-FDMA。R15 版本的 eMBB 业务使用的多址方式是 OFDMA/SC-FDMA。在后续标准中，非正交多址接入技术候选方案包括：非正交多址接入（Non-Orthogonal Multiple Access，NOMA）、稀疏码分多址接入（Sparse Code Multiple Access，SCMA)、图样分割多址接入（Pattern Division Multiple Access，PDMA）、多用户共享接入（Multi-User Shared Access，MUSA）、非正交资源扩展型多址接入（RSMA）等。

3.4.2　非正交多址技术

本节重点介绍 4 种非正交多址技术——NOMA、SCMA、PDMA 、MUSA 的技术细节。

1．NOMA

NOMA 技术由日本 DoCoMo 公司提出。NOMA 的基本原理是，引入一个新的维度——功率域，如图 3-14 所示，通过叠加编码的思路来发送信号，使得不同信道条件的用户可以共享相同的频谱资源，如时域、频域、码域等正交资源。功率复用的主要思路是根据用户信道条件差异来分配功率，为了保证用户的公平性，给信道条件差的用户（小区边缘）多分配功率，给信道条件较好的用户（小区中心用户）少分配功率；在保证信道条件差的用户的数据解调性能的同时，提高系统的整体性能。

在接收端利用串行干扰消除（SIC）技术来移除不同用户间的干扰。SIC 的主要思路是接收信号根据用户信道条件的差异性逐级消除用户间的干扰。

由于每个时频资源上都承载着多个用户，相比 OFDMA 技术，NOMA 可以更好地提升频谱效率。但 NOMA 在实际应用中也面临许多问题，如 SIC 的接收机复杂度仍然很高，设计出符合要求的 SIC 接收机依赖于信号处理芯片技术的提升。NOMA 原理示意如图 3-14 所示。

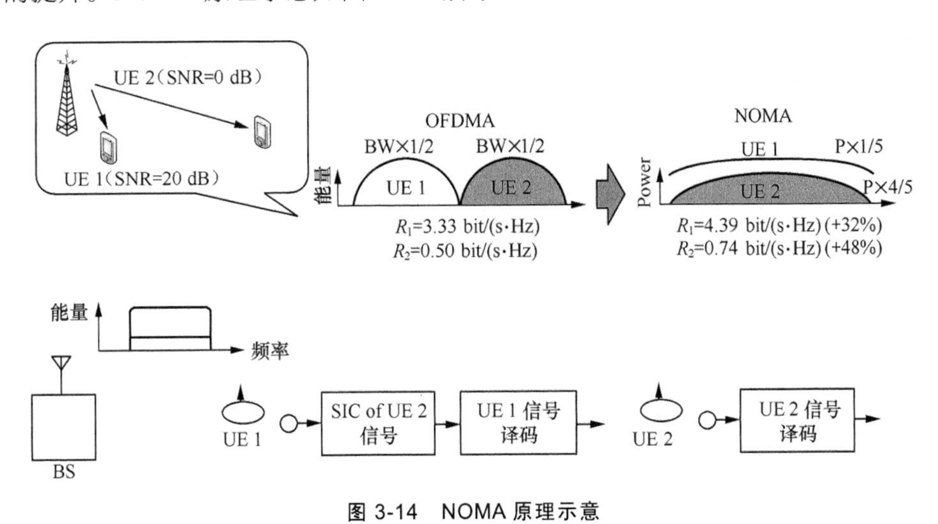

图 3-14　NOMA 原理示意

2．SCMA

SCMA 是由华为公司提出的多址技术。在发送端，SCMA 将低密度扩频技术和多维调制技术相结合，为用户选择最优的码本集合，不同用户基于分配的码本进行非正交叠加后在信道传输。在接收端，采用消息传递算法（Message Passing Algorithm，MPA）进行低复杂度的多用户联合检测，并结合信道译码完成多用户信息的恢复。

SCMA 由于在码本设计上的灵活性和适用场景的多样性，得到广泛关注。当前 SCMA 研究的主要难点在码本设计如何更高效、译码算法如何更快速简便等，可以说 SCMA 是一个有巨大潜力的非正交多址技术。SCMA 的处理流程如图 3-15 所示。SCMA 的频域资源分配方式如图 3-16 所示。

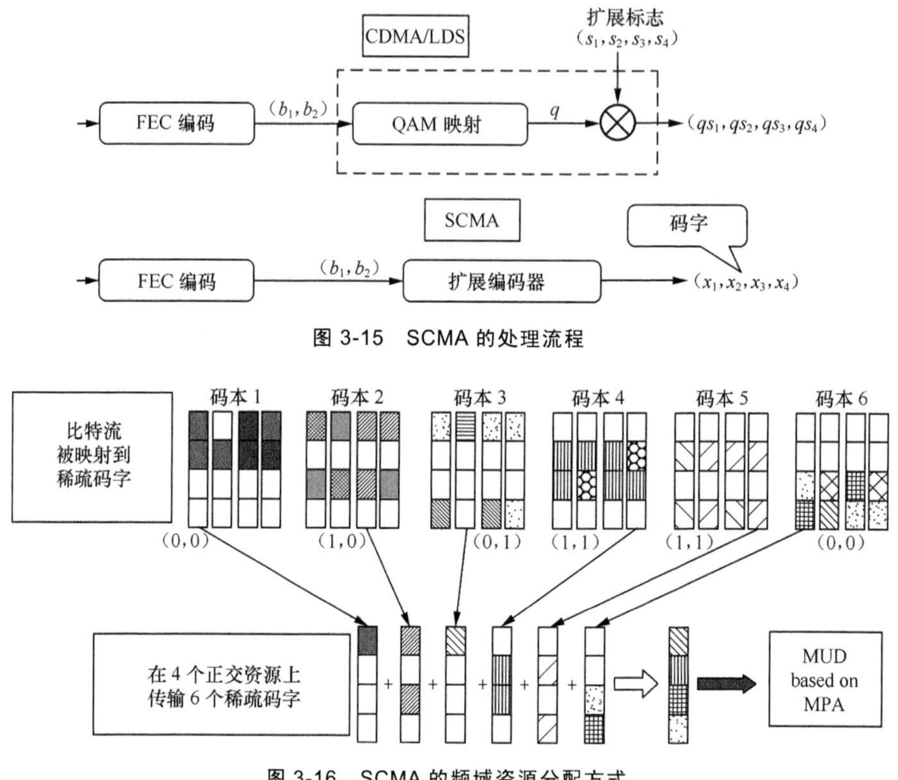

图 3-15　SCMA 的处理流程

图 3-16　SCMA 的频域资源分配方式

3. PDMA

PDMA 由大唐公司提出的一种技术方案。它最基本的特征是，在复用相同资源的多用户之间通过 PDMA 图样（稀疏）引入不一致的发送分集度，其原理如图 3-17 所示。PDMA 资源分配如图 3-18 所示。

在发送端，在相同的时频资源单元基础上对多个用户信号进行功率域、空域、码域联合或选择性的编码；在接收端，采用 SIC 技术进行多用户检测。

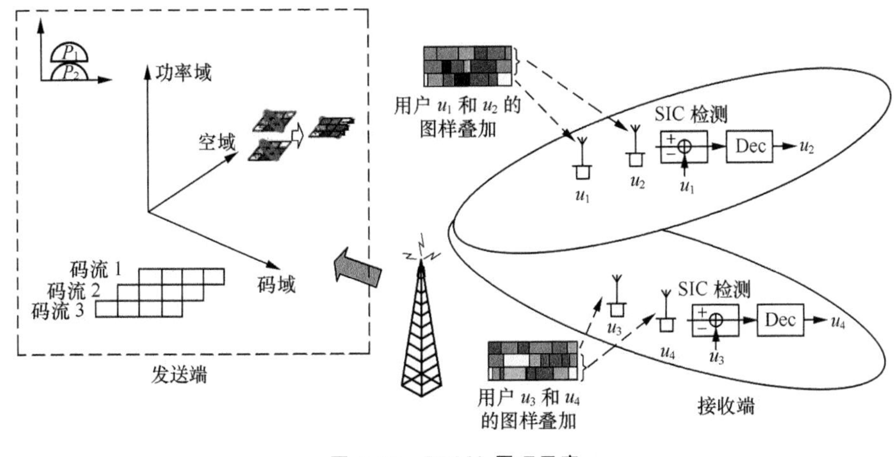

图 3-17　PDMA 原理示意

图 3-18　PDMA 资源分配示意

PDMA 的主要功能和优势是:对于大容量持续业务信道，使系统整体频谱效率提升 1~2 倍；对于大容量随机突发业务，缩短数据包传输时延并提升用户接入体验。但同时它也面临着问题，如怎样优化设计特征图样使得接收端更容易区分用户，以及在空域图样设计时，如何与 MIMO 技术结合才能更好地提升系统性能。

4. MUSA

MUSA 是中兴通讯提出的一项多址技术。在上行 MUSA 系统中，每个用户随机分配到不同的复数域多元码序列，经过扩展后的调制符号在相同的时频资源上传送，如图 3-19 所示。由于允许同时接入的用户数量大于扩展序列长度，MUSA 也是一个过载的系统。在接收端，MUSA 利用 SIC 接收机去区分不同用户的信号。存在远近效应时，MUSA 还能利用到达 SNR 差异来提升 SIC 分离用户数据的性能。

MUSA 的优势主要在于系统性能改善和灵活的复杂性控制。它可以支持大量的用户访问，且不需要同步，可实现免调度过程。

上述几种非正交多址方案的技术对比如下。

NOMA 不同于 SCMA、MUSA 及 PDMA 非正交多址方案，在发送端采用多个用户在功率域的线性叠加，相较于其他 3 种技术是较为简单的，但实际上发送端的低复杂度提升了接收端 SIC 接收机的复杂度，提高了实际应用的难度。

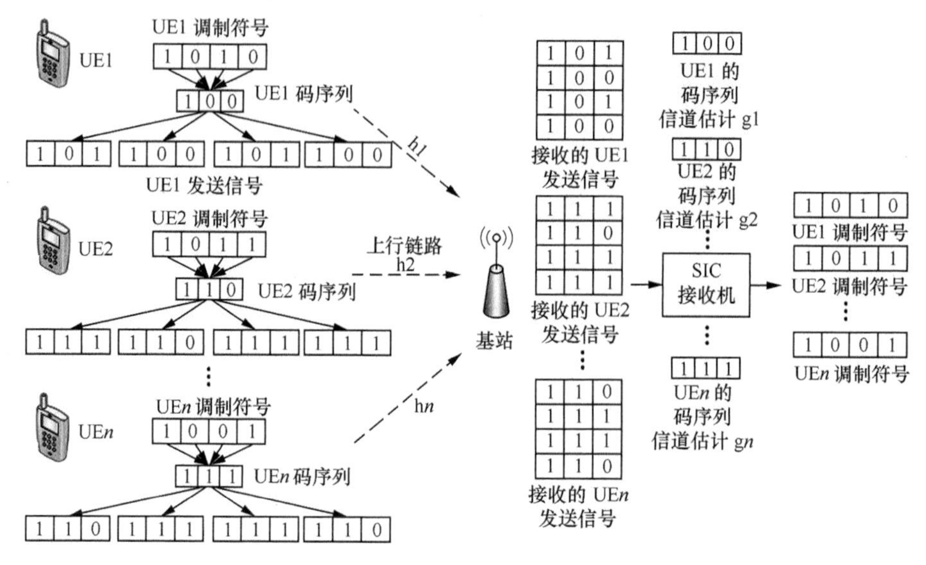

图 3-19　MUSA 原理示意

对于 SCMA、MUSA 及 PDMA，文献[4]给出这 3 种方案在瑞利衰落信道条件下误码率比较的仿真结果。在相同信噪比条件下，SCMA 的误码率最小，性能最优，MUSA 与 PDMA 的性能相近。即使 PDMA 采用与 SCMA 相同的因子图，SCMA 的性能仍优于 PDMA。

MUSA 和 PDMA 接收端都采用 SIC，SIC 接收机的一个重要缺陷在于对信道中的差错传输十分敏感，这是由于如果初始比特判决出错，即使时延、相位及幅度估计正确，也会使得这个比特引入的功率增加，导致误判。因此，SCMA 相较于 MUSA、PDMA 更具有优势。

3.5　5G 无线信道的调制与编码

5G 包括多种应用场景，性能指标要求差异很大。例如，热点高容量场景对单用户链路的速率要求极高，这就需要在大带宽和信道好的条件下支持很高的频谱效率和码长。在密集部署场景、无线回传会广泛应用，这就需要有更先进的信道编码设计和路由策略来降低节点之间的干扰，充分利用空口的传输特性，以满足系统高容量的需求。

先进调制编码涵盖许多单点技术，它们大致可以分为链路级调制编码、链路自适应、网络编码三大领域。

链路级调制编码包括多元域编码、比特映射技术和联合编码调制等，多元域编码通过伽罗华域的运算和比特交织，从而使链路在高信噪比条件下更容易逼近香农极限，并且增加分集效益。新的比特映射技术采用同心辐射状的幅度相位调制（Amplitude Phase Shift Keying，APSK），能够提高频谱利用效率。联合调制编码采用相位旋转等技术，使得链路在快衰信道下顽健性更好。

链路自适应包括基于无速率和码率兼容的，以及一些工程实现类的编码，可以通过对码字结构的优化以及合理的重传比特分布，让调制编码方式更准确地匹配快衰信道的变化。

网络编码利用无线传输的广播特性，检视节点之间无线传播中所含的有用比特信息，能够提高系统的吞吐量。

3.5.1　调制技术概述

1. 调制的定义

调制是对信号源的编码信息进行处理，使其变为适合传输的过程，即把基带信号转变为带通信号。带通信号叫作已调信号，而基带信号叫作调制信号。调制是通过改变高频载波的幅度、相位或者频率，使其随着基带信号的变化而变化来实现的。相反的，解调则是将基带信号从载波中提取出来以便预定的接收者（信宿）处理和理解的过程。

正弦波一般可表示为：

$$u(t)=A\cos(t)=A\cos(\omega t+\phi_0)$$

影响正弦波波形的有 3 个参数：幅度 A、频率 ω 与相位 ϕ。所谓调制，就是将调制信号加载在 3 个参数中的某一个参数或两个参数上，使其随调制信号的大小成线性变化的过程。调制是信号进入信道传输过程中的最后一环，调制与解调在信道传输过程中的顺序如图 3-20 所示。

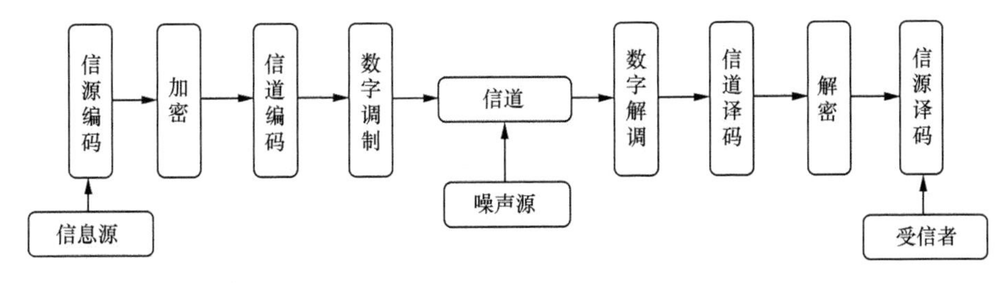

图 3-20　调制与解调

2. 主要功能

调制就是用基带信号去控制载波信号的某个或几个参量的变化，将信息荷载在其上形成已调信号传输，而解调是调制的反过程，通过具体的方法从已调信号的参量变化中将原始的基带信号恢复。

① 实现频谱搬移，将传送信息的基带信号搬移到相应的频段上进行传输。

② 提高功率有效性，使已调波功率谱主瓣占有尽可能多的信号能量，具有快速滚降特性，带外衰减大，旁瓣小。

③ 提高频谱有效性，使单位频带内的信息率更高，提高频谱利用率。

3.5.2 数字调制的基本方式

线性调制技术具有频谱利用率高的优点，因此无线通信系统大多使用线性调制技术，这里主要介绍线性调制的两种技术——PSK 和 QAM。

1. PSK

相移键控调制（PSK）是根据数字基带信号的两个电平使载波相位在两个不同的数值之间切换的一种相位调制方法，即按数字数据的值调制载波相位。这种调制技术抗干扰性能最好，且相位的变化也可以作为定时信息来同步发送机和接收机的时钟，并对传输速率起到加倍的作用。最常用的 PSK 方式有 BPSK 和 QPSK。BPSK 是二进制相移键控，即二进制基带信号对载波进行调制，0 对应载波 0 相位，1 对应 180°相位。QPSK 是四进制相移键控，即利用载波的 4 种不同相位差来表征输入的数字信息，它规定了 4 种载波相位，分别为 45°、135°、225°、315°，分别与 00，01，10，11 相对应。其中，BPSK、QPSK 与十六进制相移键控调制（16PSK）的星座图如图 3-21 所示。

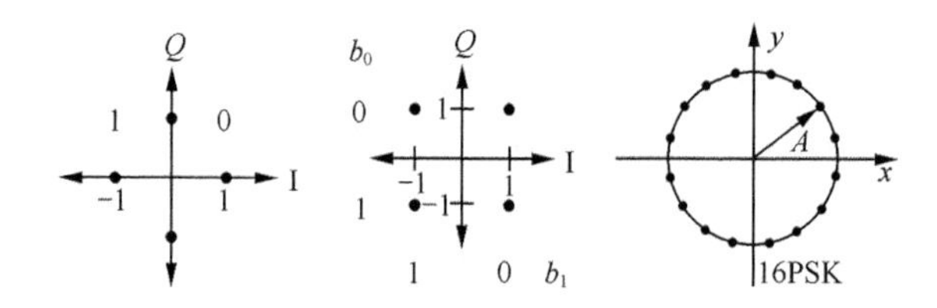

图 3-21 BPSK（左）、QPSK（中）与 16PSK（右）信号的星座图

BPSK 和 QPSK 的信号波形图如图 3-22 所示。

2. QAM

正交幅度调制（QAM）是数字通信中一种经常使用的数字调制技术，尤其是多进制 QAM 具有很高的频谱利用率，在通信业务日益增多使得频谱利用率成为主要矛盾的情况下，正交幅度调制方式是一种比较好的选择。它把 ASK

和PSK两种调制结合起来，使带宽得到双倍扩展。MQAM代表 m 个状态的正交调幅，一般有16QAM、64QAM与256QAM，它们的星座图如图3-23所示。

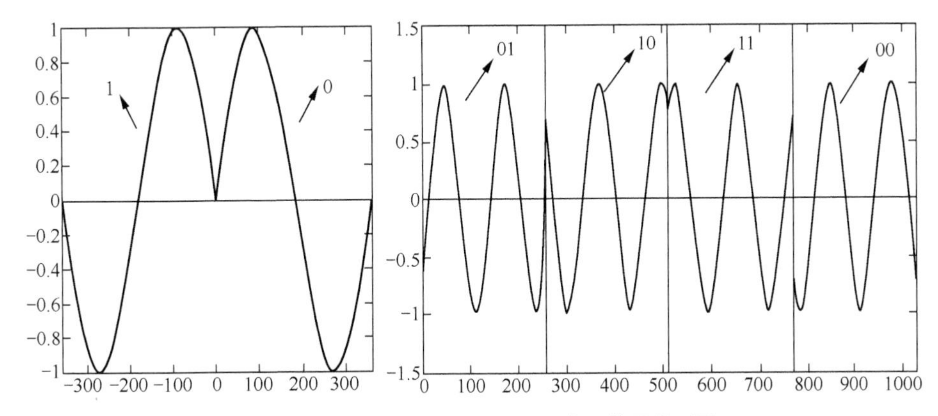

图3-22　BPSK（左）与QPSK（右）信号波形图

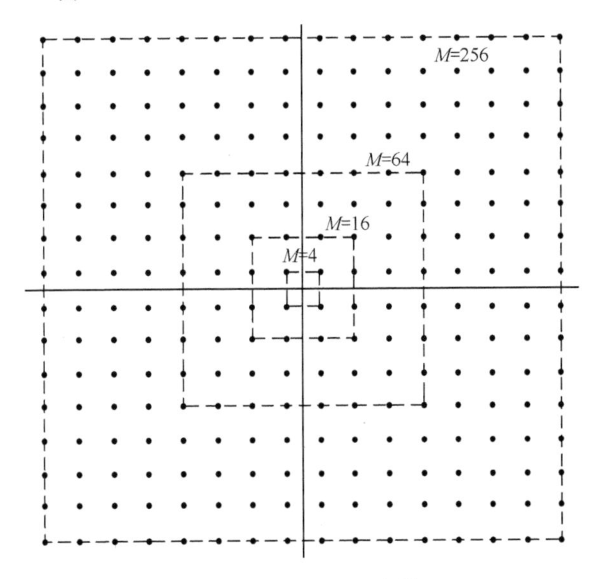

图3-23　MQAM星座图

QAM调制技术有以下优点：第一，频谱利用率高；第二，抗干扰能力仅次于QPSK；第三，从技术复杂度来说，QAM比QPSK更为简单。

3.5.3　从调制方式看4G到5G的演变

5G制定了多种调制方案，其物理层主要使用的调制方式如表3-9所示。

上行链路信道包括上行共享信道（PUSCH）与上行控制信道（PUCCH）。

PUSCH 使用的调制方式有 π/2-BPSK、QPSK、16QAM、64QAM、256QAM；PUCCH 使用的调制方式有 BPSK、QPSK，其中，QPSK 调制用于具有 2 个或更多比特信息的长 PUCCH，以及具有多于 2 bit 信息的短 PUCCH，BPSK 调制用于具有 1 bit 信息的长 PUCCH。

表 3-9 物理层使用的调制方式

上行链路			下行链路		
信道类型	4G 调制方式	5G 调制方式	信道类型	4G 调制方式	5G 调制方式
PUSCH	QPSK 16QAM 64QAM	π/2-BPSK QPSK 16QAM 64QAM 256QAM	PDSCH	QPSK 16QAM 64QAM	QPSK 16QAM 64QAM 256QAM
PUCCH	BPSK QPSK	BPSK QPSK	PDCCH PBCH	QPSK	QPSK

下行链路信道包括下行共享信道（PDSCH）、下行控制信道（PDCCH）以及物理广播信道（PBCH）。PDSCH 使用的调制方式有 QPSK、16QAM、64QAM、256QAM；PDCCH 和 PBCH 使用的调制方式为 QPSK。

与 4G 所采取的调制方式相比，5G 不仅继承了 LTE 在调制方面大部分的技术，如 QPSK、16QAM 和 64QAM，还针对业务需求量剧增、频谱利用率要求提高等因素，做出了进一步的技术更新，使用了频谱利用率更高的 256QAM 调制方式，合理利用了频带资源。根据信噪比与误比特率之间的关系，在环境良好即信号信噪比较高的条件下，在误比特率可接受的条件范围内，256QAM 拥有更高的信息传输速率。因此，256QAM 调制技术在 5G 大规模普及的情况下，将会成为主流的上、下行共享链路信息传输的调制方式。

另外，在 PUSCH 信道中，5G 调制技术还增加了 π/2-BPSK，其主要用于预编码（Precoding）转换。预编码的目的是降低接收机消除信道间影响实现的复杂度，同时减少系统开销，最大地提升 MIMO 的系统容量。为了识别 MIMO 矩阵 $\boldsymbol{H}$ 中有用的通道，需要把多个通道转化成类似于单输入单输出系统（SISO）的一对一模式，实现发送信号 S1 对应接收信号 R1，S2 对应接收信号 R2，也就是将多个 MIMO 交叉通道转换成多个平行的一对一信道。这个过程通过信道矩阵 SVD（奇异值分解）实现。如 $\mathrm{R}=\boldsymbol{H}^{*}\mathrm{S}+n$，变换为 $\mathrm{R}=U\Sigma(\boldsymbol{V}^{*})T^{*}\mathrm{S}+n$，经过接收端的处理$=\Sigma(\boldsymbol{V}^{*})T^{*}\mathrm{S}+U\boldsymbol{H}n$，从结果可以发现发射端不再需要知道 MIMO 信道矩阵 $\boldsymbol{H}$，而知道 $\boldsymbol{V}$（共轭转置矩阵，又叫酉矩阵）即可，此处的 $\boldsymbol{V}$ 即码本（Codebook），3GPP 定义了一系列 $\boldsymbol{V}$ 矩阵，eNodeB 和 UE 侧均可获得，应用时根据 PMI 选择一个可以使信道矩阵 $\boldsymbol{H}$ 容量最大的 $\boldsymbol{V}$。因此，预编码实际上就是在发射端对发射信号 S 乘以 $\boldsymbol{V}$，与后面 SVD 过程匹配，这样降低了在接收端需要处理的复杂性与开销。

总的来说，5G 在 4G 的基础上，不仅使用了更高阶的调制方式 256QAM 来提高业务传输速率，也使用了低阶的 π/2-BPSK 简化了信息传输复杂度。

3.5.4　5G 信道编码

信息通过网络传输的过程中由于受到外界干扰可能产生错误，为了纠正这些误码，以及不让误码信息进一步积累，对要在信道中传送的数字信号进行的纠、检错编码就是信道编码。随着传输速度的提高和同时工作的传输协议的种类越来越多，数据信道的数量也随之大幅增加，信道编码的传输渐渐独立出来，由专用的信道负责，也就是信道编码，这可以增强数据在信道中传输时抵御各种干扰的能力，提高系统的可靠性。现代通信技术诞生以来，以更低的代价（信号功率、信号带宽等）实现更可靠的通信一直是信息技术领域的核心课题。信道编码技术是无线通信系统物理层最核心的基础技术之一，它的主要目的是使数字信号能够进行可靠的传递。信道编码技术通过在发送信息序列的基础上增加额外的校验比特，并在接收端采用一定的译码技术，以较高的概率对传输过程中产生的差错进行纠正，从而实现发送信息序列的正确接收。

由实际信道中的噪声和干扰造成的发送的码字和接收的码字之间的差异称为误码。信道编码的目的是改善通信系统的传输质量。基本思路是根据一定的规则在要传输的信息码中增加一些冗余符号，以保证传输过程的可靠性。信道编码的任务是构造具有最小冗余成本的“良好代码”，以获得最大的抗干扰性能。

数字信号在传输中往往由于各种原因，在传送的数据流中产生误码，从而使接收端产生图像跳跃、不连续、马赛克等现象。所以通过信道编码这一环节，对数码流进行相应的处理，使系统具有一定的纠错能力和抗干扰能力，可极大地避免码流传送中误码的发生。误码的处理技术有纠错、交织、线性内插等。

提高数据传输效率，降低误码率是信道编码的任务。信道编码的本质是增加通信的可靠性。但信道编码会使有用的信息数据传输减少，信道编码的过程是在源数据码流中加插一些码元，从而达到在接收端进行判错和纠错的目的，这就是我们常说的开销。信源编码的作用一是将模拟信号转化为数字信号，二是对数据进行压缩；信道编码则是通过添加一定的校验位，来提高码元自身的纠错能力的手段，如图 3-24 所示。

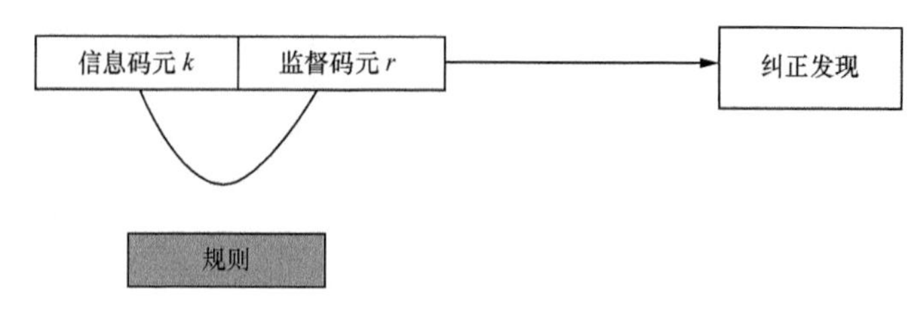

图 3-24　编码检错的逻辑示意

码率兼容截短卷积（RCPC）信道编码，就是一类采用周期性删除比特的方法来获得高码率的卷积码，它具有以下几个特点：

- 截短卷积码可以用生成矩阵表示，它是一种特殊的卷积码；
- 截短卷积码的限制长度与原码相同，具有与原码同等级别的纠错能力；
- 截短卷积码具有原码的隐含结构，译码复杂度降低；
- 改变比特删除模式，可以实现变码率的编码和译码。

1. **候选编码方案**

差错控制编码从 3GPP R99 协议起就被引入，经历了卷积码、Turbo 码，5G NR 中引入的极化码（Polar Code，Polar 码）和低密度奇偶校验码（Low-Density Parity-Channel Code，LDPC 码）。3GPP 制定的标准中，信道编码方案的变化，标志着系统的可靠性和效率的提升，是标准制定的重头戏。最终 5G 标准中，确定了控制消息和广播信道采用 Polar 码，数据编码采用 LDPC 码的方案。

2. **编码相关会议历程及共识**

3GPP TSG RAN WG1 Meeting #86-BIS Lisbon，Portugal 10th – 2016.10.14。

确定 eMBB 数据编码方案为 LDPC 码，至少对于信息块长度大于 X 的情况。

3GPP TSG RAN WG1 Meeting #87 Reno，USA 14th – 2016.11.18。

eMBB 上行数据信道：采用灵活的 LDPC 作为块长度较小的单信道编码方案（对块尺寸较大的情况下采用 LDPC 编码方案已达成共识）。

eMBB 下行数据信道：采用灵活的 LDPC 码作为所有块大小的单信道编码方案。

eMBB 下行控制信息：采用极化码（对于非常小的块长度还要进一步研究，其中，重复/块编码可能是优选的）。

eMBB 上行控制信息：用于采用极坐标编码的工作假定（对于其中可能优选重复/块编码的非常小的块长度，还需进一步研究）。

3GPP TSG RAN WG1 Meeting #89 Hangzhou，China，15th–2017.5.19。

PBCH 采用极化码：使用与控制信道相同的极化码结构，N_{max} = 512。

3GPP TSG RAN WG1 Meeting #90-BIS Prague, CZ, 9th – 2017.10.13。

对于某些范围的 K（分割之前）和 R，UCI 分割成相同长度的两个分段（如果需要，在第一分段的开始处插入 1 个零填充位）。$K \geq$ 阈值（如 352）并且 $R \leq$ 阈值（如 0.4）。

第一分段的 CRC 码仅基于第一分段计算。

第二分段的 CRC 码使用与第一分段相同的多项式，并且仅基于第二分段计算。

确定方案

根据 3GPP TS 38.212 协议，5G 的逻辑信道中，UL-SCH 和 DL-SCH 的信道编码采用 LDPC 码，UCI（Uplink Control Information）和 DCI（Downlink Control Information）的信道编码采用 Polar 码。LDPC 码和 Polar 码均为线性分组码。

主要专利权人专利持有比例如图 3-25 所示。

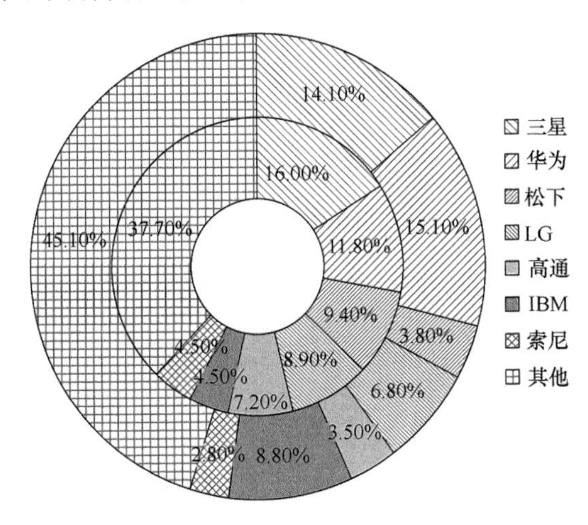

图 3-25　主要专利权人专利持有比例

3. Ploar 码

Ploar 码是基于信道极化理论构造的。将一组二进制输入离散无记忆信道（Binary Input Discrete Memoryless Channel，B-DMC），通过信道合成和信道分裂的操作，得到一组新的二进制输入离散无记忆信道，该过程为计划过程，得到的信道为子信道。信道极化分为两个阶段：信道联合阶段（Channel Combining）和信道分裂（Channel Splitting）阶段。

定义一个（N，K）Polar 码：基于编码（极化）矩阵 ***GN***，将 K 个消息比

特放在 N 个子信道中最可靠的 K 个子信道上，该子信道集合称为信道比特集合，记为 II。Polar 码的性能受到信息比特位置集合 II 的影响，而确定 II 需要先对各子信道的可靠度进行评估和排序。实际系统中由于存储开销或者译码时延的限制，码长总是有限的，Polar 码需要针对有限码长进行设计。另外，Polar 码的原生长度（母码长度）是 2 的整数次幂，而实际应用中，可能需要支持任意码长。

（1）Polar 码的设计原理

Polar 码的性能受信息比特位置集合 II 的影响，而确定 II 需要首先对各子信道的可靠度进行评估和排序。实际系统中由于存储开销或译码时延的限制，码长总是有限的，Polar 需要针对有限码长进行设计。另外，Polar 码的原生长度（母码长度）是 2 的整数次幂，而实际应用中可能需要支持任意码长。因此，需要设计速率匹配方案，将 Polar 码的码长适配到实际需要的大小。

（2）子信道可靠度评估和排序

Polar 码的关键是将消息承载在经过多次信道合成和分裂得到的高可靠子信道上，因此，子信道可靠度的评估和排序直接影响信息比特集合的选取，进而影响 Polar 码的性能。子信道的可靠度由信道和极化过程（GN）决定。子信道可靠度的评估和排序主要有两种方法：一是通过密度演进（Density Evolution，DE）追踪信道的逐步极化过程，评估各子信道的可靠度并排序；二是利用极化权重（Polarization Weight，PW），追踪子信道经历的极化过程，直接构造嵌套的排序序列。

（3）Polar 码构造

Polar 码虽然为无穷码长时可以通过 SC 译码达到香农容量，但是为有限码长时，需要通过 SCL 等译码算法改善译码性能。有限列表宽度的 SCL 译码性能介于 SCL 译码器与最大似然译码器之间：列表大小 L 越小，其误码率越趋近于 SC 译码器的误码率；L 越大，其误码率就越趋近于最大似然译码器的误码率。由于 ML 性能取决于码距，单纯依靠可靠度确定的信息比特集合对应的生成矩阵，码距并不理想。级联外码是常用的改善 Polar 码码距的方法。对于短码，可以直接采用搜索的方法找到码距最佳的级联 Polar 码，而对于长码，可以采用增加循环冗余校验码（Cyclic Redundancy Check，CRC）比特或奇偶校验（Parity Check）比特的方法提升 Polar 性能。

（4）速率匹配

根据 Polar 码的原始定义，其码长限定为 2 的整数次幂，即 $N=2^n$，n 为正整数。Polar 码需要通过速率匹配实现码长的调整，以适配实际的传输需求，打孔和缩短是两种常见的实现速率匹配的方法，两者都通过删除（不传输）原始编码比特中的部分比特，以达到调整码长的目的。两者的区别在于：基于打孔删除的编码比特对于接收端是未知的，解速率匹配时，其LLR填充为0；基于缩短删除的编码比特是固定值（如全0），接收端已知，解速率匹配时，其LLR根据固定值填充。打孔导致某些子信道不可用，为避免译码性能下降，这些子信道需要设置为冻结比特。缩短删除的比特要求为固定值，一般要求缩短比特由冻结比特完全确定，即与缩短比特相关的子信道也必须设置为冻结比特。

打孔或者缩短删除使得编码比特没有经过信道传输，从而改变了原始的信道Polar过程。速率匹配的设计主要有两种方案：一是根据删除比特的位置（也称为速率匹配的模式），利用DE-GA等算法重新计算各子信道的可靠度，确定信息比特等集合，即信息比特的重构；二是根据固定的子信道可靠度排序，优化速率匹配模式。方案一通过重新评估子信道的可靠度，保证了较优的性能。方案二虽然可能导致性能下降，但极大地降低了Polar码构造的复杂度，更为实用，被5G NR标准采用。

（5）编码调制

Polar在评估子信道可靠度时，假设编码比特经历了可靠度（信噪比）相同的信道。当Polar码用于高阶调制、多载波或者在衰落信道下传输时，该假设不再成立。一种方法是，根据编码比特经历的信道评估子信道的可靠度，但是复杂度太高。另一种方法是，引入比特交织，即比特交织编码调制，将编码和调制解耦，简化编码设计。第二种方法被5G NR采用。

（6）5G NR中的Polar码标准化内容

Polar码由于具有更高的译码可靠性，在2016年11月举行的RAN1#87次会议上被采纳为5G NR控制信道的编码方案。具体控制信道中DCI、UCI及PBCH承载的广播消息所使用的方案细节，在后续的3GPP会议中陆续敲定。

Polar码为了支持5G NR控制消息灵活的码长和码率要求，需要设计足够实用的子信道可靠度排列序列。RAN#188bis会议首次讨论了序列的设计方法，统一了序列的评估因素，包括性能、对不同消息大小的支持、与速率匹配的兼容性、复杂度和时延。

在标准讨论之初，不同码率和码长的Polar码构造序列主要基于DE方法及其变种。为了获得特定码率和码长的Polar码排序序列，需要根据信道相关参数，实时计算或者读取这个参数事先计算并预存的序列，部分公司基于DE的方法提出了多序列的解决方案。PW方法的提出从标准化与实用化的角度澄清了Polar码排序序列可以具有和信道参数无关的特点，展示了可以用一个序列来提供任意码长的码率的Polar码构造方法，并且在各种码率和码长配置下展现出良好且稳定的性能。在标准进程中，各公司也基于 PW 方法衍生出了多重单一嵌套序列的方案。最终 5G NR Polar 码采用单序列达成共识，不同长度的木马序列从单序列中抽取。

4. LDPC 码

LDPC 码是麻省理工学院罗伯特·加拉格尔（Robert Gallager）于 1962 年在博士论文中提出的一种具有稀疏校验矩阵的分组纠错码。由于计算复杂度超出当时的计算能力，LDPC 码在一段时间以来被人们遗忘。1981 年，坦纳（Tanner）提出编码的图形结构表示方法，这为 LDPC 解码算法的简化奠定了基础，促使 LDPC 复苏。

1996 年，麦基（MacKay）和尼尔（Neal）重新发现了 LDPC 码，并指出 LDPC 码的优秀性能可以逼近香农极限。LDPC 重新进入大家的视野，并受到广泛重视。

由矩阵系统化处理流程可知，生成矩阵与校验矩阵存在线性关系，如果校验矩阵为稀疏矩阵，生成矩阵也为稀疏矩阵。LDPC 码的生成矩阵和校验矩阵都具有稀疏特性。由于 LDPC 码的校验矩阵具有稀疏特性，接收端通过伴随式译码时，其运算量与码长成线性关系。在码长较长时，译码复杂度的优势明显。在 5G 编码方案中，LDPC 码被采纳为 eMBB 场景下数据信道的编码方案。

LDPC 规则码（N，p，q)定义为具有以下特性的校验矩阵 $\boldsymbol{HM}\times\boldsymbol{N}$ 的零空间：

① 每一行含有 q 个 1，每一列含有 p 个 1；

② 任两行（列）之间位置相同的 1 的个数 λ 不大于 1，即 $\lambda=0$ 或 1；

③ $q<<N$，$p<<M$（低密度）。

（1）编码原理

描述 LDPC 码的基本工具之一是二分图，二分图是一种无向图，基本元素是节点（Node）和边（Edge）。节点分成两类（Class），一条边所连接的两个节点必须分属不同的两类。例如，（n，p，q）=（8，2，4）的编码校验矩阵为：

$$\begin{pmatrix} 1 & 0 & 1 & 0 & 1 & 0 & 1 & 0 \\ 1 & 0 & 0 & 1 & 0 & 1 & 0 & 1 \\ 0 & 1 & 1 & 0 & 0 & 1 & 1 & 0 \\ 0 & 1 & 0 & 1 & 1 & 0 & 0 & 1 \end{pmatrix}$$

LDPC 码的二分图如图 3-26 所示：

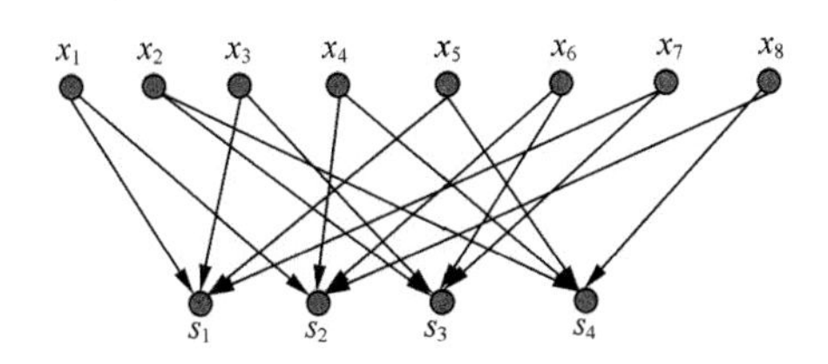

图 3-26　LDPC 码的二分图

（2）LDPC 码设计原理

LDPC 码的校验矩阵或 Tanner 图决定了其性能。消息传递算法可以理解为在 Tanner 图上传递消息的过程，这些消息代表码字中编码比特值的概率分布。通过跟踪 Tanner 图上传递的消息，采用密度演进算法可以估计 LDPC 码的性能。另一方面，在实际应用中，LDPC 码必须以低复杂度的描述和编译码来实现，支持灵活的资源调度和重传，随着 LDPC 码技术的发展，一些重要的技术特性涌现以满足这些要求。例如，RL（Raptor Like）结构的出现使得 LDPC 码可以很好地支持多码率、多码长以及增量冗余混合自动重传请求，准循环结构使 LDPC 码的低复杂度、高吞吐量的编译码器易于实现。

（3）5G NR 中的 LDPC 码标准化内容

LDPC 码由于可以达到更高的译码吞吐量和更低的译码时延，更好地适应高数据速率业务的传输，从而替代 LTE 的 Turbo 码，被采纳为 5G NR 数据的编码方案。

基图 BG

QC-LDPC 码是一类结构化的 LDPC 码，其校验矩阵可以分解为 $Z\times Z$ 的全零矩阵和循环移位矩阵。其中，循环移位矩阵通过 $Z\times Z$ 的单位矩阵向右循环移位获得。扩展之前的矩阵称为基矩阵，对应的 Tanner 图称为基图（Base Graph，BG），只包含元素“0”和“1”。“0”的位置替换为 $Z\times Z$ 的全零矩阵，“1”的位置替换为 $Z\times Z$ 的循环移位矩阵。

5G NR 采用 QC-LDPC 码，BG 是整个 LDPC 码设计的核心，BG 是 LDPC 码校验矩阵设计的前提，也决定了 LDPC 码的宏观性和整体性能。在 5G NR 中，为适应不同通信场景的需求，LDPC 码必须能够灵活地支持不同的码长和码率。

（4）LDPC 编码的应用

TBS

数据信道的资源调度非常灵活，信道编码模块需要根据子带编码的信息块长度和编码长度构造编码参数，即待编码长度及传输块大小（Transmission Block Size，TBS）。若存在分段，则分段后的每段长度为码块大小（Code Block

Size，CBS），而编码长度则根据基站调度的可用资源（排除预留给参考信号、控制信息等的资源）进行计算。收发两端得到的 TBS 和编码码长需要一致，否则接收端的解码将很可能失败。基站通过信令告知终端 TBS 是最直接的一种实现方式，然而由于 TBS 的可能取值较多，这将会导致大量的信令开销。另一种方式为，收发两端根据调度信息，采用相同的步骤计算 TBS，这种方式以较低的运算代价，节省了不必要的信令开销。

5G NR 中 TBS 的设计有以下方面的考虑：

- 与 TBS 对应的实际码率不能严重偏离名义码率（MCS 中预定义的码率）；
- 实现每个 TBS 的调制编码方案尽可能多，以支持更加灵活的调度；
- 非均匀的 TBS 颗粒度（对较小的 TBS，颗粒度较细；对较大的 TBS，颗粒度较粗）；
- 考虑两个 BG 切换条件和两个 BG 的不同分段条件；
- 支持登场分段（TBS 为分段数的倍数）；
- CBS 按字节对齐（CBS 为 8 的倍数）。

（5）HARQ 和速率匹配

HARQ 是提升系统吞吐量的一项关键技术，而 5G NR LDPC 码的 RL 结构，可以增量生成校验比特，很好地支持 IR-HARQ 和不同的传输码率。另一方面，QC-LDPC 码离散的移位因子大小等也对信息块大小和码长提出一些限制，需要通过额外的填充和打孔等实现速率匹配。对速率匹配得到的编码比特进行交织后再调制，即比特交织编码是保证 LDPC 在高阶调制和衰落信道下性能稳定的另一个基本保障。

5. 信噪比与误比特率之间的关系

在无线通信中，信号的信噪比（SNR）与调制技术的误比特率（BER）是两种必须要考虑的基本属性。信噪比是所收到的信号和噪声强度的相对测量，较大的信噪比能使信号更容易地从背景中提取出来。误比特率是指在一定时间内收到的数字信号中发生差错的比特数与同一时间内所接收到的数字信号的总比特数之比，它是衡量数据在规定时间内传输精度的指标。

图 3-27 表示了 3 种不同的调制技术的误比特率与信号的信噪比之间的关系，从图中可以分析出几种物理层的特征。

① 对于给定的调制方案，信噪比越高，误比特率则越小。信号的信噪比可以通过增加它的传输功率来提高，因此发送方也能够通过增加传输功率来降低误比特率。增加传输功率也会伴随着一些问题：发送方必须消耗更多的能量，并且发送方的传输更可能干扰另一个发送方的传输。

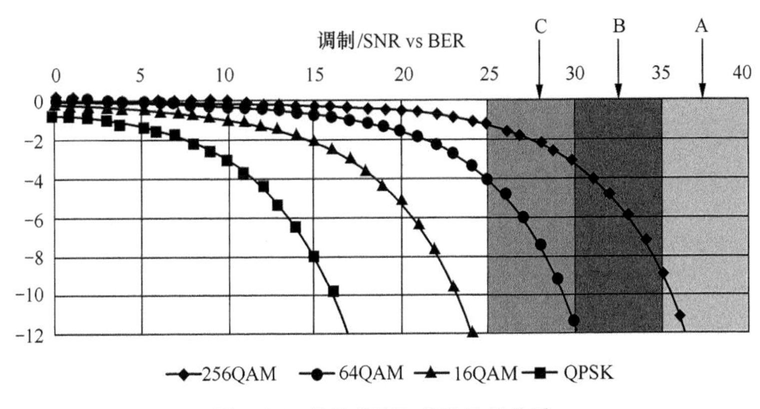

图 3-27 误比特率与信噪比的关系

② 对于给定的信噪比，具有较高比特传输率的调制技术拥有更高的误比特率。如对于 10 dB 的信噪比，具有 1 Mbit/s 传输速率的 BPSK 调制具有小于 10^{-7} 的误比特率，而具有 4 Mbit/s 传输速率的 16QAM，误比特率是 10^{-1}。对于 20 dB 的信噪比，16QAM 具有 4 Mbit/s 的传输速率和 10^{-7} 的误比特率，而 BPSK 仅具有 1 Mbit/s 的传输速率和特别低的误比特率。如果 10^{-7} 的误比特率已经满足业务需求，则 16QAM 提供的较高的传输速率将使它成为首选的调制技术。

③ 物理层调制技术的动态选择能适用于配对信道条件的调制技术。信号的信噪比可能因为环境的变化而改变，因此，5G 采用了自适应调制编码技术，即对于给定的信道特征，在受制于误比特率约束的前提下，选择一种传输速率最高的调制方式。

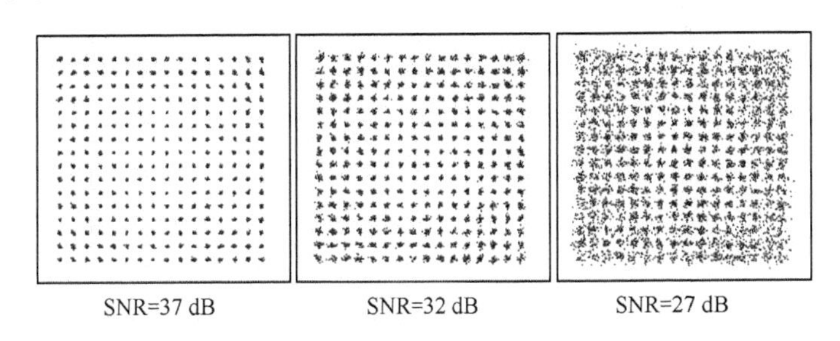

图 3-28 256QAM 在不同 SNR 下的星座图

图 3-28 表示 256QAM 信号在不同 SNR 环境下的星座图，若要解调 256QAM 的信号而不产生位元错误，则 32 dB 的 SNR 已足够。但相对来说，若环境条件较差，SNR 较低，如低于 27 dB 时，则星座图会产生明显的模糊现象。在这种信道环境下，现有的技术条件将无法维持 256QAM 的通信作业；但若转换为较低阶次的调制方式，如 64QAM 或者 16QAM，将可达到合适的误码率。由香农定理所述，此范例即可说明 SNR 与数据传输速率之间的关系。

第4章 NR 帧结构和信道

为了满足新一代移动通信业务的需求，5G 系统的时延要求比 4G 小。据 3GPP 发布的业务白皮书，URLLC 业务要求 DL 和 UL 的时延为 0.5 ms，而 eMBB 业务要求 DL 和 UL 的时延为 4 ms。

LTE 的子帧为 1 ms，LTE 网络端到端时延为几十毫秒到上百毫秒。为了降低空口时延，5G 提出了更加灵活的帧结构配比。由于 5G 网络中应用了大规模天线技术，天线端口数量比较多，所以 5G 参考信号和 LTE 的参考信号有了些变化。与 4G 相比，5G 的上行信道完全一样，下行信道相比 4G 更加简洁。本章主要介绍 5G NR 帧结构和信道的相关概念。

| 4.1 NR 帧结构 |

虽然 5G NR 支持多种子载波间隔，但是不同子载波间隔配置下，无线帧和子帧的长度是相同的。无线帧长度为 10 ms，子帧长度为 1 ms。

在不同子载波间隔的配置下，无线帧的结构中每个子帧中包含的时隙数不同。在常规 CP 情况下，每个时隙包含的符号数相同，都为 14 个。

4.1.1 NR 帧结构的组成

在 NR 中，主要的时域资源由大到小可以分为：帧、子帧、时隙、符号、采样点。它们的时域长度分别表示为：T_{frame}、$T_{subframe}$、T_{slot}、T_{symbol}、$T_{sampling}$。各时域长度有如下关系：

$$T_{frame}=10\ \text{ms};$$

$$T_{subframe}=1\ \text{ms};$$

$$T_{slot}=T_{subframe}/(\text{SCS}/15\ \text{kHz})。$$

因此，根据不同的子载波间隔（Subcarrier Spacing，SCS）配置，T_{slot} 的范围可从 1 ms（SCS=15 kHz）到 62.5 μs（SCS=240 kHz）。每个 slot 含 14 个 OFDM 符号（常规 CP）或 12 个 OFDM 符号（扩展 CP）。

$$T_{\text{symbol}}=1/\text{SCS};$$

$$T_{\text{sampling}}=T_{\text{symbol}}/4096。$$

相应的，T_s 的时间长度可以从 0.33 μs（SCS=15 kHz）到 0.002 μs（SCS=240 kHz）。5G 时域资源示意如图 4-1 所示。

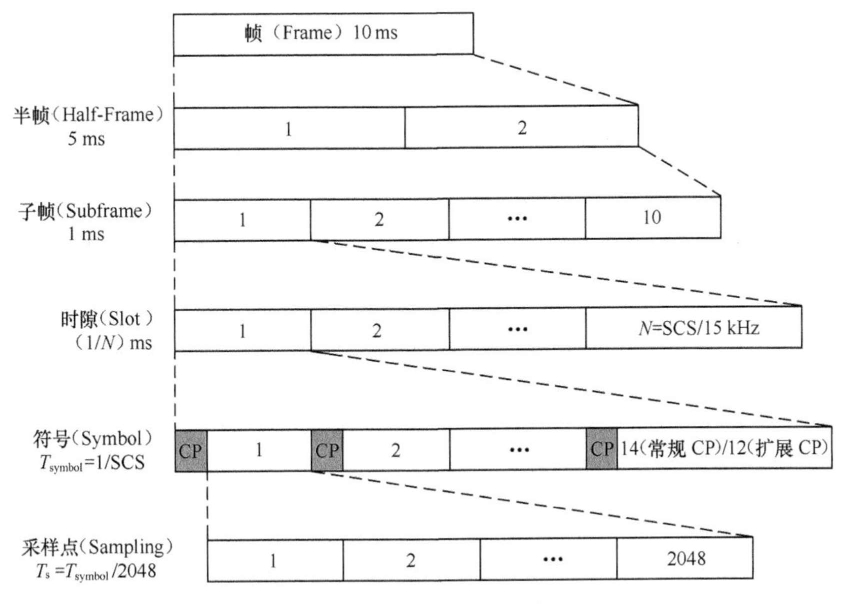

图 4-1　5G 时域资源示意

在每个子帧中，随着 SCS 配置不同，每个子帧内含时隙也不相同。我们用 μ 表示 SCS 配置，每个子帧内包含的 Slot 数与子载波配置相关，每个 Slot 内包含的 Symbol 数与 CP 长度相关。

5G NR 继续使用了 1 ms 的子帧，为了适应灵活调度的需求，在 1 个子帧中包含的 OFDM 符号不再是固定的 14 个。当子载波间隔是 15 kHz 时，1 个 5G NR 子帧仍然包含 14 个 OFDM 符号，与 4G LTE 一样（但是 1 个子帧中只有 1 个 Slot，而不是 LTE 中的 2 个 Slot）；当子载波间隔是 30 kHz 时，1 个 5G NR 子帧中有 28 个 OFDM 符号（2 个 Slot）；当子载波间隔是 60 kHz 时，1 个 5G NR 子帧中有 56 个 OFDM 符号（4 个 Slot）；当子载波间隔是 120 kHz 时，1 个 5G NR 子帧中有 112 个 OFDM 符号（8 个 Slot）；当子载波间隔是 240 kHz 时，1 个 5G NR 子帧中有 224 个 OFDM 符号（16 个 Slot）。

在这样的帧结构下，尽管子帧的时长仍然为 1 ms，但是当选择较大的子载波间隔时，时隙（Slot）的时长就会缩短，每个 OFDM 符号的时长也随之缩短，这样就能够达成减少时延的目标。

另外，5G NR 还引入一种更有效率的机制来实现低时延，即允许一次传输一个时隙的一部分，也就是所谓的“迷你时隙”（Mini-Slot）传输机制。一个迷你时隙最短只有 1 个 OFDM 符号。这种传输机制还能被用于改变数据传输队列的顺序，让“迷你时隙”（Mini-Slot）传输数据立刻插到已经存在的发送给某个终端的常规时隙传输数据的前面，以获得极低的时延。这种不需要拘泥于在每个时隙的开始之处开始数据传输的特性，在使用非授权频段的场景中是特别有用的。在非授权频段，发射机在发送数据前，需要确定无线信道没有被其他传输占用，即使用所谓的 LBT（Listen-Before-Talk）策略。显然，一旦发现无线信道有空，就应该立刻开始数据传输，而不是等这个时隙结束，下一个时隙开始。因为等到下一个时隙开始时，无线信道可能又被另一个传输占用了。

“迷你时隙”（Mini-Slot）在使用毫米波载频的场景中也非常关键。由于毫米波载频的带宽很大，往往几个 OFDM 符号就足够传输完用户业务数据，不需要用到 1 个时隙的 14 个 OFDM 符号。“迷你时隙”（Mini-Slot）特别适合与模拟式波束赋形一起使用，因为使用模拟式波束赋形时，传输到多个终端设备的不同波束无法在频域实现复用，只能在时域复用。

4.1.2 不同子载波间隔的时隙结构

1. 子载波间隔=15 kHz（常规 CP）

在此配置下，一个子帧仅有 1 个时隙，所以无线帧包含 10 个时隙。一个时隙包含的 OFDM 符号数为 14，如图 4-2 和表 4-1 所示。

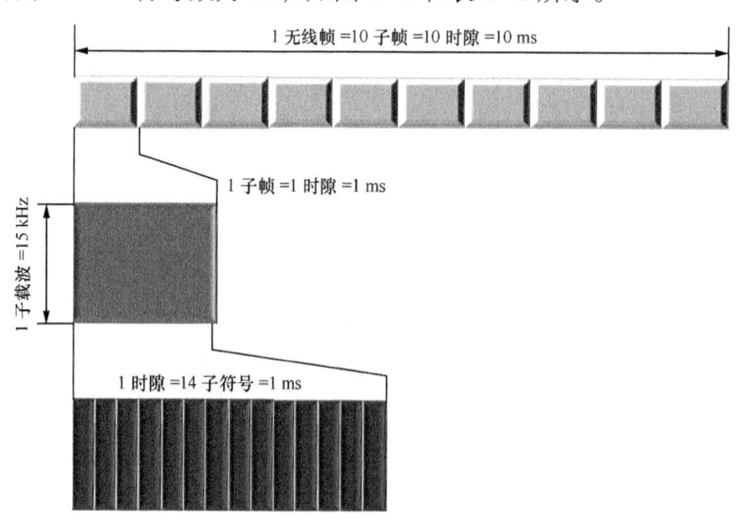

图 4-2 子载波间隔=15 kHz（常规 CP）

表 4-1　子载波间隔为 15 kHz 的子帧参数

μ	N_{symb}^{slot}	$N_{slot}^{frame,\mu}$	$N_{slot}^{subframe,\mu}$
0	14	10	1

2. **子载波间隔=30 kHz（常规 CP）**

在这个配置中，一个子帧有 2 个时隙，所以无线帧包含 20 个时隙。1 个时隙包含的 OFDM 符号数为 14，如图 4-3 和表 4-2 所示。

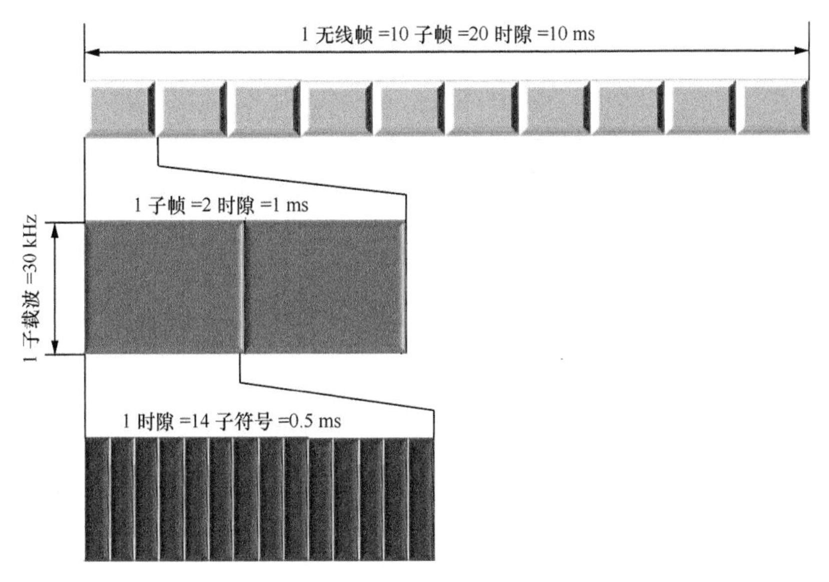

图 4-3　子载波间隔=30 kHz（常规 CP）

表 4-2　子载波间隔为 30 kHz 的子帧参数

μ	N_{symb}^{slot}	$N_{slot}^{frame,\mu}$	$N_{slot}^{subframe,\mu}$
1	14	20	2

3. **子载波间隔=60 kHz（常规 CP）**

在这个配置中，一个子帧有 4 个时隙，所以无线帧包含 40 个时隙。1 个时隙包含的 OFDM 符号数为 14，如图 4-4 和表 4-3 所示。

表 4-3　子载波间隔为 60 kHz 的子帧参数

μ	N_{symb}^{slot}	$N_{slot}^{frame,\mu}$	$N_{slot}^{subframe,\mu}$
2	14	40	4

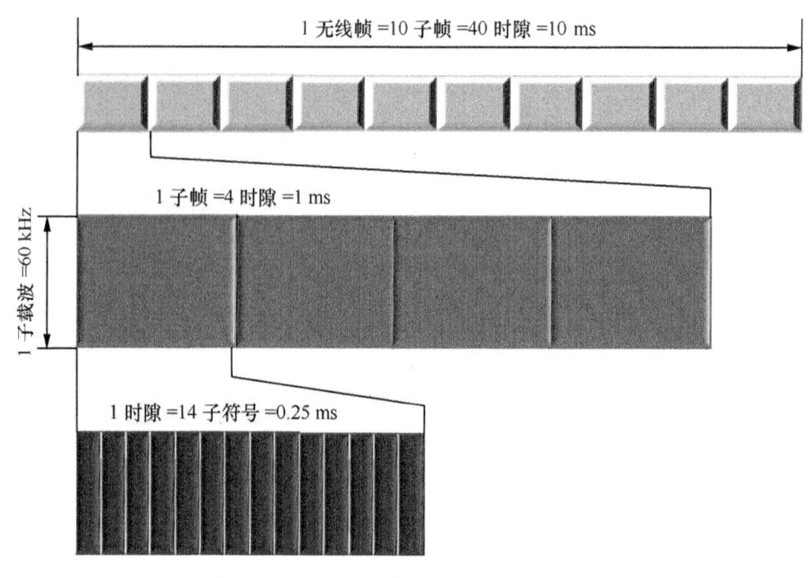

图 4-4　子载波间隔=60 kHz（常规 CP）

4. 子载波间隔=120 kHz（常规 CP）

在这个配置中，一个子帧有 8 个时隙，所以无线帧包含 80 个时隙。1 个时隙包含的 OFDM 符号数为 14，如图 4-5 和表 4-4 所示。

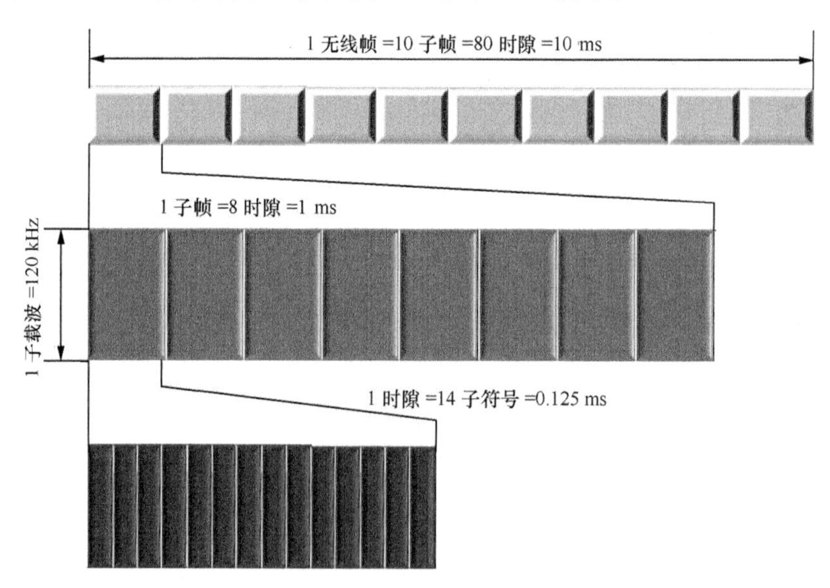

图 4-5　子载波间隔=120 kHz（常规 CP）

表 4-4　子载波间隔为 120 kHz 的子帧参数

μ	N_{symb}^{slot}	$N_{slot}^{frame,\mu}$	$N_{slot}^{subframe,\mu}$
3	14	80	8

5. **子载波间隔=240 kHz（正常 CP）**

在这个配置中，一个子帧有 16 个时隙，所以无线帧包含 160 个时隙。1 个时隙包含的 OFDM 符号数为 14，如图 4-6 和表 4-5 所示。

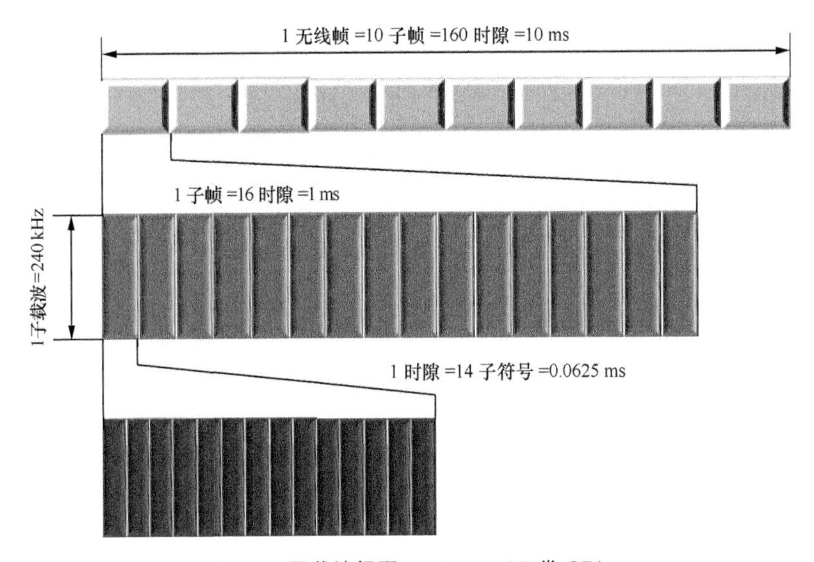

图 4-6　子载波间隔=240 kHz（正常 CP）

表 4-5　子载波间隔为 240 kHz 的子帧参数

μ	N_{symb}^{slot}	$N_{slot}^{frame,\mu}$	$N_{slot}^{subframe,\mu}$
4	14	160	16

综上所述：常规 CP 中，一个 Slot 内，所有的 CP 共占用 1 个 T_{symbol} 的时间；在扩展 CP 中，所有的 CP 共占用 3 个 T_{symbol} 的时间。以目前测试设备为例，子载波间隔为 30 kHz，T_s 长度为 1000/(2048×30)=0.016 μs，常规 CP 长度为 2.34375 μs，即 144 个 T_s，一个 Slot 内，共有 12 个长度为 144 T_s 的 CP，2 个长度为 160 T_s 的 CP，所有 CP 共占用（144×12+160×2=2048）T_s，即 1 个 T_{symbol}。

6. **子载波间隔的信道应用**

在 LTE 系统中，子载波间隔固定为 15 kHz，每个子帧内含有 2 个时隙，每个时隙含有 7 个（常规 CP）或 6 个（扩展 CP），5G 的子载波间隔有 15 kHz、30 kHz、60 kHz、120 kHz 和 240 kHz，每个子帧中的时隙数量和符号数量随子载波间隔的变化而变化。LTE 时域资源配置如表 4-6 所示。

表 4-6　LTE 时域资源配置

μ	$\Delta f=2^{\mu}\cdot 15$（kHz）	N_{symb}^{slot}	$N_{slot}^{frame,\mu}$	$N_{slot}^{subframe,\mu}$
0	15	7 或 6	20	2

5G NR 中不同子载波间隔对物理信道的支持能力不同，具体如表 4-7 所示。

表 4-7　不同子载波间隔对物理信道的支持能力

μ	$\Delta f=2^{\mu}\cdot 15$（kHz）	循环前缀（CP）	数据业务的支持	同步能力的支持
0	15	常规	是	是
1	30	常规	是	是
2	60	常规，扩展	是	否
3	120	常规	是	是
4	240	常规	否	是

4.1.3　5G 时隙的上下行配比

5G NR 为了适应多种业务需求，定义了多种灵活的上下行配置方案。具体表现为，在每个时隙内，针对每个符号进行了上行（U）、下行（D）及灵活（X）的配置，目前确定了 56 种配置方案，如表 4-8 所示。

表 4-8　时隙内上下行配置

格式	时隙中的符号编号													
	0	1	2	3	4	5	6	7	8	9	10	11	12	13
0	D	D	D	D	D	D	D	D	D	D	D	D	D	D
1	U	U	U	U	U	U	U	U	U	U	U	U	U	U
2	X	X	X	X	X	X	X	X	X	X	X	X	X	X
3	D	D	D	D	D	D	D	D	D	D	D	D	D	X
4	D	D	D	D	D	D	D	D	D	D	D	D	X	X
5	D	D	D	D	D	D	D	D	D	D	D	X	X	X
6	D	D	D	D	D	D	D	D	D	D	X	X	X	X
7	D	D	D	D	D	D	D	D	D	X	X	X	X	X
8	X	X	X	X	X	X	X	X	X	X	X	X	X	U
9	X	X	X	X	X	X	X	X	X	X	X	X	U	U
10	X	U	U	U	U	U	U	U	U	U	U	U	U	U

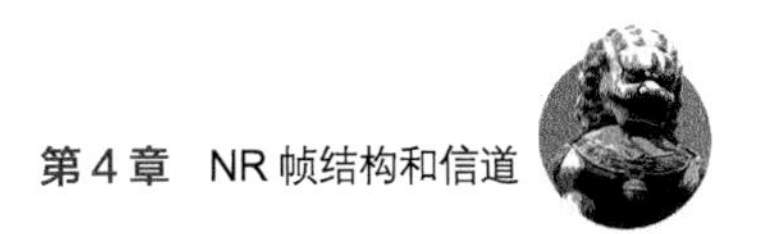

续表

格式	时隙中的符号编号													
	0	1	2	3	4	5	6	7	8	9	10	11	12	13
11	X	X	U	U	U	U	U	U	U	U	U	U	U	U
12	X	X	X	U	U	U	U	U	U	U	U	U	U	U
13	X	X	X	X	U	U	U	U	U	U	U	U	U	U
14	X	X	X	X	X	U	U	U	U	U	U	U	U	U
15	X	X	X	X	X	X	U	U	U	U	U	U	U	U
16	D	X	X	X	X	X	X	X	X	X	X	X	X	X
17	D	D	X	X	X	X	X	X	X	X	X	X	X	X
18	D	D	D	X	X	X	X	X	X	X	X	X	X	X
19	D	X	X	X	X	X	X	X	X	X	X	X	X	U
20	D	D	X	X	X	X	X	X	X	X	X	X	X	U
21	D	D	D	X	X	X	X	X	X	X	X	X	X	U
22	D	X	X	X	X	X	X	X	X	X	X	X	U	U
23	D	D	X	X	X	X	X	X	X	X	X	X	U	U
24	D	D	D	X	X	X	X	X	X	X	X	X	U	U
25	D	X	X	X	X	X	X	X	X	X	X	U	U	U
26	D	D	X	X	X	X	X	X	X	X	X	U	U	U
27	D	D	D	X	X	X	X	X	X	X	X	U	U	U
28	D	D	D	D	D	D	D	D	D	D	D	D	X	U
29	D	D	D	D	D	D	D	D	D	D	D	X	X	U
30	D	D	D	D	D	D	D	D	D	D	X	X	X	U
31	D	D	D	D	D	D	D	D	D	D	D	X	U	U
32	D	D	D	D	D	D	D	D	D	D	X	X	U	U
33	D	D	D	D	D	D	D	D	D	X	X	X	U	U
34	D	X	U	U	U	U	U	U	U	U	U	U	U	U
35	D	D	X	U	U	U	U	U	U	U	U	U	U	U
36	D	D	D	X	U	U	U	U	U	U	U	U	U	U
37	D	X	X	U	U	U	U	U	U	U	U	U	U	U
38	D	D	X	X	U	U	U	U	U	U	U	U	U	U
39	D	D	D	X	X	U	U	U	U	U	U	U	U	U
40	D	X	X	X	U	U	U	U	U	U	U	U	U	U
41	D	D	X	X	X	U	U	U	U	U	U	U	U	U
42	D	D	D	X	X	X	U	U	U	U	U	U	U	U

续表

格式	时隙中的符号编号													
	0	1	2	3	4	5	6	7	8	9	10	11	12	13
43	D	D	D	D	D	D	D	D	D	X	X	X	X	U
44	D	D	D	D	D	D	X	X	X	X	X	X	U	U
45	D	D	D	D	D	D	X	X	U	U	U	U	U	U
46	D	D	D	D	D	X	U	D	D	D	D	D	X	U
47	D	D	X	U	U	U	U	D	D	X	U	U	U	U
48	D	X	U	U	U	U	U	D	X	U	U	U	U	U
49	D	D	D	D	X	X	U	D	D	D	D	X	X	U
50	D	D	X	X	U	U	U	D	D	X	X	U	U	U
51	D	X	X	U	U	U	U	D	X	X	U	U	U	U
52	D	X	X	X	X	X	U	D	X	X	X	X	X	U
53	D	D	X	X	X	X	U	D	D	X	X	X	X	U
54	X	X	X	X	X	X	X	D	D	D	D	D	D	D
55	D	D	X	X	X	U	U	U	D	D	D	D	D	D
56～255	预留													

由工信部统一牵头组织的实验网中，采用 2.5 ms 双周期帧格式上下行配置，如图 4-7 所示：子载波间隔为 30 kHz，每个帧包含 20 个时隙，每 5 ms 中包含 5 个全下行时隙，3 个全上行时隙和 2 个特殊时隙。时隙 3 和时隙 7 为特殊时隙，配比为下行：GP：上行=10：2：2，其中，下行时隙的符号配置为 Format 0，上行时隙的符号配置为 Format 1，GP 的符号配置为 Format 32。

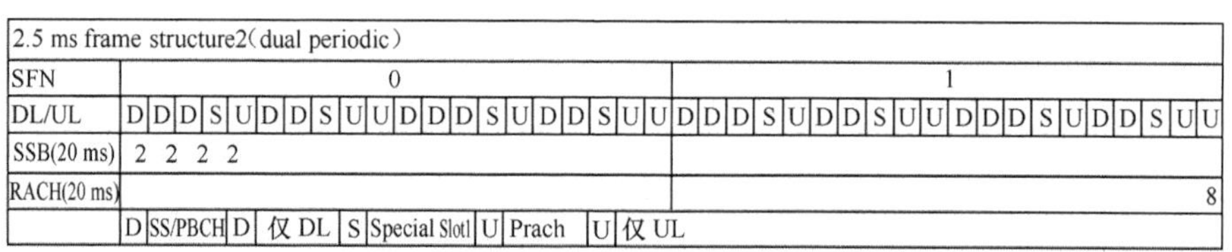

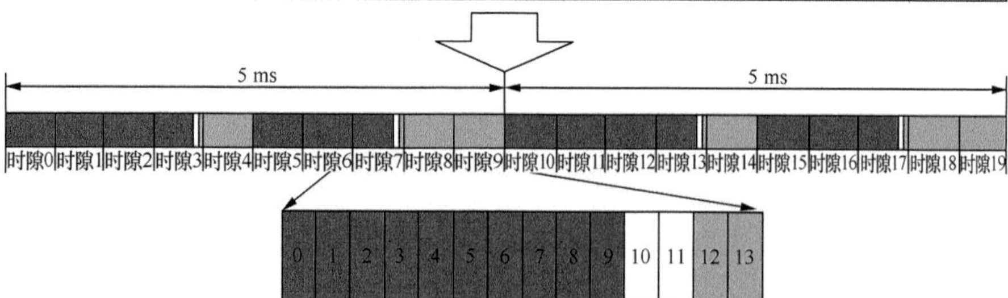

图 4-7　实验网 5G 帧格式示意

4.1.4 5G帧结构的周期选项

5G的帧结构选项比较多，通过厂家和运营商的实验网测试可以发现，不同的帧结构选项配置的上下行配比对上下行容量的影响比较大。下面以厂家和运营商在实验网测试中典型的帧结构配置进行介绍。

1. Option 1

2.5 ms双周期帧结构，每5 ms里面包含5个全下行时隙，3个全上行时隙和两个特殊时隙。时隙3和时隙7为特殊时隙，配比为10∶2∶2（可调整）：DDDSUDDSUU。Patter周期为2.5 ms，存在连续2个UL时隙，可发送长PRACH格式，有利于提升上行覆盖能力。中国移动推荐将GP长度扩展到4个，那么就出现GP跨子帧的情况。具体的帧结构如图4-8所示。

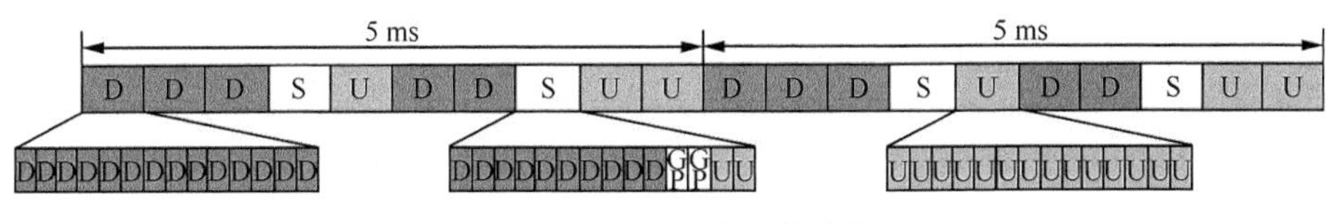

图4-8 Option 1的子帧结构

2. Option 2

每2.5 ms中包含3个全下行时隙，一个全上行时隙和一个特殊时隙。特殊时隙配比为10∶2∶2（可调整）：DDDSU。具体的帧结构如图4-9所示。

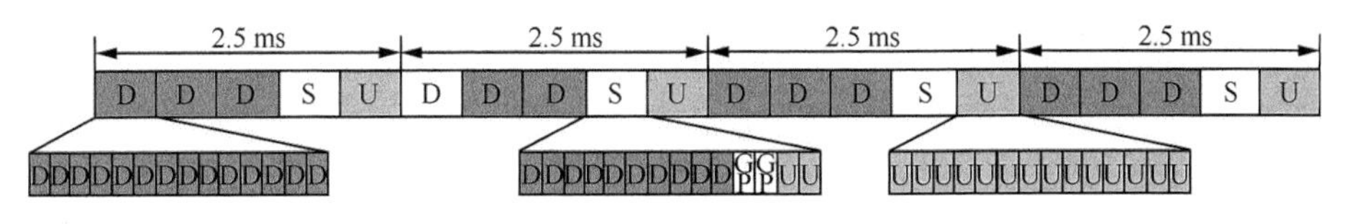

图4-9 Option 2的子帧结构

3. Option 3

每2 ms中包含2个全下行时隙，一个上行为主时隙和一个特殊时隙。特殊时隙配比为10∶2∶2（可调整）。上行为主时隙配比为1∶2∶11（GP长度可调整）：DSDU。Pattern周期为2 ms，1个UL时隙，有效减少时延，转换点增多。具体的帧结构如图4-10所示。

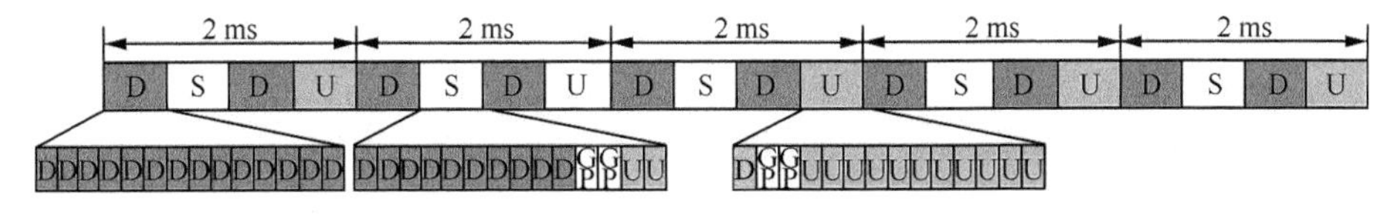

图4-10 Option 3的子帧结构

4. Option 4

每 2.5 ms 中包含 5 个双向时隙，其中，4 个下行为主时隙和 1 个上行为主时隙。上行为主时隙配比为 1：1：12（DL 符号：GP：UL 符号）。下行为主时隙配比为 12：1：1(DL 符号：GP：UL 符号):DDDDU。Pattern 周期为 2.5 ms，存在频繁上下行转换，影响性能。具体的帧结构如图 4-11 所示。

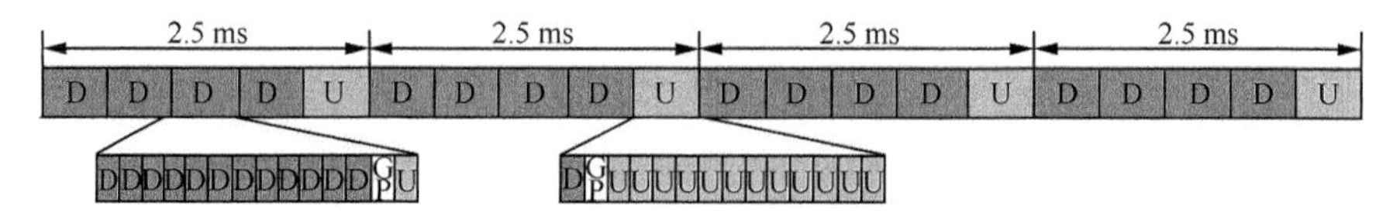

图 4-11　Option 4 的子帧结构

5. Option 5

每 2 ms 中包含 2 个全下行时隙（DL），1 个下行为主时隙（S）和 1 个全上行时隙（UL）。下行为主时隙配比为 12：2：0（GP 长度可配置，且大于或等于 2）：DDSU。Pattern 周期为 2 ms，周期较短，有利于降低时延。具体的帧结构如图 4-12 所示。

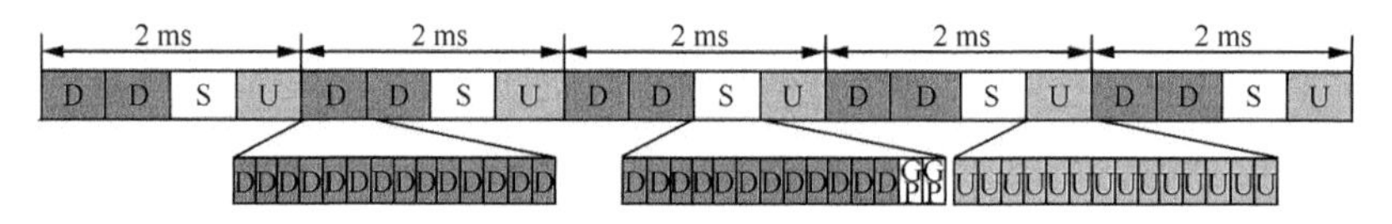

图 4-12　Option 5 的子帧结构

6. *典型帧结构比较和参数的影响*

对于以上各种的帧结构，其上下行配比和优劣势总结如表 4-9 所示。

表 4-9　典型帧结构比较总结

选项	属性	优势	劣势
Option 1	DDDSUDDSUU，2.5 ms 双周期，S 配比为 10∶2∶2（可调整）	上下行时隙配比均衡，可配置长 PRACH 格式	双周期实现较复杂
Option 2	DDDSU，2.5 ms 周期，S 配比为 10∶2∶2（可调整）	下行有更多的时隙，有利于下行吞吐量，单周期实现简单	无法配置长 PRACH 格式
Option 3	DSDU，2 m 双周期，S 配比为 10∶2∶2（可调整），U 配比为 1∶2∶11（GP 长度可调整）	有效减少时延	转换点增多
Option 4	DDDDU，2.5 ms 双周期，UL 配比为 1∶1∶12（可调整），DL 配比为 12∶1∶1	每个时隙都存在上下行，调度时延缩短	存在频繁上下行转换，影响性能
Option 5	DDSU，2 ms 单周期，S 配比为 12∶2∶0	有效减少调度时延	最多支持 5 波束扫描，无法配置长 PRACH 格式

不同的帧结构配比，对系统的容量和覆盖都有影响。帧结构影响容量的因子包括上下行的业务配比和符号数的开销比例。影响覆盖的因子包括 GP 符号数、PRACH 格式广播波束（SSB）的数量和 PUCCH 占用的时隙。各种因子在帧结构中的分布如图 4-13 所示。

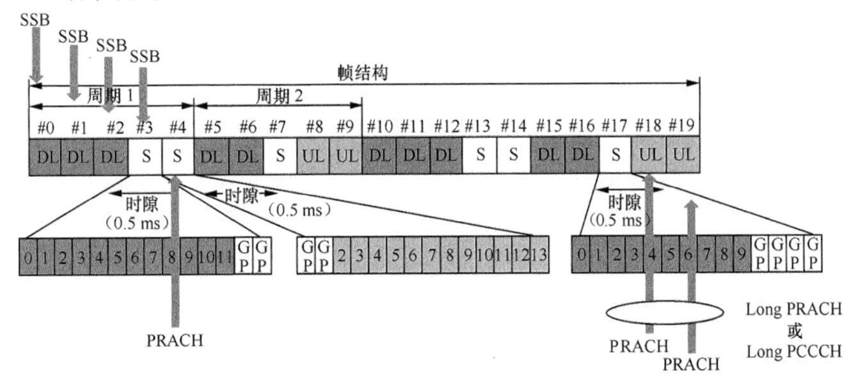

图 4-13　覆盖和容量因子在帧结构中的分布

4.2　物理层时频资源

NR 的资源栅格如图 4-14 所示，图中显示 NR 和 LTE 的资源栅格非常相似。但是 NR 的物理维度根据参数集的不同而变化了很多，如这些维度可以是子载波间隔，每个无线帧包含的 OFDM 符号数量等。

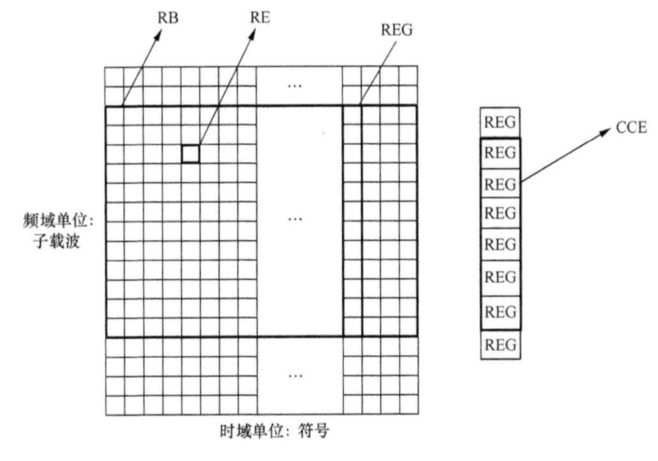

图 4-14　NR的资源栅格示意

4.2.1 时频资源粒度

频谱资源通常用 RE、REG、CCE、RB 表示。

- RE：频域 1 个子载波，时域 1 个符号；
- REG：频域 12 个子载波，时域 1 个符号；
- RB：频域 12 个连续子载波。根据 RB 在不同层的映射，可分为以下单位。

① CRB（Common Resource Blocks）：全局 RB，用以指示资源所在的绝对位置，起始点为最低子载波，其表达式为：

$$n_{\mathrm{CRB}}^{\mu}=\left\lfloor\frac{k}{N_{\mathrm{sc}}^{\mathrm{RB}}}\right\rfloor \tag{4-1}$$

② PRB（Physical Resource Blocks）：物理层 RB，用以指示资源在某一特定传输带宽时的位置，其与 CRB 的关系如下：

$$n_{\mathrm{CRB}}=n_{\mathrm{PRB}}+N_{\mathrm{BWP},i}^{\mathrm{start}} \tag{4-2}$$

③ VRB（Virtual Resource Blocks）：Mac 层 RB，如果采用非交织的映射关系，则其与 PRB 的编号相同。

- CCE：频域 6 个 REG。

4.2.2 频谱资源利用率

频谱资源方面，根据频率范围的不同，其频谱资源的配置 RB 数量也不同。5G 定义了低频和高频的传输范围，其频率划分如表 4-10 所示。

表 4-10 频率范围划分表

频率范围的定义	对应的频段（MHz）
频率范围 1（FR1）	450～6000
频率范围 2（FR2）	24 250～52 600

不同的频率范围具有不同的频谱资源配置 RB，下面分别来介绍。

1. FR1

FR1 定义了 450 MHz～6 GHz 的传输范围，其传输带宽支持 5～100 MHz 的范围，资源配置如表 4-11 所示，保护频带配置如表 4-12 所示，频谱利用率如表 4-13 所示。

表 4-11　FR1 最大传输带宽频谱资源配置表

SCS (kHz)	5 MHz	10 MHz	15 MHz	20 MHz	25 MHz	30 MHz	40 MHz	50 MHz	60 MHz	80 MHz	100 MHz
	N_{RB}	N_{RB}	N_{RB}	N_{RB}	N_{RB}	N_{RB}	N_{RB}	N_{RB}	N_{RB}	N_{RB}	N_{RB}
15	25	52	79	106	133	160	216	270	N/A	N/A	N/A
30	11	24	38	51	65	78	106	133	162	217	273
60	N/A	11	18	24	31	38	51	65	79	107	135

表 4-12　FR1 各频谱资源配置对应的保护频带配置

SCS (kHz)	5 MHz	10 MHz	15 MHz	20 MHz	25 MHz	30 MHz	40 MHz	50 MHz	60 MHz	80 MHz	100 MHz
15	242.5	312.5	382.5	452.5	522.5	592.5	552.5	692.5	N/A	N/A	N/A
30	505	665	645	805	785	945	905	1045	825	925	845
60	N/A	1010	990	1330	1310	1290	1610	1570	1530	1450	1370

表 4-13　FR1 各频谱资源配置的频谱利用率

频谱利用率	5 MHz	10 MHz	15 MHz	20 MHz	25 MHz	30 MHz	40 MHz	50 MHz	60 MHz	80 MHz	100 MHz
15	90.00%	93.60%	94.80%	95.40%	95.76%	96.00%	97.20%	97.20%	N/A	N/A	N/A
30	79.20%	86.40%	91.20%	91.80%	93.60%	93.60%	95.40%	95.76%	97.20%	97.65%	98.28%
60	N/A	79.20%	86.40%	86.40%	89.28%	91.20%	91.80%	93.60%	94.80%	96.30%	97.20%

根据表中的资源配置，可以得到：

$$\text{Bandwidth}=N_{RB}\times 12\times \text{SCS}+2\times \text{Guardband}+\text{SCS}$$

其中，保护频带对称分布于传输频段的两端。直流子载波不传输数据，因此需要额外加上直流子载波的宽度。实际传输 RB 数与单 RB 带宽的乘积，加上 2 个保护频带的宽度，再加上直流子载波的频带宽度即为总传输带宽。这里，直流子载波空置的原因是为了保证输出的时域信号不存在直流分量，从而维持更低、更稳定的峰值功率，进而带来更好的 PAPR 性能。

2. FR2

3GPP 定义了 FR2 的频率范围为 24.25～52.6 GHz，其传输带宽支持 50～400 MHz 的范围。资源配置如表 4-14 所示，保护频带配置如表 4-15 所示，频谱利用率如表 4-16 所示。

表 4-14　FR2 最大传输带宽频谱资源配置表

SCS（kHz）	50 MHz	100 MHz	200 MHz	400 MHz
	N_{RB}	N_{RB}	N_{RB}	N_{RB}
60	66	132	264	N/A
120	32	66	132	264

表 4-15　FR2 各频谱资源配置对应的保护频带配置

SCS（kHz）	50 MHz	100 MHz	200 MHz	400 MHz
60	1210	2450	4930	N/A
120	1900	2420	4900	9860

表 4-16　FR2 各频谱资源配置的频谱利用率

频谱利用率	50 MHz	100 MHz	200 MHz	400 MHz
60	95.04%	95.04%	95.04%	N/A
120	92.16%	95.04%	95.04%	95.04%

4.3　NR 物理层信号

参考信号是系统设计的重要组成部分。下行参考信号的主要作用包括信道状态信息的测量、数据解调、波束训练和时频参数跟踪等。上行参考信号的主要作用包括上下行信道测量、数据解调等。5G 中的 4 种参考信号：解调用参考信号（Demodulation Reference Signal，DMRS）、信道状态信息参考信号（Channel State Information-Reference Signal，CSI-RS）、相位跟踪参考信号（Phase Tracking Reference Signal，PT-RS）以及信道探测参考信号（Sounding Reference Signal，SRS）。参考信号的设计包括随机序列生成的设计和物理资源映射的设计。其中，随机序列的生成部分可查阅标准 38.211 中各个信道参考信号序列的生成部分。

4.3.1　物理层功能

物理层主要面向高层提供数据服务。根据 TS38.211 协议规定，物理层执行以下功能以提供数据传输服务：

- 对传输信道进行错误检测并向高层指示；
- 传输信道的 FEC 编码/解码；
- 混合自动请求重传软合并；
- 编码的传输信道与物理信道的速率匹配；
- 将编码的传输信道映射到物理信道上；
- 物理信道的功率分配；

- 物理信道的调制和解调；
- 频率和时间同步；
- 无线电特性测量和向高层指示；
- MIMO 天线处理；
- 射频处理。

NR 物理层信号被定义为基准信号、初级和次级同步信号，其中，NR 的下行链路支持的调制方式包括 QPSK、16QAM、64QAM 和 256QAM。在 NR 的上行链路，如果采用的是 CP-OFDM 的载波形式，则采用的调制方式为 QPSK、16QAM、64QAM 和 256QAM；如果采用的是 DFT-s-OFDM 的载波形式，则采用的调制方式为 π/2-BPSK、QPSK、16QAM、64QAM 和 256QAM。

4.3.2　物理信号

下行物理信号包括参考信号和同步信号，其中，下行参考信号包括 DMRS，PT-RS 和 CSI-RS，同步信号包括主同步信号（Primary Synchronization Signal，PSS）和辅同步信号（Secondary Synchronization Signal，SSS）。下行物理信道不承载来自于高层的消息。

1. **解调参考信号**（DMRS）

解调参考信号主要用于接收端（基站或者 UE）进行信道估计，用户物理信道的解调，5G NR 与 LTE 的解调相关信号对比如表 4-17 所示。

表 4-17　5G NR 与 LTE 的解调相关信号对比

	5G NR	LTE
下行方向	PBCH/PDCCH/PDSCH，使用 DMRS	对 PBCH/PCFICH/PHICH/PDCCH 等物理信道，UE 使用 CRS； 对 PDSCH 信道，UE 使用 CRS，也可以配置 UE-Specific RS； 对 EPDCCH（R12）/MPDCCH（R13），使用 DMRS
上行方向	PUSCH/PUCCH，基站使用 DMRS	对 PUSCH/PUCCH 信道，基站使用 DMRS

DMRS 用户上下行数据解调。DMRS 的设计需要充分考虑各系统参数配置的灵活性，并尽可能在各个层面降低处理时延，同时，还要考虑大规模天线系统的应用、更高的系统负载以及更高的系统频谱利用率需求。NR 系统对于 DMRS 的设计有以下考虑。

（1）DMRS 导频前置

为了降低解调的译码时延，5G NR 系统中 DMRS 采用了所谓的前置

（Front-Load）设计思路。在每个调度时间单位内，DMRS 首次出现的位置应当尽可能靠近调度的起始点。例如，基于时隙的调度传输，前置 DMRS 导频的位置应当紧邻 PDCCH 区域之后。此时前置 DMRS 导频的第一个符号的具体位置取决于 PDCCH 的配置，从第 3 或者第 4 个符号开始。在基于非时隙的调度传输（调度单位小于一个时隙）时，前置 DMRS 导频从调度区域的第一个符号开始传输。前置 DMRS 导频的使用，有助于接收端快速估计信道并进行接收检测，对于降低时延并支持自包含帧结构具有重要的作用。

（2）附加 DMRS 导频

对于低移动性场景，前置 DMRS 导频能以较低的开销获得满足解调需求的信道估计性能。但是，5G NR 系统所需要满足的移动速度最高可达 500 km/h，面临动态范围如此大的移动性，除了前置 DMRS 导频之外，在中/高速场景中，还需要在调度持续时间内安插更多的 DMRS 导频符号，以满足对信道时变性的估计精度。针对这一问题，5G NR 系统采用了前置 DMRS 导频与时域密度可配置的附加 DMRS 导频相结合的 DMRS 导频结构。每一组附加 DMRS 导频的图样都是前置 DMRS 导频的重复，即每组附加 DMRS 与前置 DMRS 导频占用相同的子载波和相同的 OFDM 符号数。根据具体的使用场景，在单符号前置 DMRS 时最多可以增加 3 组附加导频、在双符号前置 DMRS 时最多可以增加 1 组附加导频，具体根据需要进行配置并通过控制信令指示。

（3）上下行对称设计

考虑到更为灵活的网络部署以及双工方式，上下行链路之间的干扰有可能会存在。这种情况下，上下行的对称设计将为抑制不同链路方向之间的干扰带来更大的便利。同时，CP-OFDM 波形在上行链路中的应用，也为上下行对称创造了条件。在 DMRS 导频设计中，上下行的对称性体现在图样以及端口的复用方式的一致性。上行使用 CP-OFDM 波形时，上下行 DMRS 的图样、序列以及复用方式均一致。

（4）支持的层数

在 5G NR 系统中，下行 SU-MIMO 最多支持 8 层传输，上行 SU-MIMO 最多支持 4 层传输。上行和下行的 MU-MIMO 都最多支持 12 层传输，其中，每个 UE 的层数最多为 4。DMRS 正交端口设计需要满足以上层数。

2. 信道状态信息参考信号（CSI-RS）

（1）CSI-RS 设计

LTE 系统从 R10 开始引入了 CSI-RS 用于信道测量。区别于全向发送的 CRS 信号和只有数据传输时才发送的 DMRS 信号，CSI-RS 信号有效提高了获取 CSI 的可能性，同时支持更多的天线端口。NR 中需要进一步考虑网络部署对高频段的支持，以及更加灵活的 CSI-RS 配置以实现多种用途。NR 中的 CSI-RS 主要用于以下几个方面。

- 获取信道状态信息：用于调度、链路自适应以及和 MIMO 相关的传输设置。
- 用于波束管理：获取 UE 和基站侧波束的赋形权值，用于支持波束管理过程。
- 精确的时频跟踪：系统中通过设置 TRS（Tracking Reference Signal）来实现。
- 用于移动性管理：系统中通过对本小区和邻小区的 CSI-RS 信号获取跟踪，来完成 UE 的移动性管理相关的测量需求。
- 用于速率匹配：通过零功率的 CSI-RS 信号的设置完成数据信道的 RE 级别的速率匹配功能。

（2）CSI-RS 的应用方式

① 用于信道状态信息获取的 CSI-RS

此应用支持链路自适应和调度而获得信道状态信息的功能。为了支持类似于 LTE R14 中的 CLASS A（非预编码 CSI-RS）和 CLASS B（波束赋形 CSI-RS）CSI 反馈，可以通过 RRC 信令为 UE 配置一个或者多个 CSI-RS 资源集合。每个 CSI-RS 资源集合包含一个或多个 CSI-RS 资源，每个 CSI-RS 资源最大配置 32 个端口，可以映射在一个或者多个 OFDM 符号上。

② 用于波束管理的 CSI-RS

NR 需要在高频段上支持动态模拟波束赋形，模拟波束赋形权值通常需要通过对导频信号的波束扫描测量方式来获取。在 NR 系统中，CSI-RS 可以分别应用于收发波束同时扫描、发送扫描波束和接收波束扫描过程。当与 CSI-RS 相关联的 CSI 上报测量配置为上报 RSRP（发送波束扫描）或不进行 CSI 上报（接受波束扫描）时，只是次 CSI-RS 用于波束管理。

③ 用于精确时频跟踪的 CSI-RS

LTE 系统中由于 CRS 总是在每个子帧中发送，因此可以通过测量 CRS 实现高精度的时频资源跟踪。NR 系统取消了这种持续周期性发送的 CRS 信号，而是根据 UE 需要来配置和触发用于时频跟踪的参考信号，这种新的时频跟踪参考信号被称为 TRS 信号。由于 CSI-RS 具有灵活的结构，且可通过灵活的配置增加时频密度，因此 NR 中采用一种特殊配置的 CSI-RS 作为 TRS 的设计方案。

④ 用于速率匹配的 CSI-RS

NR 系统中采用 ZP CSI-RS，即零功率 CSI-RS 进行速率匹配。配置了 ZP CSI-RS 的 RE 均不用作 PDSCH 信道的传输，这些 RE 被称作 RMRE（速率匹配 RE）。

为了灵活地支持对不同类型 RMRE 的速率匹配功能，ZP CSI-RS 的配置分为周期、半持续和非周期 3 种类型。可以通过高层信令为 UE 配置不同的 ZP CSI-RS 资源集合，每个集合包含多个 ZP CSI-RS 资源。每个 ZP-CSI-RS 资源的时频域指示方式与前述用于信道状态信息获取的 CSI-RS 相同。

为了适应不同的应用场景，RMRE 通常采用半静态或者动态信令来指示。如果需要避开其他终端的非周期发送的 NZP CSI-RS，就需要使用动态信令指示。如果完全动态指示非周期 NZP CSI-RS 会导致 DCI 过大以至于系统无法支持，采用半静态和动态信令结合的指示方法更为有效。此时，终端会被半静态地配置多个非周期 ZP CSI-RS 资源来对应可能的 NZP CSI-RS 资源，通过 DCI 来指示其中的一个或者多个预定义的 ZP CSI-RS 资源给终端来完成 PDSCH 的速率匹配。

3. 相位跟踪参考信号（PT-RS）

PT-RS 用于跟踪基站和 UE 中本振引入的相位噪声（Phase Noise，PN）。相位噪声主要由本振引入，会破坏 OFDM 系统中各子载波的正交性引起共相位误差（Common Phase Error，CPE）从而导致调制星座以固定的角度旋转；并引起子载波间干扰（Inter-Carrier Interference，ICI）从而导致星座点的散射。在高频时这种情况更加明显，由于 CPE 对系统性能影响比较大，在 NR 中主要考虑对 CPE 进行补偿。

为了增强信号的覆盖，PT-RS 作为一种 UE 专用（UE-Specific）的参考信号，其使用基于 UE 专用的窄波束进行传输。PT-RS 可以看作 DMRS 的一种扩展，二者具有紧密的关系，如采用相同的预编码，端口关联性，正交序列的生成，具有准共定位（Quasi Co-Located，QCL）关系等。

由于相位噪声引起的 CPE 在整个频带上具有相同的频率特性，在时间上具有随机的相位特性，因此 PT-RS 的设计在频域上较为稀疏，而在时域上具有较高密度。

4. 信道探测参考信号（SRS）

SRS 用于获取上行信道质量信息，当满足信道互易性时，也可用于获取下行信道信息以及上行波束管理。在 LTE 系统中，SRS 只能配置在每个子帧的最后一个符号；NR 系统中，SRS 可用的资源位置更多，可以通过高层信令灵活配置。

NR 系统中，基站可以为 UE 配置多个 SRS 资源集，每个 SRS 资源集包含 1 到多个 SRS 资源，每个 SRS 资源包含 1、2 或 4 个 SRS 端口，每个 SRS 资源可以配置在一个时隙的最后 6 个 OFDM 符号中的 1、2 或 4 个连续的符号。当 SRS 与 PUSCH 发送在同一个时隙时，SRS 只能在 PUSCH 及其对应的 DMRS 之后发送。

| 4.4　下行物理信道与同步信号 |

4.4.1　SSB 介绍

1. **同步信号**（PSS/SSS）

5G NR 包含两种同步信号：主同步信号（Primary Synchronization Signal，PSS）和辅同步信号（Secondary Synchronization Signal，SSS）。PSS 和 SSS 信号各自占用 127 个子载波。5G NR 系统提供 1008 个物理层小区 ID（PCI），通过下式给定：

$$N_{ID}^{cell}=3N_{ID}^{(1)}+N_{ID}^{(2)}$$

其中，$N_{ID}^{(1)}\in\{0,1,\cdots,335\}$ 且 $N_{ID}^{(2)}\in\{0,1,2\}$

PSS 信号产生时需要利用小区组内 ID；SSS 信号产生时需要利用小区组 ID 和小区组内 ID。

2. **物理广播信道**（PBCH）

PBCH 采用的编码方式为 Polar 编码，调制方式为 QPSK。PBCH 信号占据 3 个 OFDM 符号和 240 个子载波，其中，有一个 OFDM 符号中间 127 个子载波被 SSS 信号占用。PBCH 物理层处理模型如图 4-15 所示。

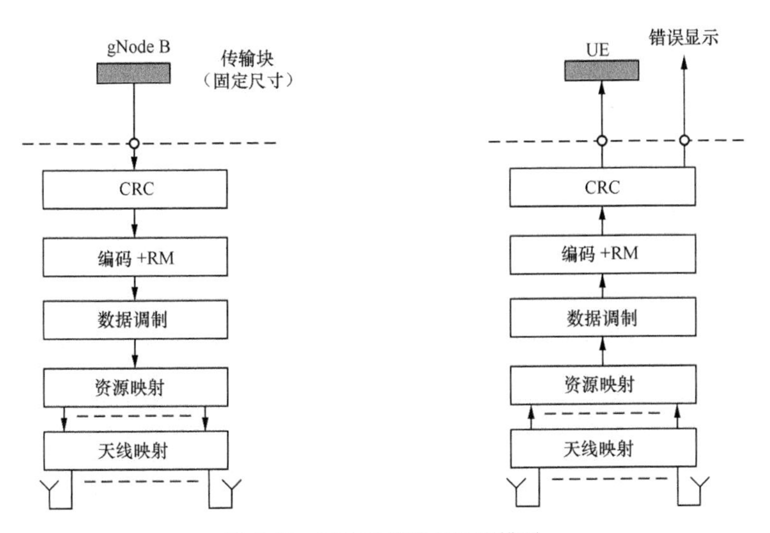

图 4-15　PBCH 物理层处理模型

PBCH 向 UE 提供主系统信息（Master Information Block，MIB）共 56 个比特，任何 UE 必须解码 PBCH 上的主信息后才能接入小区，PBCH 承载信息如表 4-18 所示。

表 4-18　PBCH 承载信息

参数	比特数	备注
System frame number	10	系统帧号
Subcarrier space common	1	传 SIB1 的 PDCCH 及 PDSCH 的子载波间隔
Ssb-subcarrieroffset	4	同步广播块（Synchronization Signal/PBCH Block，SSB）的子载波偏移，kSSB
dmrs-Type A-option	1	承载 SIB1 的 PDSCH 的 DMRS 的时域位置（OFDM 符号 2 或 OFDM 符号 3）
Pdcch-configSIB1	8	与 SIB1 相关的 PDCCH 的配置
Cellbarred	1	小区是否禁止接入标识
Intrafreqreselection	1	
spare	1	预留
Half frame indication	1	半帧指示
Choice	1	指示当前是否为扩展 MIB 消息（用于前向兼容）
SSB 索引	3	当载频大于 6 GHz 时，指示 SSB 索引的高 3 位；当载频小于 6 GHz 时，有 1 bit 用于指示 SSB 子载波偏移，剩余 2 bit 预留
CRC	24	
Total includingCRC	56	

通过接收 MIB 消息，终端获得系统帧号及半帧指示，从而完成无线帧定时以及半帧定时。同时，终端通过 MIB 消息中的同步广播块索引（SSB Index）以及当前频带所使用的同步广播块集合的图样，确定当前同步信号所在的时隙以及符号位置，从而完成时隙定时。

3. **同步广播块** SSB

NR 的下行同步信道及信号由多重同步广播块集合组成，同步广播块集合中又包含一个或者多个同步广播块，每个同步广播块内包含 PSS、SSS、PBCH 的发送。主同步信号（PSS）、辅同步信号（SSS）和 PBCH 共同构成一个 SSB（SS/PBCH Block），SSB 在时域上共占用 4 个 OFDM 符号，频域共占用 240 个子载波（20 个 PRB）。

在时域上，1 个 SSB 由 4 个 OFDM 符号组成，符号在 SSB 内从 0 到 3 增序编号。如表 4-19 所示，PSS、SSS、PBCH 及其 DMRS 占用不同的符号。

SSB 时频结构如图 4-16 所示。

表 4-19　SSB 资源

信道或信号	OFDM 符号数量 l 相对于 SS/PBCH 块的位置	子载波数量 k 相对于 SS/PBCH 块开始的位置
PSS	0	56，57，…，182
SSS	2	56，57，…，182
Set to 0	0	0，1，…，55，183，184，…，236
	2	48，49，…，55，183，184，…，191
PBCH	1，3	0，1，…，239
	2	0，1，…，47， 192，193，…，239
DMRS for PBCH	1，3	0+v，4+v，8+v，…，236+v
	2	0+v，4+v，8+v，…，44+v 192+v，196+v，…，236+v

在频域上，1 个 SSB 由 240 个连续子载波组成，子载波在 SSB 内从 0 到 239 增序编号。k 和 l 分别表示 SSB 内的频域索引和时域索引。UE 可假定表 4-19 中的“Set to 0”的资源粒子（RE）被设置为零。SSB 的子载波 0 对应于公共资源块 N_{CRB}^{SSB} 的子载波 k_0，其中，N_{CRB}^{SSB} 由高层参数 offset-ref-low-scs-ref-PRB 得到。

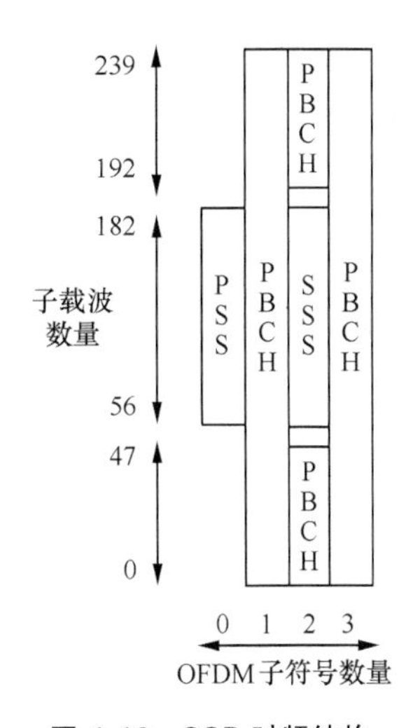

图 4-16　SSB 时频结构

4. SSB 的波束发射

NR 系统的设计目标是支持 0～100 GHz 的载波频率，当系统工作在毫米波频段的时候，往往需要使用波束赋形技术提高小区的覆盖。与此同时，由于受到硬件的限制，基站往往不能同时发送多个波束覆盖整个小区，因此 NR 系统引入波束扫描技术来解决小区覆盖的问题。

所谓波束扫描指基站在某一个时刻只发送一个或几个波束方向，通过多个时刻发送不同波束覆盖整个小区所需要的所有方向的过程。同步广播块集合就是针对波束扫描而设计的，用于在各个波束方向上，发送终端搜索小区所需要的主同步信号、辅同步信号以及物理广播信道。同步广播块集合(SS Block Set)是一定时间周期内的多个同步广播块的集合，在同一周期内每个同步广播块对应一个波束方向，且一个同步广播块集合内的各个同步广播块的波束方向覆盖了整个小区。当 NR 系统工作在低频，不需要使用波束扫描技术的时候，使用同步广播块集合仍然对提高小区覆盖有好处，这是因为终端在接收同步广播块集合内的多个时分复用的同步广播块时，可以积累更多的能量。

在 NR 系统中，一个同步广播块集合被限制在某一个 5 ms 的半帧内，且从这个半帧的第一个时隙开始。R15 版本一共支持 5 种广播块集合图样，这些图样与当前系统工作的频带有关。6 GHz 以下 SSB 的映射关系如图 4-17 所示。不同的帧结构配比发送 SSB 的数量如图 4-18 所示。

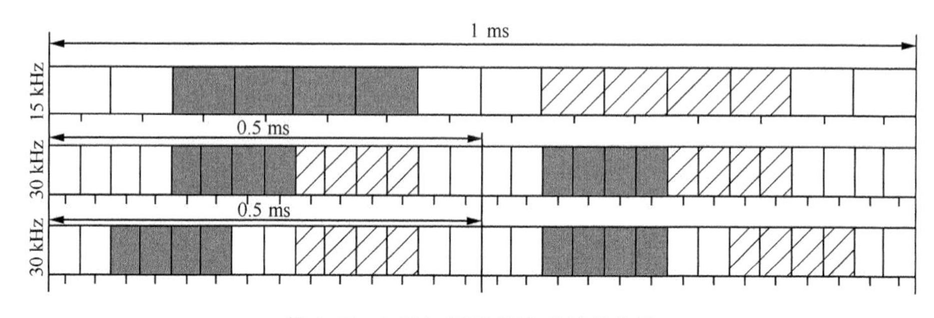

图 4-17　6 GHz 以下 SSB 的映射关系

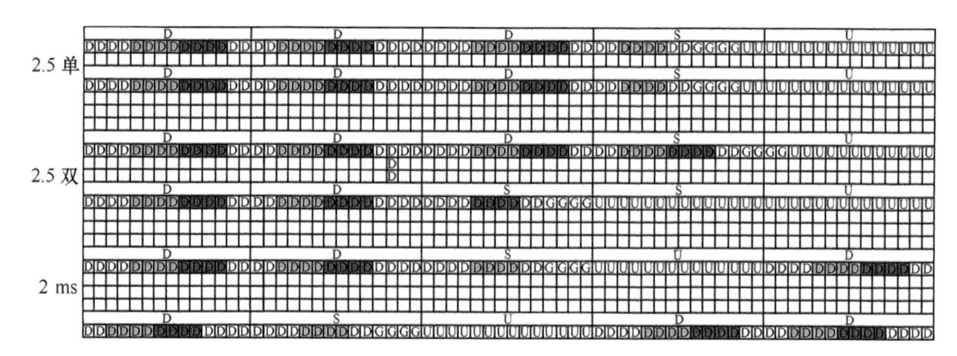

估算 CMCC 提供的 3 种帧结构下的 SSB 的数目（5 ms 内）
2.5 单包括 14 个 SSB；
2.5 双包括 13 个 SSB；
2 ms 包括 14 个 SSB。

如果 S 采用其他配比如 12：2：0，则可增加 SSB 数目；
需验证映射关系是否准确；
并进一步分析不同 SSB 对覆盖的影响

图 4-18　不同的帧结构配比发送 SSB 的数量

在同步广播块集合中，定义的同步广播块数量是系统可以使用的最大值。基站可以根据覆盖一个小区所需要的波束数量确定实际使用的同步广播块的数量，并且可以通过系统消息（SSB）或 UE 专用的 RRC 信令指示被使用的同步广播块。

4.4.2 物理下行控制信道

物理下行控制信道（Physical Downlink Control Channel，PDCCH）用于调度下行的 PDSCH 传输和上行的 PUSCH 传输。PDCCH 上传输的信息称为下行控制信息（Downlink Control Information，DCI）。物理下行控制信道由一个或多个控制信道单元（Control-Channel Element，CCE）组成，CCE 数聚合等级如表 4-20 所示，由 TS 38 211 Table7.3.2.1-1 指示。

表 4-20 CCE 数聚合等级

聚合等级	CCE 数量
1	1
2	2
4	4
8	8
16	16

PDCCH 信道采用 Polar 码信道编码方式，调制方式为 QPSK。

PDCCH 承载基站发送给 UE 的 DCI。这些控制信息包括：承载上下行数据传输相关的控制信息，如数据传输的资源分配信息、时隙内上/下行资源的格式信息、上行数据信道和信号的功率控制信息等、动态时隙配置的信息、资源抢占信息等。UE 在检测到控制信息后，会根据 DCI 进行数据的发送或接收，或是执行相应的操作。

1. 基本概念

在详细介绍下行控制信道前，首先对 DCI 的一些基本概念进行定义。它具体包括 CCE、搜索空间（Search Space）、REG、资源单元组束（REG Bundle）和控制资源集合（Control-Resource Set，CORESET）等。

（1）CCE

CCE 是构成 PDCCH 的基本单位，占用频域上 6 个 REG。一个给定的 PDCCH 可由 1、2、4、8 和 16 个 CCE 构成，其具体取值由 DCI 载荷大小（DCI Payload Size）和所需的编码速率决定。构成 PDCCH 的 CCE 数量被称为聚合等级（Aggregation Level，AL）。基站可根据实际传输的无线信道状态对 PDCCH 的聚合等级进行调整，实现链路自适应传输。例如，基站与 UE 在无线信道状态较恶劣时，相比与无线信道状态良好时，构成 PDCCH 的 CCE 的数量会更多，即 PDCCH 聚合等级会更大。

（2）搜索空间

搜索空间是某个聚合等级下候选 PDCCH（PDCCH Candidate）的集合。如上面所述，基站实际发送的 PDCCH 的聚合等级随时间变化，而且由于没有相关信令告知 UE，UE 需在不同聚合等级下盲检 PDCCH，其中，待盲检的 PDCCH 称为候选 PDCCH。UE 会在搜索空间内对所有候选 PDCCH 进行译码，如果 CRC 校验通过，则认为所译码的 PDCCH 的内容对所属 UE 有效，并利用译码所获得的信息，包括传输调度指示、时隙格式指示、功率控制命令等。

（3）REG 和 REG Bundle

REG 是时域占用一个 OFDM 符号，频域占用一个资源块（频域连续的 12 个子载波）的物理资源单位。在一个 REG 中，3 个 RE 用于映射 PDCCH 解调参考信号，9 个 RE 用于映射 DCI。其中，用于映射 PDCCH 解调参考信号的 RE 均匀分布在 REG 内，且位于 REG 内编号为 1、5、9 的子载波，如图 4-19 所示。

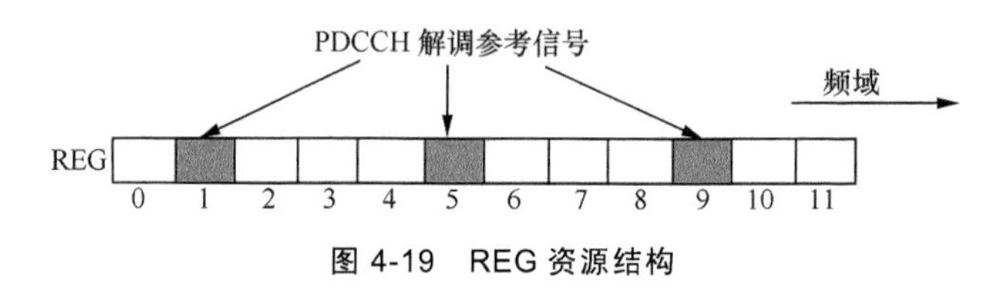

图 4-19　REG 资源结构

（4）CORESET

控制资源集合（CORESET）在频域上包括多个物理资源块，在时域上包括 1～3 个 OFDM 符号，且可位于时隙内任意位置。CORESET 占用的时频资源由高层参数半静态配置，在 NR 中，CORESET 的资源配置不支持动态信令指示。这与 LTE 用 PCFICH 动态指示 PDCCH 的时域符号数量不同，主要原因在于 NR 支持数据信道和控制资源集合的资源动态复用，即数据信道可映射在 CORESET 资源内，因此无须再采用动态信令配置 CORESET 资源。REG Bundle 时/频域结构如表 4-21 所示。

表 4-21　REG Bundle 时/频域结构

CORESET 时域配置	REG Bundle 时域和频域 REG 数量		
	时域	频域	
		REG Bundle=6	REG Bundle<6
1 个 OFDM 符号	1	6	2
2 个 OFDM 符号	2	3	1
3 个 OFDM 符号	3	2	1

2. **下行控制信道**

下行控制信道的处理流程如图4-20所示，每个DCI载荷之后附着一个根据DCI载荷本身生成的CRC，并且在这个CRC上加扰无线网络临时标识（Radio Network Temporary Identity，RNTI），DCI的作用各不相同，如数据传输调度指示、时隙格式指示、传输中断指示、功率控制命令等。不同的DCI使用不同的RNTI。对附着了加扰的RNTI的CRC之后的信息比特进行信道编码，编码后的比特序列进行速率匹配，使得速率匹配输出的比特序列与PDCCH占用的资源相匹配。速率匹配后的比特序列，经过与扰码序列的加扰，进行QPSK调制，并最后映射到RE上。

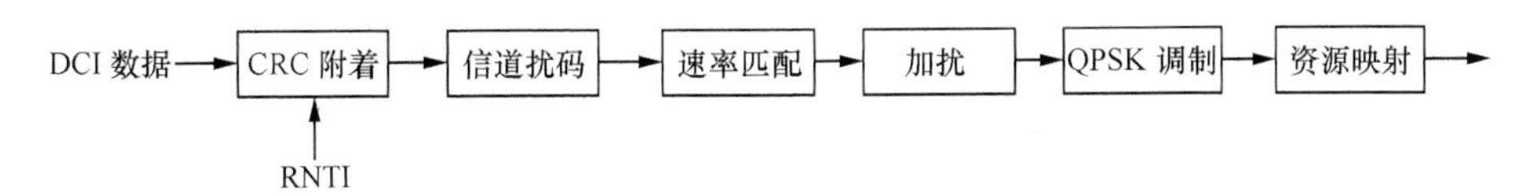

图4-20 下行控制信道的处理流程

（1）下行控制信道检测

PDCCH可支持多重下行控制信息格式和聚合等级大小，而这些信息对UE而言无法提前获得，因此UE需要对PDCCH进行盲检测。在前面已经讨论了搜索空间的定义，UE在有限的CCE位置上检测PDCCH，从而避免了盲检测复杂度的增加，然而这样做并不足以解调PDCCH。在NR中，为了更好地控制盲检测的复杂度，相比LTE，进一步提高了搜索空间配置的灵活性。相比LTE，搜索空间的聚合等级内候选控制信道的数量是预定义的，或者根据控制信道资源大小隐式获得的，虽然LTE支持按一定比例减少盲检的候选PDCCH数量，但灵活性依然受限。在NR系统中，控制信息格式、聚合等级、聚合等级对应的候选控制信道的数量，以及搜索空间在时域上的检测周期都可以通过高层参数进行配置，基于这些配置信息可灵活控制盲检测的复杂度。

由于限制盲检测的CCE集合的需要，这将会影响基站调度的灵活性，并且对基站调度器提出了很高的要求。为了减少对此调度器的限制，在NR中支持所配置的候选PDCCH可超过UE盲检测能力的上限，此时，UE根据预定义的机制在配置的候选PDCCH集合内确定配置的候选PDCCH的子集为待检测的候选PDCCH集合。

（2）下行控制信息格式

对于不同类型的下行控制信息，如调度下行/上行数据传输、功率控制命令、时隙格式指示、资源抢占指示等，通常对应不同的DCI的大小，因此，根据指示信息的类型被分为不同的格式，每种格式对应了一种DCI的大小或解析方式。

在 NR 中，支持的 DCI 格式（DCI Format）如表 4-22 所示。

表 4-22　支持的 DCI 格式

格式	大小	用途				
		上行调度	下行调度	功率控制命令	时隙格式指示	资源占用指示
0_0	小	√				
0_1	大	√				
1_0	小		√			
1_1	大		√			
2_0	—				√	
2_1	—					√
2_2	小			√		
2_3	小			√		

如上所述，不同 DCI 格式本质上对应不同大小的信息比特，格式越多会导致盲检测的复杂度越大。因为 UE 需对候选 PDCCH 上可能传输的所有 DCI 格式进行译码，进而译码的复杂度随之增大。为了尽可能减少 UE 盲检测的复杂度，在 NR 中限定每个时隙内的检测的不同 DCI 载荷大小（DCI Payload Size）的数量不超过 4 种，且由 C-RNTI 加扰 CRC 的不同 DCI 载荷大小的数量不超过 3 种，其中，DCI 载荷大小与 UE 盲检测候选 PDCCH 所使用的信息比特大小相同。

为了满足对 DCI 载荷大小的限制，DCI 格式 0_0 的大小要始终保持与 DCI 格式 1_0 的大小一致；否则需要对 DCI 格式 0_0 或者 DCI 格式 1_0 中的信息比特进行补零或截断，进而保证这两个 DCI 格式的载荷大小相等，具体如表 4-23 所示。

表 4-23　PDSCH/PUSCH 调度的 DCI 格式以及 DCI 格式中的字段

字域	格式 0_0	格式 1_0	格式 0_1	格式 1_1
载波指示器	×	×	√	√
Bandwidth Part 指示器	×	×	√	√
DCI 格式标志符	√	√	√	√
频域资源分配	√	√	√	√
时域资源分配	√	√	√	√
VRB 到 PRB 映射	×	×	×	√
PRB Bundling 尺寸指示器	×	×	×	√

续表

字域	格式 0_0	格式 1_0	格式 0_1	格式 1_1
速率匹配指示器	×	×	×	√
ZP CSI-RS 触发器	×	×	×	√
跳频标志	√	×	√	×
调制编码方案	√	√	√	√
新数据指示器	√	√	√	√
冗余版本	√	√	√	√
HARQ 进程号	√	√	√	√
下行链路分配索引	×	√	√	√
调度 PUSCH 的功率控制命令	√	×	√	×
调度 PUCCH 的功率控制命令	×	√	×	√
PUCCH 资源指示器	×	√	×	√
SRS 资源指示器	×	×	√	×
PDSCH 到 HARQ 的反馈定时指示器	×	√	×	√
预编码信息和层数	×	×	√	×
短消息指示器	×	√	×	×
UL/SUL 指示器		√	√	×
SRS 请求	×	×	√	√
CSI 请求	×	×	√	×
CBGTI	×	×	√	√
CBGFI	×	×	×	√
PTRS-DMRS 关系	×	×	√	×
天线端口	×	×	√	√
传输配置指示器	×	×	×	√
速率匹配指示器	×	×	√	×
DMRS 序列初始化	×	×	√	√
UL-SCH 指示器	×	×	√	×

4.4.3 物理下行共享信道

1. PDSCH 概述

物理下行共享信道（Physical Downlink Shared Channel，PDSCH）的功能有：传送至/来自物理层的高层数据、CRC 和传输块错误指示、FEC 和速率匹配、数据调制、映射到物理资源、多天线处理、支持 L1 控制和 Hybrid-ARQ 相关信令等。采用的编码方式是 LDPC，可采用的调制方式是 QPSK、16QAM、64QAM 和 256QAM。

PDSCH 处理流程如下：

- 传输块 CRC 添加（如果传输块长度大于 3824，则添加 24 bit CRC；否则添加 16 bit CRC）；
- 传输块分段，各段添加 CRC（24 bit）；
- 信道编码：LDPC 编码；
- 物理层 HARQ 处理，速率匹配；
- 比特交织；
- 调制：QPSK、16QAM、64QAM 和 256QAM；
- 映射到分配的资源和天线端口。

PDSCH 处理模型如图 4-21 所示。

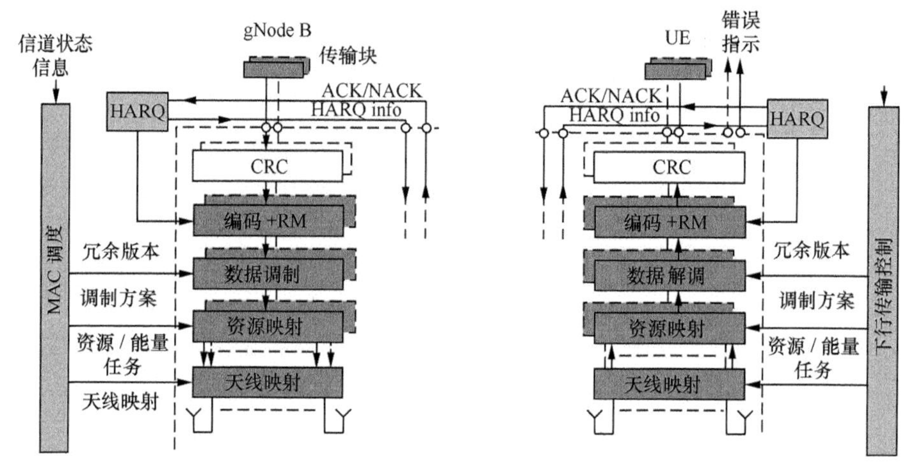

图 4-21 PDSCH 处理流程

为了接收 PDSCH 或是发送 PUSCH，UE 一般需要先接收并解码 PDCCH。PDCCH 携带的 DCI 指定了在空口上如何传输 PDSCH 或 PUSCH。UE 从 DCI 中获取其所调度的 PDSCH 或 PUSCH 的空口资源分配信息，DCI 中可同时包含频域和时域资源分配信息。对于频谱资源分配，NR 支持资源在频域的连续和非连续分配。对于频域非连续分配，资源的分配具有一定的离散性以获得频率分集增益。而对于频域连续分配，其频域分配信息可通过频域起始位置与长度来表示，以减少传输资源分配相关信息域所需的比特数。而对于时域资源分配，除了基于时隙的调度外，NR 也支持时域上非时隙的调度，这样可以更好地支持低时延业务的需求（如 URLLC 业务）。而为了支持更好的覆盖性能，NR 也支持基于时隙聚合的调度，即一个 TB 在多个时隙上重复传输。

2. PDSCH 时频资源

PDSCH 资源在时域上的分配可以动态变化，粒度可以到符号级，PDSCH 时域资源映射类型分为 Type A 和 Type B。

Type A：常规 CP 下，在一个时隙内，PDSCH 占用的符号从{0，1，2，3}符号位置开始，符号长度为 3～14 个符号（不能超过时隙边界）；适用于大带宽场景，典型的分配为时隙内符号 0～2 为 PDCCH，符号 3～13 为 PDSCH，即占满整个时隙，因此 Type A 也通常称为基于时隙的调度。

Type B：常规 CP 下，在一个时隙内， PDSCH 占用的符号从 0～12 的符号位置开始，符号长度为{2，4，7}个符号（不能超过时隙边界）。

PDSCH 起始符号位置可以灵活配置，分配符号数量少，时延短，适用于低时延场景，因此 Type B 也通常称为基于 mini slot 或者 non slot based 的调度。

PDSCH 时域分配示例如图 4-22 所示。

PDCCH | Type A PDSCH S=2/L=9 | PDCCH | Type B PDSCH S=12/L=2

0	1	2	3	4	5	6	7	8	9	10	11	12	13

图 4-22 PDSCH 时域分配示例

NR 的 PDSCH 信道频谱资源分配与 LTE 类似，支持基于位图分配和基于资源指示值（Resource Indication Value，RIV）的分配，不再支持比较复杂的 LTE Type 1 型分配。

NR 和 LTE 的 PDSCH 信道频谱资源分配方式对比如表 4-24 所示。

表 4-24 PDSCH 的资源分配类型

LTE 资源分配类型	NR 资源分配类型	分配方法
Type 0	Type 0	位图
Type 1	N/A	位图
Type 2	Type 2	RIV（开始 RB+连续 RB 长度）

3. 下行资源分配

下行频谱资源分配

UE 根据所检测到的 PDCCH DCI 中的频谱资源分配信息域来确定 DCI 中所调度数据信息的资源块（Resource Block，RB）的频域位置，即 PDSCH 的资源块在 UE 下行 BWP（Bandwidth Part）中的索引值。在 NR 中，下行数据信道支持两种类型的频谱资源分配类型：Type 0 和 Type 1，Type 0 为非连续频谱资源分配；Type 1 为连续频谱资源分配。由 DCI 格式 1_0 调度的下行数据传输，仅支持 Type 1 的频谱资源类型。

在 NR 中，为了支持调度频谱资源的位置与数量的灵活性，DCI 能够动态指示所调度的 PDSCH 传输所使用的频谱资源分配类型，此时，DCI 中频谱资源分配信息域中的最高位比特用于指示当前 DCI 所调度的 PDSCH，传输使用的频域类型：比特值为“0”代表 Type 0，比特值为“1”代表 Type 1。另外，PDSCH 传输使用的频谱资源分配类型还可以直接通过高层信令参数 resourceallocation 确定。

① 频谱资源分配 Type 0

在介绍频谱资源分配 Type 0 之前，需要先介绍一下资源块组（Resource Block Group，RBG）的概念。

RBG 是一组连续编号的虚拟资源块（Virtual Resource Block，VRB）。一般而言，RBG 的 VRB 可以直接映射到 PDSCH 所在 BWP 内的相同编号的物理资源块（Physical Resource Block，PRB）。对于 UE 而言，RBG 的大小（每个 RBG 中包含的 VRB 数量可记为参数 P）可根据 RBG 配置以及 BWP 的带宽来确定。NR 标准中预定义了两种 RBG 的配置，在 RBG 配置 1 中，P 的候选值为 2、4、8、16；在 RBG 配置 2 中，P 的候选值为 4、8、16，UE 可通过高层信令参数 RBG-size 来确定每个 BWP 的 RBG 配置。RBG 的大小与 RBG 配置、BWP 带宽大小的关系如表 4-25 所示。

表 4-25　RBG 大小配置

BWP 带宽	RBG 配置 1	RBG 配置 2
1～36	2	4
37～72	4	8
73～144	8	16
145～275	16	16

② 下行时域资源分配

在时域上，考虑不同的业务需求（如 eMBB 和 URLLC），NR 同时支持时隙与非时隙类型的调度。与 LTE 系统相比，NR 的 PDSCH 在时隙中的时域位置以及时域长度具有更大的灵活性。相应的，NR 的 DCI 中新增了时域资源分配信息域来获取 DCI 所调度的 PDSCH 的时域位置信息，这些信息包括 PDSCH 所在的时隙，PDSCH 的时域长度以及 PDSCH 在时隙中的起始 OFDM 符号索引。如果时域资源分配信息域的值为 m，那么 UE 可从一个分配表格

（Allocation Table）中索引号为 m+1 的行（ROW）内获取 PDSCH 的时域位置信息。UE 可根据不同情况（如 UE 检测 DCI 所加扰的 RNTI 以及所在的搜索空间类型），通过标准预定义、系统消息、高层信令这 3 种途径中的一种来获取分配表格中的每一行的时域位置信息。例如，对于处于初始接入状态的 UE，可使用标准预定义的分配表格来获取承载系统消息的 PDSCH 的时域位置；而对于 RRC 连接状态的 UE，可通过高层信令 PDSCH-config 中的 pdsch-allocationlist 获取分配表格。分配表格的每一行中包含了以下的时域位置信息。

时隙偏移值 K_0。NR 下行支持跨时域调度，即 DCI 与其调度的 PDSCH 在不同的时隙上传输。如果 UE 在时隙 n 接收到调度 DCI，那么该 DCI 所调度的 PDSCH 在时隙 $\left\lfloor n * \frac{2^{\mu_{\text{PDSCH}}}}{2^{\mu_{\text{PDCCH}}}} \right\rfloor + K_0$ 中传输，μ_{PDSCH} 和 μ_{PDCCH} 分别为 PDSCH 和 PDCCH 的子载波间隔配置信息。

起始和长度指示值（Start and Length Indicator Value，SLIV）。UE 可以根据 SLIV 得到 PDSCH 在时隙中的起始 OFDM 符号的索引值 S 以及 PDSCH 的时域长度 L（PDSCH 从索引号 S 的 OFDM 符号开始连续占用 L 个 OFDM 符号），SLIV 的计算公式如下：

如果（L−1）≤7，那么 SLIV=14×（L−1）+S；

否则，SLIV=14×（14−L+1）+（14−1−S），其中，0<L≤14−S。

对于某些分配表格（如标准预定义的分配表格），其每一行中并不包含 SLIV，而是直接提供起始符号索引值 S 以及时域长度值 L。

PDSCH 的映射类型：Type A 或 Type B。对于不同的 PDSCH 映射类型，参数 S、L 以及 S+L 的取值范围是不同的，用于支持不同类型的时域调度。如对于 Type B，PDSCH 时域长度值限制在 2、4、7，而在时隙的位置较为灵活，一般为非时隙调度。如表 4-26 所示，只有当相应的参数位于取值范围内，UE 才会认为是一个有效的 PDSCH 调度信息。

表 4-26　PDSCH 的 S、L 和 S+L 取值范围

PDSCH 映射类型	扩展 CP			普通 CP		
	S	L	S+L	S	L	S+L
Type A	{0，1，2，3}	{3，…，14}	{3，…，14}	{0，1，2，3}	{3，…，12}	{3，…，12}
Type B	{0，…，12}	{2，4，7}	{2，…，14}	{0，…，10}	{2，4，6}	{2，…，12}

同时，对于下行传输，NR 支持时域上的时隙聚合传输。如果高层信令 aggregationfactorDL（该参数为时隙聚合等级，取值可以为 1、2、4、8）的

取值大于 1，那么基站在连续 aggregationfactorDL 个时隙上为 UE 重复发送同一个 TB,并且这些 TB 共享同一个 DCI 的频域和时域分配信息，此时 PDSCH 限制在一个传输层上传输。

| 4.5 上行物理信道和信号 |

5G NR 的上行物理信道包括物理随机接入信道（Physical Random Access Channel，PRACH）、物理上行共享信道（Physical Uplink Shared Channel，PUSCH）、物理上行控制信道（Physical Uplink Control Channel，PUCCH），它承载来自于高层的消息。

上行物理信号包括 DMRS、PT-RS 和 SRS，它不承载来自于高层的消息。RACH 使用天线端口 4000。

4.5.1 物理随机接入信道

与 LTE 一样，NR 随机接入信道的前导（Preamble）由 ZC（Zadoff-Chu）序列的循环移位产生。一个随机接入时隙 RO（Rach Occasion）包含 64 个前导。RO 为某个 RACH 格式所占用的时、频资源。

NR 支持两种长度的随机接入（Random Access）前缀。长前缀长度为 839，可以运用在 1.25 kHz 和 5 kHz 子载波间隔上；短前缀长度为 139，可以运用在 15 kHz、30 kHz、60 kHz 和 120 kHz 子载波间隔上。长前缀支持基于竞争的随机接入和非竞争的随机接入；而短前缀只能在非竞争随机接入中使用。

NR 支持 4 种长度为 839 的前导的 PRACH 格式：PRACH Format 0/1/2/3，子载波间隔为{1.25，5}kHz，支持以下 3 种情况：

- 无循环移位限制（Unrestricted Set）；
- 基于循环移位限制集 A（Restricted Set Type A）；
- 基于循环移位限制集 B（Restricted Set Type B）。

循环移位限制集用于在高速场景下保证 RACH 的接收性能，及防止频偏造成序列相关峰的能量泄漏。循环移位限制集 A 和限制集 B 分别用于高速和超高速两种情况，一般工程上以 120 km/h 为分界线。

长前缀仅支持 FR1（低频），长前缀的 PRACH 子载波间隔直接和 Format 格式对应，无须另外配置。

（1）随机接入信道格式

随机接入信道的基本结构如图 4-23 所示，即一个 CP 加上重复若干次的前导序列，这种结构有利于在频域上检测 PRACH 前导，从而降低接收机的复杂度。NR 支持长、短两大类随机接入信道，他们使用的序列长度分别为 839 和 139，具体如表 4-27 和表 4-28 所示。

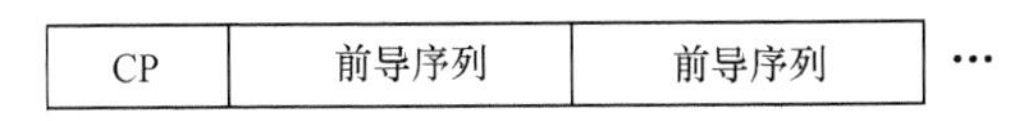

图 4-23 随机接入信道的基本结构

NR 支持 9 种长度为 139 的前导的 PRACH 格式，子载波间隔为{15，30，60，120}kHz，短序列 PRACH 仅支持非限制集，FR1（低频）时支持 15 kHz、30 kHz；FR2（高频）时支持 60 kHz、120 kHz。

（2）PRACH 时频位置

根据规范定义的配置表格可以看出 PRACH 的时域特性，对于长序列 PRACH 配置（低频）时，PRACH 时长为 1/3/3.5 ms。当 5G NR 采用 FDD 或者 SUL 时，PRACH 的时域配置比较灵活、约束少，可以稀疏配置也可以密集配置；当 5G NR 采用 TDD 时不同 Format 格式的时域配置特性如下。

- Format 0/3（1 ms），时域优先配置在子帧 9（和上下行子帧配置有关）；在 PRACH 密集配置时，可以配置在子帧 4/9（和上下行子帧配置有关）；在非常密集配置时，也可以配置在多个子帧上。
- Format 1（3 ms），配置在子帧 7。
- Format 2（3.5 ms），配置在子帧 6（符号 0），在密集配置时，也可以从配置在子帧 6（符号 7）开始，节省了前面 7 个符号的位置。

在 PRACH 频域配置上，5G NR 与 LTE 有相似之处，如 PRACH 和 PUSCH 子载波间隔分别为 1.25 kHz 和 15 kHz 时，PRACH 占用 864 个子载波，对应 6 个 PUSCH RB，实际发送使用 839 个子载波。5G NR 与 LTE 也有差异之处：NR 中频域上可以配置多个频域 FDM 的 PRACH Occasion(1/2/4/8)；要考虑上行不同子载波间隔下中心频率的偏移；频谱资源偏移配置，LTE 上相对于上行带宽边缘，而 5G NR 中相对于上行初始 BWP。

（3）对小区覆盖半径的影响

根据 PRACH 信道格式分析小区支持的最大覆盖半径，需要考虑用户间干扰和符号间干扰。

用户间干扰——基站接收到小区最远用户的 PRACH 最后时域位置，不能和下一个上下行资源冲突。PRACH 信道 Gap 时长可以保护用户间干扰。

符号间干扰——小区最远用户的 PRACH 发送信号经过空中无线信道多径传输后，符号间的干扰不能超过 CP 时长保护的范围。这个和空口信息模型相关，通常按照通用模型计算。按不同计算标准，结果会存在小的偏差。

小区中循环移位的大小 N_{cs} 和小区最大覆盖半径之间也有关系。通常情况下，根据 PRACH 格式和规划的小区覆盖半径来规划 N_{cs} 的大小，不是根据 N_{cs} 的值来限制小区最大覆盖半径。此类随机信道包含 4 种格式（Format），其中，每种格式支持的小区覆盖半径是基于 CP 长度（T_{CP}），考虑最大传播时延，信道多径时延扩展，及光速（c）计算出来，如式（4-3）所示。

$$小区覆盖半径（m）= T_{CP}/\kappa \times c/2 \quad (4-3)$$

其中，$\kappa = \frac{1}{30.72} \times 10^6$ s

NR 中 PRACH 信道格式和所支持的小区最大半径关系，按照以上原则来分析，这里不详细计算。参考结果如表 4-27 与表 4-28 所示。

表 4-27　PRACH 长序列格式

格式	L_{RA}	Δf^{RA}（kHz）	N_U	T_U（ms）	N_{CP}^{RA}	T_{CP}（ms）	N_{gap}	T_{gap}（ms）	T（ms）	支持的覆盖半径（km）
0	839	1.25	24 576κ	0.8	3168κ	0.10313	2976κ	0.09688	1	14.53
1	839	1.25	2×24 576κ	1.6	21 024κ	0.68438	21 984κ	0.71563	3	107.34
2	839	1.25	4×24 576κ	3.2	4688κ	0.15260	4528κ	0.1474	3.5	22.11
3	839	5	4×614κ	0.8	3168κ	0.10313	2976κ	0.09688	1	14.53

格式 0/1 与 LTE 的 PRACH 格式 0/3 完全相同。格式 2/3 是 NR 新引入的，其中，格式 2 的 RACH 序列重复了 4 次，可以积累更多的能量，从而可以对抗普通覆盖下的穿透损耗。格式 3 使用 5 kHz 的子载波，序列重复 4 次，用于高速场景。

第一类随机信道仅用于小于 6 GHz（FR1）的载波，可以根据应用场景选择无循环移位限制，使用循环移位限制集 A 或者循环移位限制集 B。

第二类随机接入信道有 9 种格式，每种格式的参数配置如表 4-28 所示。它的计算方式与第一类随机接入信道相同，并可以用于 sub 6 GHz（FR1）和 6～52 GHz（FR2）的载波。其中，在 FR1 支持 15 kHz 和 30 kHz 两种子载波间隔，在 FR2 支持 60 kHz 和 120 kHz 两种子载波间隔。由于第二类随机接入信道支持比较大的子载波间隔，可以很好地支持高速场景，因此不需要使用循环移位限制。

表 4-28　PRACH 短序列格式

格式	L_{RA}	Δf^{RA}（kHz）	N_U	T_U（ms）	N_{CP}^{RA}	T_{CP}（ms）	N_{gap}	T_{gap}（ms）	T（ms）	支持的覆盖半径（km）
A1	139	$15\times2^{\mu}$	$2\times2048\kappa\times2^{-\mu}$	0.1333	$288\kappa\times2^{-\mu}$	0.00938	0	0.000	0.14721	0.94
A2	139	$15\times2^{\mu}$	$4\times2048\kappa\times2^{-\mu}$	0.2667	$576\kappa\times2^{-\mu}$	0.0185	0	0.000	0.028542	2.11
A3	139	$15\times2^{\mu}$	$6\times2048\kappa\times2^{-\mu}$	0.4000	$864\kappa\times2^{-\mu}$	0.02813	0	0.000	0.42813	3.52
B1	139	$15\times2^{\mu}$	$2\times2048\kappa\times2^{-\mu}$	0.1333	$216\kappa\times2^{-\mu}$	0.00703	72κ	0.00234	0.14271	0.47
B2	139	$15\times2^{\mu}$	$4\times2048\kappa\times2^{-\mu}$	0.2667	$360\kappa\times2^{-\mu}$	0.01172	216κ	0.00703	0.28542	1.06
B3	139	$15\times2^{\mu}$	$6\times2048\kappa\times2^{-\mu}$	0.4000	$504\kappa\times2^{-\mu}$	0.01641	360κ	0.01172	0.42813	1.76
B4	139	$15\times2^{\mu}$	$12\times2048\kappa\times2^{-\mu}$	0.8000	$936\kappa\times2^{-\mu}$	0.03047	792κ	0.02578	0.85625	3.87
C0	139	$15\times2^{\mu}$	$2048\kappa\times2^{-\mu}$	0.0667	$1240\kappa\times2^{-\mu}$	0.04036	1096κ	0.03568	0.14271	5.30
C2	139	$15\times2^{\mu}$	$4\times2048\kappa\times2^{-\mu}$	0.2667	$2048\kappa\times2^{-\mu}$	0.0667	2912κ	0.09479	0.42813	9.30

注:（μ=0，1，2，3，分别对应 15 kHz、30 kHz、60 kHz、120 kHz 的子载波）

格式 Ax（x=1，2，3）和格式 Bx（x=1，2，3，4）的区别在于格式 Bx 自己带有 GP，而格式 Ax 不带 GP。具体来看，每一个格式在 PRACH 时隙中占用 N 个 OFDM 符号。对于格式 Ax，N 个 OFDM 符号的 CP 长度之和作为 PRACH 的 CP，PRACH 序列重复 N 次，占用 N 个不带 CP 的 OFDM 符号。对于格式 Bx，N 个 OFDM 符号的 CP 长度之和等于 PRACH 的 CP 长度加 GP 长度，同样 PRACH 序列重复 N 次，占用 N 个不带 CP 的 OFDM 符号。由于格式 Ax 的 CP 比格式 Bx 长，因此支持的小区覆盖比后者大。由于格式 Ax 的 CP 比格式 Bx 长，因此支持的小区覆盖比后者大。由于格式 Ax 没有自带 GP，因此，需要占用 RO 后面的 OFDM 符号作为保护间隔，不能充分利用 PRACH 时隙。值得注意的是，PRACH 时隙与帧结构中描述的时隙相同。

格式 C0 设计的目标场景是室外视距传播场景，相比室内需要更长的 PRACH CP 和 GP。格式 C2 相比于 C0 支持的覆盖距离更大，以便满足类似固定无线接入（Fixed Wireless Access，FWA）场景。在这类场景下，主要使用子载波间隔为 120 kHz 的固定无线接入产品来满足最后 1 km 的覆盖要求。

第二类随机接入信道采用每一个 RO 都与数据的 OFDM 符号的边界对齐的设计。这种设计的好处是允许随机接入信道和数据信道使用相同的接收机，从而降低系统设计的复杂度。

4.5.2　物理上行控制信道

PUCCH 携带上行控制信息（Uplink Control Information，UCI）从 UE

发送给 gNB，是承载上行控制信道或上行数据信道。按照功能区分，上行控制信息可以分为以下几种类型。

上行数据的调度请求（Scheduling Request，SR），用于向基站请求上行数据的调度，通过 UE 的主动申请，能否避免基站的无效上行数据调度。

下行数据的应答信息（HARQ-ACK），用于向基站反馈接收的下行数据是否已经是正确接受的状态，包含确定应答和否定应答。

信道状态信息（Channel State Information，CSI）包括信道质量指示（Channel Quality Indicator，CQI）、预编码矩阵指示（Precoding Matrix Indicator，PMI）、秩指示（Rank Indicator，RI）等，用于向基站反馈下行信道质量，基站依据反馈选择信道质量较好的下行信道进行下行数据调度。

1. PUCCH 格式

根据 PUCCH 的持续时间和 UCI 的大小，PUCCH 格式可以分为 5 种，和 LTE 相比，每种格式的结构都有所变化。其中，PUCCH 格式 0 和格式 2 在大的持续时间仅支持 1~2 个 OFDM 符号，可被称为短 PUCCH。PUCCH 格式 1、格式 3 和格式 4 在时域的持续时间能够支持 4~14 个 OFDM 符号，被称为长 PUCCH。

在短 PUCCH 中，PUCCH 格式 0 用于承载 1~2 bit 的 UCI，PUCCH 格式 2 用于承载大于 2 bit 的 UCI。在长 PUCCH 中，PUCCH 格式 1 用于承载 1~2 bit 的 UCI，PUCCH 格式 3 或格式 4 用于承载大于 2 bit 的 UCI。对于能够承载大于 2 bit UCI 的长 PUCCH，PUCCH 格式 3 能够承载的最大 UCI 比特数大于 PUCCH 格式 4，且不支持多用户复用，但 PUCCH 格式 4 具有通过码分来进行多用户复用的能力。NR 与 LTE 中 PUCCH 设计最大的区别在于，为了缩短 HARQ-ACK 的反馈时延，NR 引入了短 PUCCH 格式，可以实现 UCI 在较少的 OFDM 符号上传输，从而更好更灵活地支持低时延业务。其他 3 种格式的长 PUCCH 都能在 LTE 的 PUCCH 格式中找到类似的结构。长 PUCCH 的持续时间大于短 PUCCH，其更多地用于保证 UE 发送 PUCCH 的覆盖。在 LTE 中，所有的 PUCCH 格式必须支持跳频，用以获取频率分集增益。但在 NR 中，考虑到系统设计的灵活性，所有大于等于 2 个符号的 PUCCH 格式的跳频都是可配置的。对于一个长度为 N 个 OFDM 符号的 PUCCH，如果配置了跳频，则第一个跳频单元的 OFDM 符号数量为 $\lfloor N/2 \rfloor$，第二个调频单元的 OFDM 符号数量为 $N-\lfloor N/2 \rfloor$。

（1）PUCCH 格式 0

PUCCH 格式 0 传输的时频资源如图 4-24 所示，频域上占用了 1 个 RB 的全部 12 个子载波，时域上占用了 1~2 个 OFDM 符号。在全部的 5 种 PUCCH

格式中，PUCCH 格式 0 的设计是唯一不需要 DMRS 的，它通过序列选择的方式承载 UCI，即通过 $2n$ 个候选序列来承载比特 UCI。通过序列选择的方式承载信息，能够保证上行信息传输时的单载波特征，从而降低 PAPR，提高 PUCCH 格式 0 的覆盖。从过程来看，可以简化为根据 UCI 确定循环移位，同时根据循环移位与基站序列生成待发送序列后，再进行物理资源块映射，具体如图 4-24 所示。

（2）PUCCH 格式 1

PUCCH 格式 1 在时频资源上的结构如图 4-25 所示，PUCCH 格式 1 在频域上占用 1 个 RB 的全部 12 个子载波，在时域上占用 4～14 个 OFDM 符号。UCI 与 DMRS 是间隔放置的且 UCI 与 DMRS 占用的 OFDM 符号是尽可能均匀分布的。这样能够最大化 PUCCH 的时域复用能力，否则 UCI 与 DMRS 之中 OFDM 符号较少的部分就会成为时域复用能力的短板。PUCCH 格式 1 具有 5 种 PUCCH 格式中最强的码分复用能力。其码分复用能力是从两个不同维度实现的，这两个维度为每个 OFDM 符号上承载序列的不同循环移位以及不同 OFDM 符号上使用的正交扩频码。用于 PUCCH 格式 1 的 UCI 传输序列也是由长度为 12 的计算机生成序列生成的。理论上，通过循环移位最多能够复用 12 个用户，但在实际使用中，由于信道衰落以及噪声的干扰，为了保证 PUCCH 格式 1 的性能，通过循环移位最多能够复用 6 个或 4 个用户。而时域的正交扩频码的复用能力则取决于码长（UCI 与 DMRS 中较短的符号长度），1 个 N 长的正交扩频码能够支持 N 个复用。PUCCH 格式 1 的最终复用能力取决于这两种复用能力的乘积。

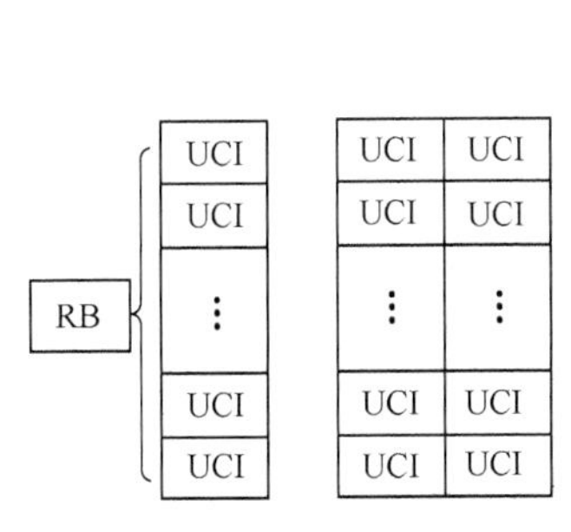

图 4-24　PUCCH 格式 0 在时频资源上的结构

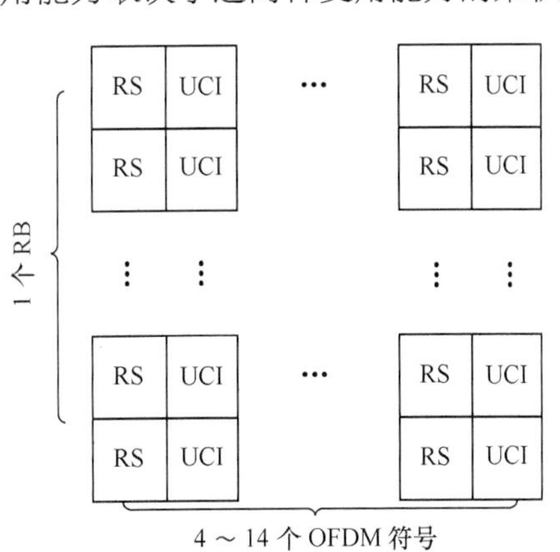

图 4-25　PUCCH 格式 1 在时频资源上的结构

（3）PUCCH 格式 2

PUCCH 格式 2 是 NR 所有 PUCCH 格式中唯一不满足单载波特性的传输

格式（PAPR 较高，覆盖受影响）。从原则上讲，为了保持覆盖 PUCCH 的发送，还要尽可能地保持单载波特性。但是 PUCCH 格式 2 承载的 UCI 比特较多，如果采用 PUCCH 格式 0 的序列选择方式以保持单载波特性的话，就需要通过更多的循环移位支持更多的 UCI 比特发送，这样 PUCCH 的检测性能就不能完全保证了，因此 PUCCH 格式就只能使用 UCI 加 DMRS 的传输方式，出于简化 PUCCH 格式 2 设计的角度考虑，UCI 占用的 RE 与 DMRS 占用的 RE 在频域上实现 FDM，如图 4-26 所示。这种设计直接破坏了上行的单载波特性，因此 PUCCH 格式 2 的整体设计就不再考虑降低 PAPR 了。另外，为了提高 PUCCH 格式 2 的负载能力，其在频域上可以使用 1～16 个 RB 进行传输（1～16 的所有值都可以，不受 2、3、5 的幂次方调度限制）。

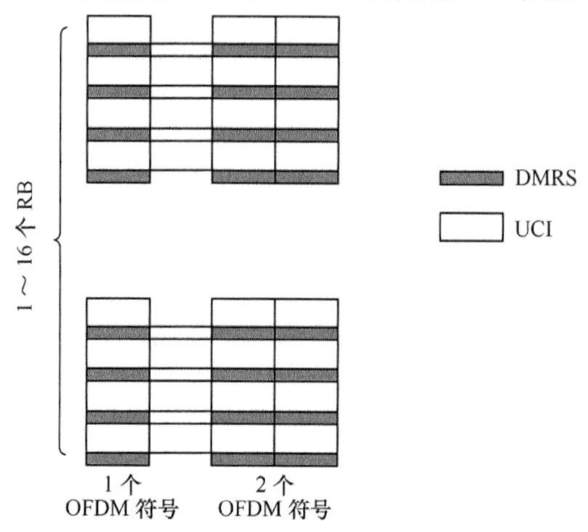

图 4-26　PUCCH 格式 2 在时频资源上的结构

（4）PUCCH 格式 3

PUCCH 格式 3 在时频资源上的结构如图 4-27 所示，可以看到 PUCCH 格式 3 在频域上占用 N 个 RB 的全部 12×N 个子载波（N≤16，且 N 必须为 2、3、5 的幂次方的乘积，因此在 1～16 中不能取 7、11、13、14，这是基于 DFT 预编码运算效率的考虑），在时域上占用 4～14 个 OFDM 符号，UCI 与 DMRS 的 OFDM 符号是通过 TDM 来区分的。由于 PUCCH 格式 3 在频域支持了较多的 RB 传输，时域上占用的符号数也较多，并且只支持单用户，不支持多用户复用，这使得其在所有的 PUCCH 格式中的负载承载能力最强，最多能够承载 16（RB 数）×12（子载波数）×12（14 个符号中非 DMRS 符号数）×2（QPSK 调制）=4608 bit 的编码后信息。

（5）PUCCH 格式 4

PUCCH 格式 4 在时频资源上的结构如图 4-28 所示，可以看到 PUCCH 格式 4 在频域上占用 1 个 RB 的全部 12 个子载波，在时域上占用 4～14 个 OFDM 符号。UCI 与 DMRS 的 OFDM 符号是时分复用的。PUCCH 格式 4 与 PUCCH 格式 3 的主要区别在 PUCCH 格式 4 具备码分复用能力，可以支持多用户复用。但 PUCCH 格式 4 频谱资源只支持一个 RB，因此能够承载的 UCI 比特数不如 PUCCH 格式 3 多。当 UE 仅仅需要反馈略大于 2 bit 的 UCI 时，如果完全独享 1 份时频资源也是对资源的浪费，因此便引入了具备码分复用能力的 PUCCH 格式 4。

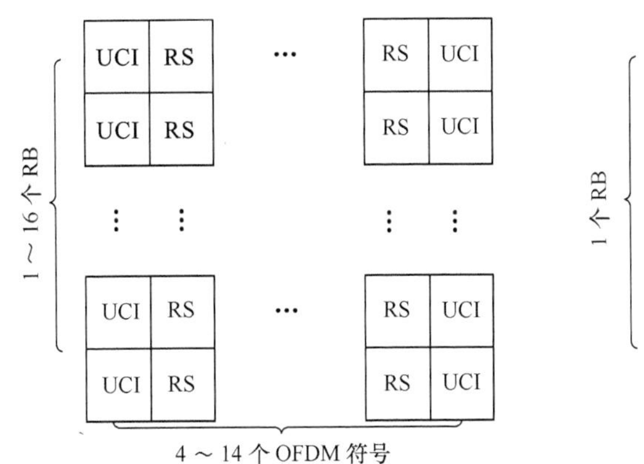

图 4-27 PUCCH 格式 3 在时频资源上的结构

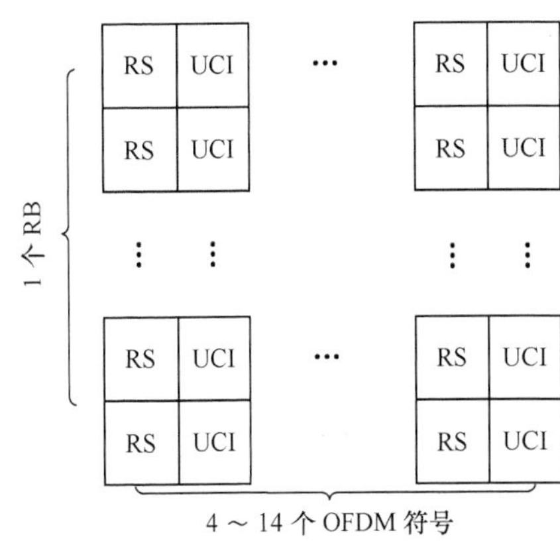

图 4-28 PUCCH 格式 4 在时频资源上的结构

（6）PUCCH 格式 1/3/4 的重复发送

为了进一步提高 PUCCH 的覆盖，在长 PUCCH 基础上 NR 中还支持了对长 PUCCH 格式 1/3/4 的重复发送，即多时隙 PUCCH 聚合，可以由高层信令配置重复时隙的数量。在每隔一个用于重复发送的时隙内，多时隙 PUCCH 具有相同的起始符号和持续时间，在多时隙 PUCCH 中，还额外引入了时隙间的 PUCCH 跳频，该配置与时隙内的 PUCCH 跳频是互斥的，不能被同时配置。如果配置了时隙间跳频，则第一时隙单元的 PRB 索引的配置就应用于多时隙 PUCCH 中的偶数 PUCCH 时隙索引上，第二时隙单元的 PRB 索引的配置就应用于多时隙 PUCCH 中的奇数 PUCCH 时隙索引上。

2. PUCCH 资源分配

PUCCH 资源分配存在两种模式：一是由高层 RRC 信令直接配置一个资源，同时为这个源配置一个周期和在这个周期内的偏移，这个资源就会周期性地生效，这种方式可以被称为半静态的 PUCCH 资源分配；二是由高层 RRC 信令配置 1 个或多个 PUCCH 资源集合，每个资源集合包含多个 PUCCH 资源，UE 接收到网络侧发送的下行调度信令后，会根据下行调度信令中的指示在 1 个 PUCCH 资源集合中找到一个确定的 PUCCH 资源，这种方式可以被称为动态的 PUCCH 资源分配。

（1）半静态的 PUCCH 资源分配

周期信道状态指示（Period CSI）、半持续信道状态指示（Semi-Persistment CSI）以及调度请求（SR）的 PUCCH 资源都是通过高层 RRC 信令半静态分配的。而 RRC 信令在配置时，除了前面提到的时隙粒度的时域资源分配（周期与偏移）外，还包括时隙内的时频码域的资源分配，如在时隙内的起始符号索引、持续时间、起始物理资源块的索引、占用的物理资源块的数量等。

相比于 CSI 的资源配置，调度请求的资源配置稍微复杂一些，其主要的不同点在于，半静态配置的调度请求的资源周期能够小于 1 个时隙，即符号级别的周期。时隙粒度的周期加偏移指示方式无法满足调度请求的资源分配的需求。因此，对于周期大于 1 个时隙的调度请求的资源配置，其周期与偏移用于确定调度请求的时隙索引，时隙内的时域资源还需进一步根据时隙内的时频码资源分配确定；对于周期大于 1 个时隙的调度请求的资源配置，其在每个时隙内都有发送机会；对于周期小于 1 个时隙的调度请求的资源配置，UE 根据配置的周期以及配置的时隙内的起始符号索引就能够判断在时隙内的全部调度请求的资源的起始符号索引。

（2）动态的 PUCCH 资源分配

半静态的 PUCCH 资源分配中，时隙粒度的时域资源分配是通过周期加偏移的方式指示的。在动态的 PUCCH 资源分配中，时隙粒度的时域资源分配是通过下行调度信令中的 PDSCH 到 HARQ 的反馈定时指示器指示的，其可以用于确定 UE 接收 PDSCH 的时隙所引到 UE 反馈 PUCCH 的时隙索引差。在 UE 接入网络时，网络侧通过高层 RRC 信令为 UE 配置一个 PDSCH 到 PUCCH 的时隙索引差的集合，而下行调度信令中的该子域就用来指示这个集合中的一个时隙索引差。

另外，动态的 PUCCH 资源分配的时隙内的时频码域的资源分配也是通过这种确定资源集合加下行调度信令指示集合中索引的方式完成的。但是在 RRC 连接建立与 RRC 连接建立后，资源集合确定方式略有不同。

3. UCI 在 PUCCH 上的传输

用户的 UCI 仅在时隙内的 1 个 PUCCH 上传输时，如前面所述，会将原始信息比特序列经过信道编码、加扰、离散傅里叶变换（DFT）（仅在 PUCCH 格式 3/4 时）、调制步骤后，映射在 RE 上之后发送。但是当用户的 UCI 需要在时隙内的多个 PUCCH 上传输时，UE 并不是简单地将多个 PUCCH 都发送出去。当 1 个 UE 的多个 PUCCH 之间在时域发生重叠时，NR 根据 PUCCH 承载的 UCI 的类型不同，规定不同的处理方式。如果未发生重叠，在标准 38.213 中规定了 1 个 UE 在 1 个时隙内最多也只能有 2 个 PUCCH 可以通过 TDM 的方式发送，且 2 个 PUCCH 中至少有一个是短格式 PUCCH。PUCCH 格式如表 4-29 所示。

表 4-29　PUCCH 格式

PUCCH 格式	OFDM 符号的长度	比特数量
0	1～2	≤2
1	4～14	≤2

续表

PUCCH 格式	OFDM 符号的长度	比特数量
2	1～2	>2
3	4～14	>2
4	4～14	>2

UCI 携带的信息有 CSI 和 ACK/NACK 调度请求。PUCCH 大部分情况下都采用 QPSK 调制方式，当 PUCCH 占用 4 ~ 14 个 OFDM 且只包含 1 bit 信息时，采用 BPSK 调制方式。PUCCH 的编码方式也比较丰富，当只携带 1 bit 信息时，采用重复码（Repetition Code）；当携带 2 bit 信息时，采用单一码（Simplex Code）；当携带信息为 3 ~ 11 bit 时，采用里德-穆勒码（Reed Muller Code）；当携带信息大于 11 bit 时，采用 Polar 编码方式。PUCCH 的特性如表 4-30 所示。

表 4-30　PUCCH 的特性

<table>
<tr><th>PUCCH 格式</th><th>信道描述</th></tr>
<tr><td>0</td><td>用于发送 HARQ 的 ACK/NACK 反馈，也可以携带 SR 信息；
发送的信息比特为 1 或者 2 个（对应调度的 PDSCH 信道有两个码字时）；
在频域上占用 1 个 RB，在时域上占用 1～2 个符号</td></tr>
<tr><td>1</td><td>属于长 PUCCH，在时域占用符号个数为 4～14 个，承载的信息比特最多 2 个，
用于 HARQ 的 ACK/NACK 反馈，也可以携带 SR 信息；
在频域上占用 1 个 RB</td></tr>
<tr><td>2</td><td rowspan="3">PUCCH 0/1 所携带的信息比特少，UCI≤2 bit；
PUCCH 2/3/4 所携带的信息比特较多，UCI>2 bit，信息比特需要经过编码等过程；
当 UCI 信息长度（可能包含 CRC）为 3～11 bit 时，使用 Reed Muller Code；
当大于 11 bit 时，使用著名的 Polar 编码；
HARQ-ACK/SR 信息，也可以使用 PUCCH 2/3/4 来发送</td></tr>
<tr><td>3</td></tr>
<tr><td>4</td></tr>
</table>

4.5.3　物理上行共享信道

1. PUSCH 概述

PUSCH 的功能有：传递到物理层的更高层数据、CRC 和传输块错误指示、FEC 和速率匹配、数据调制、映射到物理资源、多天线处理、支持 L1 控制和 Hybrid-ARQ 相关信令。PUSCH 采用 LDPC 编码，可采用的调制方式如表 4-31 所示。

表 4-31 PUSCH 的调制方式

关闭转换调制	启用转换调制
	π/2-BPSK
QPSK	QPSK
16QAM	16QAM
64QAM	64QAM
256QAM	256QAM

PUSCH 的处理流程如图 4-29 所示，传输块添加 CRC（TBS 大于 3824 bit 时添加 24 bit CRC，否则添加 16 bit CRC）。

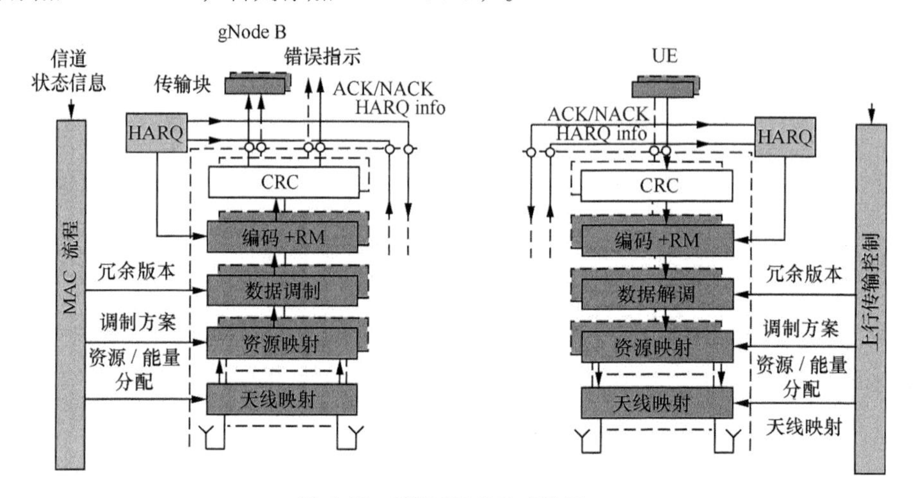

图 4-29 PUSCH 的处理流程

2. PUSCH 时频位置

（1）时域位置

在时域方面，PUSCH 和 PDSCH 类似，支持时域资源分配，DCI 中指令“Time domain resource assignment”对应资源分配表中的行。用 SLIV 表示 PUSCH 时域资源，起始符号 *S* 和分配的符号长度 *L*，PUSCH 映射 Type 也支持 Type A 和 Type B。PUSCH 定义时域资源分配格式如表 4-32 所示。

表 4-32 PUSCH 资源分配格式

PUSCH 映射类型	常规循环前缀			扩展循环前缀		
	S	*L*	*S*+*L*	*S*	*L*	*S*+*L*
Type A	0	{4…13}	{4…13}	0	{4…11}	{4…11}
Type B	{0…13}	{1…13}	{1…13}	{0…11}	{1…11}	{1…11}

如果时域资源分配信息域的值为 m，那么 UE 可以从一个分配表格中索引号为 M+1 的行内获取 PUSCH 的时频位置信息。UE 从分配表格 DCI 的时域资源分配信息域所指示的一行中获取时域位置信息。

为了更好地支持低时延数据发送，NR 在上行引入了上行免授权传输。NR 支持两类上行免授权传输：基于第一类配置授权的 PUSCH 传输和基于第二类配置授权的 PUSCH 传输。

基于第一类配置授权的 PUSCH 传输中，由高层参数 configuredgrantconfig 配置包括时域资源、频域资源、解调用参考信号（DMRS）、开环功控、调制编码方案（MCS）、波形、冗余版本、重复次数、跳频、HARQ 进程数等在内的全部传输资源和传输参数。UE 接收到该高层参数后，可立即使用所配置的传输参数在配置的时频资源上进行 PUSCH 传输。

基于第二类配置授权的 PUSCH 传输中，采用两步的资源配置方式：首先由高层参数 configuredgrantconfig 配置包括时域资源的周期、开环功控、波形、冗余版本、重复次数、跳频、HARQ 进程数等在内的传输资源和传输参数；然后由使用 CS-RNTI 加扰的 DCI 激活第二类基于配置授权的 PUSCH 传输，并同时配置包括时域资源、频谱资源、DMRS、MCS 等在内的其他传输资源和传输参数。UE 在接收到高层信令 configuredgrantconfig 时，不能立即使用该高层参数配置的资源和参数进行 PUSCH 传输，而必须等接收到相应的 DCI 激活并配置其他资源和参数后，才能进行 PUSCH 传输。

（2）频域位置

在频域方面，PUSCH 频谱资源分配支持 Type 0（RBG 位图）和 Type 1（RIV）。与 PDSCH 不同，PUSCH 支持预配置的上行调度 configureGrant config（类似 LTE 中的 SPS 半静态调度）；PUSCH 也支持多时隙重复发送，即 aggregationFactorUL=2、4、8。为了降低 PAPR 峰均比，上行 PUSCH 可以支持 Transform Precoding，即采用 DFT-s-OFDM，通过 RRC 层参数和 DCI 指示。

与 PDSCH 不同的是，PDSCH 传输可以进行跳频（Frequency Hopping），在 NR 中 PUSCH 跳频记为 UE 所发送的 PUSCH 在某一时刻占用一段连续的频段，但在下一个时隙跳转到另一个频段，通过 PUSCH 跳频传输可以实现足够的频率选择性增益和干扰随机化的效果。在 NR 中，PUSCH 在以下两种情况下可以进行跳频：① 对于 PUSCH 传输，高层信令 Transform Precoding 设置为“enabled”（上行传输的波形为 DFT-s-OFDM）；② PUSCH 的频谱资源分配类型为 Type 1（此时，高层信令 Transform Precoding 既可以设置为“enabled”，也可以设置为“disabled”，分别对应 OFDM 和 DFT-s-OFDM

传输波形）。与 LTE 不同的是，NR 上行是支持 OFDM 和 DFT-s-OFDM 两种传输波形的，对于资源分配类型 Type 1，这两种波形均可进行 PUSCH 跳频。在上述两种情况下，如果调度 DCI 中跳频指示（Frequency Hopping Flag）信息域设置为“1”，则 PUSCH 进行跳频传输。

在 NR 中支持两种调跳频模式（Frequency Hopping Mode），可以通过高层信令 PUSCH-config 的 Frequency Hopping 参数来配置，这两种跳频模式如图 4-30 所示。

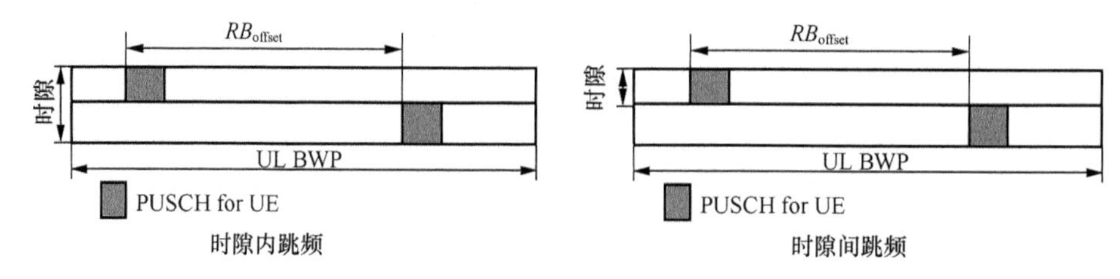

图 4-30　时隙内跳频与时隙间跳频

① 时隙内跳频（Intra-Slot Frequency Hopping），PUSCH 在同一个时隙内的两个 Hop 上传输，这两个 Hop 分别为第一 Hop 和第二 Hop，频率上具有一定的间隔，成为频率偏移（Frequency Offset），其值用 RB_{offset} 表示，且包含时隙内不同的连续的 OFDM 符号。时隙内跳频可应用于单时隙以及多时隙（UE 在连续的多个上行时隙上发送同一个 TB，且每个时隙内的 TB 时域位置相同）的 PUSCH 传输。时隙内跳频可以改善一次 PUSCH 传输的频率分集和干扰抑制。

② 时隙间跳频（Inter-Slot Frequency Hopping），时域上的一个时隙可以看作一个 Hop，不同的 Hop 上传输的 PUSCH 同样具有频率偏移。时隙间跳频应用于多时隙的 PUSCH 传输，从而改善相邻两次 PUSCH 传输之间的频率分集和干扰抑制。

3. UCI 在 PUSCH 上的传输

在 NR 的第一个版本中，为了降低 UE 上行发送的交调干扰，当 PUCCH 与 PUSCH 在时域上发生重叠时，支持丢弃 PUSCH 或者将 UCI 夹带在 PUSCH 上的两种传输方式。

从 PUSCH 上承载的 UCI 类型来看，NR 与 LTE 是相同的，仅包括 HARQ-ACK、CSI，而不包括 SR。这是由于在 PUSCH 的 MAC 层的包头中，会上报 Buffer 状态信息（Buffer State Report，BSR），该信息可以指示这个 PUSCH 之后 UE 是否还有数据上报。从功能上看，其余 SR 的功能是相近的，所以在此时 SR 就不需要重复上报了。在 LTE 中，当 HARQ 与 CSI 在 PUSCH

上映射时，如果 PUSCH 传输多个 TB，UE 会将 HARQ-ACK 映射在每个 TB 上，但是 CSI 仅会在 MCS 最高的 TB 上映射。但在 NR 中，为了保证全部 UCI 传输的可靠性，UE 会将 HARQ-ACK 以及 CSI 映射在每一个 TB 上传输。

根据 NR 的一些新需求，一些新的设计引入了，从波形上看，在 NR 中上行 PUSCH 的传输不仅支持了 DFT-s-OFDM 波形，还支持了 CP-OFDM 波形，但是这个新的特性并没有导致 NR 中 UCI 在 PUSCH 上的传输引入两套不同的映射规则。为了简化设计，对于这两种波形的 PUSCH，UCI 在 PUSCH 上的映射规则是一致的。

另外在 NR 中，PUCCH 与 PUSCH 结构设计的灵活性会导致它们的起始符号与结束符号可能都是相同的，为了确保 UE 有足够的处理时间，能够将 UCI 与数据信息复用，即使基站通过高层信令配置使能了 PUCCH 与 PUSCH 复用，也不像 LTE 那样直接将 UCI 夹带在 PUSCH 上传输。PUCCH 与 PUSCH 之间必须满足固定的时序要求，才能够复用到 PUSCH 上，否则，UE 就会丢弃 PSDCH。

第5章 5G 无线网规划

本章通过对5G工程场景的分析，进一步论述了高频信道传播模型，包括5G网络的覆盖能力、容量能力、系统间干扰及参数规划。由以上分析可知，5G网络规划的流程和方法与4G类似，但由于5G业务应用的多样性，毫米波、Massive MIMO等技术的引入，在工程场景分析、无线传播模型、覆盖及容量规划等关键问题上与4G还是存在很大的区别，具体细节问题需要详细的分析。

5.1 工程场景分析

面向未来的移动通信业务需求，移动通信系统面临六大挑战：低成本、超低时延、超高移动性、高用户体验速率、高连接数密度、低能量消耗。现有的4G 网络无法应对以上挑战，为了应对移动通信发展的趋势，5G 系统应运而生，满足可预见的移动通信未来的业务需求，同时扩展了新的应用领域。

ITU-T 定义了 5G 三大应用场景，包括增强移动宽带（Enhanced Mobile Broadband，eMBB）、海量机器类通信（Massive Machine Type Communications，mMTC）、低时延高可靠通信（Ultra Reliable Low Latency Communications，URLLC）。

（1）eMBB

在现有移动宽带业务场景的基础上，该应用场景提供更高体验速率和更大宽带接入能力，进一步提升用户体验。典型应用包括超高清视频、虚拟现实、增强现实、云游戏、云办公等。首先，这类场景对带宽要求极高，关键的性能需求包括 100 Mbit/s 用户体验速率、数十 Gbit/s 峰值速率、每平方千米数十 Tbit/s 的流量密度、500 km/h 以上的移动性等；其次，涉及交互类操作的应用还对时延敏感，如虚拟现实沉浸体验对时延要求在十毫秒量级。

（2）mMTC

该场景的典型应用包括智慧城市、智能家居等。这类应用对连接密度要求较高，同时呈现行业多样性和差异化。如智慧城市中的抄表应用要求终端低成本、低功耗，网络支持海量连接的小数据包；视频监控不仅要求部署密度高，还要求终端和网络支持高速率；智能家居业务对时延要求相对不敏感，但终端需要适应不同工作环境。

（3）URLLC

该场景对网络时延极其敏感及可靠性要求很高。典型应用包括工业控制、无人机控制、智能驾驶控制等。如自动驾驶实时监测等要求毫秒级的时延，汽车生产、工业机器设备加工制造时延要求为十毫秒级，可靠性要求接近 100%。

下一代移动通信网络联盟（Next Generation Mobile Networks，NGMN）项目于 2015 年 2 月 17 日发布了“5G White Paper”，给出了 5G 详细的应用场景及性能需求。为了满足不同业务场景下的用户体验，NGMN 给出了目前业界认可的八大场景及其相应的系统性能需求。

① 密集区域宽带接入；

② 泛在宽带接入；

③ 高速移动接入；

④ 超低时延通信；

⑤ 机器类通信；

⑥ 应急救灾通信；

⑦ 高可靠性通信；

⑧ 类似广播服务。

5.1.1　场景分类

NGMN 从网络时延、终端移动性、网络质量、终端类型、网络异构等方面介绍了八大类应用场景及 25 小类子场景，具体的应用场景分类如表 5-1 所示。

表 5-1　NGMN 场景分类

场景大类	子场景	场景描述
密集区域宽带接入	密集区域宽带接入	无处不在的视频业务、运营商云服务
	室内高速宽带接入	室内办公场景
	人群密集区接入	体育场/露天集会中的高清视频/照片共享

续表

场景大类	子场景	场景描述
泛在宽带接入	广域宽带接入	平均速率大于等于 50 Mbits（50+Mbit/s 任何地方）
	超低成本宽带接入	低 ARPU 值用户的超低成本宽带网络接入
高速移动接入	车载移动宽带（汽车、火车）	高铁、移动热点、远程计算
	飞机连接	飞机、热气球、滑翔机、跳伞者
机器类通信	海量低成本机器类通信	可穿戴设备； 传感器网络
	宽带机器类通信	移动视频监控
超低时延通信	超低时延通信	触觉互联网
应急救灾通信	弹性和浪涌	自然灾害中的救灾通信
高可靠性通信	超高可靠低时延	自动交通控制和驾驶； 协作机器人（机器人控制网络）； 远程对象操作（远程手术）
	超高可用性及可靠性	远程医疗、公共安全、无人机
类似广播服务	广播类业务	新闻和信息； 本地广播式服务； 地区性广播式服务； 全国广播式服务

在不同应用的场景下，系统性能的需求不同，个别场景下性能要求比较极端。如果按照同时满足所有极端要求来进行系统配置，可能导致网络规格配置过高、建设成本增加。因此，NGMN 对应用场景进行归类，对每个类别下每种具体的应用场景，给出了一组对应的需求值，代表了能满足该场景的极端用例。

与此同时，NGMN 从用户体验、系统性能、增强服务、管理和运营、业务模型、设备类型 6 个维度对不同应用场景的需求进行了分析，给出了对应的指标要求。

（1）用户体验：指当用户体验一项或多项服务时的用户体验效果。NGMN 从用户体验持续性（Consistent User Experience）、用户体验数据速率（User Experienced Data Rate）、时延（Latency）、移动性支持（Mobility）4 个维度提出了 KPI 指标。

（2）系统性能：定义了满足用户和用例的多样性和可变性所需的系统功能。NGMN 从连接密度（Connection Density）、流量密度（Traffic Density）、频谱效率（Spectrum Efficiency）、覆盖率（Coverage）、资源和信令效率（Resource and Signaling Efficiency）5 个维度提出了 KPI 指标。

（3）设备类型：随着硬件和软件，特别是操作系统的不断发展，5G 时代智能设备的能力和复杂性将不断增长。在某些情况下，设备可能成为连接其他设备的活动中继，或支持端到端通信的网络网元。NGMN 从设备上的操作员控制功能（Operator Control Capabilities on Devices）、设备多频段多模式支持（Multi-Band-Multi-Mode Support in Devices）、设备功耗效率（Device Power Efficiency，智能手机至少需要 3 天，而低成本 MTC 设备最长可达 15 年）、资源和信令效率（Resource and Signaling Efficiency）4 个维度提出了 KPI 指标。

（4）其他：其他需求包括增强服务（连接透明度、位置服务、安全性能、可靠性）、管理和运营需求、业务模型等。

5.1.2　各场景性能需求

1. 密集区域宽带接入

该场景的特点是人口密集区域（例如，高流量密度区域，高密度住宅区等），人口密度在每平方千米 10 000 ~ 40 000 人，该场景网络规划的重点是移动通信服务的可用性。增强现实、多用户交互、三维（3D）服务、语音识别将成为该场景的重要服务，在网络边缘确保向客户提供一致的和个性化的服务。

该场景包含密集区域宽带接入、室内高速宽带接入、人群密集区域接入 3 个子场景。

密集区域宽带接入子场景主要涉及人类在密集的城市环境中任何地方和任何时间所需的通信服务。除了传统通信服务之外，高清视频和视频共享业务强烈增长，图像分辨率要求大幅提高，随之带来公有云服务相关的数据量大幅增加，同时 5G 系统应能满足随时随地与云服务可靠连接。该子场景的系统性能需求详见表 5-2。

表 5-2　密集区域宽带接入场景系统性能需求

主要属性	性能需求	备注
用户体验数据速率（包含边缘用户）	下行：300 Mbit/s 上行：50 Mbit/s	该数据率需求来源于对云服务、视频和其他数字服务（或三者结合）的普适性支持
端到端时延	10 ms	
移动性	根据需求，0～100 km/h	
连接密度	1000～4000/ km^2	终端密度是 10 000～40 000/km^2，假定有 10%的终端是活跃的
流量密度	下行：1200 Gbit/（s・km^2） 上行：200 Gbit/（s・km^2）	连接密度×用户体验速率

室内高速宽带接入子场景的用户可以位于不同的房间或不同的楼层，能够体验至少 1 Gbit/s 的下行速率。用户应该能够在 95%的办公地点和 99%的繁忙时段体验至少 1 Gbit/s 的数据速率。该子场景的系统性能需求如表 5-3 所示。

表 5-3　室内高速宽带接入子场景系统性能需求

主要属性	性能需求	备注
用户体验数据速率（包含边缘用户）	下行：1 Gbit/s 上行：500 Mbit/s	该数据速率与云存储服务相对应，云存储服务所考虑的是服务组合中具有最高数据速率的服务（请参阅下面的流量密度说明）
端到端时延	10 ms	
移动性	步行	
连接密度	75/1000 m^2	每 4 m^2 一个人，活跃比例为 30%；典型面积为 500～1000 m^2
流量密度	15 Gbit/（s・1000 m^2） 2 Gbit/（s・1000 m^2）	考虑混合的服务内容： 25%的活跃用户使用云存储服务，数据速率为下行 1 Gbit/s，上行 500 Mbit/s； 30%的活跃用户使用台式云服务，数据速率为下行 20 Mbit/s，上行 20 Mbit/s； 5%的活跃用户使用多方视频会议，数据速率为下行 60 Mbit/s，上行 15 Mbit/s； 其余 40%的活跃用户使用要求较低的服务，此处忽略。 在每个服务中，给定假定上下行的时间比例： 对于云存储，下行和上行的时间比例分别为 4：5 和 1：5； 对于桌面云，下行和上行的时间比例分别是 5:6 和 1：6； 对于多方视频会议，下行和上行的时间比例分别为 1：1 和 1：1（在活动视频会议期间始终打开）

人群密集区域接入子场景为用户密集区（如体育场）的用户提供高质量体验的服务，连接用户的高密度增加了该子场景的部署难度。该子场景的系统性能需求如表 5-4 所示。

表 5-4　人群密集区域接入场景系统性能需求

主要属性	性能需求	备注
用户体验数据速率（包含边缘用户）	下行：25 Mbit/s 上行：50 Mbit/s	典型应用场景是视频或照片分享
端到端时延	10 ms	

续表

主要属性	性能需求	备注
移动性	步行	
活动待机性能	大于 3 天	
连接密度	30 000 人每场馆	场馆典型面积是 0.2 km^2，100 000 人，30%活跃比例
流量密度	0.75 Tbit/s 每场馆 1.5 Tbit/s 每场馆	连接密度×用户体验速率

2. 泛在宽带接入

该场景强调需要在任何地方提供宽带服务，包括覆盖范围更具挑战性的情况（从城市到郊区）。在任何地方提供最低数据速率服务，保证用户的一致性体验，通信基础设施部署成本成为服务的关键因素。

该场景包含广域宽带接入和超低成本宽带接入两个子场景。

移动和互联社会将需要宽带接入随处可用。 因此，50 Mbit/s 应被理解为最小用户数据速率而不是单个用户的理论峰值速率。需要强调的是，必须在覆盖区域内（包括小区边缘）保持 50 Mbit/s 以上的用户速率。随着 5G 网络建设的发展，50 Mbit/s 这一目标值会随之提升。该子场景的系统性能需求详见表 5-5。

表 5-5　广域宽带接入场景系统性能需求

主要属性	性能需求	备注
用户体验数据速率（包含边缘用户）	下行：50 Mbit/s 上行：25 Mbit/s	舒适的数据速率可满足高分辨率视频与其他数字服务相结合
端到端时延	10 ms	
移动性	0～120 km/h	
活动待机性能	大于 3 天	
连接密度	郊区 400/km^2，农村 100/km^2	
流量密度	郊区：下行 20 Gbit/（s・km^2）， 上行 10 Gbit/（s・km^2）； 农村：下行 5 Gbit/（s・km^2）， 上行 2.5 Gbit/（s・km^2）	连接密度×用户体验速率

为了覆盖人口稀少和一些 ARPU 值非常低的区域，移动网络基础设施的部署和运营还同时需要考虑经济上的可行性。5G 网络需要具备足够的灵活性，可以在超低成本要求下部署，以便在这些区域提供互联网接入。超低成本宽带接

入场景系统性能需求详见表 5-6。

表 5-6 超低成本宽带接入场景系统性能需求

主要属性	性能需求	备注
用户体验数据速率（包含边缘用户）	下行：10 Mbit/s 上行：10 Mbit/s	宽带数据速率满足视频、邮件和网页浏览的需求
端到端时延	50 ms	
移动性	根据需求，0～50 km/h	
活动待机性能	大于 3 天	
连接密度	$16/km^2$	一个 $25\ km^2$ 的独立村庄容纳 400 用户，活跃比例为 10%
流量密度	下行：16 Mbit/（s • km^2） 上行：16 Mbit/（s • km^2）	连接密度×用户体验速率 下行：400 Mbit/s（25 km^2） 上行：400 Mbit/s（25 km^2）

3. 高速移动接入

在可预测的未来，用户对汽车、火车、飞机的高速移动接入服务需求将不断增长。虽然一些服务是现有服务的自然演进，但是也会产生一些全新场景的服务，如民用航空器上的宽带通信服务；车辆将要求增强车载娱乐连接、访问互联网、通过即时和实时信息增强导航、自动驾驶、安全和车辆诊断。 具体的移动速度将取决于具体的使用案例。高速移动接入场景包含车载移动宽带、飞机连接两个子场景。

2020 年以后，高速列车速度可达 500 km/h 以上，车载移动将给无线网络带来容量的变化，动态的容量需求将成为 5G 网络规划的挑战。该子场景的系统性能需求详见表 5-7。

表 5-7 车载移动宽带场景系统性能需求

主要属性	性能需求	备注
用户体验数据速率（包含边缘用户）	下行：50 Mbit/s 上行：25 Mbit/s	
端到端时延	10 ms	
移动性	根据需求，最大可达 500 km/h	
连接密度	$2000/km^2$ （每列火车 500 活跃用户×4 列火车，或每辆汽车 1 活跃用户×2000 辆汽车）	火车假定场景： 每列火车 1000 人；活跃比例为 50%； 每千米每条线路 2 列火车（对向行驶）； 每千米 2 条线路； 汽车假定场景（交通拥堵情况）：

续表

主要属性	性能需求	备注
		每千米每双向 8 车道高速公路段分布 1000 辆汽车；每千米 2 条高速；每辆车有 2 人；活跃比例为 50%
流量密度	下行：100 Gbit/（s・km^2）（每列火车 25 Gbit/s，每辆汽车 50 Mbit/s） 上行：50 Gbit/（s・km^2）（每列火车 12.5 Gbit/s，每辆汽车 25 Mbit/s）	连接密度×用户体验速率

未来几年在民用航空器场景将提供商业互联网接入服务，所提供的通信服务将与地面的通信服务类似。该子场景的系统性能需求详见表 5-8。

表 5-8　飞机连接场景系统性能需求

主要属性	性能需求	备注
用户体验数据速率（包含边缘用户）	下行: 15 Mbit/s 每用户 上行: 7.5 Mbit/s 每用户	
端到端时延	10 ms	
移动性	最大可达 1000 km/h	
连接密度	每架飞机 80 名乘客，每 18 000 km^2 内 60 架飞机	假设场景是在地面空间有 3 个部门，每部门都有 20 架飞机
流量密度	每架飞机下行 540 Mbit/s，上行 270 Mbit/s	每架飞机 180 名乘客，活跃比例为 20%，也就是每架飞机 36 个活跃用户

4. **超低时延通信**

该场景对端到端时延指标需求非常高，结合不同的场景，对于吞吐量、移动性、关键可靠性等其他性能需求也有着很高的要求。例如，该场景对实时交互有较高的需求，主要挑战是系统要在亚毫秒内做出实时反应。该场景具体应用实例为触觉互联网，即可以感受触觉的互联网。人类触觉的响应时间则达到了 1 ms，触觉互联网是传输触觉数据的一种交流方式，通过传输触觉实现彼此更高层次的远程交流。极低时延通信场景系统性能需求详见表 5-9。

表 5-9　极低时延通信场景系统性能需求

主要属性	性能需求
用户体验数据速率（包含边缘用户）	下行：50 Mbit/s 上行：25 Mbit/s

续表

主要属性	性能需求
端到端时延	小于 1ms
移动性	步行
活动待机性能	大于 3 天
连接密度	不关键
流量密度	潜在较高

5. 机器类通信

2020 年以后，mMTC 是 5G 网络三大应用场景之一，该场景中具有大量低成本、低功耗的设备（例如，传感器、执行器和摄像机）。该场景将包括低成本、长距离、低功率 MTC 以及具有更接近人类通信（HTC）的某些特性的宽带机器类通信，主要包含两个子场景：海量低成本机器类通信和宽带机器类通信。

在未来的 3~5 年内，海量低成本机器类通信将在城市地区普及，郊区和农村地区的此类服务也将大幅增长。其主要应用有：计量（天然气、能源和水）、城市或建筑物照明管理、环境（污染、温度、湿度、噪声）监测和交通控制。这些智慧城市服务中具有不同特性的设备密度非常高，需要具有低成本、高电池寿命的设备。该子场景的系统性能需求详见表 5-10。

表 5-10　海量低成本机器类通信场景系统性能需求

主要属性	性能需求	备注
用户体验数据速率 （包含边缘用户）	较低 （典型值 1～100 kbit/s）	
端到端时延	从数秒到数小时不等	
移动性	根据需求，0～500 km/h	取决于应用场景
连接密度	最大可达 200 000/km^2	每平方米 2 个传感器，活跃比例 10%
流量密度	不关键	

在未来几年中，移动视频监控可取代安全人员，通过飞机、无人机、汽车进行安全巡视，以监控房屋、建筑物、目标区域、特殊事件等。这些应用需要对视频内容进行自动分析，需要高度可靠和安全的网络支持，并能与远程系统进行即时交互。

6. 应急救灾通信

近年来公共安全和紧急通信服务正在不断改进。除了在应急救灾中，救灾机构对公民、公民与救灾机构之间通信外，继续发展了包括救灾机构通信、紧急预测和灾难救援的新兴应用。该场景主要指公共安全和应急服务通信，除了支持流量激增的能力以外，也需要非常高的可靠性，具体的系统性能需求详见表5-11。

表5-11　应急救灾场景系统性能需求

主要属性	性能需求	备注
用户体验数据速率（包含边缘用户）	下行：0.1～1 Mbit/s 上行：0.1～1 Mbit/s	文本、语音或视频消息的数据速率
端到端时延	常规通信：不关键； EWTS/PWS传输时间<4 s	
移动性	0～120 km/h	
连接密度	10 000/km^2	用户密度可达80 000/km^2（密集城区），15 000/km^2（城市）在自然灾害时，数目庞大的用户会与亲人联系
流量密度	潜在较高	

7. 高可靠性通信

在可预测的未来，自动驾驶、工业控制、远程健康监控、远程医疗、无人机等领域的需求显著增长，这些应用涉及远程操作和控制，也需要极低的时延。

该场景对通信可靠性要求极高，包含超高可靠超低时延、超高可用性及可靠性两个子场景。

其中，超高可靠超低时延场景系统性能需求详见表5-12。

表5-12　超高可靠超低时延场景系统性能需求

主要属性	性能需求	备注
用户体验数据速率（包含边缘用户）	下行：50 kbit/s～10 Mbit/s 上行：5 bit/s～10 Mbit/s	支持部分视频传输
端到端时延	1 ms	
移动性	根据需求，0～500 km/h	道路安全应用需要车速的支持
活动待机性能	不关键	
连接密度	不关键	
流量密度	潜在较高	

超高可用性及可靠性场景系统性能需求详见表5-13。

表 5-13 超高可用性及可靠性场景系统性能需求

主要属性	性能需求	备注
用户体验数据速率（包含边缘用户）	下行：10 Mbit/s 上行：10 Mbit/s	数据速率需支持实时视频及数据传输（如地图）
端到端时延	10 ms	
移动性	根据需求，0～500 km/h	
活动待机性能	标准情况大于 3 天，对于一些关键的机器类服务可达数年	
连接密度	不关键	
流量密度	潜在较高	

8. *类似广播的服务*

通信的个性化将导致传统广播业务的需求减少，但这些服务仍有很大的应用空间，可以通过下行链路分发内容，也可以通过上行链路为交互式服务或确认信息提供反馈信道。提供用户实时或非实时服务，这些服务的特点是地理分布广泛，非常适合垂直行业的需求。

该场景包含 4 个具体应用实例：新闻和信息、本地广播式服务、地区性广播式服务、全国广播式服务。广播类业务场景系统性能需求详见表 5-14。

表 5-14 广播类业务场景系统性能需求

主要属性	性能需求	备注
用户体验数据速率（包含边缘用户）	下行：最高可达 200 Mbit/s 上行：适度（如 500 kbit/s）	最大数据速率可以用于如快速分配 4K/8K 电影，然后缓存在设备上；其他广播类服务可能需要更低的数据速率
端到端时延	小于 100 ms	
移动性	根据需求，0～500 km/h	
活动待机性能	若干天至若干年	取决于实际情况，MTC 设备可能需要若干年的活动待机
连接密度	不涉及	
流量密度	不涉及	

5.2 5G 网络规划面临的挑战

随着运营商对用户体验重视程度的持续提升，网络规划已从“网络为中心的覆盖容量规划”走向“用户为中心的体验规划”，网络架构也相应地走向云化和资源池化。5G网络在频谱、空口和网络架构上制订了跨代的全新标准，以满足未来的应用场景。而这些新标准、新技术给5G无线网络规划领域带来了很多挑战。

5.2.1 新频谱对网络规划的挑战

为满足海量连接、超高速率需求，5G网络可用频谱除了Sub 6 GHz，还包括业界高度关注的28/39 GHz等高频段。与低频无线传播特性相比，高频对无线传播路径上的建筑物材质、植被、雨衰/氧衰等更敏感，相关测试数据表明：

- LOS和NLOS场景下，高频相比低频，链路损耗将分别增加16～24 dB和10～18 dB；
- 同一频段，NLOS场景相比LOS场景，链路损耗将增加15～30 dB；
- 高损耗和低损耗场景下，高频相比低频，穿透损耗将分别增加10～18 dB和5～10 dB。

5G高频网络较小的覆盖范围对站址和工程参数规划的精度提出了更高的要求，采用高精度的3D场景建模和高精度的射线追踪模型是提高规划准确性的技术方向，但这些技术也会带来规划仿真效率、工程成本等方面的挑战。

5.2.2 新空口对网络规划的挑战

Massive MIMO是5G最重要的关键技术之一，对无线网络规划的影响也很大，它将改变移动网络基于扇区级宽波束的传统网络规划方式。Massive MIMO不再是扇区级的固定宽波束，而是采用用户级的动态窄波束以提升覆盖能力；同时，为了提升频谱效率，波束相关性较低的多个用户可以同时使用相同的频率资源（MU-MIMO），从而提升网络容量。可见，传统的网络规划方式已无法满足Massive MIMO下的网络覆盖、速率和容量规划，在网络规划时遇到的挑战包括：

- MM天线的3D精准建模：SSB、CSI、PDSCH等信道的波束建模；
- 网络覆盖和速率仿真建模：综合考虑电平、小区间干扰、移动速度、SU-MIMO等因素；
- 网络容量和用户体验建模：用户间相关性及其对MU配对概率、链路性能的影响、多用户下的体验速率建模；
- 场景化的MM Pattern规划与优化：通过最优Pattern提升网络性能。

5.2.3 新业务对网络规划的挑战

围绕业务体验进行网络建设已成为行业共识，Mbit/s、视频覆盖等体验建网方法在 3G/4G 网络中得到广泛应用。体验建网以达成用户体验需求作为网络建设的目标，规划方式涉及的关键能力包括：业务识别、体验评估、GAP 分析、规划仿真等。根据业务类型的体验需求特征，不同的 5G 业务要求不同，规划需要考虑的网络性能也有差异，具体包括：

- URLLC：对时延（1 ms）和可靠性（99.999%）的要求很高；
- mMTC：对连接数量和耗电/待机的要求较高；
- eMBB：要求移动网络为 AR/VR 等新业务提供良好的用户体验。

针对 5G 新业务在待机、时延、可靠性等方面的体验需求，当前在评估方法、仿真预测，以及规划方案等领域均处于空白或刚起步的阶段，面临着非常大的挑战。

5.2.4 新架构对网络规划的挑战

随着用户体验重要程度的持续提升，网络规划已从“以网络为中心的覆盖容量规划”走向“以用户为中心的体验规划”，网络架构也相应地走向云化。一方面，通过网络切片快速提供新业务编排和部署；另一方面，进行实时的资源配置和调度。这些也给网络规划领域提出了很多新的挑战，具体包括：

- 基于网络切片的网络规划方法，单个切片和多个切片叠加的网络规划方法；
- 以用户为中心的动态网络拓扑的组网设计与规划仿真；
- 以用户为中心的信道资源云化建模、超密集网络的动态拓扑和协同特性规划。

总之，5G 网络规划和 4G 网络规划既有联系又有区别。5G 网络规划面临的问题是以前网络规划中从来没有遇到的新问题。但是在 5G 网络建网初期，运营商既要考虑建网成本也要考虑网络性能。在建网成本的巨大压力下，5G 网络的规划无法兼顾新挑战带来的问题，所以 5G 网络的主要思路和 4G 网络基本相似。

5.3 业务规划

5.3.1 业务规划思路

业务规划思路一般分为市场调查、相关业务规划、业务预测与业务设计 4

个阶段，具体如图 5-1 所示。

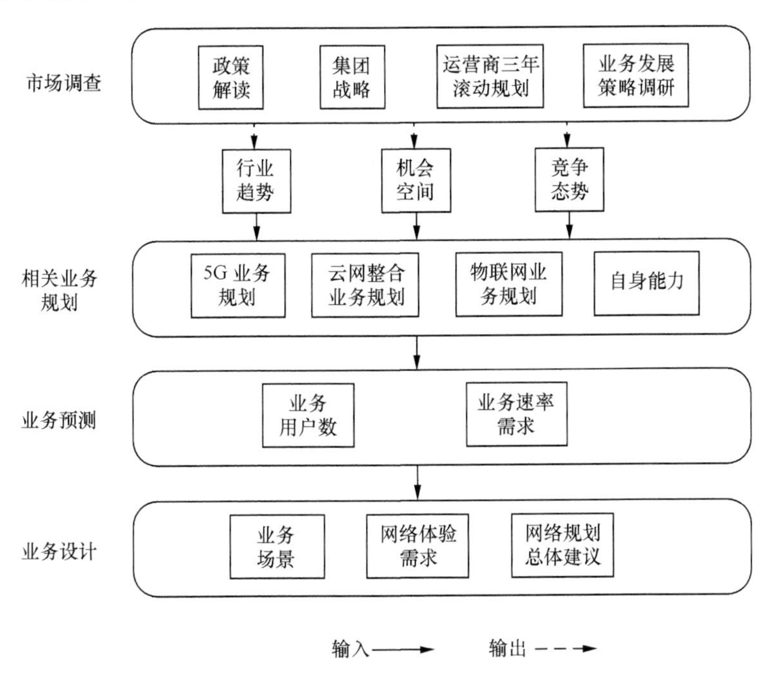

图 5-1 业务规划思路示意

（1）市场调查指对国家发展战略、当地政府政策等资料进行宏观政策解读，结合运营商业务发展策略、三年滚动规划等企业发展战略，分析行业趋势、机会空间和竞争环境。

国家不仅从宏观层面明确了未来 5G 发展的目标和方向，同时也确定将依托国家重大专项计划等方式，积极组织推动 5G 核心技术的突破。各地政府也密集出台了信息技术产业、智能制造、智慧城市、人工智能等与 5G 相关的战略新兴产业规划。可通过对以上宏观政策的分析，得出业务发展的重点方向。同时依托运营商自身及竞争对手的业务发展策略，分析竞争环境及业务发展空间，选准业务突破口。

（2）相关业务规划则是根据市场调查的成果，评估网络能力，聚焦业务突破口来推进的。主要的业务规划有 5G 业务规划、云网融合业务规划、物联网业务规划、自身网络能力业务规划。

我国 5G 初期的发展重点是增强移动宽带业务，但新应用对运营商营收的贡献还存在不确定性；此外，企业市场需要依赖于更广泛的网络部署和 5G 生态系统的更高成熟度，特别是基于 5G 的高可靠和低时延能力的创新型应用。

移动互联网和物联网业务将成为移动通信发展的主要驱动力，未来，5G 与云计算、大数据、人工智能等技术深度融合，成为各行各业数字化转型的关键基础设施。

（3）业务预测是网络建设规模和项目投资的基本依据，因此要以市场为导向，充分反映市场需求状况。在竞争性的市场上，企业业务发展目标的确定，首先需要确定不同业务的速率、时延、连接数的需求，其次要对不同业务的市场规模进行预测，然后根据市场竞争状况、企业自身实力和经营战略，确定企业的市场占有率水平及业务用户数。

（4）业务设计即根据 5G、IoT、MEC 等新兴业务分析，区分不同的业务场景，明确各类业务的网络需求；合理估算新业务市场空间和上市节奏，完成网络总体规划、商业模式规划等具体业务设计，指导网络转型驱动节奏。

我国主要运营商认为，eMBB 是 5G 首先商用的应用场景，2C 大众市场仍是主流。未来 5 年，eMBB 继续贡献运营商主要营收，以平衡 5G 初期部署的 CAPEX，2025 年后，2B 行业应用有望为运营商带来 3 倍于 MBB 的新营收机会，主要分为以下 3 个时期。

① 近期：以 2C 业务为主，重点部署在密集城区的品牌示范场景和高价值区。主要业务为 4K 高清视频、家居监控视频、新能源车—信息娱乐、VR 点播、VR 直播等。

② 中期：2B 业务逐步开发，针对 5G 业务承载区及试点工业园组网，加强密集城区覆盖；布局车联网，远程治疗等垂直行业。主要业务为 VR 游戏、远程自动驾驶、园区摆渡车、车队编排、智慧工厂-AGV、远程医疗诊断、急救车通信等。

③ 远期：以行业应用和行业解决方案为主，基础资源服务结合通用服务垂直整合，增强行业解决方案能力，行业范围不断扩大。主要业务为 VR 社交、4/5 级无人驾驶、工业 AR、无线 PLC、无线工业相机、远程治疗监控、远程手术等。

5.3.2 5G 业务的网络需求

移动互联网和物联网业务将成为移动通信发展的主要驱动力，5G 业务需求主要应用于视频业务、VR/AR、物联网以及工业控制方面。5G 将在八大类 KPI 指标上实现对 4G 的全面超越。其中，峰值数据传输速率将达到 20 Gbit/s，用户体验速率达到 100 Mbit/s，时间延迟低于 1 ms。

视频业务在 5G 网络建设初期成为主要应用，由于视频压缩方式（H.264/H.265）、音频编解码方式、帧率（24fps/30fps）、色深等的不同，即使是相同分辨率的视频文件，码率也会存在较大差异。不同的缓冲时延对于带宽需求也不同，这里取常用值 5 s，此时体验速率需达到画面码率的 1.3 倍。视频业务体验速率要求见表 5-15。

表 5-15　视频业务体验速率要求

业务类型	体验级别	分辨率	画面码率（Mbit/s）	画面码率×1.3（Mbit/s）	上行体验速率	下行体验速率（bit/s）
视频会话	1080P	1920×1080	3.80	4.94	5 Mbit/s	5 M
实时视频分享	1080P	1920×1080	3.80	4.94	5 Mbit/s	—
视频播放/VR	480P	848×480	0.75	0.97	—	1 M
	720P	1280×720	1.69	2.19	—	2 M
	1080P	1920×1080	3.80	4.94	—	5 M
	2K	2560×1440	8.44	10.97	—	10 M
	4K	3840×2160	18.98	24.68	—	50 M
	8K	7680×4320	37.97	49.36	—	75 M
	4K VR 2D	3840×2160	18.98	24.68	—	50 M
	8K VR 2D	7680×4320	37.97	49.36	—	75 M
	8K VR 3D	7680×4320	75.94	98.72	—	120 M
	12K VR 3D	11 520×6480	170.86	222.12	—	220 M
	24K VR 3D	23 040×12 960	683.44	888.47	—	1.5 G

未来 5G 业务的发展情况主要描述如下：

- 手机视频成为 5G 的基础业务，预计 2020 年 4K 视频内容占比超过 50%；
- VR 成为 5G 主要增值业务，云化趋势让 VR 一体机进入大众市场；
- 5G 能为 3 级以上智能车联网提供更可靠的智能决策与协同控制；
- 5G 能支持智能制造，支撑城市科技产业集群转型升级；
- 5G 使能无线医疗联网实现医疗信息化与智能化，打造一刻钟医疗服务圈。

5G 典型业务体验要求见表 5-16。

表 5-16　5G 典型业务体验要求

业务品类	体验级别	带宽（Mbit/s）	时延（ms）	备注
移动视频	4K	30～50（下行）	20～50（E2E 业务延迟）	点播场景 50 ms，事件直播 20 ms
VR	4K 2D	50（下行）	10～20（E2E 业务延迟）	应用场景：点播、直播、游戏、社交
	8K 2D	75（下行）		
	8K 3D	120（下行）		

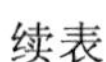
续表

业务品类	体验级别	带宽（Mbit/s）	时延（ms）	备注
VR	12K 3D	220（下行）		
	24K 3D	1.5G（下行）		
自动驾驶	1/2 级：辅助驾驶/部分自动化	0.05～4	20～100（网络 RTT）	应用场景：新能源车车载信息，园区机场无人摆渡车，物流车队编排，L3 及以上级别智能网联车（分时租赁与共享出行）
	3 级：有条件自动化	0.05～25	10～20（网络 RTT）	
	4/5 级：高级自动化/全自动化	30 Mbit/s～1 Gbit/s	1～10（网络 RTT）	
智能制造	低时延类	kbit/s 级	<5（网络 RTT）	无线 PLC
		kbit/s 级	10（网络 RTT）	AGV 控制
		Mbit/s 级	<10（网络 RTT）	工业 AR
	大带宽&低时延类	1～10 Gbit/s（上行）	1～10（网络 RTT）	无线工业相机
无线医疗	无线化：院内远程问诊与数据采集监控	200 kbit/s～15 Mbit/s	50（网络 RTT）	3 路 1080P 视频
	远程化：视频辅助医疗诊断与控制	150 kbit/s～12 Mbit/s	35（网络 RTT）	光学内窥镜
	智能化：AI 辅助医疗诊断治疗	150 kbit/s～3 Gbit/s	≤10（网络 RTT）	具备力反馈的内窥镜/超声波/手术

5.3.3　5G 业务的预测模型

业务预测首先需要确定预测的对象和期限，5G 业务预测的对象为 5G 用户数和 5G 业务量；预测的期限一般为 3～5 年。其次根据预测期限，尽可能收集移动用户数、移动业务量等历史基础数据。基础数据包括预测对象历史发展数据、可能影响预测对象发展的因变量数据、所研究运营商的市场占有率数据。最后对收集到的数据进行整理分析，找出其发展规律，并依据此规律选择合适的业务预测方法，对未来发展情况进行预测。

5G 业务预测的主要目的是预测密集市区、一般市区、郊区的网络边缘速率需求。根据运营商移动用户发展情况预测未来几年的移动用户数，并对 5G 渗透率进行预测，从而得出 5G 用户数。在 5G 建网初期，5G 用户根据典型业务分为 4K、VR 和 eMBB 用户，并预测各业务占比，考虑并发用户，分别计算不同场景区域下的以上各业务的网络边缘速率，最终得出网络边缘速率需求，具体流程如图 5-2 所示。

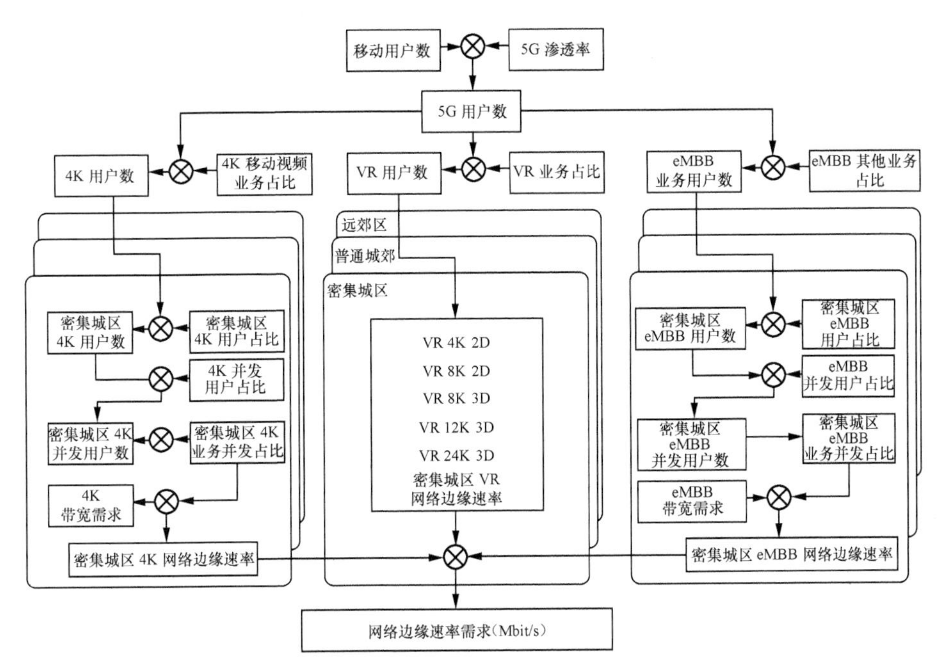

图 5-2　5G 业务量预测模型流程

其中，根据 VR 业务的发展及 5G 网络部署节奏，确定 5G 网络建设期内不同类型的 VR 业务在不同场景下的网络边缘速率需求，具体流程如图 5-3 所示。

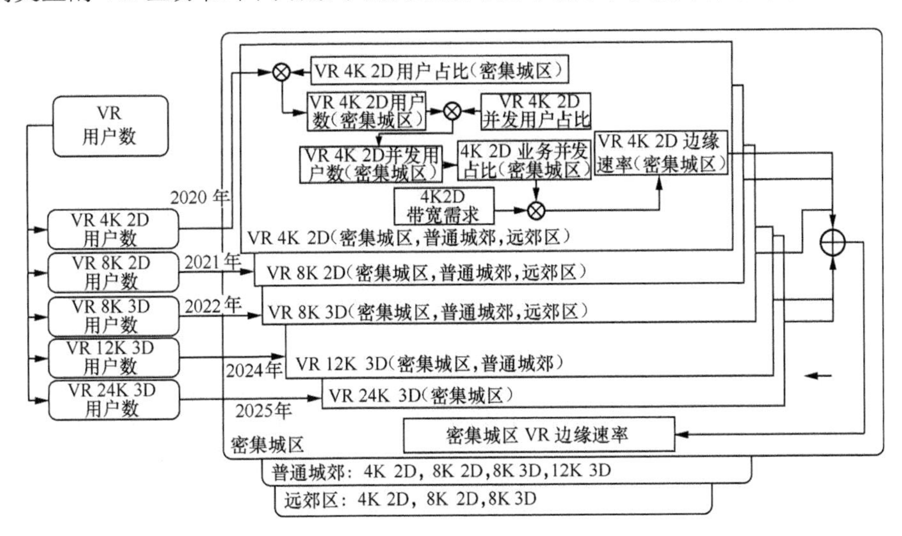

图 5-3　VR 业务量预测模型流程

以上业务预测流程中的相关参数需要通过调研分析及相关市场发展预测得出结论。5G 业务量预测的主要影响因素见表 5-17。

表 5-17　5G 业务量预测的主要影响因素

主要影响因素	敏感度	数据来源	主要观点
5G 业务占比	中等	咨询，客户访谈	视频类业务（含 VR）是 eMBB 的主要需求
业务内并发用户	高	手机互联网 App 等	随着 VR 终端成熟，云渲染 VR 商用以及内容的不断丰富，未来 VR 游戏对网络需求更高
5G 用户渗透率	低	GSMA	一线城市以韩国 5G 渗透率作参考，其他城市以 4G 等以往数据比对一线城市

以某一线城市为例，5G 业务预测相关参数如表 5-18 所示。

表 5-18　5G 业务预测相关参数

业务预测相关参数	2020 年	2021 年	2022 年	2023 年	2024 年	2025 年
某一线城市移动用户数（万）	803	915	935	953.7	972.4	991.8
5G 用户渗透率	4.6%	15.6%	28.9%	40.5%	49.1%	50.6%
4K 业务占比	15%	30%	40%	40%	45%	45%
VR 业务占比	5%	10%	20%	25%	28%	28%
eMBB 其他业务占比	80%	60%	40%	35%	27%	27%

以某一线城市为例，5G 业务内并发用户占比如表 5-19 所示。

表 5-19　5G 业务内并发用户占比

5G 业务类型	5G 业务内并发用户占比
4K 视频	1%
VR 直播	2%
VR 点播	1%
VR 游戏	1%
VR 社交	30%
eMBB 其他业务	1%

以某一线城市为例，5G 网络边缘速率需求预测结果如表 5-20 所示。

表 5-20　5G 网络边缘速率需求预测结果

边缘速率需求（Mbit/s）	2020 年	2021 年	2022 年	2023 年	2024 年	2025 年
密集城区	32.8	34.2	38.0	51.7	72.7	144.2
普通城郊	0	1.7	3.5	6.7	10.3	15.6
远郊区	0	0	0.4	0.6	0.9	1.2

5.4　无线传播模型

5G 移动通信系统面临着超高数据速率，更低的端到端时延，超大的流量密度以及更可靠的网络性能和覆盖能力等需求。3GPP 协议规定，5G NR 所使用的频率资源分成两个频段：FR1 和 FR2，一个是 Sub 6 GHz 频段，另一个是毫米波频段，即 6 GHz 以上的高频段。本节则主要论述 5G NR 的传播模型。

5.4.1　无线传播模型

无线传播模型是为了更准确地研究无线传播而设计出来的一种模型。在无线信道中有超短波、短波电离层反射传播、长波地表面波传播和微波直射以及各种散射传播。

传播模型是移动通信网小区规划的基础，对于移动通信网络规划是非常重要的。传播模型的价值就是保证了规划的精度，同时节省了人力、费用和时间。利用高精度的预测方法进行计算，通过比较和评估多种站址规划方案的性能，就能较容易地选出最佳基站站址部署方案。因此，可以说传播模型的准确度关系到小区规划是否合理，运营商是否能以比较经济合理的投资满足了用户的需求。由于不同区域地形地物的差别很大，无线传播环境也千差万别，相应的传播模型也会存在较大差异。随着移动通信网络的飞速发展，各运营商越来越重视传播模型与不同区域环境相匹配的问题。

1．**自由空间传播模型**

自由空间指一种充满均匀、各向同性的理想介质的无限大的空间。自由空间传播则是指电磁波在该种环境中的传播，这是一种理想的传播条件。当电磁波在自由空间中进行传播时，其能量没有介质损耗，也不会发生反射、绕射或散射等现象，只有能量进行球面扩散时才引起损耗。

在实际情况中，只要地面上空的大气层是各向同性的均匀介质，其相对介电常数ε_r和相对磁导率μ_r都等于 1，发射点与接收点之间没有障碍物的阻挡，并且到达接收天线的地面反射信号的强度可以忽略，在这种情况下，电磁波可视为在自由空间传播。

根据电磁场与电磁波理论，在自由空间中，若发射点采用全向天线，且发射天线及接收天线增益分别为 G_T 及 G_R，则距离发射点 d 处的接收点的单位面

积电波功率密度 S 如式（5-1）所示：

$$S = E_0 \times H_0 = \frac{\sqrt{30P_{\mathrm{T}}G_{\mathrm{T}}G_{\mathrm{R}}}}{d} \times \frac{\sqrt{30P_{\mathrm{T}}G_{\mathrm{T}}G_{\mathrm{R}}}}{120\pi d} = \frac{P_{\mathrm{T}}G_{\mathrm{T}}G_{\mathrm{R}}}{4\pi d^2} \tag{5-1}$$

式（5-1）中，S 为接收点电波功率密度，单位为 W/M^2；E_0 为接收点的电场强度，单位为 V/m；H_0 为接收点的磁场强度，单位为 A/m；P_{T} 为发射点的发射功率，单位为 W；d 为接收点到发射点之间的距离，单位为 m。

根据天线理论，接收点的电波功率如式（5-2）所示：

$$P_{\mathrm{R}} = SA_{\mathrm{R}} = \frac{P_{\mathrm{T}}G_{\mathrm{T}}G_{\mathrm{R}}}{4\pi d^2} \times \frac{\lambda^2}{4\pi} = P_{\mathrm{T}}G_{\mathrm{T}}G_{\mathrm{R}}\left(\frac{\lambda}{4\pi d}\right)^2 = P_{\mathrm{T}}G_{\mathrm{T}}G_{\mathrm{R}}\left(\frac{c}{4\pi fd}\right)^2 \tag{5-2}$$

式（5-2）中，P_{R} 为接收点的电波功率，单位为 W；A_{R} 为接收天线的有效面积，单位为 m^2；G_{R} 为接收天线增益；λ 为电磁波波长，单位为 m；其他变量的意义同式（5-1）。

由式（5-2）不难看出，接收点的电波功率与电波工作频率 f 的平方成反比，与收发天线间距离 d 的平方成反比，与发送点的电波功率 P_{T} 成正比。

自由空间的传播损耗 L 定义为有效发射功率和接收功率的比值，可表示为式（5-3）：

$$L = 10\lg\frac{P_{\mathrm{T}}}{P_{\mathrm{R}}} \tag{5-3}$$

式（5-3）中，L 的单位为 dB。

当 G_{T}、G_{R} 均为 1 时，将式（5-2）代入式（5-3）可得式（5-4）：

$$L = 10\lg\frac{P_{\mathrm{T}}}{P_{\mathrm{R}}} = 10\lg\left(\frac{4\pi d}{\lambda}\right)^2 = 20\lg\frac{4\pi d}{\lambda} = 20\lg\frac{4\pi fd}{c} \tag{5-4}$$

或者转化为对数形式，如式（5-5）所示：

$$L = 32.45 + 20\lg d + 20\lg f \tag{5-5}$$

式（5-4）中，d 的单位为 m，f 的单位为 Hz；式（5-5）中，d 的单位为 m，f 的单位为 GHz。

由式（5-4）和式（5-5）可知，自由空间的传播损耗仅与传播距离 d 和工作频率 f 有关，并且与 d^2 及 f^2 均成正比；并且当 d 或 f 增加一倍时，L 增加 6 dB。

若 G_{T}、G_{R} 不为 1，即发送和接收天线的增益不为 1，则在进行链路预算时考虑天线增益即可。

若 5G 系统的工作频率为 2.6 GHz，即处于 5G NR n38/41 频段，则自由空间传播模型路径损耗公式为：

$$L=40.75+20\lg d \quad (5-6)$$

式（5-6）中，d 为信号传播距离，单位为 m。

若 5G 系统的工作频率为 3.5 GHz，即处于 5G NR n77/78 频段，则自由空间传播模型路径损耗公式为：

$$L=43.33+20\lg d \quad (5-7)$$

式（5-7）中，d 为信号传播距离，单位为 m，则 2.6 GHz、3.5 GHz 频段在自由空间传播模型路径损耗如图 5-4 所示。

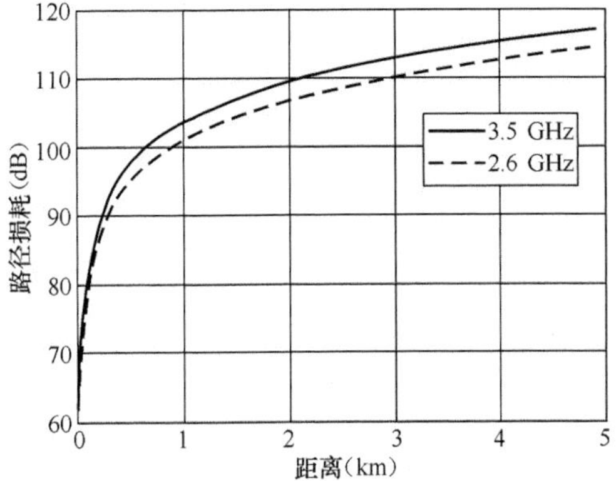

图 5-4　自由空间传播模型路径损耗

2. 移动环境下的传播特性

（1）电磁波传播机理

无线信道中电磁波的传播机理是多种多样的，但总体上可以归结为 4 类：直射、反射、绕射和散射。

① 直射

直射波是指在视距范围内无遮挡的传播，也即上面所讲述的自由空间电波传播。由于直射波是无遮挡的传播，因此该方式传播的信号强度最强。

② 反射

电磁波在传播过程中如果遇到比波长大得多的障碍物时，就会发生反射，如图 5-5 所示。地球表面和建筑物表面都可以反射电磁波。

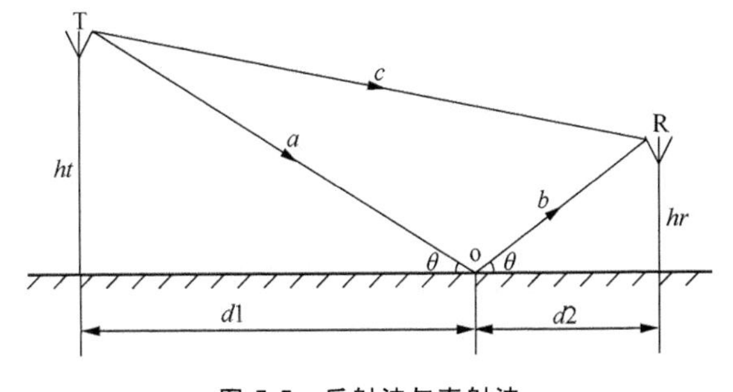

图 5-5　反射波与直射波

通常，在考虑地面对电磁波的反射时，按平面波进行处理，即电磁波在反射点的反射角等于入射角。

由此可得，一条反射波与直射波叠加后的接收信号为：

$$r_{2\text{ray}}(t)=\text{Re}\left\{\frac{\lambda}{4\pi}\sqrt{G_\text{T}}\left[\frac{\sqrt{G_\text{R}}u(t)\text{e}^{-\text{j}2\pi c/\lambda}}{c}+\frac{R\sqrt{G_\text{R}}u(t-\tau)\text{e}^{-\text{j}2\pi(a+b)/\lambda}}{a+b}\right]\text{e}^{\text{j}2\pi f_c t}\right\} \quad (5-8)$$

式（5-8）中，τ 是反射波相对于入射波的传播时延，为 $(a+b-c)/v$；v 是电磁波在空气中的传播速度，为 3×10^8m/s；$u(t)$为发射信号，由于 5G 子载波间隔Δf为 15 kHz，即其不同子载波频谱峰值之间的间隔为 15 kHz，对其子载波频谱做傅里叶逆变换，可得信号持续时间 $T_u=1/\Delta f$，约为 66.7 μs。如 5G 子载波间隔Δf为 30 kHz，即其不同子载波频谱峰值之间的间隔为 30 kHz，对其子载波频谱做傅里叶逆变换，可得信号持续时间 $T_u=1/\Delta f$，约为 33.33 μs。而在一般的城市、郊区环境下传播时延为纳秒级，远远小于信号的持续时间，则 $u(t)\approx u(t-\tau)$；R 是反射系数，如式（5-9）所示：

$$R=\frac{\sin\theta-Z}{\sin\theta+Z} \quad (5-9)$$

式（5-9）中，$Z=\begin{cases}\sqrt{\varepsilon_\text{r}-\cos^2\theta}/\varepsilon_\text{r} & \text{垂直极化波}\\ \sqrt{\varepsilon_\text{r}-\cos^2\theta} & \text{水平极化波}\end{cases}$

则接收功率可表示为：

$$P_\text{R}=P_\text{T}G_\text{T}G_\text{R}\left(\frac{\lambda}{4\pi}\right)^2\left|\frac{1}{c}+\frac{R\cdot\text{e}^{-\text{j}\Delta\varphi}}{a+b}\right|^2 \quad (5-10)$$

式（5-10）中，$\Delta\varphi=\dfrac{2\pi}{\lambda}\Delta d=\dfrac{2\pi}{\lambda}(a+b-c)$。

由式（5-10）可得，接收信号功率随反射系数以及路径差的变化而变化，有时会同相相加，增大接收信号的功率；有时会反向抵消，减小接收信号的功率，这就造成了合成波的衰落现象。因此，在移动通信中选择基站站址时应力求减弱地面的反射效应。

③ 绕射

电磁波入射到大型物体边沿时会发生绕射，此时边沿可以看作是二次波源，通过绕射机理，电磁波可以传播到直射波不能到达的地方。绕射原理可由惠更斯—菲涅尔原理来解释，如图 5-6 所示。

图 5-6 表示发射机辐射出去的能量是以扩展波前面的形式从源向外发出的。惠更斯认为波前面上每一点都可看作一个次级波源，它们产生球面子波，后一时刻的波前面就是前一个波面上无数个二次辐射波波面的包络面。惠更斯认为从同一波面上各点发出的子波，在传播到空间某一点时，各个子波之间也可以互相迭加而产生干涉现象。所以当电磁波传播方向上受到大型物体阻挡时，

电磁波仍可在物体边沿形成的次级波通过绕射进入阴影区，阴影区绕射波场强为围绕阻挡物所有次级波的矢量和。

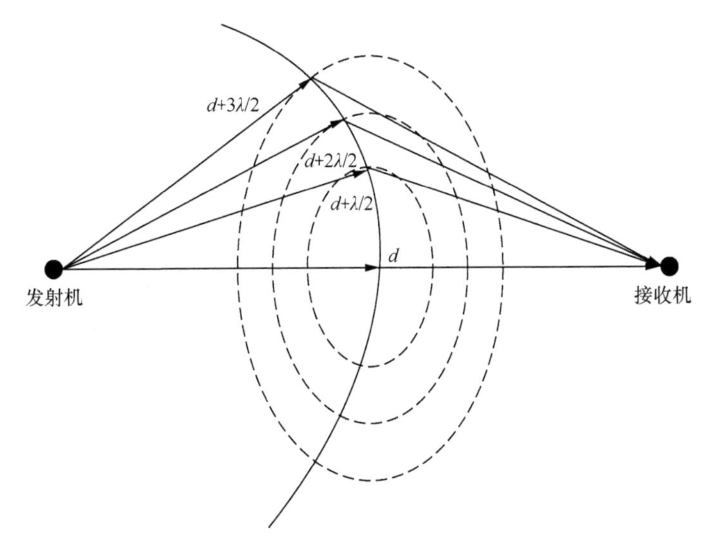

图5-6 惠更斯—菲涅尔原理

- 若两条绕射波的路径相差 $\lambda/2$ 的奇数倍，则这两条信号到达接收机后会产生 180° 的相位差而相互抵消；
- 若两条绕射波的路径相差 $\lambda/2$ 的偶数倍，则这两条信号到达接收机后会同相叠加。

但是随着绕射距离的增加，电磁波的辐射能量也会减小，其在接收机处的叠加很难给出精确的结果。为了估算方便，人们常常利用一些典型的绕射模型，如韧形绕射模型和多重韧形绕射模型。

绕射会造成电磁波信号强度的衰减，而且要比反射造成的衰减大得多。在密集的市区环境中，绕射是普遍存在的现象。

④ 散射

在实际的移动通信中，传播介质包含大量几何尺寸远小于无线电波波长或者表面粗糙的颗粒，这些颗粒将会使信号能量产生反射并散布于各个方向，即发生散射。但散射波相对于直射波、反射波、绕射波比较弱，因此散射现象对无线信道的影响不太大。

（2）无线信道特性

人们在研究无线信道时，常常将无线信道分为大尺度模型和小尺度模型。大尺度模型主要描述发射机与接收机之间长距离上的信号强度变化情况，小尺度模型主要描述短距离或短时间内信号强度的快速变化。然而这两种衰落并非相互独立，在信号的传播过程中同时会经历大尺度衰落和小尺度衰落，对信号的传播造成损耗。

① 大尺度衰落

大尺度衰落是指在长距离内，接收信号的强度作比较平缓、缓慢变化，衰落往往发生在电磁波经过长距离传播或遇到大型物体后所产生的平均衰落情况。

大尺度衰落产生的主要原因是无线电波在空间的传播损耗，以及服从对数正态分布的阴影效应。

在理想自由空间传播环境下，电磁波的衰落仅与传播的距离和频率有关。一般来说，大尺度衰落与发射天线和接收天线之间的距离和电磁波的工作频率有关，即随着传播距离和频率的增加，平均接收场强逐渐减弱，且在不同的地区有不同的衰减因子。

但在实际的传播模型中，电磁波的能量会受到包括大气层、地球曲率、自然障碍物（如树木、湖泊水面等）或人为障碍物（如建筑物、街道走向等）的影响。这些障碍物导致电磁波除了在自由空间上遇到的仅与距离和频率有关的损耗外，还有大型障碍物导致的阴影衰落损耗。

② 小尺度衰落

电磁波在空间传播中除了要经历大尺度衰落外，还经历小尺度衰落，其表现为在短距离或短时间内接收信号强度快速的波动。

由于无线传播环境中存在反射、绕射和散射等传播机制，这样对于同一个发射信号，在接收端会收到沿多个传播路径、以微小的时间差先后到达接收机的信号。由于电磁波通过的各路径距离不同，来自各路径的反射波到达时间、相位也就不相同，多个信号在接收端可能因同相叠加而加强，也可能因反相叠加而减弱，这就造成最终由接收机天线合并出来的信号是一个幅度和相位都急剧变化的信号，这种现象称为多径效应，即频率选择性衰落。另一个导致小尺度衰落的原因是多普勒频移，它是由于移动台与基站之间的相对运动引起频率偏移，导致时间选择性衰落，从而造成信道失真，影响信号的接收。

5.4.2 高频信道传播模型

随着移动通信系统的发展，创新服务需要满足不断增长的数据流量需求、智能设备处理能力和创新应用的推动。为了满足这些服务需求，通信行业融合了 5G 系统性能的需求，其中包括高达 10 Gbit/s 的网络速度，大于 100 Mbit/s 的小区边缘速率和小于 1 ms 的延迟。为了能够满足以上性能需求，业界研究高达 100 GHz 范围内的新频段以满足 5G NR 的频谱需求。为了开发新的 5G

系统在高达 100 GHz 的频带内工作，需要这些频带的准确无线传播模型，这些模型不同于现有无线信道模型。

5G 移动通信系统的频率使用范围为 500 MHz ~ 100 GHz。为了在高频段部署 5G 系统，需要拟合出高频段的无线传播模型。3GPP 开发了城区微站街道（Urban Micro Cell，UMi）场景、城区宏站（Urban Macro Cell，UMa）场景、农村宏站（Rural Macro Cell，RMa）场景、室内热点—办公室（Indoor Hotspot-Office，InH-Office）场景信道模型。3GPP 三维信道模型为高程维度提供了额外的灵活性，从而允许对二维天线系统进行建模。该信道模型将在高达 100 GHz 频带下进行验证，并且可以在一组集合中对这些频带的系统性能进行评估。

高频信道特性以 2 ~ 100 GHz 为研究范围，涵盖授权频谱和非授权频谱、对称频谱和非对称频谱、连续频谱和离散频谱等。面向 5G 系统的候选频点，结合业界相关研究成果，研究高频候选频段的信道传播特性及信道模型，分析和评估高频段的适用场景。

1. 高频通信特性及研究现状

高频通信是在蜂窝接入网络中使用 2 GHz 以上的高频段进行通信的技术。目前业界统一研究 2 ~ 100 GHz 的频段，该频段拥有高达 45 GHz 的丰富空闲频谱资源，可有效满足未来的频谱需求，同时可以满足未来 5G 系统对更高容量和速率的需求，用于传输达 10 Gbit/s 甚至更高的用户数据速率业务。

高频段信号传播特性及信道建模问题需要精确的测量和研究，这将影响系统性能和技术方案的设计。针对传播特性研究和信道模型缺乏问题，ITU-R、3GPP、IMT-2020、NGMN 等标准化组织开展高频段典型频谱传播特性的研究，对各种典型场景以及天线配置下的传播特性，搭建信道测量平台开展大量的信道测试，并基于测试结果开展信道建模，解决高频段移动通信研究信道基础模型的问题。2016 年到 2017 年的 3GPP/ITU 信道模型标准化中，我国成功主导了 3GPP 信道模型的多个关键技术，包括 Multi-zone 模型、O2I 模型、空间一致性模型、基于统计模型和数字地图的混合建模方法及模型等，并成功地被 3GPP/ITU 标准所采纳。

高频段移动通信系统具有频段高、带宽大的特点，但是需要面对以下核心挑战：① 高频段频谱的使用使得信号传播过程中的路径损耗和阴影衰落要远大于低频段频谱，必须解决好无线信号覆盖和高速业务数据的传输问题。② 大带宽可实现超高速数据传输，如何解决大数据高速可靠传输的问题。通过在收发端采用多天线技术，实现大规模多天线自适应波束赋形技术、单用户 MIMO 技术可以有效解决高频段系统的传输信号质量问题以及高速传输数据问题，通过多用户 MIMO 提升系统容量，通过波束赋形及多点协作通信解决覆盖问题，采用先进多天线信号检测、新波形调制研究，提升传输效率和覆盖范围。

如何设计好高频段移动通信系统网络架构和组网，将是高频段系统能够实用的重点和难点问题。为了保证高频通信系统中用户带宽体验的一致性，需要通过高低频段融合组网技术，在低频段为用户提供基本业务连接，通过高频段为用户提供超高速宽带接入连接。为了解决移动、拐角等类似的效应，需要设计合理的高频段小区快速发现机制，并通过低频段蜂窝辅助控制高频段链路快速删除、建立，实现无缝的宽带业务体验，解决业务质量的一致性问题。

高频段用于无线通信，早在 IEEE802.11ad 的标准化就开始了大力的研究和发展，2013 年前后开始考虑用于移动接入的研究。目前，业界在高频通信上已经展开了广泛研究。

三星在 2013—2014 年间发布高频原型机，在 28 GHz 的频点上使用 500 MHz 带宽，平均速率达到 1.056 Gbit/s 的数据速率，2014 年进一步把峰值速率提升到 7.5 Gbit/s。

诺基亚在 2014 年发布了基于 E-band 的高频原型机，在 73 GHz 的频点上使用了 1 GHz/2 GHz 的带宽，峰值速率达到 2 Gbit/s。2015 年 11 月发布了基于 15 GHz 的高频原型机，峰值速率达到 20 Gbit/s。

爱立信在 2014 年发布了基于 15 GHz 的高频原型机，在带宽 500 MHz 下峰值速率达到 5 Gbit/s。

华为在 2014 年的巴塞罗那通信展上发布了基于 E-band 的高频原型机，带宽 10 GHz 的条件下把峰值速率推到 115 Gbit/s，是目前首个超过 100 Gbit/s 的高频样机。

2017 年 9 月，中国 IMT2020 推进组完成了第二阶段的 5G 外场系统测试，华为、中兴、爱立信等公司成功展示了高频通信的外场。

2018 年 9 月，中国 IMT2020 推进组完成了第三阶段的非独立组网（NSA）测试，华为、中兴、爱立信、上海诺基亚贝尔、三星、中国信科集团 6 家厂家参与了试验。同时独立组网（SA）测试也已全面启动。

2. 高频信道建模

由于高频传播特性存在不确定性，3GPP 在 2016 年 6 月的第 72 次全会上启动 5G 高频信道模型（0.5～100 GHz）的研究工作。在 3GPP 组织的 6～100 GHz 高频信道建模研究中，来自各国家和地区的组织、运营商及制造商共同探讨研究高频信道传播特性，其中，华为公司代表中国地区牵头室内热点场景信道参数化建模，提出 Multi-Zone、O2I 模型、空间一致性、LOS 概率等高频重要传播新特性，取得了坚实成果。随后ITU-R WP5D在第27次会议上也启动了关于5G信道模型的研究工作，为后续5G的评估工作做准备。在标准研究之前，各个地区的学术和工业组织相继启动了高频传播模型的研究工作，包括中国的IMT2020推进组、METIS、MiWEBA、COST2100、IEEE802.11/15.3c、QuaDRiGa、mmMAGIC、5GCMSIG等。

高频信道建模主要包含两种方式：一种是基于大量测试数据的统计信道模型（Statistic Model），统计模型主要是利用实际测量中得到的信道统计参数，如时延功率分布、角度功率分布等统计特性对信道模型进行描述，并通过随机参数的生成来建立或者模拟实际中的信道情况。这种方法在ITU对4G的评估以及3GPP的评估中广泛使用。

另一种是基于地图环境通过射线追踪并叠加部分统计特性的混合模型（Map-Based Hybrid Model）。射线追踪的模型主要是通过对传播环境的确定性建模，并考虑电磁波传播的几何特性以及电磁特性进行仿真建模。同时，为了凸显高频段与低频传播特性的区别，5G高频信道模型中还引入了更多与高频相关的新特性，包括阻挡模型、空间一致性模型和角度模型等。

目前，高频段开展联合测量和信道分析的5G候选频段主要包括6 GHz、15 GHz、28 GHz、45 GHz、60 GHz和72 GHz等。由于高频面临着更大的传播损耗的问题，所以实际测量优先从室内和短距离覆盖场景展开，实际测量的场景主要包括室内走廊、小型会议室、开放式办公室、商场等。未来5G将是大带宽高速率的移动网络，室外移动场景的部署也是非常重要的，室外场景主要延续4G时代的室外微小区（Micro Cell）覆盖场景。

下面分别介绍一下与几个重要的高频相关的新特性模型。

（1）Multi-Zone

根据高频电磁波传播的稀疏性，高频电磁波传播区域可简单划分为4个不同传播区域，具体如图5-7所示。

Zone 1：近端自由损耗区

此区域电磁波主要以自由空间传播为主，传播路径为直射径。

Zone 2：LOS+散射体

此区域电磁波主要以LOS传播为主，伴随着少量的散射体为电磁波提供反射、衍射等传播路径，常见的有地面反射径、墙面反射径等。在某些场景此区域可观测到“波导效应”。

Zone 3：NLOS区

此区域电磁波传播主要由反射和少量直射径组成。由于收发距离的拉远，遮挡概率增加，导致电磁波通过反射、衍射，以及少量直射到达接收机。

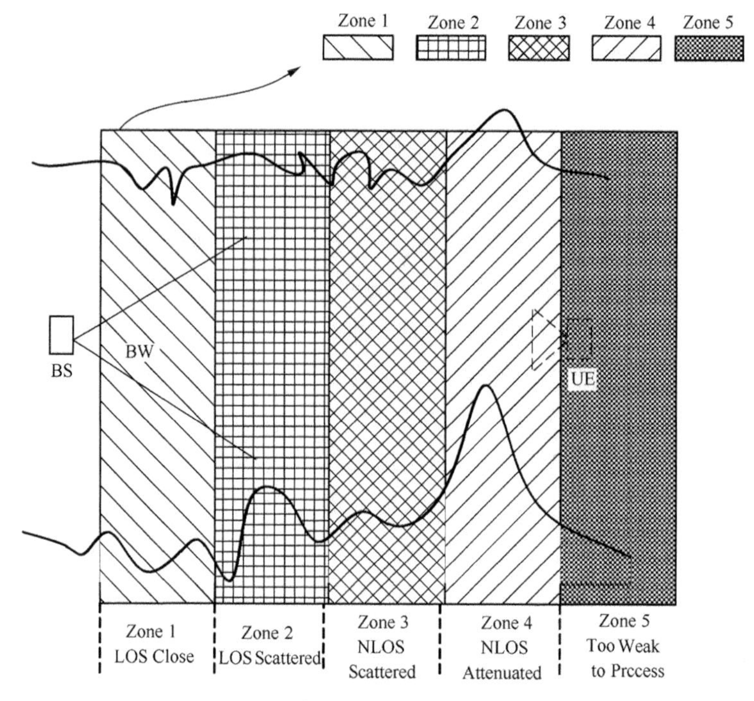

图 5-7　高频 Multi-Zone 传播特性

Zone 4：Distant NLOS

此区域主要由少量的反射径组成。由于进一步的收发距离拉远，一些盲点区域已经存在，只有少量的多次反射径能到达接收机。此区域的接收信号能量非常微弱，通信质量相对较差。

Zone 5：无覆盖区

此区域为无覆盖区。在此区域中，电磁波由于远距离传播，多次反射等原因能力衰减剧烈，导致接收机无法正常解调信号。

（2）O2I 模型

① O2I 建筑物穿透损耗

由于毫米波波长短，路损大，对玻璃、水泥墙等材质敏感，穿透能力是否能满足室外到室内的覆盖，是高频信道传播研究的一个重要子课题。如图 5-8 所示，O2I 传播损耗由室外传播损耗、建筑物穿透损耗、室内传播损耗 3 部分组成。

O2I 损耗可由式（5-11）计算得到：

$$PL = PL_{\mathrm{b}} + PL_{\mathrm{tw}} + PL_{\mathrm{in}} + N(0, \sigma_{\mathrm{P}}^2) \qquad (5\text{-}11)$$

式（5-11）中，PL_{b} 是建筑物外基本路径损耗；PL_{tw} 是建筑物穿透损耗；PL_{in} 是建筑物内路径损耗；σ_{P} 是穿透损耗的标准偏差。

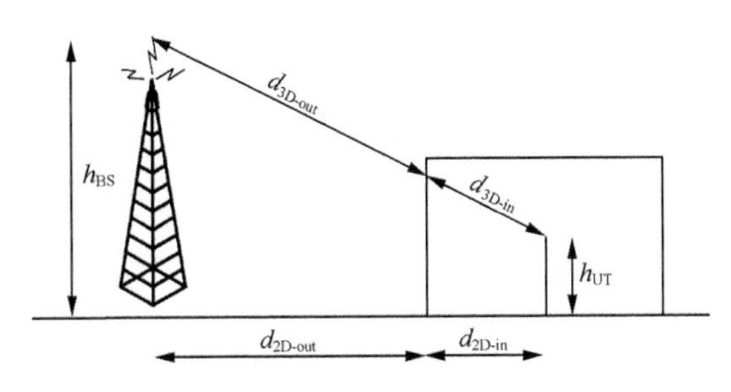

图 5-8 O2I 传播模型示意

根据实际应用场景的不同划分，建筑物穿透损耗分为高损耗模型（High-Loss Model）和低损耗模型（Low-Loss Model）。高损耗模型主要应用于旧式建筑，此类建筑主要由 70%水泥外墙和 30%的普通玻璃窗组成。低损耗模型主要应用于城区新式建筑，此类建筑主要由 70%IRR 玻璃和 30%水泥墙组成。3GPP 报告 TR38.901 给出了以上两种不同损耗的 PL_{tw}、PL_{in} 模型计算方法，具体见表 5-21。

表 5-21 两种不同损耗的 PL_{tw}、PL_{in} 模型计算方法

	穿墙的路径损耗 PL_{tw}（dB）	室内路径损耗 PL_{in}（dB）	标准方差 σ_P（dB）
低损耗模型	$5-10\lg\left(0.3\cdot10^{\frac{-L_{glass}}{10}}+0.7\cdot10^{\frac{-L_{concrete}}{10}}\right)$	$0.5^{d_{2D\text{-}in}}$	4.4
高损耗模型	$5-10\lg\left(0.7\cdot10^{\frac{-L_{IIRglass}}{10}}+0.3\cdot10^{\frac{-L_{concrete}}{10}}\right)$	$0.5^{d_{2D\text{-}in}}$	6.5

建筑物穿透损耗 PL_{tw} 可由式（5-12）计算得到：

$$PL_{tw}=PL_{npi}-10\lg\sum_{i=1}^{N}\left(p_i\times10^{\frac{L_{material\_i}}{-10}}\right) \tag{5-12}$$

式（5-12）中，PL_{npi} 是非垂直入射的情况下，建筑物额外穿透损耗。$L_{material\_i}=a_{material\_i}+b_{material\_i}\cdot f$ 是材料 i 的渗透损失，其示例值可以见表 5-22 不同材质下穿透损耗计算；p_i 是第 i 种材料的比例；$\sum_{i=1}^{N}p_i=1$，N 是材料的数量。

表 5-22 不同材质下穿透损耗计算

材料	穿透损耗（dB）
标准多窗格玻璃	$L_{glass}=2+0.2f$
镀膜玻璃	$L_{LRRglass}=23+0.3f$

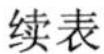

续表

材料	穿透损耗（dB）
混凝土	$L_{concrete}=5+4f$
木头	$L_{wood}=4.85+0.12f$

其中：

- f的单位是 GHz；
- d_{2D-in}与终端位置有关，对于 UMa 和 UMi 场景，d_{2D-in}范围为 0～25 m；对于 RMa 场景，d_{2D-in}范围为 0～10 m；
- 高损耗和低损耗适用于 UMa 和 UMi 场景；低损耗仅适用于 RMa 场景；
- 复合材料穿透损耗是通过两种不同材料的透射率的加权平均值获得的，其权值由建筑物外立面上每种材料的相对表面积确定。这里给出了该模型的两种形式，分别为低损耗和高损耗模型。针对非垂直入射，外壁损耗需增加 5 dB 的额外损耗；室内损耗为 0.5 dB/m。

② O2I 车辆穿透损耗

O2I 损耗可由式（5-13）计算得到：

$$PL = PL_b + N\left(\mu,\sigma_P^2\right) \tag{5-13}$$

其中：

- PL_b是车辆外路径损耗；
- μ = 9 和 σ_P = 5；
- 假如为金属车窗，μ = 20；
- 该计算模型适用于 0.6～60 GHz。

（3）空间一致性模型

空间一致性主要体现在信号的传播过程中，因位置的连续变化带来空间信道的连续变化。这种空间的连续变化在技术评估中主要体现在以下 4 个方面。

① 信道的非相关性：在大规模天线阵列（Massive MIMO）应用时，会导致不同天线阵元测量所得的信道存在差异性，具体包括信道相关性较低和多径参数各异。

② 多径随着空间的变化：高频传输中，需要通过波束赋形和波束跟踪来保证通信的有效传输。现有的模型并没有考虑用户位置变化带来的快衰落的变化。而随着用户位置的改变，会出现多径的角度的变化，多径的生灭等现象，更有可能会带来信道从视距传输到非视距传输的情况。

③ 相邻位置的信道强相关性：位置连续变化带来的是临近位置的信道的

强相关性。虽然现有的模型中对于相关性上通过自相关距离有一定的体现，但是在小尺度多径的建模上却是随机生成的。这种随机的多径会增强用户间的非相关性，而在多用户 MIMO 传输的评估中，这种非相关性会优化空间复用性能。由于高频的信道模型将在室内部署和超密集网络中引入，空间的强相关性需要在新的模型中考虑，以保证新模型的准确性以及对技术评估的客观性。

④ 多站点多用户下的信道相关性：在多服务站点场景下，多个用户所经历信道特征的连续性演进以及不同用户/链路之间信道相关性，如 CoMP、UDN、Distributed-MIMO 系统下的中继或者站点之间的互联链路的相关性。

空间一致性在确定性的建模方法中和基于射线追踪的模型中性能比较好，但是对于基于统计参数的模型来讲将是一大挑战。空间一致性模型示意如图 5-9 所示。

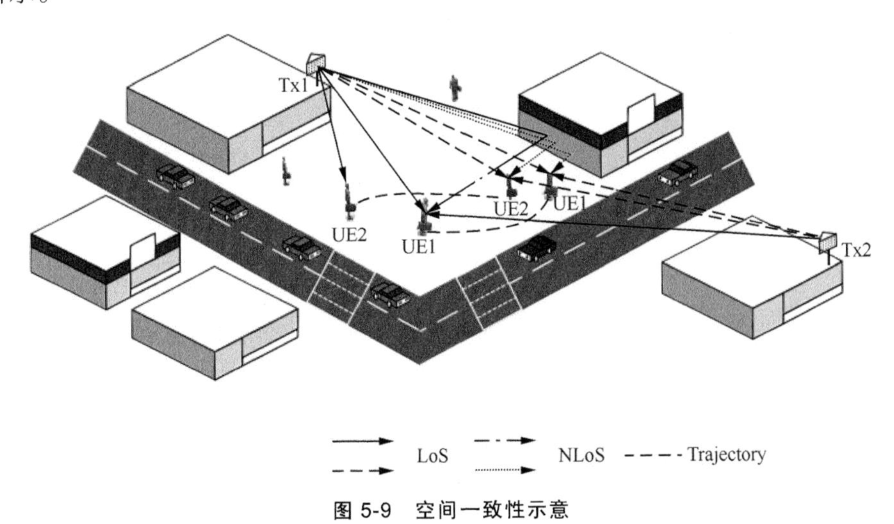

图 5-9 空间一致性示意

空间一致性的建模主要是体现在：用户位置带来的角度变化、多径的生灭、多径间的相关性。

用户位置带来的角度变化在现有的模型中主要体现在公式中信号在收发天线的映射上。如式（5-14），F_{rx} 以及 F_{tx} 均表示不同多径在以不同的角度到达接收端和从发射端传出时的天线响应。在对现有统计模型不做大的修改的前提下，空间特性的变换将在这一参数的建模上体现。

$$H_{u,s,n}(t)=\sqrt{P_n}\sum_{m=1}^{M}\begin{bmatrix}F_{rx,u,V}(\varphi_{n,m})\\F_{rx,u,H}(\varphi_{n,m})\end{bmatrix}^{\mathrm{T}}\begin{bmatrix}\exp(j\varphi_{n,m}^{vv}) & \sqrt{K^{-1}}\exp(j\varphi_{n,m}^{vh})\\\sqrt{K^{-1}}\exp(j\varphi_{n,m}^{hv}) & \exp(j\varphi_{n,m}^{hh})\end{bmatrix}\begin{bmatrix}F_{tx,s,V}(\varphi_{n,m})\\F_{tx,s,H}(\varphi_{n,m})\end{bmatrix}$$

$$\exp(jd_s 2\pi\lambda_0^{-1}\sin(\varphi_{n,m}))\exp(jd_u 2\pi\lambda_0^{-1}\sin(\varphi_{n,m}))\exp(j2\pi v_{n,m}t) \qquad (5-14)$$

角度会根据信号是通过直射、一次或多次反射等传播路径的不同而发生变化。所以必须通过信道测量和射线追踪方法，在实际传输中进一步观察直射、一次或多次反射发生的概率，从而确定不同传输路径角度变化所带来的影响。

多径的生灭则需要从实际的测量中统计并观察，伴随着用户的移动多径数目的变化以及能量的变化。而每一条多径都会存在一定的生存周期，这与用户周围环境的变化息息相关。而为了简化模型，多径的变化可以仅评估周期内有限的时间和空间内的变化。

多径间的相关性则主要体现在用户可能会因为位置相近而共享散射体的场景。这需要通过近距离的测量以及仿真，观察经过同一个散射体后多径信道的相关性。

3．无线传播场景

TR38.901 报告规定了 4 类场景，分别为 UMi 场景、UMa 场景、RMa 场景、InH-Office 场景，适用频率范围为 0.5～100 GHz。该报告定义的 4 类场景的特征参数见表 5-23、表 5-24 和表 5-25。

（1）UMi 场景和 UMa 场景

表 5-23　UMi 场景和 UMa 场景特征参数

参数		UMi 场景	UMa 场景
扇区布局		六边形蜂窝结构，19 个微基站，每基站 3 扇区（ISD=200 m）	六边形蜂窝结构，19 个宏基站，每基站 3 扇区（ISD=500 m）
基站天线高度		10 m	25 m
终端位置	室外/室内	室外和室内	室外和室内
	视距/非视距	视距/非视距	视距/非视距
	高度 h_{UT}	备注 1	备注 1
室内终端比例		80%	80%
终端移动速率（仅考虑水平面）		3 km/h	3 km/h
BS 和 UT 之间最小距离（2D）		10 m	35 m
终端分布属性（水平面）		均匀分布	均匀分布

备注：终端高度 $h_{UT}=3(n_{fl}-1)+1.5$；
当 UEs 处于室外：$n_{fl}=1$；
当 UEs 处于室内：n_{fl} 服从均匀分布 uniform(1, n_{fl})，其中，n_{fl} 为服从 uniform(4,8)。

（2）RMa 场景

表 5-24　RMa 场景特征参数

参数	RMa 场景
频率范围	高达 7 GHz
布局	六边形蜂窝结构，19 个宏基站，每基站 3 扇区（ISD=1732 m or ISD=500 m）
基站天线高度	35 m
终端高度	1.5 m
终端分布属性	均匀分布
终端室内外分布概率	50%室内/50%室内
视距/非视距	视距和非视距混合
BS 和 UT 之间最小距离（2D）	35 m

（3）InH-Office 场景

表 5-25　InH-Office 场景特征参数

参数		InH-Office 场景一 开阔办公区域	InH-Office 场景二 混合办公区域
布局		房间尺寸：120 m(W)×50 m(L)×3 m(H)，ISD=20 m	
基站天线高度		3 m(Ceiling)	
终端位置	视距/非视距	视距/非视距混合	
	高度	1 m	
终端移动速率（仅考虑水平面）		3 km/h	
BS 和 UT 之间最小距离（2D）		0 m	
终端分布属性（水平面）		均匀分布	

InH-Office 场景示意如图 5-10 所示。

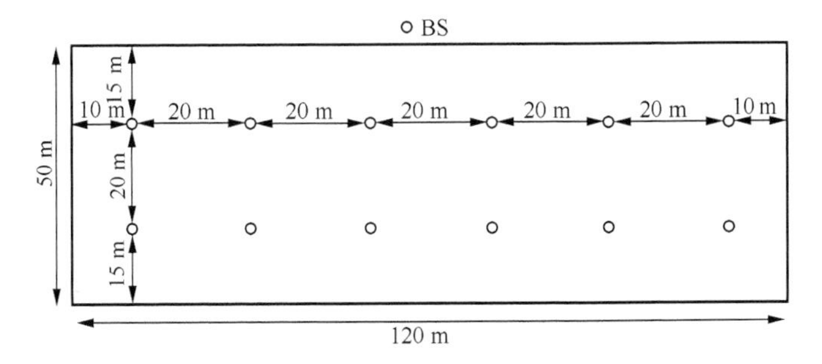

图 5-10　InH-Office 场景示意

4. 基于统计信道模型

（1）大尺度信道模型

大尺度损耗主要是根据实际测量的结果拟合路径损耗相对于距离变化的关系。同时，每个样本点相对于拟合公式的波动被认为是阴影衰落的统计。

式（5-15）对距离进行定义：

$$d_{3D-out}+d_{3D-in}=\sqrt{\left(d_{2D-out}+d_{2D-in}\right)^2+\left(h_{BS}-h_{UT}\right)^2} \tag{5-15}$$

3GPP TR38.901 报告中路径损耗模型定义如表 5-26 所示。

表 5-26　3GPP TR38.901 路径损耗模型

场景	LOS/NLOS	路损值（dB）	阴影衰落（dB）	适用范围及天线高度
RMa 场景	LOS	$PL_{RMa-LOS}=\begin{cases}PL_1 & 10\text{ m}\leqslant d_{2D}\leqslant d_{BP}\\ PL_2 & d_{BP}\leqslant d_{2D}\leqslant 10\text{ km}\end{cases}$ $PL_1=20\lg(40\pi d_{3D}f_c/3)+\min(0.03h^{1.72},10)\lg(d_{3D})$ $-\min(0.044h^{1.72},14.77)+0.002\lg(h)d_{3D}$ $PL_2=PL_1(d_{BP})+40\lg(d_{3D}/d_{BP})$	$\sigma_{SF}=4$ $\sigma_{SF}=6$	$h_{BS}=35\text{ m}$ $h_{UT}=1.5\text{ m}$ $W=20\text{ m}$ $h=5\text{ m}$ $h=$ 平均建筑物高度 $W=$ 平均街道宽度 适用范围： $5\text{ m}\leqslant h\leqslant 50\text{ m}$ $5\text{ m}\leqslant W\leqslant 50\text{ m}$ $10\text{ m}\leqslant h_{BS}\leqslant 150\text{ m}$ $1\text{ m}\leqslant h_{UT}\leqslant 10\text{ m}$
	NLOS	$PL_{RMa-NLOS}=\max(PL_{RMa-LOS},PL'_{RMa-NLOS})$ for $10\text{ m}\leqslant d_{2D}\leqslant 5\text{ km}$ $PL'_{RMa-NLOS}=161.04-7.1\lg(W)+7.5\lg(h)$ $-(24.37-3.7(h/h_{BS})^2)\lg(h_{BS})$ $+(43.42-3.1\lg(h_{BS}))(\lg(d_{3D})-3)$ $+20\lg(f_c)-(3.2(\lg(11.75h_{UT}))^2-4.97)$	$\sigma_{SF}=8$	
UMa 场景	LOS	$PL_{UMa-LOS}=\begin{cases}PL_1 & 10\text{ m}\leqslant d_{2D}\leqslant d'_{BP}\\ PL_2 & d'_{BP}\leqslant d_{2D}\leqslant 5\text{ km}\end{cases}$ $PL_1=28.0+22\lg(d_{3D})+20\lg(f_c)$ $PL_2=28.0+40\lg(d_{3D})+20\lg(f_c)$ $-9\lg((d'_{BP})^2+(h_{BS}-h_{UT})^2)$	$\sigma_{SF}=4$	$1.5\text{ m}\leqslant h_{UT}\leqslant 22.5\text{ m}$ $h_{BS}=25\text{ m}$
	NLOS	$PL_{UMa-NLOS}=\max(PL_{UMa-LOS},PL'_{UMa-NLOS})$ for $10\text{ m}\leqslant d_{2D}\leqslant 5\text{ km}$ $PL'_{UMa-NLOS}=13.54+39.08\lg\left(d_{3D}\right)+$ $20\lg\left(f_c\right)-0.6(h_{UT}-1.5)$	$\sigma_{SF}=6$	$1.5\text{ m}\leqslant h_{UT}\leqslant 22.5\text{ m}$ $h_{BS}=25\text{ m}$
		$\text{PL}=32.4+20\lg\left(f_c\right)+30\lg\left(d_{3D}\right)$	$\sigma_{SF}=7.8$	
UMi 场景	LOS	$PL_{UMi-LOS}=\begin{cases}PL_1 & 10\text{ m}\leqslant d_{2D}\leqslant d'_{BP}\\ PL_2 & d'_{BP}\leqslant d_{2D}\leqslant 5\text{ km}\end{cases}$ $PL_1=32.4+21\lg(d_{3D})+20\lg(f_c)$ $PL_2=32.4+40\lg(d_{3D})+20\lg(f_c)$ $-9.5\lg((d'_{BP})^2+(h_{BS}-h_{UT})^2)$	$\sigma_{SF}=4$	$1.5\text{ m}\leqslant h_{UT}\leqslant 22.5\text{ m}$ $h_{BS}=10\text{ m}$

续表

场景	LOS/NLOS	路损值（dB）	阴影衰落（dB）	适用范围及天线高度
UMi场景	NLOS	$PL_{\text{UMi-NLOS}}=\max(PL_{\text{UMi-LOS}},PL'_{\text{UMi-NLOS}})$ for $10\text{ m}\leqslant d_{2D}\leqslant 5\text{ km}$ $PL'_{\text{UMi-NLOS}}=35.3\lg(d_{3D})+22.4+21.3\lg(f_c)-0.3(h_{UT}-1.5)$	$\sigma_{SF}=7.82$ $\sigma_{SF}=8.2$	$1.5\text{ m}\leqslant h_{UT}\leqslant 22.5\text{ m}$ $h_{BS}=10\text{ m}$
		$\text{PL}=32.4+20\lg(f_c)+31.9\lg(d_{3D})$		
InH-Office场景	LOS	$PL_{\text{InH-LOS}}=32.4+17.3\lg(d_{3D})+20\lg(f_c)$	$\sigma_{SF}=3$	$1\text{ m}\leqslant d_{3D}\leqslant 150\text{ m}$
	NLOS	$PL_{\text{InH-NLOS}}=\max(PL_{\text{InH-LOS}},PL'_{\text{InH-NLOS}})$ $PL'_{\text{InH-NLOS}}=38.3\lg(d_{3D})+17.30+24.9\lg(f_c)$	$\sigma_{SF}=8.03$	$1\text{ m}\leqslant d_{3D}\leqslant 150\text{ m}$
		$PL'_{\text{InH-NLOS}}=32.4+20\lg(f_c)+31.9\lg(d_{3D})$	$\sigma_{SF}=8.29$	$1\text{ m}\leqslant d_{3D}\leqslant 150\text{ m}$

注释 1：拐点距离 $d'_{BP}=4\,h'_{BS}\,h'_{UT}\,f_c/c$，这里 f_c 是以 Hz 为单位的中心频点，$c=3.0\times10^8$ m/s 是自由空间中的光速，h'_{BS} 和 h'_{UT} 分别是基站天线和移动端天线的有效高度，有效高度 h'_{BS} 及 h'_{UT} 可以按照以下方式计算：$h'_{BS}=h_{BS}-h_E$，$h'_{UT}=h_{UT}-h_E$，这里 h_{BS} 和 h_{UT} 是天线的实际高度，h_E 是环境的有效高度。对于 UMi 场景来说，$h_E=1.0$ m。对于 UMa 场景来说，h_E=1 m 以概率 $1/[1+C(d_{2D},h_{UT})]$成立，它的选值服从在$[12, 15, \cdots, (h_{UT}-1.5)]$内均匀分布，其中，$C(d_{2D},h_{UT})$可以定义为：

$$C(d_{2D},h_{UT})=\begin{cases}0 & ,\ h_{UT}<13\text{ m}\\ \left(\dfrac{h_{UT}-13}{10}\right)^{1.5}g(d_{2D}) & ,\ 13\text{m}\leqslant h_{UT}\leqslant 23\text{ m}\end{cases}$$

其中，

$$g(d_{2D})=\begin{cases}0 & ,\ d_{2D}\leqslant 18\text{ m}\\ \dfrac{5}{4}\left(\dfrac{d_{2D}}{100}\right)^{3}\exp\left(\dfrac{-d_{2D}}{150}\right) & ,\ 18\text{ m}<d_{2D}\end{cases}$$

需要注意的是，h_E 依赖于 d_{2D} 和 h_{UT}，因此它需要在每个基站和移动端的链路中来单独决定。基站的位置可以是单个基站的位置，也可以是基站群的位置。

注释 2：表中 PL 公式的适用范围是 $0.5<f_c<f_H$ GHz，其中，对 RMa 场景来说 $f_H=30$ GHz，对于其他场景 $f_H=100$ GHz。对于频率大于 7 GHz 的 RMa 场景的路损模型的有效性是基于 24 GHz 的测量结果。

注释 3：UMa NLOS 场景的路损是来自于 TR36.873 中的简化公式，并且 UMa LOS 室外场景的路损为 $\text{PL}_{\text{UMa-LOS}}=\text{P}_{\text{athloss}}$。

注释 4：$\text{PL}_{\text{UMi-LOS}}=\text{P}_{\text{athloss}}$ 是 UMi 街道室外 LOS 场景的路损。

注释 5：拐点距离 $d_{BP}=2\pi h_{BS}\,h_{UT}\,f_c/c$，其中，$f_c$ 是以 Hz 为单位的中心频点，$c=3.0\times10^8$ m/s 是自由空间中的光速，h_{BS} 及 h_{UT} 分别是基站和移动端天线的高度。

注释 6：f_c 表示的是按照 1 GHz 做归一化之后的值，如果没有特别说明，所有距离都以 1 m 为单位做归一化。

（2）小尺度信道模型

小尺度参数主要描述信道的快衰落特性，主要考察多径的功率、时延、角度

等信息。3GPP 38.901 对于 UMi 和 UMa 场景小尺度参数的定义如表 5-27 所示。

表 5-27　UMi 和 UMa 场景小尺度参数

场景		UMi 场景			UMa 场景		
		LOS	NLOS	O2I	LOS	NLOS	O2I
时延扩展（DS）lgDS=lg (DS/1s)	$\mu_{\lg DS}$	$-0.24\lg(1+f_c)-7.14$	$-0.24\lg(1+f_c)-6.83$	−6.62	$-6.955-0.0963\lg(f_c)$	$-6.28-0.204\lg(f_c)$	−6.62
	$\sigma_{\lg DS}$	0.38	$0.16\lg(1+f_c)+0.28$	0.32	0.66	0.39	0.32
AOD 角度扩展（ASD）lgASD=lg (ASD/1°)	$\mu_{\lg ASD}$	$-0.05\lg(1+f_c)+1.21$	$-0.23\lg(1+f_c)+1.53$	1.25	$1.06+0.1114\lg(f_c)$	$1.5-0.1144\lg(f_c)$	1.25
	$\sigma_{\lg ASD}$	0.41	$0.11\lg(1+f_c)+0.33$	0.42	0.28	0.28	0.42
AOA 角度扩展（ASA）lgASA=lg (ASA/1°)	$\mu_{\lg ASA}$	$-0.08\lg(1+f_c)+1.73$	$-0.08\lg(1+f_c)+1.81$	1.76	1.81	$2.08-0.27\lg(f_c)$	1.76
	$\sigma_{\lg ASA}$	$0.014\lg(1+f_c)+0.28$	$0.05\lg(1+f_c)+0.3$	0.16	0.20	0.11	0.16
ZOA 角度扩展（ZSA）lgZSA=lg (ZSA/1°)	$\mu_{\lg ZSA}$	$-0.1\lg(1+f_c)+0.73$	$-0.04\lg(1+f_c)+0.92$	1.01	0.95	$-0.3236\lg(f_c)+1.512$	1.01
	$\sigma_{\lg ZSA}$	$-0.04\lg(1+f_c)+0.34$	$-0.07\lg(1+f_c)+0.41$	0.43	0.16	0.16	0.43
阴影衰落（SF）[dB]	σ_{SF}	见表 5-20	见表 5-20	7	见表 5-20	见表 5-20	7
K 因子（K）[dB]	μ_K	9	N/A	N/A	9	N/A	N/A
	σ_K	5	N/A	N/A	3.5	N/A	N/A
交叉相关性	ASD vs DS	0.5	0	0.4	0.4	0.4	0.4
	ASA vs DS	0.8	0.4	0.4	0.8	0.6	0.4
	ASA vs SF	−0.4	−0.4	0	−0.5	0	0
	ASD vs SF	−0.5	0	0.2	−0.5	−0.6	0.2
	DS vs SF	−0.4	−0.7	−0.5	−0.4	−0.4	−0.5
	ASD vs ASA	0.4	0	0	0	0.4	0
	ASD vs K	−0.2	N/A	N/A	0	N/A	N/A
	ASA vs K	−0.3	N/A	N/A	−0.2	N/A	N/A
	DS vs K	−0.7	N/A	N/A	−0.4	N/A	N/A
	SF vs K	0.5	N/A	N/A	0	N/A	N/A
	ZSD vs SF	0	0	0	0	0	0
	ZSA vs SF	0	0	0	−0.8	−0.4	0
	ZSD vs K	0	N/A	N/A	0	N/A	N/A
	ZSA vs K	0	N/A	N/A	0	N/A	N/A
	ZSD vs DS	0	−0.5	−0.6	−0.2	−0.5	−0.6
	ZSA vs DS	0.2	0	−0.2	0	0	−0.2

续表

场景		UMi 场景			UMa 场景		
		LOS	NLOS	O2I	LOS	NLOS	O2I
交叉相关性	ZSD vs ASD	0.5	0.5	−0.2	0.5	0.5	−0.2
	ZSA vs ASD	0.3	0.5	0	0	−0.1	0
	ZSD vs ASA	0	0	0	−0.3	0	0
	ZSA vs ASA	0	0.2	0.5	0.4	0	0.5
	ZSD vs ZSA	0	0	0.5	0	0	0.5
时延尺度因子 r_τ		3	2.1	2.2	2.5	2.3	2.2
XPR（dB）	μ_{XPR}	9	8.0	9	8	7	9
	σ_{XPR}	3	3	5	4	3	5
簇数（N）		12	19	12	12	20	12
簇内多径数（M）		20	20	20	20	20	20
簇内时延扩展 DS (c_{DS})[ns]		5	11	11	max(0.25, 6.5622 −3.4084 lg(f_c))	max(0.25, 6.5622 −3.4084 lg(f_c))	11
簇内角度扩展 ASD (c_{ASD})		3°	10°	5°	5°	2°	5°
簇内角度扩展 ASA (c_{ASA})		17°	22°	8°	11°	15°	8°
簇内角度扩展 ZSA (c_{ZSA})		7°	7°	3°	7°	7°	3°
簇内阴影衰落ζ（dB）		3	3	4	3	3	4
水平面相关距离（m）	DS	7	10	10	30	40	10
	ASD	8	10	11	18	50	11
	ASA	8	9	17	15	50	17
	SF	10	13	7	37	50	7
	K	15	N/A	N/A	12	N/A	N/A
	ZSA	12	10	25	15	50	25
	ZSD	12	10	25	15	50	25

f_c是以 GHz 为单位的中心频率；d_{2D}是基站到移动端的距离，以 km 为单位。

注释 1：DS 是 rms 时延扩展，ASD 是水平离开角角度扩展，ASA 是 rms 水平到达角角度扩展，ZSD 是 rms 垂直离开角角度扩展，ZSA 是 rms 垂直到达角角度扩展，SF 是阴影衰落，K 是莱斯 K 因子。

注释 2：阴影衰落符号的定义是，正的阴影衰落表示在移动端处比自由路径损耗模型预测多出的接收功率。

注释 3：假设所有大尺度参数在不同楼层之间没有相关性。

注释 4：均值(μ_{lgX}=mean{lg(X)})以及标准差(σ_{lgX}=std{lg(X)})是用于已经对数化的参数 X。

注释 5：水平到达角和水平离开角服从包裹的高斯分布，垂直到达角和垂直离开角服从 Laplacian 分布，时延分布服从指数分布。

注释 6：对于 UMa 场景和低于 6 GHz 的频率，在确定与频率相关的 LSP 值时使用 $f_c = 6$。

注释 7：对于 UMi 场景和低于 2 GHz 的频率，在确定与频率相关的 LSP 值时使用 $f_c = 2$。

3GPP 38.901 对于 RMa 场景小尺度参数的定义如表 5-28 所示：

表 5-28　RMa 场景小尺度参数

场景		RMa 场景			InH-Office 场景	
		LOS	NLOS	O2I	LOS	NLOS
时延扩展（DS）lgDS=lg(DS/1s)	$\mu_{\lg DS}$	−7.49	−7.43	−7.47	−0.01 lg(1+f_c) − 7.692	−0.28 lg(1+f_c) − 7.173
	$\sigma_{\lg DS}$	0.55	0.48	0.24	0.18	0.10 lg(1+f_c) + 0.055
AOD 角度扩展（ASD）lgASD=lg(ASD/1°)	$\mu_{\lg ASD}$	0.90	0.95	0.67	1.60	1.62
	$\sigma_{\lg ASD}$	0.38	0.45	0.18	0.18	0.25
AOA 角度扩展（ASA）lgASA=lg(ASA/1°)	$\mu_{\lg ASA}$	1.52	1.52	1.66	−0.19 lg(1+f_c) + 1.781	−0.11 lg(1+f_c) + 1.863
	$\sigma_{\lg ASA}$	0.24	0.13	0.21	0.12 lg(1+f_c) + 0.119	0.12 lg(1+f_c) + 0.059
ZOA 角度扩展（ZSA）lgZSA=lg(ZSA/1°)	$\mu_{\lg ZSA}$	0.47	0.58	0.93	−0.26 lg(1+f_c) + 1.44	−0.15 lg(1+f_c) + 1.387
	$\sigma_{\lg ZSA}$	0.40	0.37	0.22	−0.04 lg(1+f_c) + 0.264	−0.09 lg(1+f_c) + 0.746
阴影衰落（SF）（dB）	σ_{SF}	见表 5-20		8	见表 5-20	
K 因子(K)（dB）	μ_K	7	N/A	N/A	7	N/A
	σ_K	4	N/A	N/A	4	N/A
交叉相关性	ASD vs DS	0	−0.4	0	0.6	0.4
	ASA vs DS	0	0	0	0.8	0
	ASA vs SF	0	0	0	−0.5	−0.4
	ASD vs SF	0	0.6	0	−0.4	0
	DS vs SF	−0.5	−0.5	0	−0.8	−0.5
	ASD vs ASA	0	0	−0.7	0.4	0
	ASD vs K	0	N/A	N/A	0	N/A
	ASA vs K	0	N/A	N/A	0	N/A
	DS vs K	0	N/A	N/A	−0.5	N/A
	SF vs K	0	N/A	N/A	0.5	N/A
	ZSD vs SF	0.01	−0.04	0	0.2	0
	ZSA vs SF	−0.17	−0.25	0	0.3	0
	ZSD vs K	0	N/A	N/A	0	N/A
	ZSA vs K	−0.02	N/A	N/A	0.1	N/A
	ZSD vs DS	−0.05	−0.10	0	0.1	−0.27
	ZSA vs DS	0.27	−0.40	0	0.2	−0.06
	ZSD vs ASD	0.73	0.42	0.66	0.5	0.35
	ZSA vs ASD	−0.14	−0.27	0.47	0	0.23

续表

场景		RMa 场景			InH-Office 场景	
		LOS	NLOS	O2I	LOS	NLOS
交叉相关性	ZSD vs ASA	−0.20	−0.18	−0.55	0	−0.08
	ZSA vs ASA	0.24	0.26	−0.22	0.5	0.43
	ZSD vs ZSA	−0.07	−0.27	0	0	0.42
时延尺度因子 r_τ		3.8	1.7	1.7	3.6	3
XPR（dB）	μ_{XPR}	12	7	7	11	10
	σ_{XPR}	4	3	3	4	4
簇数 N		11	10	10	15	19
簇内多径数 M		20	20	20	20	20
簇内时延扩展 DS (c_{DS})（ns）		N/A	N/A	N/A	N/A	N/A
簇内角度扩展 ASD (c_{ASD})		2	2	2	5	5
簇内角度扩展 ASA (c_{ASA})		3	3	3	8	11
簇内角度扩展 ZSA (c_{ZSA})		3	3	3	9	9
簇内阴影衰落 ζ（dB）		3	3	3	6	3
水平面相关距离（m）	DS	50	36	36	8	5
	ASD	25	30	30	7	3
	ASA	35	40	40	5	3
	SF	37	120	120	10	6
	K	40	N/A	N/A	4	N/A
	ZSA	15	50	50	4	4
	ZSD	15	50	50	4	4

f_c 是以 GHz 为单位的中心频率；d_{2D} 是基站到移动端的距离，以 km 为单位。

注释 1：DS 是 rms 时延扩展，ASD 是水平离开角角度扩展，ASA 是 rms 水平到达角角度扩展，ZSD 是 rms 垂直离开角角度扩展，ZSA 是 rms 垂直到达角角度扩展，SF 是阴影衰落，K 是莱斯 K 因子。

注释 2：阴影衰落符号的定义是，正的阴影衰落表示在移动端处比自由路径损耗模型预测多出的接收功率。

注释 3：均值(μ_{lgX}=mean{lg(X) })以及标准差(σ_{lgX}=std{lg(X) })是用于已经对数化的参数 X。

注释 4：空闲。

注释 5：水平到达角和水平离开角服从包裹的高斯分布，垂直到达角和垂直离开角服从 Laplacian 分布，时延分布服从指数分布。

注释 6：对于 InH-Office 场景和低于 6 GHz 的频率，在确定与频率相关的 LSP 值时使用 $f_c = 6$。

5. 基于射线追踪的混合模型

与基于统计模型的高频信道模型相比，基于数字地图的混合信道模型包括确定性模型部分和统计模型部分。确定性模型部分利用射线追踪技术可以模拟电磁波的直射、反射、透射、衍射或散射，不同频段电磁波在空间传播的确定性结果基于相关场景的数字地图由电磁计算得到；统计部分在确定性部分结果基础上，进行随机簇/径的补充及子径扩展，以模拟确定性模型中未进行建模的对象、粗糙表面以及因人流、车流、植被等引发的散射、阻挡和反射等物理现象。基于数字地图的混合信道模型适用于 0.5 ~ 100 GHz 频段及大带宽配置（载波频率的 10%），具备空间相关性、时间相关性和频率相关性，可支持超大规模天线、Mesh 网络/D2D/分布式 MIMO 建模，体现链路间相关特性。

（1）射线追踪的基本原理

射线追踪以电磁学、几何光学、几何绕射和一致性绕射理论为基础，假设传输媒质为非铁磁质各项同性媒质，波阵面为平面波传播，在载波频率较高（波长较短），当散射体参量在一个波长距离上变化非常缓慢，电磁波的传播和散射具有局部性时，在一个给定观察点领域内的场，不需要由整个初始表面上的场来求得，而只需要该表面的某一有限部分来计算。无线通信频段在大部分场景都基本满足这些假设，射线追踪技术目前已经成熟并广泛应用于网规网优、无线定位及信道模型研究和建模之中。射线追踪的总体流程如图 5-11 所示。

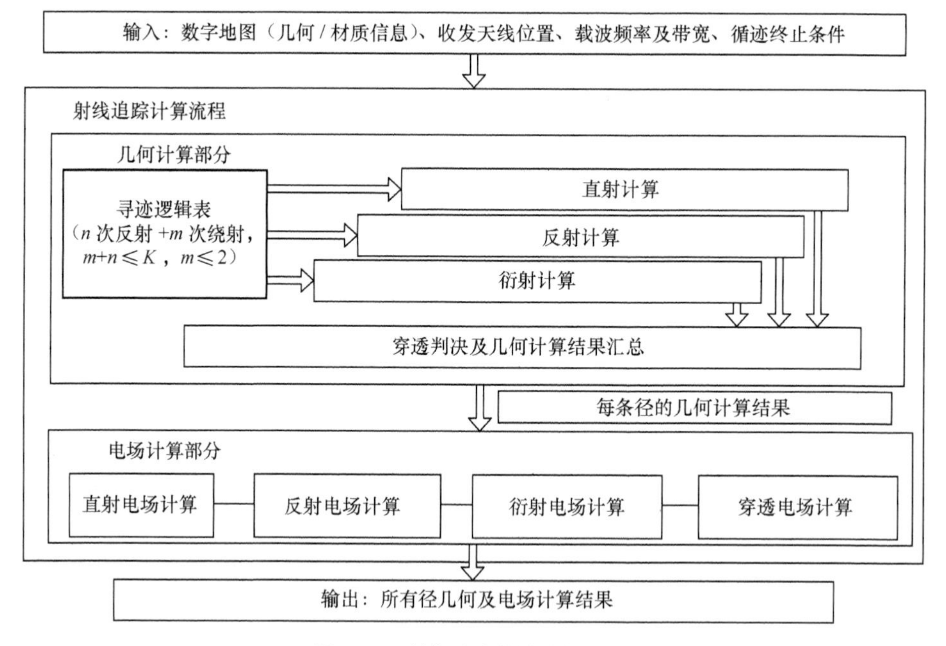

图 5-11　射线追踪总体流程示意

射线跟踪方法本质上完全适用于毫米波和太赫兹频段下的高精度信道仿真与建模，因为高频电波传播的特性与光学非常相似。但是射线跟踪的计算复杂度和计算时长会随三维场景中的建筑物外形复杂度呈指数增长，而且更高的频段与带宽要求更大的时延范围以及更高的分辨率。

（2）混合建模的基本流程

图 5-11 给出了混合信道建模的流程图。该混合信道建模中所采用的坐标体系、场景定义、天线模型与统计性模型一致，其统计部分参数可参考统计信道模型参数表，具体建模流程如下。

第 1 步：设定场景环境及地图（确定性部分）

地图部分包含几何参数（面的位置/厚度）与材质参数（电导率/介电常数），也可基于仿真需求包含额外的信息，如模拟人流、车辆的阻挡物。

第 2 步：设置网络拓扑和天线阵列参数（确定性部分）

收发天线对的三维方位坐标（笛卡儿坐标/方位角/下倾角）、天线辐射方向图；终端运动速度和方向；系统的中心频点、带宽。

第 3 步：基于射线追踪技术进行确定性计算（确定性部分）

该步骤在具体实现过程中可以分为两个子步骤：几何寻迹和电场计算。其中，几何寻迹是指基于几何计算获取模型中所考虑的直射/反射/衍射和穿透路径及其组合，该结果对所有子频段均有效。随后依照电磁理论，每个自频段逐一计算出上述路径的传播系数。

本步的输出包括收发链路的：

- LOS/NLOS 状态；
- 确定性路径的数目：L_{RT}，各径的功率均大于设定门限，如小于最强径功率 25 dB；
- 归一化传播时延以及首径绝对传播时延；
- 每条确定性径的功率、时延、波达角和波离角；
- 每条确定性径的 XPR 及 XPR 的算术平均值；
- 每条确定性径的 Path ID 和属性：如反射/衍射/穿透类型、次序及面 ID 等。

第 4 步：生成大尺度统计参数（统计部分）

依照传统统计模型方法及目标场景和配置下对应的信道参数，生成包括时延扩展（DS）、角度扩展（ASA/ASD/ZSA/ZSD）、随机簇的 Ricean K 因子在的大尺度信道参数。其中，该模型中不需要生成阴影衰落地图。

第 5 步：生成随机簇的时延（统计部分）

初始随机簇的数量 L_{RC} 可配置，推荐值可参考统计模型对应场景的参数。

第 6 步：生成随机簇的功率（统计部分）

随机簇功率的计算需要参考确定性径的功率进行：首先基于指数功率时延

函数生成确定性径和随机簇的虚拟功率，而后基于虚拟功率总和加权以及确定性径的实际功率计算得到随机簇的实际功率。

第 7 步：生成随机簇的波达角和波离角参数（统计部分）

利用统计模型计算随机簇的波达角（AOA/ZOA）与波离角（AOD/ZOD），且在计算簇心角时需要以确定性径的角度功率加权作为随机簇的簇心。

第 8 步：随机簇与确定性簇的合并（统计部分）

确定性径将会扩展为确定性簇，在本步，将随机簇与确定性簇进行合并，低于最强簇功率 25 dB 的簇会被删除。

第 9 步：生成所有簇的簇内子径（统计部分）

本步中，进行随机簇和确定性簇的子径扩展，得到簇中子径的收发角度信息和时延信息，子径数目与场景、LOS/NLOS 状态有关，可参考统计模型参数表。当子频段数目为 1 时，各子径的相对时延等于 0；当子频段数目大于 1 时，各子径的相对时延通过均匀分布随机确定。

第 10 步：簇内子径功率确定和随机配对（统计部分）

本步骤中，簇内各子径的波达角与波离角通过随机方式配对；当子频率分度为 1 时，簇总功率平均分给簇内各子径；当子频率分段大于 1 时，各子频率的簇子径功率基于各子频率簇内时延扩展及角度扩展进行计算。

第 11 步：生成交叉极化比 XPR（统计部分）

第 12 步：初始化随机相位（统计部分）

第 13 步：生成信道系数（统计部分）

对于每对收发天线，在生成信道系数时，需要考虑收发天线对相对于基准天线对的方位、收发天线辐射方向图、终端的移动速度和方向、氧衰和阻挡损耗。

目前业界采用的几个主流的射线追踪传播模型包括 CrossWave、Rayce、Volcano 等。

① CrossWave 传播模型

CrossWave 传播模型支持所有无线技术，GSM、UMTS、cdma2000、WIMAX、LTE 等，支持从 200 MHz 到 5 GHz 范围内的频段。CrossWave 支持所有的小区类型，从微蜂窝小区、迷你蜂窝小区到宏蜂窝小区等。支持任何类型的传播环境，密集城区、城区、郊区、乡村等。利用 CW 测量数据，CrossWave 可以进行任何传播环境的自动模型校正。

该传播模型是由 Orange Labs 开发的，由 Forsk 公司发布的传播模型。该模型主要模拟 3 种传播现象，垂直衍射，水平面的导向传播及山脉区域的反射传播。具体的 3 种传播现象如图 5-12 所示。

② Rayce 传播模型

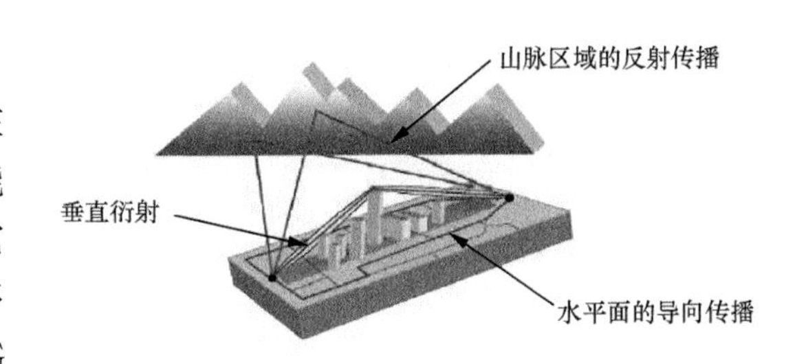

图 5-12　CrossWave 传播模型模拟的传播现象示意

Rayce 模型是华为公司在 2019 年发布的基于人工智能（AI）的射线追踪传播模型，它通过波束建模、3D 波束追踪、多径射线能量合并，大幅提升了 5G 网络规划的准确度；通过基于 AI 的参数优化，可以让网络增益最大化。Rayce 传播模型相比业界的其他模型，让 5G 网络规划的精度提升 10%～20%，Rayce 模型的应用场景丰富，对场景区分粒度达到栅格级。值得注意的是，在 5G 当前主要推出的 eMBB 业务场景下，网络规划已经采用了 1∶1 建网，未来场景冗余度将会更高，Rayce 模型带来的实际覆盖效果准确度的提升将降低网络规划的难度，加快网络部署的进程。

③ Volcano 传播模型

Volcano 模型是由法国 Siradel 公司开发的传播模型。Volcano 模型的基本原理，即对于光射线，从观察点出发，根据光与周围物体之间的直射、发射、散射规则，跟踪光的途径，直到到达光的源点。该模型的理论基础是几何光学方法研究无线电波的直射、反射、透射传播特性、几何绕射理论计算建筑物边缘绕射、建筑物屋顶的衍射的传播特性、射线跟踪算法实现计算机辅助计算。在该模型中，根据天线高度和电波的主要传播方式传播场景，定义为以下 3 种应用场景。

宏蜂窝（Macrocell）：天线高于周围建筑物。
微蜂窝（Microcell）：天线低于周围建筑物。
Mini 蜂窝（Minicell）：介于宏蜂窝和微蜂窝之间。

以上射线跟踪模型必须依靠高精度的三维地图，通过仿真软件得到准确的覆盖效果，以确保仿真区域无线网络建成后的网络性能。

5.5　覆盖能力分析

影响 5G 覆盖特性的主要因素有频率，边缘目标速率，资源分配，传输方式，天线类型，小区间干扰和帧结构配置等。同时本小节针对帧结构的 GP 符号数和 PRACH 前导格式对 5G 覆盖特性的影响进行了推算。为了对比 5G 和 4G 的覆盖能力，配置适当的参数，选取准确的传播模型，通过链路预算得到

5G 系统上下行控制信道、业务信道的覆盖能力，并通过实际测试数据对计算结果进行了验证。

5.5.1 覆盖规划简介

移动通信基站的覆盖能力一般体现为该基站的覆盖半径的大小。移动网络规划时，承载不同类型业务的基站在特定条件下覆盖半径，一般采用链路预算的方法进行估算。影响基站覆盖能力的因素包括区域地形地貌，建筑密度、高度，设备发射功率，基站天线增益，终端天配置，技术体制等。

5G 网络的覆盖特性除了受到频率的影响外，还取决于边缘目标速率、资源分配、传输方式及天线类型、小区间干扰和帧结构配置等因素。

影响 5G 覆盖特性的因素如图 5-13 所示。

图 5-13　5G 覆盖特性影响因素

1. **覆盖规划流程**

无线网规划通过覆盖和容量估算来确定网络建设的基本规模。其中，覆盖估算先用链路预算确定小区的覆盖半径，然后利用覆盖半径确定满足区域覆盖所需的基站数量。覆盖规划的流程如下：

- 确定覆盖指标要求；
- 确定传播模型；
- 通过链路预算表分别计算满足上、下行覆盖要求的覆盖能力；
- 根据站型计算单个站点覆盖面积；
- 用规划区域面积除以单个站点覆盖面积得到满足覆盖的站点数；
- 根据蜂窝模型规划站点位置。

2. **链路预算**

链路预算是对通信链路中的增益与损耗进行核算。即计算在一个业务连接中、满足目标接收功率的情景下，通信链路所允许的最大传播损耗，结合传播模型确定基站的覆盖范围。结合要覆盖区域的大小，得出满足网络覆盖需求的基站数。下行链路预算模型如图 5-14 所示。

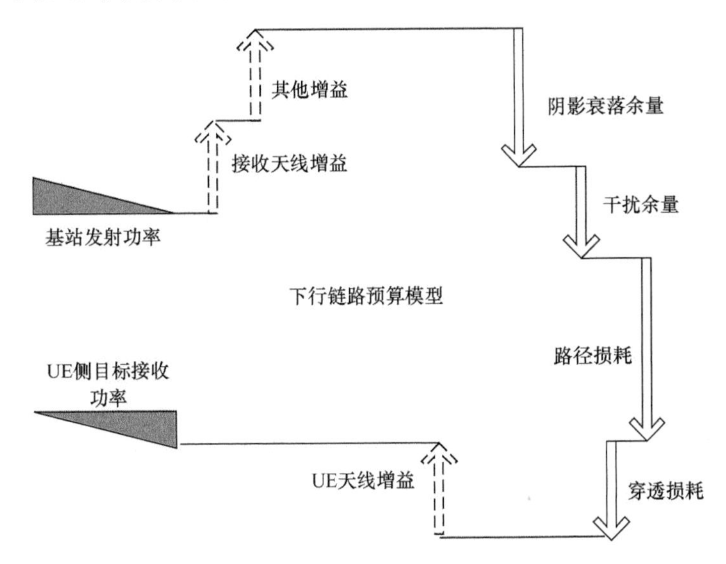

图 5-14 下行链路预算模型

上行链路预算模型如图 5-15 所示。

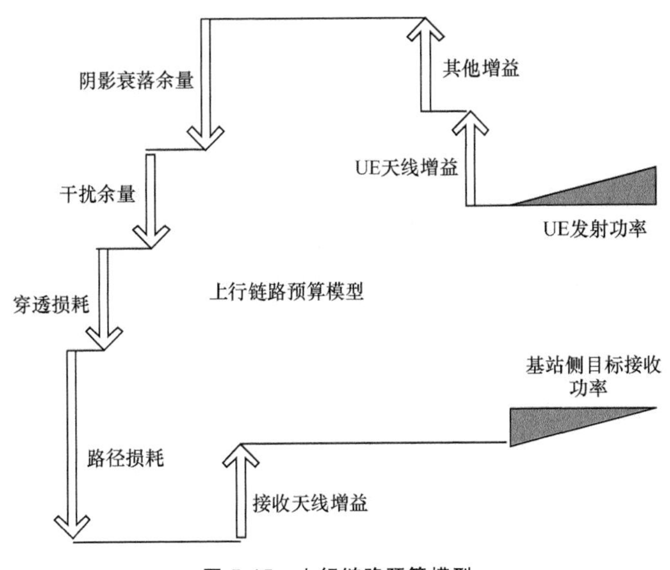

图 5-15 上行链路预算模型

5G 相对于 4G 链路预算，差异主要在于传播模型，损耗、余量的取值。5G 链路预算与 4G 的对比如表 5-29 所示。

表 5-29　5G 链路预算与 4G 的对比

链路影响因素	4G 链路预算	5G NR 链路预算
馈线损耗	RRU 形态，天线外接存在馈线损耗	AAU 形态无外接天线馈线损耗 RRU 形态，天线外接存在馈线损耗
基站天线增益	单个物理天线仅关联单个 TRX，单个 TRX 天线增益即为物理天线增益	MM 天线阵列，阵列关联多个 TRX，单个 TRX 对应多个物理天线，总的天线增益=单 TRX 天线增益+BF 增益
传播模型	Cost231-Hata	36.873 UMa/RMa　38.901UMi
穿透损耗	相对较小	更高频段，更高穿透损耗
干扰余量	相对较大	MM 波束天然带有干扰避让效果，干扰较小
人体遮挡损耗	N/A	终端位置较低、人流量较大的场景，需要考虑，尤其是毫米波
雨衰	N/A	对于毫米波，在降雨丰富、频繁的区域，需要考虑雨衰

5.5.2　影响覆盖能力的因素

5G 基站的覆盖特性除了受到传播模型、边缘目标速率、资源分配、传输方式及天线类型和小区间干扰的影响外，还受到帧结构配置中的 GP 符号数、PRACH 前导格式等因素的影响。

1. GP 符号数

5G 的帧结构有多种不同符号数 GP 的配置，GP 最少配置为 1 个符号，最多配置为 14 个符号。GP 的作用是作为下行时隙转为上行时隙时的保护间隔。如果没有 GP 的保护，在同一个终端的下行时隙会对上行时隙产生干扰。

当基站向终端发送信息时，下行的符号信息是同时发送的，信号从基站到达终端时，电磁波在传播路程中形成了一段时延，但是由于终端与基站的距离不一样，下行信号到达终端的时间不同；当终端向基站发送信息时，基站要求所有终端发送的信息同时到达基站，终端预估路径时延，提前发送信息以保证所有终端的信息同时到达基站。由于终端与基站间的距离不一样，不同的终端需要提前发送的时间不一样。在下行时隙转为上行时隙的过程中，下行信号的时延和上行信号的时间提前量都是由 GP 来保护。当 GP 配置的符号数不同，则 GP 所占的时间也就不同，所保护的距离也就不一样。

5G NR 配置的子载波间隔不同，每个 OFDM 符号的持续时间也不一样。GP 的保护时间等于 OFDM 符号时间与 CP 时间之和。下面以 30 kHz 子载波间隔为例，说明不同的 GP 配置可支持的覆盖距离不一样。对于普通循环前缀，每时隙的 OFDM 符号数，每帧的时隙数和每子帧的时隙数如表 5-30 所示。

表 5-30　普通循环前缀 OFDM 符号数、时隙数配置

μ	N_{symb}^{slot}	$N_{slot}^{frame,\mu}$	$N_{slot}^{subframe,\mu}$
1	14	20	2

5G NR 中 30 kHz 子载波间隔的帧结构如图 5-16 所示。5G NR 中 30 kHz 子载波间隔的 OFDM 符号长度计算如图 5-17 所示。

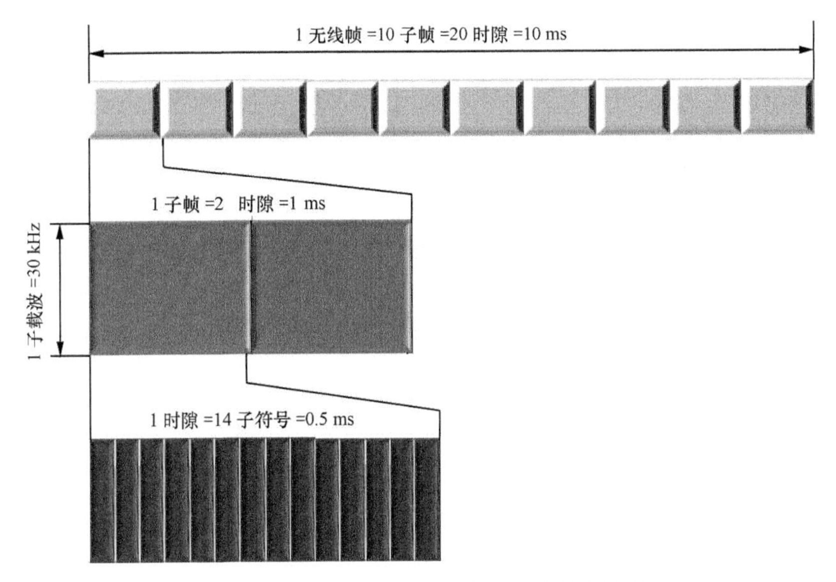

图 5-16　5G NR 中 30 kHz 子载波间隔的帧结构

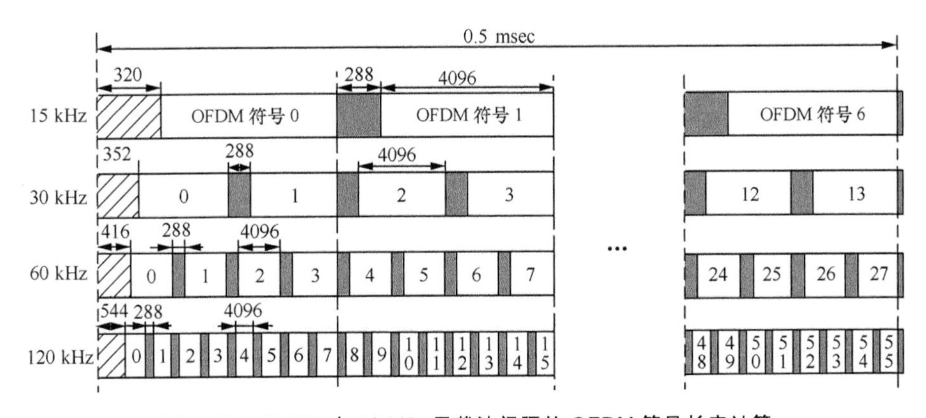

图 5-17　5G NR 中 30 kHz 子载波间隔的 OFDM 符号长度计算

5G NR 中子载波间隔 30 kHz 的帧结构参数如表 5-31 所示。

表 5-31　5G NR 中子载波间隔 30 kHz 的帧结构参数

系统参数	值
子载波带宽	100 MHz
子载波间隔	30 kHz
保护带比例	<10%，如 2.08%
可用子载波总带宽	>90 MHz，如 97.92 MHz
可用子载波总数	>3000，建议用 3264
ODFM 符号长度	33.34 μs
CP 开销	6.67%
FFT 大小	4096
采样频率	122.88 MHz

在计算 GP 符号数量保护的覆盖距离时，除了考虑 GP 符号的时间和光速这两个因素外，还需要考虑终端上下行转换所需要的时间。具体的计算公式如下。

$$最大覆盖距离 = T_d \times c$$

$$D_{max} = T_d \times c \tag{5-16}$$

式（5-16）中，D_{max} 为小区最大覆盖距离；$T_d = (G_p - T_{Rx-Tx})/2$；c 是光速。其中，$T_d$ 是传输时延，T_{Rx-Tx} 为 UE 从下行接收到上行发送的转换时间，该值与输出功率的精确度有关，典型值是 10～40 μs，在本书中假定为 10 μs。不同 GP 符号数下的最大覆盖距离计算如表 5-32 所示。

表 5-32　不同 GP 符号数下的最大覆盖距离计算

参数	单位	值	值	值	值
GP 符号数		1	2	3	4
子载波间隔	kHz	30	30	30	30
时隙长度	ms	0.5	0.5	0.5	0.5
时隙内符号数		14	14	14	14
符号长度	μs	33.33	33.33	33.33	33.33
一个时隙内 GP 占用符号数		1	2	3	4
一个时隙内 GP 长度	μs	33.33	66.66	99.99	133.32
c	km/s	300 000	300 000	300 000	300 000
T_{Rx-Tx}	μs	10	10	10	10
最大覆盖距离	km	3.4995	8.499	13.4985	18.498

5G不同子载波间隔OFDM符号时间如表5-33所示。

表5-33　5G不同子载波间隔OFDM符号时间

参数/符号数（μ）	0	1	2	3	4
子载波间隔（μs）	15	30	60	120	240
OFDM符号持续时间（μs）	66.67	33.33	16.67	8.33	4.17
循环前缀持续时间（CP）（μs）	4.69	2.34	1.17	0.57	0.29
包含CP的OFDM符号时间（μs）	71.35	35.68	17.84	8.92	4.46

在30 kHz的子载波间隔配置时，计算出了不同GP符号数对应的覆盖距离，如表5-34所示。

从表5-34中可以看到，当只配一个OFDM符号时，其保护的覆盖距离为3.5 km，每多配一个OFDM符号，则保护的覆盖距离约增加5 km。

表5-34　30 kHz子载波间隔下不同GP占用符号数下的覆盖距离

一个时隙内GP占用符号数	1	2	3	4
覆盖距离（km）	3.5	8.499	13.5	18.5

在实验网的测试中，CMCC建议考虑2或者4符号的GP。当采用10：2：2时，2 ms的GP开销较大，采用4个符号的GP时，开销有待进一步核算。不同周期类型的GP开销见表5-35。

表5-35　不同周期类型的GP开销

周期类型	GP开销
2.5 ms双周期	2.86%
2.5 ms单周期	2.86%
2 ms周期	3.57%

2. PRACH前导格式

在5G NR中，上行的PRACH有多种格式，包括长序列和短序列格式。前导格式的配比如表5-36和表5-37所示。在不同的格式下，PRACH的保护时间间隔不一样，支持的覆盖范围也就不一样。

表5-36　PRACH前导格式-1

格式	L_{RA}	Δf^{RA}（kHz）	N_u	N_{CP}^{RA}	支持的限制集
0	839	1.25	24576κ	3168κ	Type A, Type B
1	839	1.25	$2 \cdot 24576\kappa$	21024κ	Type A, Type B

续表

格式	L_{RA}	Δf^{RA}（kHz）	N_u	N_{CP}^{RA}	支持的限制集
2	839	1.25	$4 \cdot 24576\kappa$	4688κ	Type A, Type B
3	839	5	$4 \cdot 6144\kappa$	3168κ	Type A, Type B

$\kappa = T_s / T_c = 64$　　$T_c = 0.509$ ns=0.000000509 ms

表 5-37　PRACH 前导格式-2

格式	L_{RA}	Δf^{RA}	N_{SEQ}	T_{SEQ}(ms)	N_{CP}^{RA} (ms)
0	839	1.25 kHz	1	0.800588	0.103201
1	839	1.25 kHz	2	0.800588	0.684878
2	839	1.25 kHz	4	0.800588	0.152716
3	839	5 kHz	4	0.200147	0.103201

PRACH 前导长格式小区覆盖距离见表 5-38。

表 5-38　PRACH 前导长格式小区覆盖距离

格式	T_{GP}	覆盖距离（km）	应用场景
0	2976	14.53	LTE 重耕
1	21 984	107.34	大覆盖区
2	29 264	142.89	大覆盖区
3	2976	14.53	高速

PRACH 前导短格式小区覆盖距离见表 5-39。

表 5-39　PRACH 前导短格式小区覆盖距离

前导格式		序列号	T_{CP}	T_{SEQ}	T_{GP}	Path_profile(μs)	最大覆盖半径（m）
A	0	1	144	2048	0	1.56	469
	1	2	288	4096	0	3.13	938
	2	4	576	8192	0	4.69	2109
	3	6	864	12288	0	4.69	3516
B	0	1	144	2048	0	1.56	469
	1	2	192	4096	96	3.13	469
	2	4	360	8192	216	4.69	1055
	3	6	504	12288	360	4.69	1758
	4	12	936	24576	792	4.69	3867
C	0	1	1240	2048	0	4.69	5300
	1	2	1384	4096	0	4.69	6000

5.5.3 5G 覆盖能力分析

5G 的工作频段包括 3.4～3.6 GHz、4.8～4.9 GHz 频段等，高频段的传播损耗和室内综合穿透损耗也更高。为了弥补频段带来的覆盖劣势，5G NR 系统新增了控制信道波束赋形技术，并增强了基站侧的大规模天线阵列阵子数、终端侧收发天线数量、终端最大发射功率、PDCCH CCE 数量等。下面基于 5G 系统链路预算给出了上下行控制信道、业务信道的覆盖能力。

1. **参数配置及链路预算**

（1）参数配置

① 系统参数

5G 需关注的系统参数主要包含工作频段、工作带宽、覆盖场景（背景噪声）等。

- 工作频段：2.5～2.7 GHz、3.4～3.6 GHz、4.8～5 GHz。
- 工作带宽：100 MHz。
- 背景噪声主要为热噪声。N_{th}=KTB，其中，波尔兹曼常数 K=1.38065×10^{-23}J/K，T 为绝对温度，B 为系统带宽。

② 设备参数

- 基站发射功率：根据 3GPP 38.104 的定义，5G 基站的发射功率如表 5-40 所示。

表 5-40 3GPP 38.104 定义 5G 基站设备发射功率

基站等级	基站额定输出功率
广域基站	广域基站的额定输出功率没有上限
中等范围基站	<38 dBm
本地基站	<24 dBm

- UE 发射功率：根据 3GPP 38.101 定义，用户设备 UE 的最大发射功率为 2×200mW（26 dBm）（UE 单天线的最大发射功率为 200mW）。
- 基站天线增益：5G 设备在 64T64R 的天线配置情况下，天线增益为 18 dBi，基站侧天线分集增益为 6.5 dB，终端侧天线分集增益为 2.5 dB。
- 移动台天线增益：移动台天线增益为 0 dB。
- 基站馈线及连接器损耗：5G 采用 AAU，馈线损耗为 0。
- 接收机噪声系数：信号通过接收机时，接收机将对信号增加噪声。噪声系数是设备的属性，不同设备噪声系数不同，移动台噪声系数一般取 7 dB；基站设备取 2.3 dB。

③ 环境参数

• 穿透损耗：根据 3GPP 38.901 定义，2.6 GHz 城区的典型建筑物单面墙穿透损耗为 24 dB，3.5 GHz 频段为 27 dB，4.9 GHz 频段为 30 dB。穿透损耗计算公式如表 5-22 所示。

• 干扰余量：在 5G 3.5 GHz 与 4.9 GHz 频段下，所采纳的干扰余量为 3 dB。

• 阴影衰落余量：为了保证一定的边缘覆盖概率而为链路预算预留一定余量，即阴影衰落余量，在进行链路预算时，需要根据阴影衰落标准差和边缘覆盖概率要求（运营商确定），得到所需的阴影衰落余量。阴影衰落余量由式（5-17）确定：

$$\rho\text{（dB）=NORMSINV（边缘覆盖概率）}\times\sigma \qquad (5\text{-}17)$$

式中，NORMSINV（x）函数为标准正态分布的累积分布函数的逆函数，为阴影衰落标准差，ρ 为阴影衰落余量。一般，衰落余量与边缘覆盖概率有对应关系，从标准正态分布表中可以得到（其中，ρ 与 σ 的关系符合 Q 函数）。

（2）链路预算

在此链路预算中，阴影衰落方差取值为 8，边缘覆盖概率取值 75%，得到阴影衰落余量为 6.4 dB。边缘覆盖概率与衰落余量的对应关系见表 5-41。

表 5-41　边缘覆盖概率与衰落余量的关系

边缘覆盖概率	区域覆盖率	衰落余量（dB）
50%	75.5%	0.00
55%	78.8%	1.01
60%	81.8%	2.03
65%	84.7%	3.08
70%	87.4%	4.20
75%	89.9%	5.40
80%	92.3%	6.73
85%	94.3%	8.29
90%	96.6%	10.25
91%	97.0%	10.73
92%	97.4%	11.24
93%	97.7%	11.81
94%	98.1%	12.44

续表

边缘覆盖概率	区域覆盖率	衰落余量（dB）
95%	98.4%	13.16
96%	98.8%	14.01
97%	99.1%	15.05
98%	99.4%	16.43
99%	99.7%	18.61

阴影衰落余量示意如图 5-18 所示。

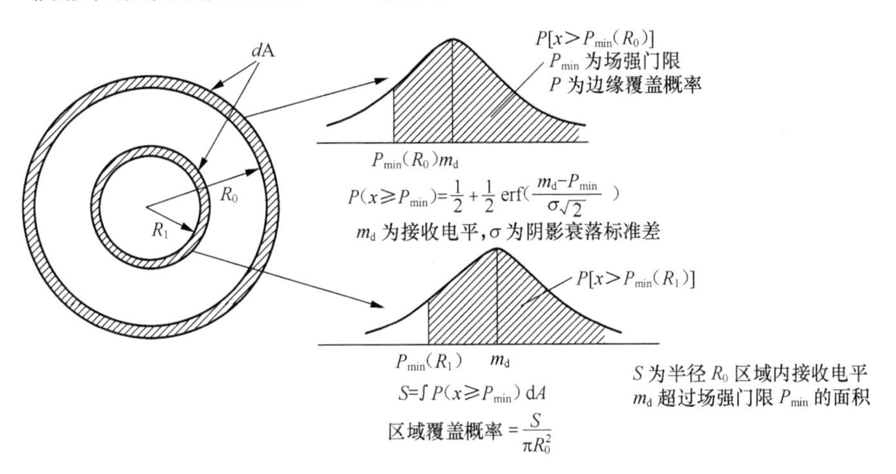

图 5-18　阴影衰落余量示意

2. **传播模型选取**

密集市区宏站采用 3GPP TR38.901 报告中 UMa 模型：

$$PL'_{\text{UMa-NLOS}}=13.54+39.08\lg\left(d_{3D}\right)+20\lg\left(f_c\right)-0.6(h_{UT}-1.5) \tag{5-18}$$

式（5-18）中，h_{UT}是移动端天线的有效高度，f_c是以 Hz 为单位的中心频点，d_{3D}是传输路径的距离。

一般市区采用 3GPP TR38.901 报告中 RMa（NLOS）模型：

$$\begin{aligned}PL'_{\text{RMa-NLOS}}=&161.04-7.1\lg(W)+7.5\lg(h)\\&-[24.37-3.7(h/h_{BS})^2]\lg(h_{BS})\\&+[43.42-3.1\lg(h_{BS})][\lg(d_{3D})-3]\\&+20\lg(f_c)-\{3.2[\lg(11.75h_{UT})]^2-4.97\}\end{aligned} \tag{5-19}$$

式（5-19）中，W 是平均街道宽度，h 是平均建筑物高度，h_{BS}和 h_{UT}分别是基站天线和移动端天线的有效高度，f_c是以 Hz 为单位的中心频点，d_{3D}是传输路径的距离。

3. 链路预算结果

以典型的 64T64R 与 16T16R 天线系统为例，100 MHz 载波带宽的 5G 系统的链路预算见表 5-42。

表 5-42 5G 系统的链路预算表

		100 MHz 带宽 TDD 64T64R		100 MHz 带宽 TDD 16T16R	
上/下行		下行	上行	下行	上行
类别	信道	PDSCH 10 Mbit/s	PUSCH 1 Mbit/s	PDSCH 10 Mbit/s	PUSCH 1 Mbit/s
系统参数	系统总带宽（MHz）	100	100	100	100
	RB 总数	273	273	273	273
	发射天线数	64	2	64	2
	接收天线数	4	64	4	64
	分配 RB 数	108	36	108	36
	子载波带宽（kHz）	30	30	30	30
发射机参数	总发射功率（dBm）	53	26	53	26
	单天线发射功率（dBm）	35	23	35	23
	发射天线增益（dBi）	18	0	18	0
	发射天线分集增益（dB）	6.5	2.5	4.5	2.5
	馈线接头损耗（dB）	0	0	0	0
	对应每 RB 的 EIRP（dBm）	55.43	16.71	53.43	16.71
接收机参数	热噪声密度	−174	−174	−174	−174
	接收机噪声系数	7	3.5	7	3.5
	接收机噪声功率	−98.10	−102.87	−98.10	−102.87
	接收天线增益（dBi）		18		18
	接收天线分集增益（dB）	2.5	6.5	2.5	4.5
	接收机灵敏度	−107.10	−115.37	−107.10	−115.37
衰落储备	快衰落余量	0	0	0	0
	干扰余量（dB）	3	3	3	3
	阴影衰落标准方差	8	8	8	8
	边缘覆盖概率	75%	75%	75%	75%
	阴影衰落余量（dB）	5.4	5.4	5.4	5.4
结果	最大允许路径损耗（dB）	156.63	148.19	154.63	146.19

4. 5G 与 4G 覆盖能力对比

根据链路预算结果进行覆盖估算，单站覆盖面积如图 5-19 所示。

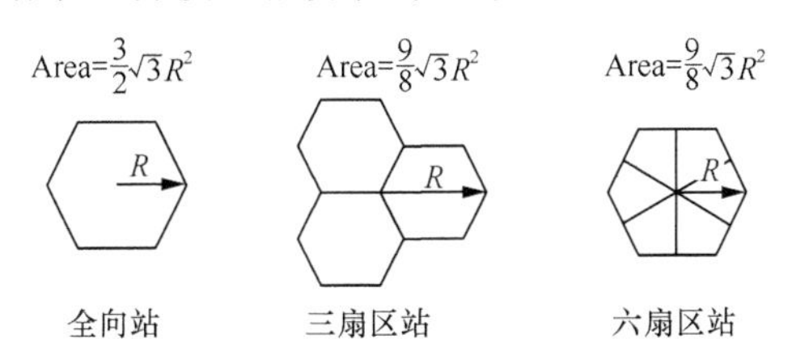

图 5-19　单站覆盖面积计算

根据单站覆盖面积，可以计算出 5G 基站不同配置下单位覆盖面积所需的基站数量，多频段不同基站配置下城区站点需求如表 5-43 所示。

表 5-43　多频段不同基站配置下城区站点需求

上行 1024 kbit/s		2.6 GHz	2.6 GHz	3.5 GHz	3.5 GHz	4.9 GHz	4.9 GHz	1.8 GHz LTE
		16T16R	64T64R	16T16R	64T64R	16T16R	64T64R	2T4R
		UMa	UMa	UMa	UMa	UMa	UMa	UMa
最大允许路径损耗（dB）		146.19	148.19	146.19	148.19	146.19	148.19	142.44
满足室内覆盖	穿透损耗（dB）	31.5	31.5	34	34	36.5	36.5	20
	小区半径（m）	238	267	176	198	128	144	260
	站距（m）	356	401	264	297	192	216	390
	每平方千米站数（个）	9	7	17	13	31	25	5
满足室外覆盖	穿透损耗（dB）	12.2	12.2	12.7	12.7	13.1	13.1	10
	小区半径（m）	741	833	618	695	508	571	360
	站距（m）	1111	1250	927	1042	762	857	540[15]
	每平方千米站数（个）	1	1	1	1	2	2	5

5. 5G 覆盖性能测试

本小节选取某地市进行 5G 覆盖性能测试，用以验证前面 5G 覆盖能力分析结果。现场实测单小区情况下的 5G NR 下行业务信道在天线径向方向上的拉距覆盖性能，5G 网络频段为 3.5 GHz，其他网络配置参数如表 5-44 所示。

表 5-44　5G 测试网络配置参数

基本参数	配置情况		
NR CELL ID	111	112	113
带宽（MHz）	100	100	100

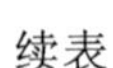
续表

基本参数	配置情况		
下行频点	636 666	636 666	636 666
频带	N78	N78	N78
PCI	129	130	131
PRACH	1	5	9
上下行时隙配比	4:1	4:1	4:1
时隙结构	SS1	SS1	SS1
天线配置	64T64R	64T64R	64T64R

具体测试步骤如下：

① 采用 5G NR 测试终端位于孤立单小区测试路线中靠近 5G 基站处开始测试；

② 通过网络侧向 5G NR 测试终端发起下行 UDP 业务并保持；

③ 保持 5G NR 测试终端以相对固定的低速（小于 30 km/h）沿测试路线向远处移动；

④ 持续记录测试数据，直至 5G NR 终端掉线测试。

如图 5-20 所示，可以看出 NR11 小区覆盖情况，当接收电平 RSRP 达到 -95 dBm 时，测试线路的 SINR 值为 20 dBm 左右，覆盖距离大约为 622 m。

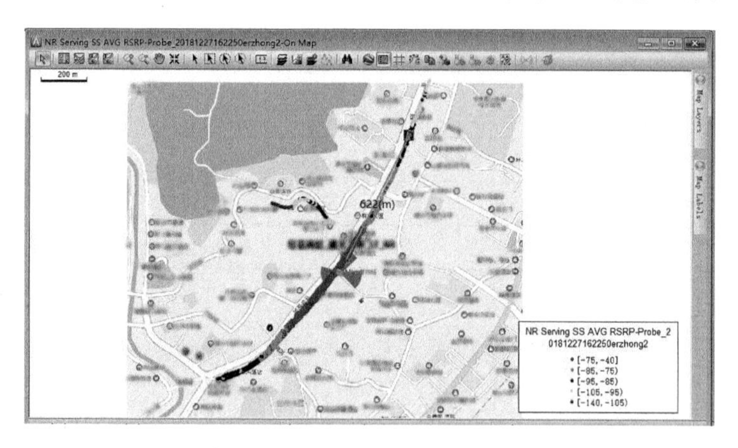

图 5-20　NR11 RSRP 覆盖测试

如图 5-21 所示，可以看出 NR12 小区覆盖情况，当接收电平 RPSP 达到 -95 dBm 时，测试线路的 SINR 值为 17 dBm 左右，覆盖距离大约为 678 m。

通过 5G 覆盖性能分析可知，由于测试站点主要覆盖道路周边，且天面紧靠路边，当接收电平 RSRP 为-95 dBm 时，覆盖距离可达到 650 m 左右，当接收电平 RSRP 为-85 dBm 时，覆盖距离可达到 470 m 左右，当接收电平 RSRP 为-75 dBm 时，覆盖距离可达到 210 m 左右。

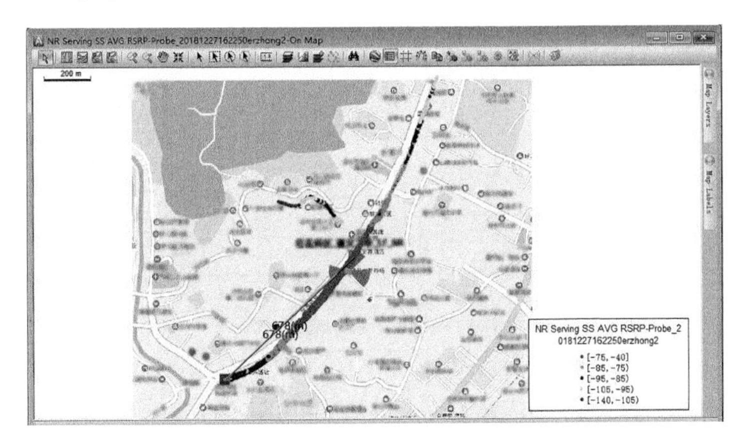

图 5-21 NR12 RSRP 覆盖测试

将以上实际测试结果与通过链路预算方法得出的 5G 覆盖能力对比，对比 3.5 GHz 频段满足室外覆盖的小区半径，实测覆盖结果与 5G 覆盖能力分析的结果相近。

5.6 容量能力分析

在 5G 空口中，多用户从时域、频域、空域和码域等多个维度共享系统资源。与 4G 网络类似，5G 在容量的规划方面根据调度算法来计算数据业务的承载，空口资源分配方式采用了链路自适应方式。链路自适应算法根据用户的信道质量调整编码方式，获得更高的频谱效率，同时依据当前小区总体资源的占用情况，用户的位置和信道质量，动态调整用户业务对资源的占用，在频域上进行选择性地调度。

5.6.1 容量规划的流程

5G 空口的容量规划首先根据 5G 系统的特性，进行配置分析，得出单小区的容量评估指标：包括 RRC 连接用户数、小区峰值速率、小区平均吞吐量，从而得出每基站的容量。其次根据业务模型分析确认单用户吞吐量，从而计算每小区支持用户数；最后根据确认的基站规模得到整网用户数，将其与规划区总用户数对比，得到验证后的本期应规划的站点数量。

5G 容量规划的流程如图 5-22 所示。

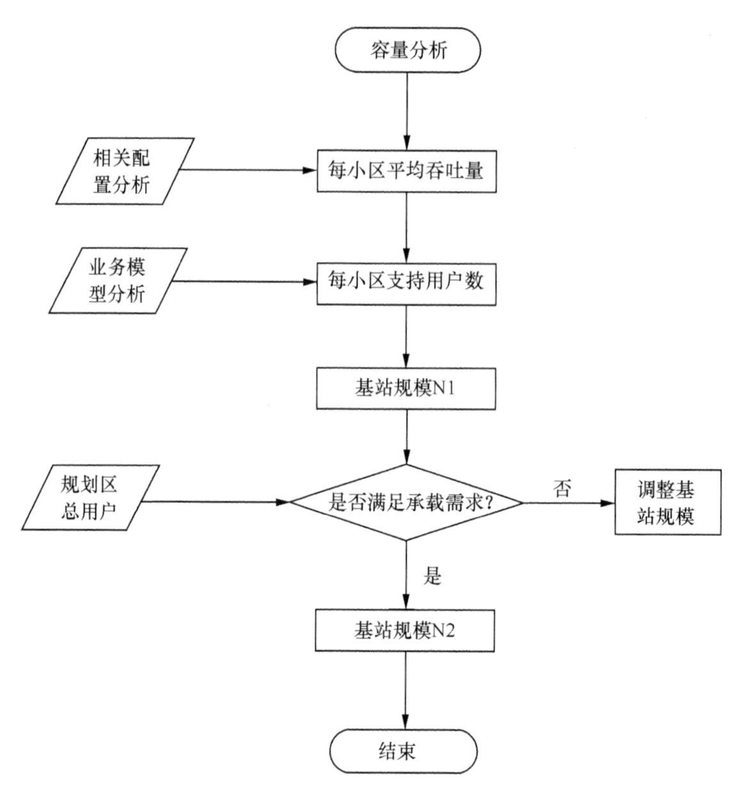

图 5-22 5G 容量规划流程

5.6.2 影响容量能力的因素

影响无线网络的系统容量因素有很多，首先是固定的配置和算法的性能，包括单扇区的频点带宽、天线技术、频率使用方式、小区间干扰消除技术、资源调度算法等；其次是实际网络整体的信道环境和链路质量会影响 5G 网络的资源分配和调制编码方式选择，因此网络结构对 5G 的容量也有着重要的影响。

① 时隙配置方式：在 eMBB 场景，按照 30 kHz 子载波间隔，各厂家提出了典型的帧结构 Option 1～Option 5（详见 4.1 节），系统可支持其中的一种或多种静态配置。

② 控制信道开销：除了 5G 系统本身的配置和算法外，系统所承载的具体的业务类型、组网方式不同所带来的信道环境和链路质量对 5G 的容量也有着至关重要的影响，开销包括下行参考信号的开销和下行链路控制信道的开销。

③ 天线技术：5G 基站采用多天线技术，使得基站根据实际网络需要以及天线资源，实现单流分集、多流复用、复用与分集自适应、单流波束赋形、双流波束赋形等，这些技术的使用场景不同，但是都会在一定程度上影响用户容量。

④ 频率使用方式：根据香农信道容量定理，信道使用的带宽越宽，信道的容量越大。信道容量定理也可以扩展到整个网络层面。网络使用的带宽越宽，网络容量也就越大。网络采用异频组网，虽然网络间的干扰变小了，但是从网络的总体容量来看，没有同频组网的容量大。

⑤ 小区间干扰消除技术：由于 OFDMA 多址的正交的特性，系统内的干扰主要来自同频的其他小区。这些同频干扰将降低用户的信噪比，从而影响用户容量，因此干扰消除技术的效果将会影响系统整体容量及小区边缘用户速率。

⑥ 资源调度算法：5G 采用自适应调制编码方式，使得网络能够根据信道质量的实时检测反馈，动态调整用户数据的编码方式以及占用的资源，从系统上做到性能最优。因此 5G 整体容量性能和资源调度算法的好坏密切相关，好的资源调度算法可以明显提升系统容量及用户速率。

⑦ 网络结构：5G 的用户吞吐量取决于用户所处环境的无线信道质量，小区吞吐量取决于小区整体的信道环境，而小区整体信道环境最关键的影响因素是网络结构及小区覆盖半径。在 5G 网络规划时应比传统 2G/3G/4G 系统更加关注网络结构，严格按照站间距原则选择站址，避免选择高站及偏离蜂窝结构较大的站点。

而影响 5G 小区吞吐率的主要因素有以下几点。

① 可用频谱资源：FR1 频段中单载波最大频带配置 100 MHz；FR2 频段中单载波最大频带配置 400 MHz，根据单载波最大频带配置确定可用于传输的 RE 数。

② 帧结构：其中影响因素主要包括帧结构上下行占比（opt1：3：7）、上下行转换点（opt1：slot3 和 slot7）。

③ 调度时序：5G 采用自适应调制编码方式，使得网络能够根据信道质量的实时检测反馈，动态调整用户数据的编码方式以及占用的资源，从系统上做到性能最优。因此 5G 整体容量性能和资源调度算法的好坏密切相关，好的资源调度算法可以明显提升系统容量及用户速率。其中影响因素主要包括调度时序 DCI 与 PDSCH 的间隔、UCI 与 PUSCH 的间隔、HARQ 进程数。

④ 调制方式：5G 系统与 4G 系统相比，增加了 256QAM 的调制方式。其中影响因素主要包括下行信道调制方式 256QAM，上行信道后期会支持 256QAM 的调制方式。

⑤ 最大 TBS：5G 对于时域上的调度，NR 支持 slot、mini-slot 以及 slot 聚合。因此 TBS 的数量对应与 PDSCH 传输占用的 OFDM 符号数。影响因素主要包括下行最大 TBS、上行最大 TBS、编码效率等因素。

⑥ 最大流数：影响因素主要支持端口数（12）、支持天线数（192），流数的增加会导致码率的降低。

⑦ 业务类型：不同的业务类型会影响信道的吞吐速率，当大量的业务为大颗粒度的业务时，信道的吞吐速率就会比较高，当业务的颗粒度比较小时，信道的吞吐速率就会降低。

5.6.3 容量评估指标

根据 5G 的特性，其容量评估指标主要有 RRC 连接用户数、小区峰值速率、小区平均吞吐量、小区边缘吞吐量。下面对上述几个指标进行简单说明：

- RRC 连接用户数：小区最大激活用户数；
- 小区峰值速率：单用户在系统中被分配最大的带宽；
- 小区平均吞吐量：所有小区吞吐量之和/小区数；
- 小区边缘吞吐量：基站小区边缘用户的整体平均速率。

5G 小区上下行峰值速率主要与系统带宽、上下行时隙配比和调制编码方式有关。根据在单个无线帧时间内承载的数据比特量便可估算出上下行峰值吞吐量。

5G 小区的上下行峰值速率计算公式如下：

$$W_{C}=\mathrm{BW}\times R_{E}\times N_{l}\times IQ\times\eta\times\mathrm{BLER}\times R_{T,R} \qquad (5\text{-}20)$$

式（5-20）中，W_{C} 为小区理论峰值速率；BW 为带宽；R_{E} 为开销比例；N_{l} 为天线流数；IQ 为信息比特数；η 为编码效率；BLER 为误块率；$R_{T,R}$ 为上下行比例。

根据上述计算，可以得出 5G 系统在不同带宽配置、不同上下行配比及特殊子帧配置下、不同天线配置下的上下行峰值吞吐量。以上下行时隙配比 1:3 为例，上下行速率计算结果如表 5-45 所示。

另一种计算方式是通过 TBS 大小进行峰值速率的计算，其计算公式为：

$$W_{C}=TBS\times R_{\mathrm{slot}}\times N_{l} \qquad (5\text{-}21)$$

表 5-45　上下行速率计算结果

	天线配置	带宽（MHz）	开销比例（R_E）	天线流数（N_l）	信息比特数（IQ）	编码效率（η）	BLER	上下行比例（$R_{T,R}$）	上下行速率（Mbit/s）
下行	2T4R	100	70%	4	8（256QAM）	91%	95%	75%	1452.4
	4T8R	100	70%	8	8（256QAM）	91%	95%	75%	2904.7
	64T64R	100	70%	16	8（256QAM）	91%	95%	75%	5809.4
上行	2T4R	100	70%	2	6（64QAM）	89%	95%	25%	177.6

式（5-21）中，W_C 为小区理论峰值速率；TBS 为 TBS 大小；R_{slot} 为上/下行子帧数；N_l 为天线流数。在不同的上下行配比的情况下，不同天线在 100 MHz 带宽配置下的理论峰值速率如表 5-46 所示。

表 5-46　理论峰值速率

	100 MHz 带宽配置理论峰值速率（Mbit/s）		
DL：UL	1：3	2：2	3：1
64T64R DL	2737.8	4348.3	5958.8
2T4R UL	603.9	402.6	201.3

5.6.4　5G 速率性能测试

通过现场分别测试在空口空载情况下，5G NR 单用户小区下行吞吐量性能，具体测试网络配置参数如表 5-47 所示。

表 5-47　5G 测试网络配置参数

基本参数	参数值
工作频率	3400～3500 MHz
系统带宽	100 MHz
子载波间隔	30 kHz
帧结构	自定义
上下行配比	1：3
天线振子数	192
天线通道数	64

具体测试步骤如下：首先将 5G NR 测试终端位于基站极近点处（SINR≥

25 dB），网络侧向 5G NR 测试终端发起下行 UDP 业务并保持 3 分钟；将 5G NR 终端分别移动至近点（SINR=15～20 dB）、中点（SINR=5～10 dB）、远点（SINR=-5～0 dB），重复以上步骤。

如表 5-48 所示，可以看出，在极近点信道条件良好的情况下，单用户速率达到下行四流理论峰值 1.2 Gbit/s；在近点区域，下行速率略低于峰值，有 1.1 Gbit/s。在中点速率仍有 1 Gbit/s 左右，在远点速率有所下降，但受益于大规模天线的赋形增益，下行速率也能保持在 200 Mbit/s 以上，符合测试预期。

表 5-48　5G 单用户小区下行吞吐量测试结果

位置	RSRP	SINR	UlThroughPut(PHY)	RB	MCS	Rank	Bler
极近点	−68	26	1.2 Gbit/s	271	28	4	3%
近点	−77	19	1.11 Gbit/s	271	28	4	8%
中点	−93	9	1.01 Gbit/s	271	27	4	9%
远点	−107	0	202 Mbit/s	271	14	2	8.6%

如表 5-49 所示，可以看出，在极近点区域，单用户速率可接近理论峰值，有 179 Mbit/s，在近点，上行速率略有下降，但仍有 154 Mbit/s；在中点区域，上行速率在 79 Mbit/s，接近单流峰值。在远点速率有所下降，但受益于大规模天线的接收增益，上行速率也能保持在 30 Mbit/s 以上，符合测试预期。

表 5-49　5G 单用户小区上行吞吐量测试结果

位置	RSRP	SINR	UlThroughPut(PHY)	RB	MCS	TxPwr	Rank
极近点	−70	28	179 Mbit/s	255	28	26	2
近点	−79	18	154 Mbit/s	255	26	26	2
中点	−93	9	79 Mbit/s	253	16	26	1
远点	−107	3	30 Mbit/s	240	14	26	1

5.7　干扰分析

5G 网络与异系统间的干扰主要是由系统的射频特性不理想及非线性造成

的。按产生机理的不同可分为同频干扰、杂散干扰、阻塞干扰、互调干扰及邻频干扰。根据每种干扰的产生机理，充分考虑干扰的影响因素，分别建立不同的分析模型，从而对每种干扰进行计算。结合上述计算结果，从水平隔离、垂直隔离、组合梯形隔离 3 个方面分析和呈现了 5G 系统与其他系统的间隔距离要求，并列举了系统间干扰控制方法。最后对 5G 系统与北斗系统和导航雷达之间的干扰分析进行了简单的论述。

5.7.1　系统间干扰的分类

1. **同频干扰**

同频干扰指无用信号的载频与有用信号的载频相同，并对接收同频有用信号的接收机造成的干扰。在移动通信系统中，为了提高频率利用率，增加系统的容量，常常采用频率复用技术。频率复用是指在相隔一定距离后，在给定的覆盖区域内，存在着许多使用同一组频率的小区，这些小区称为同频小区，同频小区之间的干扰称为同频干扰。一般采用频率复用的技术以增加频谱效率。当小区不断分裂使基站服务区不断缩小，同频复用系数增加时，大量的同频干扰将取代人为噪声和其他干扰，成为对小区的主要约束。这时移动无线电环境将由噪声受限环境变为干扰受限环境。同频干扰比即有用信号与同频干扰信号幅度的比值，同频干扰比决定于设备参数、传播环境、通信概率、小区半径、双工方式、同频复用距离等因素。

2. **杂散干扰**

杂散干扰是一个系统的发射频段外的杂散发射落入另外一个系统接收频段内造成的干扰，其发射电平可以降低而不致影响相应信息的传递。杂散发射包含谐波发射、寄生发射、互调产物及变频产物，但带外发射除外。干扰基站在被干扰基站接收频段内的杂射辐射，并且干扰基站的发送滤波器没有提供足够的带外衰减，会引起接收机噪声基底的增加而导致接收机的灵敏度的降低。

由于发射机中的功放、混频器和滤波器等器件的非线性，会在工作频带以外很宽的范围内产生辐射信号分量，包括热噪声、谐波、寄生辐射、频率转换产物和互调产物等。当这些发射机产生的干扰信号落在被干扰系统接收机的工作带内时，抬高了接收机的噪底，从而降低了接收灵敏度。杂散干扰的示意如图 5-23 所示。

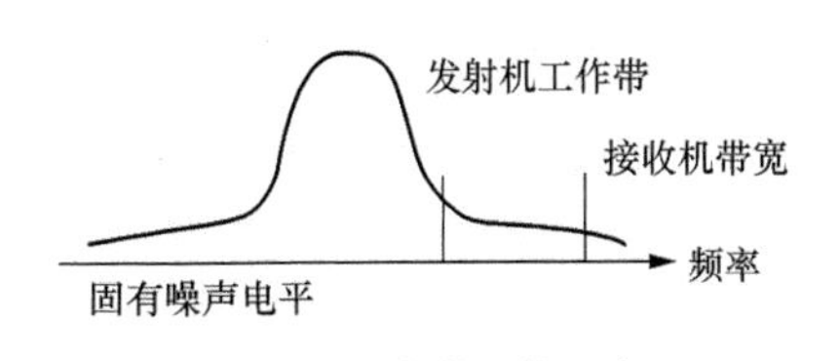

图 5-23　杂散干扰示意

3. **阻塞干扰**

阻塞干扰并不是落在被干扰系统接

收带内的，但由于干扰信号过强，超出了接收机的线性范围，导致接收机饱和而无法工作；为了防止接收机过载，接收信号的功率一定要低于它的 1 dB 压缩点，产生原因主要是接收机滤波器的不完整性。阻塞干扰的示意如图 5-24 所示。

4. 互调干扰

互调干扰是指系统的非线性导致多载频合成产生的互调产物落到相邻系统的上行频段，使接收机信噪比下降的干扰情况。这是由于两个或多个无线电信号使得器件进入非线性区而产生的新频率分量。互调干扰的示意如图 5-25 所示。

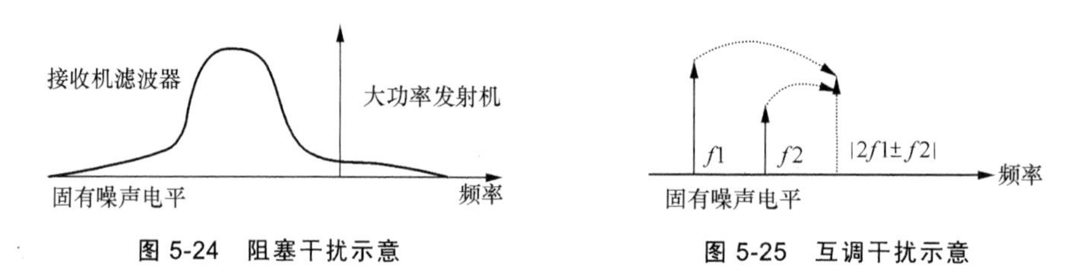

图 5-24 阻塞干扰示意　　图 5-25 互调干扰示意

5. 邻频干扰

邻频干扰是指相邻或相近的频道的信号之间的相互干扰。由于调频信号含有无穷多个边频分量，当其中某些边频分量落入邻道接收机的通带内，就会造成邻频干扰。

在实际的使用过程中，邻频干扰主要是所使用信号频率的相邻频率的信号干扰，接收滤波器性能不理想，使得相邻的信号泄漏到传输带宽内引起干扰。

5.7.2 干扰隔离分析模型

1. 确定性分析方法

目前无线通信系统的干扰共存研究普遍采用的是确定性分析方法。

确定性分析方法基于链路预算原则，简单高效，通过数值计算得出两系统共存所需的隔离度，但由于一般选取干扰最严重的链路（路径损耗最小，发射功率最大，收发天线增益最大），确定性分析所得的干扰结果严重，但是可以最大限度地保证系统的隔离度，如基站间的干扰分析。两个无线通信系统之间相互干扰的原理如图 5-26 所示。

确定性干扰分析方法采用系统间最小耦合损耗（MCL）计算方法。系统间最小耦合损耗是指两天线连接头之间的包括天线增益的最小损耗。

当研究基站与基站间干扰时多采用 MCL 计算方法。在这种情况下，干扰源以最大的功率发射。MCL 计算方法适用于理论上的估计和分析，简单高效，可以从理论上估算系统的干扰大小，从理论极限的角度研究系统的干扰共存问题，计算方法是对最坏情况的估计。由终端引起的干扰不能采用 MCL 的方法进行研究。

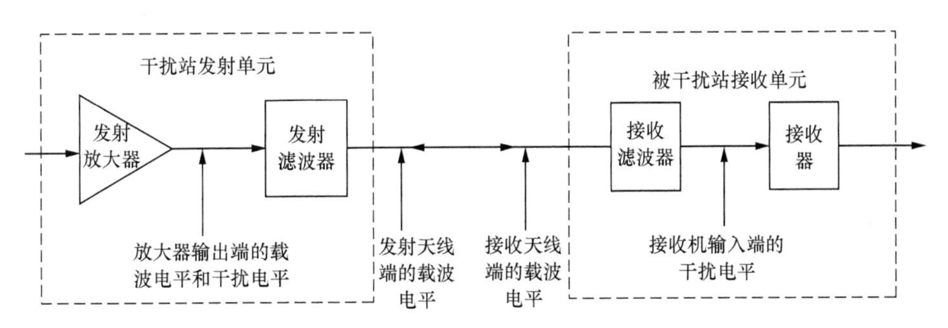

图 5-26 干扰分析模型

干扰分析模型见式（5-22）。

$$I_{max} = P_{max} - (G_T + L_{pathloss} + G_R) - \text{Required}_{\text{Isolation}} \tag{5-22}$$

式（5-22）中，

I_{max}：被干扰系统在损失一定的系统性能下所能接收的干扰；

P_{max}：干扰系统的最大发射功率；

G_T：干扰系统的天线增益；

G_R：被干扰系统的天线增益；

$L_{pathloss}$：天线间的传播损耗；

$\text{Required}_{\text{Isolation}}$：系统共存时的隔离度需求。

2. 杂散干扰隔离分析

杂散干扰对系统最直接的一个影响就是降低了系统的接收灵敏度。杂散干扰分析主要考虑的是如何保证各发射系统对各个接收系统的杂散干扰在可以容忍的范围内。在分析杂散干扰时有一个原则，即在分析一个系统所受到的杂散干扰时，主要考虑其他系统的带外杂散落到本系统带宽内的功率与本系统带宽内的空间热噪声功率的关系，杂散功率与空间热噪声功率的差值越大，接收机灵敏度所受的影响就越大。

在被干扰系统工作频段，由于外部干扰而导致的接收机灵敏度损失见式（5-23）。

$$R = 10 \times \lg\left(1 + 10^{\frac{I_{rx-N}}{10}}\right) \tag{5-23}$$

式（5-23）中，

R：接收机灵敏度损失（dB）；

I_{rx}：干扰信号电平（dBm）；

N：被干扰系统的底噪（dBm）。

根据工业和信息产业部《YD/T 2164.1-2010 电信基础设施共建共享技术要求》中的规定，当接收机灵敏度损失 R 为 1 dB 时多系统共址可以接受的性能降低。经计算可知当接收机灵敏度损失为 1 dB 时，最大允许的干扰信号电平（I_{rx}）应比被干扰系统的底噪（N）低 6 dB。

系统底噪计算见式（5-24）。

$$N=N_{单位热噪声}+NF+10\times\lg(\mathrm{BW_{RX}})=-174+NF+10\times\lg(\mathrm{BW_{RX}}) \quad (5\text{-}24)$$

式（5-24）中，

N：系统底噪（dB）；

$N_{单位热噪声}$：单位带宽的热背景噪声，取值为-174 dBm/Hz；

NF：被干扰系统的噪声系数（dB）；

$\mathrm{BW_{RX}}$：被干扰系统的信道带宽（MHz）。

杂散干扰隔离度可以见式（5-25）。

$$I_{\mathrm{Emission}}=E-K_{\mathrm{BW}}-M_{\mathrm{RX}}=E-10\times\lg(\mathrm{BW_{TX}}/\mathrm{BW_{RX}})-M_{\mathrm{RX}} \quad (5\text{-}25)$$

式（5-25）中，

I_{Emission}：杂散干扰隔离度（dB）；

E：干扰系统发射机在被干扰系统频段内的杂散指标（dBm）；

K_{BW}：带宽转换因子（dB），$K_{\mathrm{BW}}=10\times\lg(\mathrm{BW_{TX}}/\mathrm{BW_{RX}})$；

$\mathrm{BW_{TX}}$：干扰系统的信道带宽（MHz）；

$\mathrm{BW_{RX}}$：被干扰系统的信道带宽（MHz）；

M_{RX}：系统允许的干扰值（dBm）。

根据上述的杂散干扰隔离度计算方法，5G 与其他系统间的杂散干扰隔离度见表 5-50。

表 5-50　5G 与其他系统间杂散干扰隔离度

干扰系统	杂散信号功率（dBm）	测量带宽（MHz）	被干扰系统	被干扰系统带宽（MHz）	接收机灵敏度损失（dB）	噪声系数（dB）	系统底噪（dBm）	允许杂散干扰电平（dBm）	杂散干扰隔离度（dB）
GSM900	−98	3	5G(FDD)	100	1	7	−87	−93	10
DCS1800	−98	3		100	1	7	−87	−93	10
WCDMA	−86	1		100	1	5	−89	−95	29

续表

干扰系统	杂散信号功率（dBm）	测量带宽（MHz）	被干扰系统	被干扰系统带宽（MHz）	接收机灵敏度损失（dB）	噪声系数（dB）	系统底噪（dBm）	允许杂散干扰电平（dBm）	杂散干扰隔离度（dB）
TD-SCDMA	−96	0.1	5G(FDD)	100	1	5	−89	−95	29
LTE FDD	−96	0.1		100	1	5	−89	−95	29
LTE TDD	−96	0.1		100	1	5	−89	−95	29
CDMA 1X	−86	1		100	1	5	−89	−95	29
CDMA EVDO	−86	1		100	1	5	−89	−95	29
WLAN	−40	1		100	1	5	−89	−95	75
5G(FDD/TDD)	−96	0.1	5G(FDD/TDD)	100	1	5	−89	−95	29
	−98	0.1	GSM900	0.2	1	5	−116	−122	27
	−98	0.1	DCS1800	0.2	1	5	−116	−122	27
	−96	0.1	WCDMA	3.84	1	5	−103	−109	29
	−96	0.1	TD-SCDMA	1.28	1	7	−106	−112	27
	−96	0.1	LTE FDD	20	1	5	−96	−102	29
	−96	0.1	LTE TDD	20	1	5	−96	−102	29
	−98	0.1	CDMA 1X	1.23	1	5	−108	−114	27
	−98	0.1	CDMA EVDO	1.23	1	5	−108	−114	27
	−40	0.1	WLAN	22	1	5	−96	−102	85

注：杂散信号功率和测量带宽参见各个系统的协议指标：

GSM（DCS）：3GPP TS 05.05 V8.20.0（2005-11）；

WCDMA：3GPP TS 25.104 V15.2.0（2018-3）；

TD-SCDMA：3GPP TS 25.105 V14.0.0（2017-3）；

CDMA 1X：中华人民共和国通信行业标准. YD-T 1029～1999 800 MHz CDMA 数字蜂窝移动通信系统设备总技术规范基站部分；

CDMA EVDO：YD-T 1556～2007 2 GHz cdma2000 数字蜂窝移动通信网设备技术要求：基站子系统；

WLAN：关于调整 2.4 GHz 频段发射功率限值及有关问题的通知（信部无[2002]353 号）；

LTE FDD：3GPP TS 36.104 V15.2.0（2018-3）；

TD-LTE：3GPP TS 36.104 V15.2.0（2018-3）；

5G：3GPP TS 38.104 V15.1.0（2018-3）。

3. 阻塞干扰隔离度分析

阻塞干扰隔离度计算以规范规定的阻塞干扰信号指标为准，将干扰系统在天线口的发射功率与规范规定的阻塞干扰信号指标相减，即得到避免阻塞干扰所需要的隔离度。

阻塞干扰隔离度如式（5-26）所示。

$$I_{Block}=P_{TX}-E_{Block} \tag{5-26}$$

式（5-26）中，

I_{Block}：阻塞干扰隔离度（dBm）；

P_{TX}：干扰系统的发射功率（dBm）；

E_{Block}：规范定义的阻塞干扰指标（dBm）。

根据上述的阻塞干扰隔离度计算方法，5G 与其他系统间的阻塞干扰隔离度见表 5-51。

表 5-51　5G 与其他系统间阻塞干扰隔离度

干扰系统	干扰信号最大功率（dBm）	被干扰系统	允许阻塞电平（dBm）	阻塞干扰隔离度要求（dB）
GSM900	43	5G(FDD/TDD)	16	27
DCS1800	43		16	27
WCDMA	43		16	27
TD-SCDMA	34		16	18
LTE FDD	43		16	27
LTE TDD	43		16	27
CDMA 1X	43		16	27
CDMA EVDO	43		16	27
WLAN	27		—	42
5G(FDD/TDD)	43		16	27
	43	GSM900	8	35
	43	DCS1800	0	43
	43	WCDMA	16	27
	43	TD-SCDMA	13	30
	43	LTE FDD	15	28
	43	LTE TDD	15	28

续表

干扰系统	干扰信号最大功率（dBm）	被干扰系统	允许阻塞电平（dBm）	阻塞干扰隔离度要求（dB）
5G(FDD/TDD)	43	CDMA 1X	−17	60
	43	CDMA EVDO	−17	60
	43	WLAN	−15	58

注：WLAN 规范中没有 WLAN 接收机的阻塞指标要求。表中计算的 5G 与 WLAN 的阻塞干扰隔离度是 5G 在 WLAN 发射频段（2.4 GHz）内的阻塞干扰隔离度的要求。

4. 干扰隔离度的确定

由于移动通信系统间干扰主要考虑杂散辐射和阻塞干扰，所以根据以上隔离度的计算，确定 5G 与其他系统间隔离度见表 5-52。

表 5-52　确定 5G 与其他系统间隔离度

共站的其他系统	杂散隔离度要求（dB）	阻塞隔离度要求（dB）	隔离度要求（dB）	受限因素	备注
GSM900	27	35	35	5G 对 GSM900 的阻塞干扰	
DCS1800	27	43	43	5G 对 DCS1800 的阻塞干扰	
WCDMA	29	27	29	5G 对 WCDMA 的阻塞干扰	
TD-SCDMA	29	30	30	TD-SCDMA 对 5G 的阻塞干扰	
LTE FDD	29	28	29	5G 对 LTE-FDD 的阻塞干扰	
LTE TDD	29	28	29	5G 对 LTE-TDD 的阻塞干扰	
CDMA 1X	29	60	60	5G 对 CDMA 1X 的阻塞干扰	
CDMA EVDO	29	60	60	5G 对 CDMA EVDO 的阻塞干扰	
WLAN	85	58	85	5G 对 WLAN 的阻塞干扰	
5G(FDD/TDD)	29	27	29	5G 之间的阻塞干扰	

5.7.3　互调干扰

当两个或者多个信号同时进入通道时，由于非线性作用，信号的组合频率会形成互调信号，其中，3 阶互调信号最强。如果互调信号落在小区上行带内，那么就会形成互调干扰信号。

单频+单频互调干扰示意如图 5-27 所示，单频+宽带互调干扰示意如图 5-28 所示。

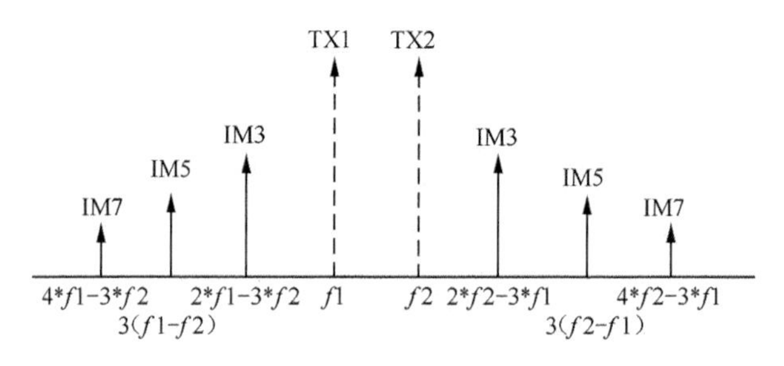

图 5-27 单频+单频互调干扰示意

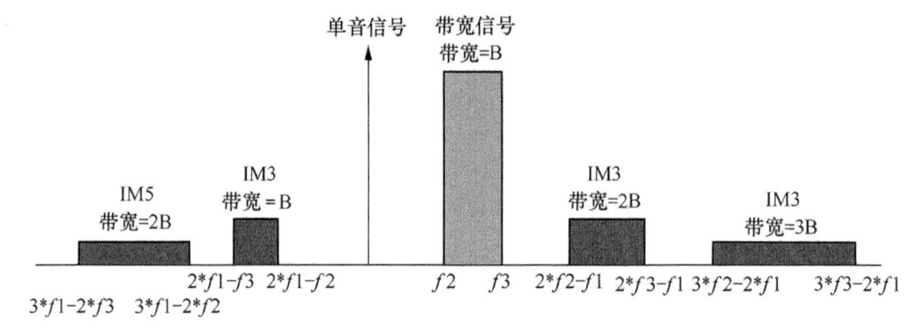

图 5-28 单频+宽带互调干扰示意

选取国内三大电信运营商现有移动通信系统频率参数，二次谐波和三次谐波干扰计算见表 5-53。

表 5-53 二次谐波和三次谐波干扰计算

运营商	系统	上行		下行		二次谐波				三次谐波			
						上行		下行		上行		下行	
中国移动	GSM900	885	909	930	954	1770	1818	1860	1908	2655	2727	2790	2862
	GSM1800	1710	1735	1805	1830	**3420**	**3470**	3610	3660	5130	5205	5415	5490
	TD-LTE1900	1880	1920	1880	1920	3760	3840	3760	3840	5640	5760	5640	5760
	TD-LTE2100	2010	2025	2010	2025	4020	4050	4020	4050	6030	6075	6030	6075
	TD-LTE2300	2320	2370	2320	2370	4640	4740	4640	4740	6960	7110	6960	7110
	TD-LTE2600	2575	2635	2575	2635	5150	5270	5150	5270	7725	7905	7725	7905
中国联通	GSM900	909	915	954	960	1818	1830	1908	1920	2727	2745	2862	2880
	GSM1800	1735	1745	1830	1840	**3470**	**3490**	3660	3680	5205	5235	5490	5520
	WCDMA2100	1920	1935	2110	2125	3840	3870	4220	4250	5760	5805	6330	6375
	LTE FDD1800	1745	1765	1840	1860	**3490**	**3530**	3680	3720	5235	5295	5520	5580
	TD-LTE2300	2300	2320	2300	2320	4600	4640	4600	4640	6900	6960	6900	6960
	TD-LTE2600	2555	2575	2555	2575	5110	5150	5110	5150	7665	7725	7665	7725

续表

运营商	系统	上行		下行		二次谐波				三次谐波			
						上行		下行		上行		下行	
中国电信	CDMA800	825	835	870	880	1650	1670	1740	1760	2475	2505	2610	2640
	LTE FDD1800	1770	1785	1865	1880	**3540**	**3570**	3730	3760	5310	5355	5595	5640
	TD-LTE2300	2370	2390	2370	2390	4740	4780	4740	4780	7110	7170	7110	7170
	TD-LTE2600	2635	2655	2635	2655	5270	5310	5270	5310	7905	7965	7905	7965

经过计算国内运营商现有移动通信系统的二次谐波和三次谐波对 5G 频段的干扰，中国移动的 GSM1800 MHz、中国联通的 GSM1800 MHz 和 LTE FDD1800 MHz、中国电信的 LTE FDD1800 MHz 的二次谐波会干扰 5G 的 3.5 GHz 频段。

三阶互调干扰计算见表 5-54。

表 5-54　三阶互调干扰计算

*f*1				*f*2				三阶互调			
								2*f2−1*f1		2*f1−1*f2	
中国移动	GSM900	930	954	中国联通	WCDMA2100	2110	2125	**3266**	**3320**	−265	−202
中国移动	GSM1800	1805	1830	中国移动	TD-LTE2600	2575	2635	**3320**	**3465**	975	1085
中国移动	GSM1800	1805	1830	中国联通	TD-LTE2600	2555	2575	**3280**	**3345**	1035	1105
中国移动	GSM1800	1805	1830	中国电信	TD-LTE2600	2635	2655	**3440**	**3505**	955	1025
中国移动	TD-LTE1900	1880	1920	中国移动	TD-LTE2600	2575	2635	**3230**	**3390**	1125	1265
中国移动	TD-LTE1900	1880	1920	中国电信	TD-LTE2600	2635	2655	**3350**	**3430**	1105	1205
中国联通	GSM1800	1830	1840	中国移动	TD-LTE2600	2575	2635	**3310**	**3440**	1025	1105
中国联通	GSM1800	1830	1840	中国联通	TD-LTE2600	2555	2575	**3270**	**3320**	1085	1125
中国联通	GSM1800	1830	1840	中国电信	TD-LTE2600	2635	2655	**3430**	**3480**	1005	1045
中国联通	LTE FDD1800	1840	1860	中国移动	TD-LTE2600	2575	2635	**3290**	**3430**	1045	1145
中国联通	LTE FDD1800	1840	1860	中国联通	TD-LTE2600	2555	2575	**3250**	**3310**	1105	1165
中国联通	LTE FDD1800	1840	1860	中国电信	TD-LTE2600	2635	2655	**3410**	**3470**	1025	1085
中国电信	CDMA800	870	880	中国联通	WCDMA2100	2110	2125	**3340**	**3380**	−385	−350
中国电信	LTE FDD1800	1865	1880	中国移动	TD-LTE2600	2575	2635	**3270**	**3405**	1095	1185
中国电信	LTE FDD1800	1865	1880	中国电信	TD-LTE2600	2635	2655	**3390**	**3445**	1075	1125

经过计算可知，以上国内运营商现有移动通信系统的三阶互调干扰 5G 的 3.5 GHz 频段。

5.7.4 邻频干扰

1. ACIR

邻信道干扰功率比（Adjacent Channel Interference Power Ratio，ACIR）是衡量通信系统性能的一个指标参数，表示从发射源的全部功率与对受干扰的接收机的总干扰功率之比。

$$\frac{1}{\text{ACIR}}=\frac{1}{\text{ACLR}}+\frac{1}{\text{ACS}} \tag{5-27}$$

式（5-27）中，

邻道泄漏抑制比（Adjacent Channel Leakage Ratio，ACLR）来衡量邻道发射信号落入到接收机通带内的程度，定义为发射功率谱密度与相邻信道上的测得功率谱密度之比。ACLR 示意如图 5-29 所示。

邻道选择性（Adjacent Channel Selectivity，ACS）衡量存在相邻信道信号时，接收机在其指定信道频率上接收有用信号的能力，定义为接收机滤波器在指定信道上的衰减与在相邻信道上的衰减的比值。ACS 示意如图 5-30 所示。

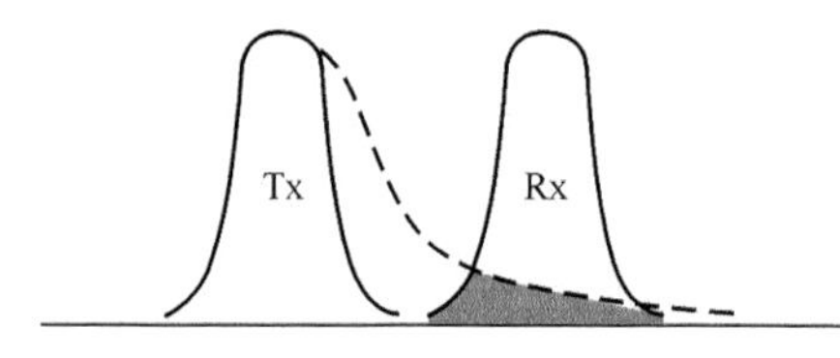

图 5-29 ACLR 示意

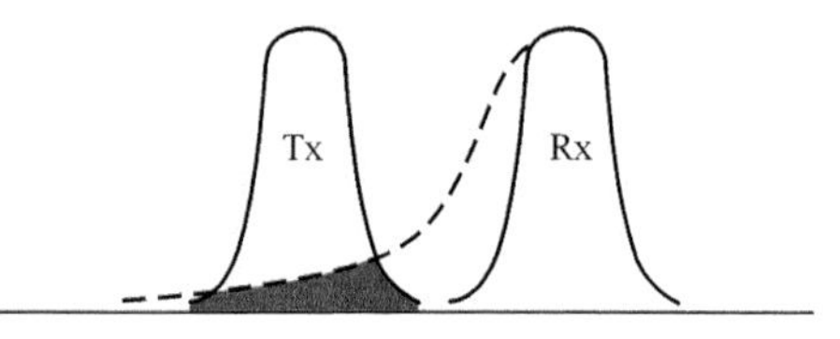

图 5-30 ACS 示意

2. 干扰计算时考虑的影响因素

在计算邻频干扰时需要考虑以下因素。

（1）网络或系统因素

- 网络的结构（如小区结构、激活用户密度与分布、干扰源与被干扰者之间的几何关系，保护距离，室外室内混合等）。
- 单站覆盖区域大小（小区半径）。
- 功率控制。

（2）收发信机参数（包括天线）

（3）传播模型（包括慢衰落）

移动通信收发信机主要有以下参数。

- 邻频干扰：发射参数、发射频率、发射功率、发射互调特性、信道带宽、邻道泄漏抑制比、杂散发射、发射模板等。其中信道带宽内的发射属于带内发射，其他则属于无用发射。

- 接收参数：接收机灵敏度、邻道抑制比（选择性）、接收机互调指标、误码率、所需的载波干扰比[C/I、C/(N+I)]、允许的干扰信号强度等。
- 天线参数：收发天线的高度、增益、方向性图和极化方式或天线模型等。

3. 干扰场景及干扰计算

邻频干扰时需要考虑有用信号：即基站分配给终端的功率（一部分或全部）；同时需要计算无用功率，包括以下 3 个部分：

- 接收机噪声功率 N_0；
- 内部干扰：系统内其他用户产生的干扰；
- 外部干扰：由外部系统产生的干扰。

邻频干扰的场景如图 5-31 所示。

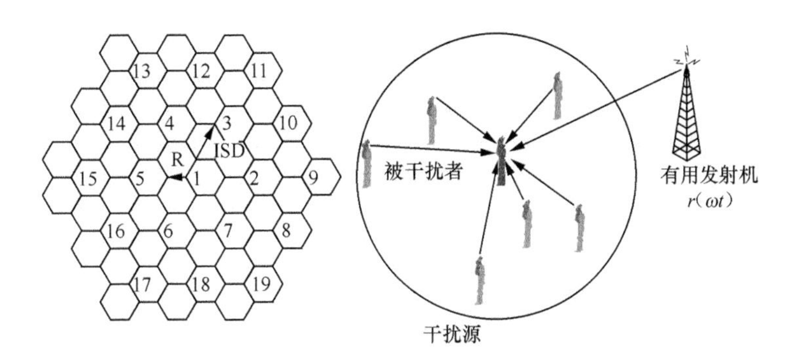

图 5-31　邻频干扰的场景

根据以上邻频干扰的场景，我们定性分析 5G 上/下行信道的邻频干扰。其中，5G 下行信道的邻频干扰 SINR_i 参见式（5-28）。

$$\text{SINR}_i = \frac{P_{k,i} \cdot G_{k,i} \cdot PL_{k,i}}{\sum_{\substack{m \neq k \\ m=1}}^{N} P_{m,i} \cdot G_{m,i} \cdot PL_{m,i}^{\text{intra}} + \sum_{n=1}^{N} P_{n,i} \cdot G_{n,i} \cdot PL_{n,i}^{\text{inter}} \cdot \text{ACIR} + N_0} \quad (5\text{-}28)$$

式（5-28）中，

SINR_i：基站 k 内用户 i 的接收信噪比；

$P_{k,i}$：基站 k 分配给用户 i 的功率；

$P_{m,i}$：基站 m 分配给与用户 i 占用相同信道的用户的功率；

$P_{n,i}$：第 n 个外系统干扰发射机的发射功率；

$G_{k,i}$：基站 k 与用户 i 之间的收发天线增益之和；

PL：基站与用户之间的路径损耗（包括阴影衰落）；

N：单系统扇区数。

5G 上行信道的邻频干扰 $SINR_i$参见式（5-29）。

$$\mathrm{SINR}_i=\frac{P_{k,i}\cdot G_{k,i}\cdot PL_{k,i}}{\sum_{\substack{m\neq k\\m=1}}^{N}P_{m,i}\cdot G_{m,i,k}\cdot PL_{m,i,k}^{\mathrm{intra}}+\sum_{n=1}^{N}\sum_{j=1}^{N_u}P_{n,j}\cdot G_{n,j,k}\cdot PL_{n,j,k}^{\mathrm{inter}}\cdot \mathrm{ACIR}+N_0} \quad (5\text{-}29)$$

式（5-29）中，

$SINR_i$：基站 k 在信道 i 上的接收信噪比；

$P_{k,i}$：占用信道 i 的用户的发射功率；

$P_{m,i}$：本系统扇区 m 中占用信道 i 的用户的发射功率；

$P_{n,j}$：外系统扇区 n 中用户 j 的发射功率；

$G_{m,i,k}$：本系统扇区 m 中占用信道 i 的用户与基站 k 之间的收发天线增益之和；

$G_{n,j,k}$：外系统扇区 n 中用户 j 与基站 k 之间的收发天线增益之和；

N_u：干扰系统每扇区上行用户数。

5.7.5　5G 与其他系统间隔离距离要求

根据系统间的相对位置关系，系统间隔离通常有水平隔离、垂直隔离、组合梯形隔离 3 种方式，如图 5-32 所示。

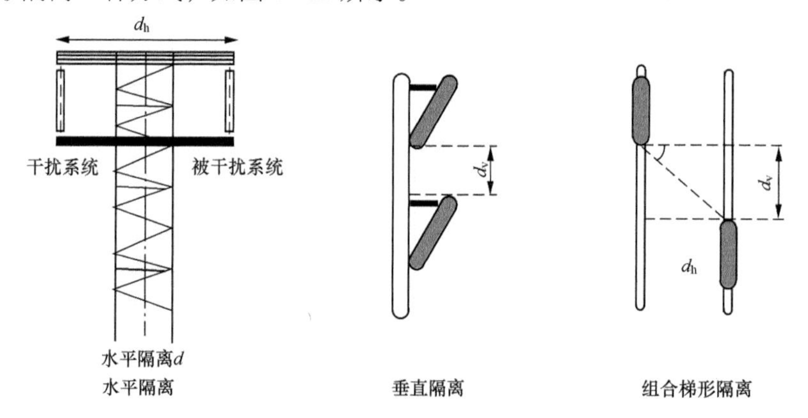

图 5-32　系统间隔离方法

1. 水平隔离

水平隔离时，发射天线与接收天线的水平隔离示意见图 5-33。

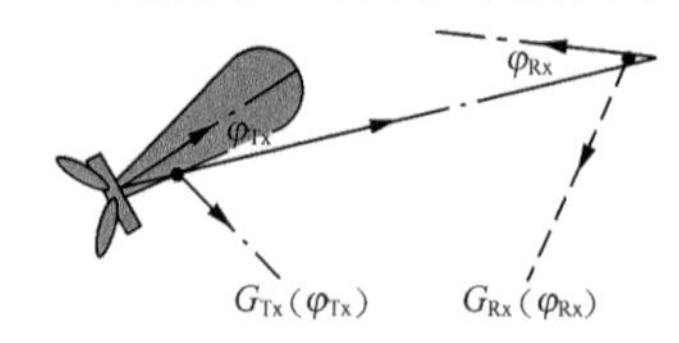

图 5-33　发射天线与接收天线的水平隔离示意

隔离度与隔离距离间的关系可以由式（5-30）进行描述。

$$I_{\mathrm{H}}(\mathrm{dB}) = 22 + 20\lg\left(\frac{d_{\mathrm{h}}}{\lambda}\right) - (G_{\mathrm{Tx}} + G_{\mathrm{Gx}}) - \mathrm{SL}(\Phi)_{\mathrm{Tx}} + \mathrm{SL}(\theta)_{\mathrm{Rx}} \quad (5\text{-}30)$$

式（5-30）中，

I_{H}：天线水平方向的隔离度（dB）；

d_{h}：水平隔离距离（m），$d_{\mathrm{h}}=2D^2/\lambda$；

G_{Tx}：干扰系统发射天线朝向被干扰系统接收天线的发射增益（dBi）；

G_{Rx}：被干扰系统接收天线朝向被干扰系统接收天线的发射增益（dBi）；

λ：无线电波长，杂散发射取被干扰系统接收频段波长；阻塞干扰取干扰系统发射频段波长（m）。

2. 垂直隔离

垂直隔离时，隔离度与隔离距离间的关系可以由式（5-31）进行描述。

$$I_{\mathrm{v}}=28+40\times\lg(d_{\mathrm{v}}/\lambda) \quad (5\text{-}31)$$

式（5-31）中，

I_{v}：天线垂直方向的隔离度（dB）；

d_{v}：垂直隔离距离（m）；

λ：无线电波长，杂散发射取被干扰系统接收频段波长；阻塞干扰取干扰系统发射频段波长（m）。

3. 组合梯形隔离

组合梯形隔离时，隔离度与隔离距离间的关系可以由式（5-32）进行描述。

$$I_{\mathrm{c}} = I_{\mathrm{h}} + (I_{\mathrm{v}} - I_{\mathrm{h}}) \times \left(\frac{2\times\tan^{-1}(d_{\mathrm{v}}/d_{\mathrm{h}})}{\pi}\right) \quad (5\text{-}32)$$

式（5-32）中，

I_{c}：天线组合梯形时的隔离度（dB）；

d_{h}：水平隔离距离（m）；

d_{v}：垂直隔离距离（m）；

I_{v}：天线水平方向的隔离度（dB）；

I_{h}：垂直水平方向的隔离度（dB）。

根据上小节确定的5G系统隔离度，按照上面的计算方法，确定5G与其他系统间隔离距离见表5-55。

由于WLAN系统规范中缺少对干扰指标的要求，导致WLAN系统的干扰隔离度比较大，可以通过加装带通滤波器，天线保持一定的隔离距离来降低系统间的干扰。

表 5-55　5G 与其他系统间隔离距离

共站的其他系统	隔离度要求（dB）	垂直隔离距离（m）	水平隔离距离（m）	备注
GSM900	35	0.13	0.38	
DCS1800	43	0.20	0.96	
WCDMA	29	0.09	0.19	
TD-SCDMA	30	0.10	0.22	
LTE FDD	29	0.09	0.19	
LTE TDD	29	0.09	0.19	
CDMA 1X	60	0.54	6.81	
CDMA EVDO	60	0.54	6.81	
WLAN	85	2.28	121.07	
5G(FDD/TDD)	29	0.09	0.19	

5.7.6　系统间干扰控制方法

在工程中经常使用以下方法来控制移动通信各个系统间的干扰。

（1）天线空间隔离

调整天线的水平隔离，垂直隔离距离，方向角，俯仰角，提高天线间的耦合损耗，降低干扰。

（2）加装滤波器

通过加装滤波器来进一步提高发射机或接收机的滤波特性，达到系统间共存所需的隔离度。

（3）增加基站间距

增加基站间的空间距离，利用空间信号的衰减实现隔离，降低干扰。

（4）设备参数限制

规定足够的设备的射频指标来保证邻频系统的共存问题。

（5）保护带方法

通过频率规划，使得干扰系统的发射频段和被干扰系统的接收频段在频域上得到一定的隔离，国家或地方的无线电管理委员会负责协调各通信系统的干扰问题，通过预留足够的保护带，减少系统间相互干扰的情况。

以上系统间干扰控制方法中，最为有效的是天线空间隔离和加装滤波器的方法。

5.7.7　5G 2.6 GHz 频段的干扰分析

1．5G 2.6 GHz 与北斗系统的干扰分析

在 2.4835 ~ 2.5 GHz 频段是我国北斗一代卫星导航系统的 RDSS 下行频段，紧邻工业和信息化部新分配的 5G NR 2.6 GHz 频段。

（1）北斗系统对 5G NR 干扰分析

北斗系统对 5G NR 的干扰主要是北斗卫星对 5G NR 基站和终端的干扰。北斗卫星为地球同步轨道卫星，其信号到达地球表面的空间衰减在 191 dB 以上。

北斗卫星的带外杂散辐射到达地球后的信号强度很小，约为-9 dBm/MHz，对 5G NR 基站和终端的干扰可以忽略不计。

北斗卫星的等效全向辐射功率（EIRP）约为 81 dBm，到达地球后衰减为-110 dBm，北斗卫星对 5G NR 基站和终端的带外阻塞干扰也可以忽略不计。

（2）5G NR 对北斗系统干扰分析

5G NR 对北斗系统的干扰主要是 5G NR 基站和终端对北斗系统终端的干扰。

北斗系统终端的工作带宽为 8 MHz，噪声指数（NF）为 2 dB，则北斗系统终端的底噪为-103 dBm，经计算可知，允许的带内杂散辐射干扰电平为-109 dBm。

北斗系统终端的带通滤波抑制指标为 40 dB，其允许的带外阻塞干扰电平为-49 dBm/MHz。

假设：5G NR 基站天线增益为 21 dBi（含天线增益和赋形增益，考虑馈线接头损耗为 3 dB）；5G NR 终端天线增益为 0 dBi；5G NR 终端天线人体损耗为 7 dB；北斗系统终端天线增益为-3 dBi。

经计算可知：5G NR 基站与北斗系统终端间的阻塞干扰空间隔离度要求为 60 dB，5G NR 终端与北斗系统终端间的阻塞干扰空间隔离度要求为 13 dB。北斗系统终端与 5G NR 基站的干扰隔离距离要求为 270 m，北斗系统终端与 5G NR 基站的干扰隔离距离要求为 76 m。考虑 5G NR 基站和终端的实际发射功率要小于标称最大发射功率，北斗系统终端也采取了抗干扰措施，实际需要的干扰隔离距离要小于上述理论计算值。5G NR 与北斗系统基本满足共存的要求。

（3）干扰控制措施

为规避对北斗系统终端的干扰，建议综合采取以下干扰缓解工程措施：

- 增强北斗系统终端的抗干扰能力；
- 5G NR 基站选址及建设时，保证周围一定范围内没有用户活动；
- 通过网络优化实现 5G NR 网络的良好覆盖，避免 5G NR 基站和终端以最大功率发射。

2. 5G 2.6 GHz 与导航雷达的干扰分析

在 2.6～2.7 GHz 频段，航空无线电导航雷达使用的工作频段紧邻工业和信息化部新分配的 5G NR 2.6 GHz 频段。

航空无线电导航业务属于重要的无线电业务，根据《中华人民共和国无线电管理条例》规定，在其周围应设置电磁环境保护区。

由于 5G NR 终端的移动性和不可预测性，这里考虑导航雷达与 5G NR 基站的干扰。

（1）导航雷达对 5G NR 干扰分析

导航雷达属于高功率无线系统，其等效全向辐射功率为 130 dBm，带外 -20 dB 带宽为 4.4 MHz，带外抑制大于 90 dB。允许的带内杂散辐射干扰电平为-106 dBm/MHz，5G NR 基站的接收机在 2700～2900 MHz 的阻塞指标为 -15 dBm。

假设：

5G NR 基站天线增益为 21 dBi（含天线增益和赋形增益，考虑馈线接头损耗为 3 dB）；5G NR 基站与导航雷达间的天线耦合损耗为 20 dB。5G NR 基站与导航雷达的杂散干扰空间隔离度要求为 121 dB，阻塞干扰空间隔离度要求为 142 dB。

两系统间应为非视距环境（NLOS），此时导航雷达与 5G NR 基站的杂散干扰隔离距离要求为 220 m，导航雷达与 5G NR 基站的阻塞干扰隔离距离要求为 850 m。

（2）5G NR 基站对导航雷达干扰分析

5G NR 基站的发射功率为 53 dBm/100 MHz，发射机在 2.7～2.9 GHz 的杂散辐射指标为 -47 dBm/MHz。导航雷达接收机最小分辨电平为 -115 dBm/MHz，其带内同频干扰保护标准为接收系统噪声电平减去 10 dB，此时固定业务台（站）的接收系统灵敏度降低 0.4 dB；导航雷达接收机的阻塞指标为-40 dBm。

假设：

5G NR 基站天线增益为 21 dBi（含天线增益和赋形增益，馈线接头损耗为 3 dB）；5G NR 基站与导航雷达间的天线耦合损耗为 20 dB，则 5G NR 基站与导航雷达的杂散干扰空间隔离度要求为 121 dB，阻塞干扰空间隔离度要求为 111 dB。

两系统间应为非视距环境（NLOS），此时，导航雷达与 5G NR 基站的杂散干扰隔离距离要求为 220 m，导航雷达与 5G NR 基站的阻塞干扰隔离距离要求为 110 m。

（3）干扰控制措施

综上所述，在航空无线电导航雷达站附近需设置电磁环境保护区，保护区范围由各地无线电管理机构协调相关单位，结合当地地理地形等因素确定。从干扰规避的角度来看，干扰保护区的范围在视距范围外，且大于 850 m。

除设置电磁环境保护区外，为规避对 5G NR 与导航雷达的干扰，建议综合采取以下措施来缓解干扰：

- 提高 5G NR 基站在 2.7 ~ 2.9 GHz 的抗阻塞指标；
- 5G NR 天线最大辐射方向严禁朝向导航雷达。

5.8 参数分析

5.8.1 PCI 规划

1. PCI 概述

物理小区 ID（Physical Cell ID，PCI）是移动通信网络中的物理小区标识。4G 网络的 PCI 码共 504 个，5G 网络的 PCI 码共 1008 个。这些 PCI 被分为 336 个组，每组包括 3 个 PCI。PCI 是 5G 小区的重要参数，每个 NR 小区对应一个 PCI，用于无线侧区分不同的小区，影响下行信号的同步、解调及切换。5G 小区分配合适的 PCI，对 5G 网络的建设、维护有重要意义。

PCImod4 相同的小区，DMRS 在 SSB 中位置会有重合，但是对网络没有影响。

mod4 相同的小区，DMRS 在 SSB 中位置会有重合。

5G 系统 PCI 规划与 4G 系统对比情况见表 5-56。

表 5-56　5G 系统 PCI 规划与 4G 系统对比情况表

序列	LTE（36.211）	5G NR（38.211）	区别及影响
PCI 数量	504	1008	PCI 资源越多，则 PCI 的复用隔离度大
同步信号	主同步信号与 PCI 模 3 相关，基于 ZC 序列，序列长度为 62	主同步信号与 PCI 模 3 相关，基于 M 序列，序列长度为 127	• LTE 为 ZC 序列，相关性相对较差，相邻小区间 PCI 模 3 应尽量错开； • 5G 为 M 序列，相关性相对较好，相邻小区间 PCI 模 3 错开与否，略微影响小区检测时间

续表

序列	LTE（36.211）	5G NR（38.211）	区别及影响
上行参考信号	DMRS for PUCCH/PUSCH，以及 SRS 基于 ZC 序列，ZC 序列有 30 组根，根与 PCI 关联	DMRS for PUSCH/PUCCH 和 SRS 基于 ZC 序列，ZC 序列有 30 组根，根与 PCI 关联	5G 与 LTE 一样，相邻小区需要 PCI 模 30 错开
下行参考信号	CRS 资源位置由 PCI 模 3 确定	DMRS for SS BLOCK 资源位置由 PCI 模 4 取值确定	5G 没有 CRS； 5G 有 DMRS for PBCH • 邻近小区 PCI 模 4 不同，可错开邻近小区的 PBCH DMRS，但 PBCH DMRS 会被邻近小区的 SSB 干扰； • 所以，PCI 模 4 错开与否，不影响 PBCH DMRS 的性能

2. PCI 规划的目的

PCI 规划的目的就是为每个小区分配一个物理小区标识 PCI，网络规划时尽可能多地复用有限数量的 PCI，同时避免 PCI 复用距离过小而产生的同 PCI 之间的相互干扰。

如果终端同时接收两个 PCI 相同的小区的导频信号，而且信号强度足够大，对于终端来说无法分辨不同的小区，直接导致同步或解码小区的导频信道过程失败。

在网络规划时，复用距离多大，或者说间隔多少与实际的无线环境、网络环境强相关，需要区别对待。

3. PCI 规划的原则

5G 网络中，PCI 规划要结合频率、DMRS 位置、天线端口、小区关系统一考虑，才能取得合理的结果，物理小区标识规划应遵循以下原则。

（1）不冲突（Collision-Free）原则

保证同频邻小区之间的 PCI 不同。不冲突原则示意如图 5-34 所示。

Collision-free 原则：相邻小区不能分配相同的 PCI。若邻近小区分配相同的 PCI，会导致 UE 在重叠覆盖区域无法检测到邻近小区，影响切换、驻留。

所以在进行 PCI 规划时，需要保证同 PCI 的小区复用距离至少间隔 4 层站点以上，大于 5 倍的小区覆盖半径。

（2）不混淆（Confusion-Free）原则

保证某个小区的同频邻小区 PCI 值不相等。不混淆原则示意如图 5-35 所示。

一个小区的两个相邻小区具有相同的 PCI，则当 UE 上报邻区 PCI 到源小区所在的基站时，源基站无法基于 PCI 判断目标切换小区，若 UE 不支持 CGI 上报，则不会发起切换。

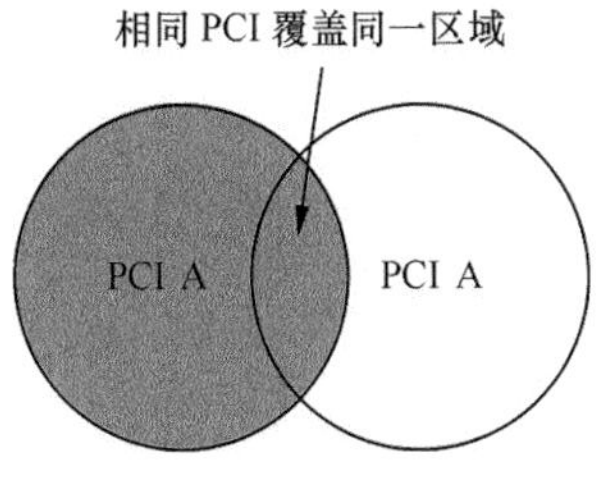

图5-34 不冲突原则示意

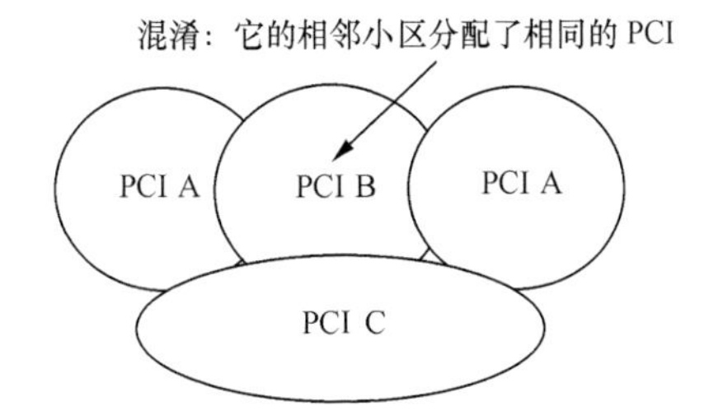

图5-35 不混淆原则示意

（3）网络性能提升原则

基于3GPP PUSCH DMRS ZC序列组号与PCI模30相关；对于PUCCH DMRS、SRS，算法使用PCI模30作为高层配置ID，选择序列组。所以，邻近小区的PCI模30应尽量错开，保证上行信号的正确解调。

大部分干扰随机化算法，均与PCI模3有关，若邻近小区的PCI模3应尽量错开，则可以确保算法的增益。5G PCI规划原则如表5-57所示。

表5-57 5G PCI规划原则

编号	描述	是否必须	备注
1	直接相邻的同频小区，不能使用相同的PCI	是	影响同步、切换
2	源小区的邻区列表中，频率相同的小区不能使用相同的PCI	是	影响切换，尤其当终端不支持CGI上报时
3	邻近小区PCI模3尽量错开	否	邻近小区PCI模3错开，便于发挥算法的性能； NR：LTE=1：1同方位角建站场景，可以参考LTE的PCI模3
4	邻近小区PCI模3尽量错开	否	提升上行信号的解调性能

4. PCI规划的方法

通常，网络规划PCI时，有两种常用的网络规划方法，包括基于华海尔拓扑结构的规划方法和覆盖预测的规划方法。

（1）基于网络拓扑结构的PCI规划法

基于网络拓扑结构进行PCI规划时，只需明确站点的相对位置、站型配置、小区的经纬度这些简单的网络拓扑信息，无须RF工程参数和描述无线环境的数字地图，就可以进行PCI规划。这种规划方法简单快速，但是没有考虑无线环境对覆盖、干扰的影响，可能导致规划的PCI过度复用或者复用不足。过度复用导致导频信道干扰增加；复用不足会使PCI码资源不足，对于复杂场景没有足够可用的 PCI。

（2）基于覆盖预测的 PCI 规划法

基于覆盖预测的 PCI 规划法，网络参数和无线环境都要考虑。网络参数包括网络的拓扑结构、RF 工程参数；无线环境包括数字地图、室内穿透损耗、地物阴影衰落等。如果当前的网络拓扑结构和 RF 工程参数比较合理，使用基于覆盖预测的方法进行 PCI 规划更加准确合理。但如果当前的 RF 参数存在很大的优化空间，随着 RF 参数的变化，规划好的 PCI 也可能变得不太准确，也须进行相应的调整。

PCI 规划一般分为四步走：

- 为高铁、特殊场景的微站预留 PCI 码资源；
- 依照不同的场景划分簇；
- 分簇进行 PCI 分配；
- 5G 网络建设中后期，随着超密集组网技术的应用，需要应用虚拟层技术，进行虚拟 PCI 的规划。

新建网络进行 PCI 规划的时候，要考虑是否为未来网络扩容预留 PCI 码。网络扩容时，PCI 规划有两种思路，使用预留 PCI 码或者重新进行整网 PCI 规划。

使用预留 PCI 码适用于局部网络结构的变更，不影响整体网络已有的 PCI 规划。

当大范围扩容时，网络结构变化较大时，使用预留 PCI 码的方式，PCI 的复用效率和干扰抑制效果就会大打折扣，就需要考虑整网的 PCI 重整。

进行室内覆盖的 PCI 规划时，需要考虑将室内和室外分开进行规划。

由于室内外立体覆盖、点面渗透、犬牙交互，切换关系错综、干扰状况复杂，很难有室内外统一的仿真环境，所以 PCI 统一规划的效果不会很好。将 PCI 码资源分为两份，对室内点覆盖和室外面覆盖分开进行 PCI 规划，最大限度地抑制室内外 PCI 码的相互影响，同时尽量提高 PCI 码资源的利用效率。

5.8.2 TA 规划

1. TA 概述

TA 是 5G 的核心网发送寻呼消息的区域，属于移动性管理的概念。跟踪区码（Tracking Area Code，TAC）是小区归属的跟踪区域编号。TA 的作用和规划思路与 4G 的 TA 区基本相同。

在 5G 系统内，依然保持了 4G 系统的跟踪区列表（TAI List，TAL）的概念。当 UE 开机后，在 5G 网络中注册，系统会分配给 UE 一个 TAL，一个 TAL

中可以包括多个 TAI，只要 UE 当前所在的 TA 的跟踪区标识（Tracking Area Identity，TAI）还处在这个 TAL 中，UE 就不必执行跟踪区更新（Tracking Area Update，TAU），这样就达到了减少 TAU 的目的。但是，在 5G 系统中对 UE 的寻呼过程是在 TAL 的范围内的多个 TA 中进行，gNB 通过 TAL 与小区的对应关系，在对应的小区内进行寻呼，这样增加了对寻呼信道的占用。5G 中 TA 与 TAL 的关系如图 5-36 所示。

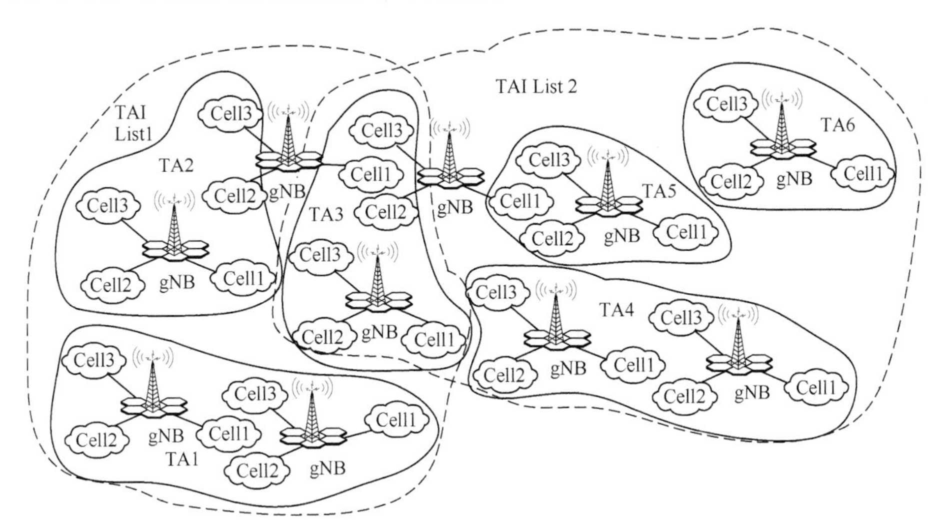

图 5-36　TAL（跟踪区列表）与 TA（跟踪区）和 Cell（小区）示意

TAL 配置有两种方法，包括静态 TAL 配置和动态 TAL 配置。

静态 TAL 配置：TA 相对 TAL 的归属已确定，归属关系是静态的，这种配置方式灵活性不够。

动态 TAL 配置：网络侧会根据 UE 在短时间内上报的多个 TA 的情况，来判断这部分 TA 是否需要联合成一个 TAL，TA 相对 TAL 的归属关系是动态的。

3GPP 协议 TS38.413 中关于 TA 的规定如下。

- 不同的 TA 之间不可重叠。
- 允许同一个 NG-RAN 节点分属不同的 TA，目前最大值为 1024。
- 允许同一个 TA 分属若干个 TAI List，多个 TAI List 之间可以互相重叠。
- 一个 TAL 中最多可以包含 16 个 TA。
- TAI List 区域不跨 AMF。

2. 影响 TA 大小的因素

在网络规划时，TA 规划的大小取决于两点：寻呼负荷和位置更新的信令开销。

寻呼负荷是在 TA 的范围内，核心网发送的寻呼消息的数量。AMF 所能承受的最大寻呼负荷确定了跟踪区的最大范围。跟踪区 TA 越大，区域内的用户数就越多，寻呼负荷，寻呼负荷就越大。如果寻呼负荷超过了 AMF 的最大负荷能力，就会导致很多寻呼失败的问题发生，这就是所谓的寻呼拥塞问题。在 5G 系统中，其寻呼消息由数据信道承载，寻呼负荷的承载能力没有问题，但会影响业务信道的吞吐率。

区域边缘用户的 TAU 信令开销决定了跟踪区的最小范围。终端在移动过程中，发生所属跟踪区的变化，就会通过位置更新消息给网络报告自己的位置。TA 太小的话，终端就需要频繁地发出位置更新消息，不断告知终端在网络中的最新位置，导致了过多的位置更新信令开销。位置更新信令通过随机接入信道进行接入，如果 TAU 信令开销太大，PRACH 信道数量配置需求就很大，直接影响网络的上行容量。

3. TA 规划原则

TA 规划的基本原则就是均衡寻呼负载和降低信令开销，其总体规划原则如下。

- 首先应确保区域边界的位置更新开销最小，同时易于管理。
- 其次尽量使寻呼区域内寻呼信道容量不受限。

TA 的划分原则如下。

- TA 及 TAL 规划应在地理上为一块连续的区域，避免和减少“插花”。
- TA 和 TAI List 的规模要适宜，TAI List 的最大范围由 AMF 所能承受的最大寻呼负荷确定。
- TAL 的边界区域应位于话务量较低的区域，尽量不要选择话务量高、人流量大的区域如主干道、铁路等区域。
- 如果在划分 TAL 时不能避开话务量高、人流量大的区域，相邻的 TAL 应在以上区域进行重叠。
- 应充分利用地理边界进行 TA 的划分：城郊与市区不连续覆盖时，郊区（县）使用单独的 TAL，不规划在一个 TAL 中；利用规划区域山体、河流等作为 TAL 边界，减少两个 TAL 下不同小区交叠的深度。
- 不同频带的基站规划为不同的 TA，但 TAL 应包含同一区域内不同频带的基站。
- 静态配置的 TAL 方案中，TA 区域不重叠。
- TAL 划分后应调整 gNB 或 Cell 的 TAL 归属，使 gNB 所辖 TAL 尽量少。

5.8.3 Massive MIMO 波束规划

Massive MIMO 作为 5G 的主要特性之一，通过波束赋形形成精确的用户级超窄波束进行覆盖，并随用户位置的不同而不同，将能量定向投放到用户位置，相对传统宽波束天线可提升信号覆盖，同时降低小区间用户干扰。

Massive MIMO 天线波束分为静态波束和动态波束，SS Block 及 PDCCH 中小区级数据、CSI-RS 采用小区级静态波束，采用时分扫描的方式；PDSCH 中用户数据采用用户级动态波束，根据用户的信道环境实时赋形。5G 静态广播波束采用窄波束轮询扫描覆盖整个小区的机制，选择合适的时频资源发送窄波束，可以根据不同场景配置不同的广播波束，以匹配多种多样的覆盖场景，这里就涉及如何根据不同的场景规划合适波束的问题；业务波束采用动态波束赋形不支持波束定制。

另外，Massive MIMO 波束和传统天线波束下倾角规划也有较大的区别。Massive MIMO 波束和传统天线波束下倾角方向示意如图 5-37 所示。

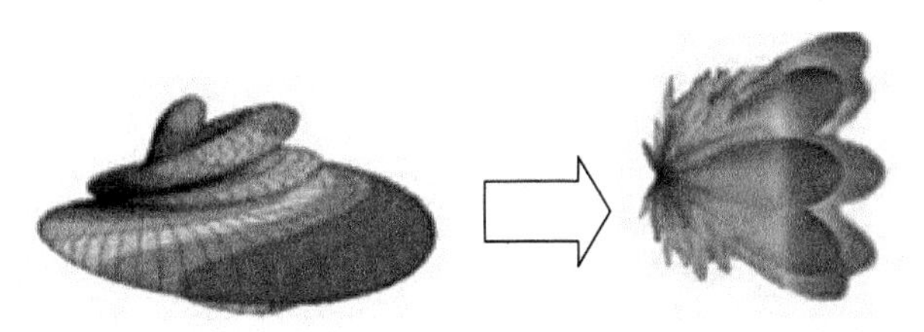

图 5-37　Massive MIMO 波束和传统天线波束下倾角方向示意

下面举例说明 Massive MIMO 波束规划的方案及特点。

某厂家 5G 目前仅支持 64TR 的 AAU，暂不支持 32TR 的 AAU 和 16TR 的 AAU。

某厂家 5G 64TR AAU 支持 7 种波束配置，垂直面波宽有 6°、12°、25° 3 种，其中基本波宽为 6°、12° 的波束由两个基本波束合成；波束 25° 的波束由 4 个基本波束合成。某厂家波束配置见表 5-58。某厂家波束配置方案特点和应用场景见表 5-59。

表 5-58　某厂家波束配置

场景	水平扫描范围	水平面波束个数	垂直扫描范围	垂直面波束个数	数字倾角	最大增益（dBi）
1	105°	7+1	6°	2	-6°～12°	24
2	65°	1	6°	1	-6°～12°	17

续表

场景	水平扫描范围	水平面波束个数	垂直扫描范围	垂直面波束个数	数字倾角	最大增益（dBi）
3	110°	8	25°	1	—	19
4	110°	8	6°	1	−6°～12°	24
5	90°	6	12°	1	−3°～9°	20
6	65°	6	25°	1	—	19
7	25°	2	25°	4	—	24

表 5-59　某厂家波束配置方案特点和应用场景

波束配置	波束特点	应用场景映射	场景举例
1	既可以获得远点相对高的增益，也可以保证进店用户的接入	默认配置，室外密集城区/城区连续组网	室外密集城区/城区连续组网
2	与传统的波束类似，水平覆盖范围有限，主要用于峰值场景，节约开销	峰值比拼场景，商用场景不推荐	N/A
3	在垂直覆盖要求比较高时，垂直面可以覆盖更大的角度，但波束增益下降	规划阶段不推荐，可作为优化手段	N/A
4	水平覆盖要求较高的广覆盖场景，相对于场景 1，垂直面波束更窄，波束增益更高，可以提升远点覆盖性能	规划阶段不推荐，可作为优化手段	N/A
5	适用于广范围立体浅覆盖，但是水平范围比场景 1 略小	规划阶段不推荐，可作为优化手段	N/A
6	适用于楼宇浅覆盖，相对于场景 1，水平范围较小，垂直范围较大	规划阶段不推荐，可作为优化手段	N/A
7	适用于楼宇深度覆盖，垂直维度的波束增益较高	高层楼宇深度覆盖	高层写字楼/居民楼

5.8.4　PRACH 根序列规划

随机接入是用户在初始连接、连接重建立和切换等过程中，重新恢复上行同步的必要过程。系统的随机接入过程需要尽量控制接入过程的不确定性，提高随机接入的成功率。

3GPP 协议中定义每个小区最多 64 个前导序列，用于初始接入、切换、连接重配、上行同步。按照第一次增加的循环移位的递增顺序列举 Cv 逻辑根序列，然后按逻辑根序列索引的递增顺序，从较高层参数 Prach-RootSequence Index 获得的索引开始。如果不能从单个 ZC 根序列生成 64 个前导码，则从具有连续逻辑索引的根序列获得附加前导序列，直到找到所有 64 个序列。逻辑根序列顺序是循环的；当 L_{RA}=839 时，逻辑索引从 0 连续到 837；并且当 L_{RA}=139 时，逻辑索引从 0 连续到 137。

5G NR 小区需要分配一定数量的 PRACH ZC 根，确保产生 64 个根序列，且尽量保证相邻小区使用不同的 PRACH ZC 根 。

5G PRACH 根序列相对 LTE 的主要区别如表 5-60 所示。

表 5-60　5G PRACH 根序列相对 LTE 的主要区别

	LTE	5G	说明
RA 子载波间隔	1.25 kHz	长格式：1.25 kHz、5 kHz 短格式：15 kHz、30 kHz、60 kHz、120 kHz	5G RAN2.1 长格式仅支持 1.25 kHz RA 子载波间隔； 短格式：Sub 6 GHz 仅支持 15 kHz RA 子载波间隔；6 GHz 以上仅支持 60 kHz
根序列帧	短格式：4 长格式：0/1/2/3	长格式：0/1/2/3 短格式：A1/A2/A3/B1/B2/B3/B4/C0/C2	长格式：5G RAN2.1，仅 Sub 6 GHz 8:2、7:3 上下时隙配比的帧结构支持帧 0； 短格式：5G RAN2.1 Sub 6 GHz、6 GHz 支持 C2；
根的个数	短格式：138 长格式：838	短格式：138 长格式：838	
Ncs	LTE 协议定义两张 *Ncs* 表： 长格式：帧 0~3 的 *Ncs* 表； 短格式：帧 0～4 的 *Ncs* 表	5G 协议定义 3 张 *Ncs* 表： RA_SCS=1.25 kHz（长格式 0/1/2）的 *Ncs* 表； RA_SCS=5 kHz（长格式 3）的 *Ncs* 表； RA_SCS=15/30/60/120 kHz（短格式）的 *Ncs* 表	5G 的 *Ncs* 表不同于 4G； 5G 的 *Ncs* 公式中的系数不同于 LTE

根序列为 ZC，且基于 ZC 根序列进行循环移位（与 *Ncs* 有关），可产生多个 ZC 序列。每个 ZC 根可产生的根序列数量，与小区半径、根序列帧、小区类型有关。

5G NR 小区的 Prach ZC 规划如表 5-61 所示。

表 5-61　5G NR 小区的 Prach ZC 规则表

编号	描述	是否必须	备注
1	NR 小区的 ZC 根集合，能够产生 64 个根序列，且 ZC 根的 Index 必须连续	是	协议要求
2	邻近的同频、同 Prach Scs 的小区，ZC 根序列不相同	否	避免基站虚检根序列，或影响接入
3	PRACH ZC 根序列的复用隔离度尽可能大	否	两个小区之间隔离距离、间隔的小区个数越多越好

若无法保证邻区小区的 ZC 根序列错开，可调整 PRACH 频域起始位置，避免邻近小区根序列冲突。

除此之外，建议按照如下顺序，依次为 NR 小区进行 PRACH ZC 根序列保证，保证“需要较多 PRACH ZC 根序列”的小区能够分配到合适的 Prach ZC 根序列：

高速大半径小区→高速小半径小区→普通大半径小区→普通小半径小区。

1. PRACH 根序列规划流程

第 1 步：根据小区半径计算 Ncs；

$$Ncs \cdot Ts > \mathrm{TRTD} + \mathrm{TMD} + T_{\mathrm{adsch}}$$

PRACH 前导格式对应参数见表 5-62。

表 5-62　PRACH 前导格式对应参数

前导格式	RA-SCS（kHz）	Ts（μs）	TRTD（μs）	TMD（μs）	T_{adsch}（μs）
C2	15	1000/RA-SCS/139	20/3*Radius	4.69/SCS*15	0

第 2 步：根据 3GPP 的协议表格，查询表格中 Ncs 值；

第 3 步：计算一个根序列使用该 Ncs 可以产生的前导序列的个数

Num_Preamble=floor(139/Ncs);

第 4 步：计算一个小区需要的根的个数

Num_root=ceiling(64/ Num_Preamble)

（3GPP 64 Preamble/cell，32 Preamble for 18B）；

第 5 步：计算存在多少组可以规划的根序列组

Num_Group=138/ Num_root;

第 6 步：对根序列组采取类似 PCI 规划方法进行规划。

2. PRACH 根序列规划方法

PRACH 根序列规划方法与 4G 基本相同，也可采用 4G 无线网络规划工具进行 PRACH 的根序列规划。

5G Preamble format C2 可以用 4G long format 0 ~ 3，根序列选择 0 ~ 137 等效规划。

4G 和 5G 的协议中 Ncs 表格发生变化，需要按照下述表格设置规划软件中的小区半径，等效规划 5G 小区的 Ncs，输出根序列规划结果。

5G 系统根序列规划中小区半径与根序列等参数对应关系见表 5-63。

表 5-63 5G系统根序列规划中小区半径与根序列等参数对应表

每小区ZC根序列数量	重用小区数量	NR小区半径（m）	5G PRACH规划半径（km）
3	46	（0～79）	4
4	34	（79～223）	5
5	27	（223～367）	6
6	23	（367～511）	8
8	17	（511～871）	10
10	13	（871～1015）	15
13	10	（1015～1590）	20
22	6	（1590～2957）	30
32	4	（2957～4612）	50
64	2	（4612～9648）	60

5.8.5 邻区规划

1．邻区概述

邻区规划是网络规划的基本内容，邻区规划质量的高低将直接影响切换性能和掉话率。邻区规划的好坏直接影响网络的性能。邻区关系也会影响PCI规划、PRACH ZC根规划的效果。

5G区分NSA\SA组网模式，需要进行如表5-64所示的3种类型的邻区规划。

表 5-64 邻区规划

源小区	目标小区	邻区的作用
LTE	NR	NSA DC 在LTE上添加NR辅载波； LTE重定向到NR
NR	NR（同频、异频）	NR系统内移动性； CA的PCC、SCC为异频邻区关系
NR	LTE	SA场景，当NR覆盖较差时，需要移动到邻近的LTE小区

在5G系统中，邻区规划原理与4G网络基本一致，需要综合考虑各小区的覆盖范围及站间距、方位角等，同时需要关注4G等异系统间的邻区规划。邻区关系分为双向邻区、单向邻区。

一般场景下，地理位置上直接相邻的小区，或者覆盖范围交叠面积较大的小区，都要互为邻区。这样的邻区关系称为双向邻区。

但在一些特殊的场景下，如高速单向链型覆盖场景和室内高层切换场景，可能需要配置单向邻区，即希望 A 小区切换到 B 小区，却不希望 B 小区切换回 A 小区。

邻区关系还可以分为同频邻区、异频邻区、异系统邻区。在一般的无线系统中，同频、异频和异系统的最大邻区数目是有限制的，不支持过多的邻区配置。

2. **邻区规划思路**

对新建网络或者较大的扩容项目的邻区规划要以规划软件为主，结合人工细化处理。

（1）使用规划软件进行初步规划（需要数字地图文件和详细工程参数，如基站经纬度、天线方位角、下倾角、海拔、挂高以及天线类型等）

（2）根据初步规划结果，接各个基站的实际情况和勘测报告中的地形地物、覆盖目标、相邻基站的距离及扇区目标等信息增删邻区和调整邻区优先级别。

3. **邻区配置原则**

和 4G 相比，5G 区分 NSA/SA 组网模式，邻区作用、邻区配置原则和思路相同。

在邻区规划应遵循以下原则。

① 邻近原则：既要考虑空间位置上的相邻关系，也要考虑位置上不相邻但在无线意义上的相邻关系，地理位置上直接相邻的小区一般要作为邻区，且必须强制为双向邻区。

② 互易性原则：邻区一般要求互为邻区，即 A 小区把 B 小区作为邻区，B 小区也要把 A 小区作为邻区；但在一些特殊场合，可能要求配置单向邻区。

③ 邻区适当原则：对于密集城区和普通城区，由于站间距比较近，应配置较多的邻区。目前对于同频、异频和异系统邻区最大配置数量是有限的，所以在配置邻区时需注意邻区的个数，把确实存在邻区关系的配进来，要避免覆盖上互不相关的小区配为邻区，占用了系统的邻区配额。在实际配置过程中，既要配置必要的邻区，又要避免配置过多的邻区。

对于郊区和乡镇的基站，虽然站间距较大，但一定要把位置上相邻的作为邻区，保证及时切换，避免掉话。

5.8.6 SSB 频域位置规划

LTE 标准中，PSS/SSS 位于载波中心。LTE 终端搜索到 PSS/SSS 就获取了载波的中心频率。5G 小区带宽高达 100 MHz，由于其业务灵活性的需求，为了缩短小区搜索的时间，5G 系统独立设置了 SSB 频点，同时定义了同步栅格（Synchronization Raster）来指示 SSB 在频率上可能出现的位置。终端只需要在稀疏的同步栅格上搜索 SSB，而不是在每个载波栅格的位置上搜索。

由于载波可以位于更密集的载波栅格上的任意位置，而同时 SSB 可能不会位于载波中心。这甚至会导致 SSB 与资源块网格不对齐。因此，一旦找到 SSB，终端就要显示 SSB 在载波上确切的频域位置。这是通过 SSB 自身的信息完成的，更具体来说，是 PBCH 上所携带的信息，以及其他广播的系统里的信息。

3GPP TS38.104 协议中定义了 SSB 频域的位置，其取决于两个关键参数：5G 小区的频率范围、全局同步信道号（Global Synchronization Channel Number，GSCN），如表 5-65 所示。

表 5-65　GSCN 与 SSB 频域位置对应表

频率范围（MHz）	SSB 频率位置 SS_{REF}	GSCN	GSCN 范围
0～3000	N×1200 kHz + M×50 kHz, N = 1 : 2499, M ϵ {1,3,5}	$3N + (M-3)/2$	2～7498
3000～24 250	3000 MHz + N×1.44 MHz, N = 0 : 14756	7499 + N	7499～22 255
24 250～100 000	24 250.08 MHz + N×17.28 MHz, N = 0 : 4383	22 256 + N	22 256～26 639

注：仅支持 SCS 间隔的通道栅格的工作频段，默认值 M = 3。

因此，在 5G 网络参数规划时，需要为 NR 小区配置 GSCN，即可确定参数 N 和 M 的值，最后可以确定 SSB 的频域位置。

如：GSCN=3，即可确定 N=1，M=1，

SS_{REF}= 1×1200 kHz +1×50 kHz=1250 kHz。

SA 场景以 2.6G 终端为例，只要按 1.2 MHz 的间隔搜索 SSB，然后就能读取 MIB 消息，获得 NR 小区的带宽等信息即可以完成随机接入。而 NSA 组网场景不需要考虑表 5-65 GSCN 规划配置，因为 5G NR 添加重配置消息中指定了 SSB 频点，不需要终端扫描。

5.8.7 上下行时隙配置（NR TDD）

对于 TDD 系统，上下行在同一段频率上传输，需要在时间维度上制定合理的上下行切换周期和切换配比，以达到资源的优化利用。

上下行时隙配置包括子帧和特殊子帧配置，上下配比需要考虑上下行业务

需求及 TDD 系统同/邻频组网的系统干扰等因素。一般全网上下行时隙配置保持一致，常见的上下行时隙配置有以下 3 种类型：

第 1 种类型是 4：1 DDDSU（FR1，FR2），具体的帧结构如图 5-38 所示。

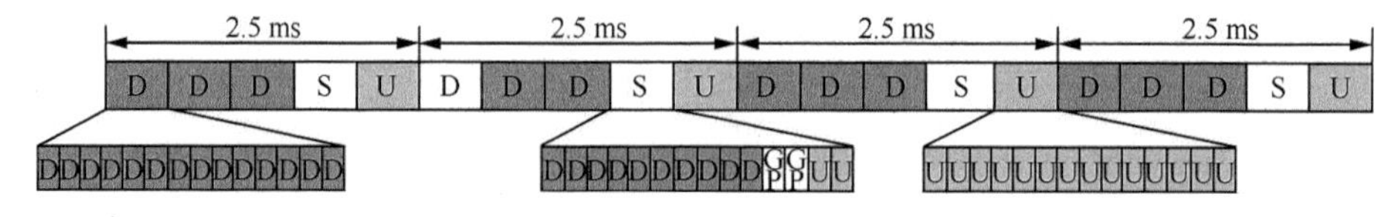

图 5-38　5G 4:1 的子帧结构

第 2 种类型是 8：2 DDDDDDDSUU（仅支持 FR1），每 5 ms 中包含 7 个全下行时隙（DL），1 个上下行混合时隙（S）和 2 个全上行时隙（UL）。对于上下行混合时隙：4 个符号用于 SRS 传输，GP 符号数 1~6 可配，具体的帧结构如图 5-39 所示。

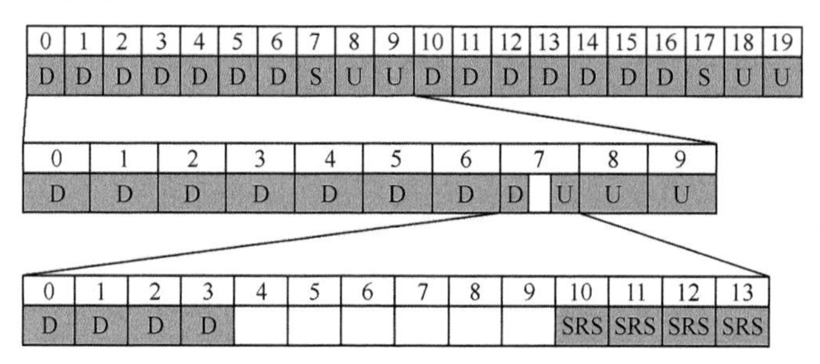

图 5-39　5G 8:2 的子帧结构

第 3 种类型是 7：3 DDDSUDDSUU（仅支持 FR1），支持双周期（2 个 2.5 ms 周期），时隙 3 上有 2 个符号用于 SRS 传输，GP 符号数 1～6 可配，具体的帧结构如图 5-40 所示。

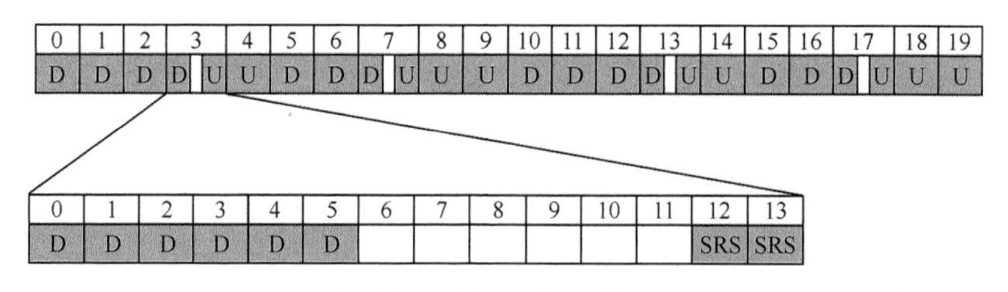

图 5-40　5G 7:3 的子帧结构

对于 NR TDD 与 TD-LTE 同频段共存的场景：为了 NR 与 LTE 干扰规避，NR 采用 DL：UL=8：2 时隙配置，同时需将 NR 与 LTE 的上下行时隙对齐，即为不同时隙结构的上下行转换点保持一致。才能做到 NR 与 LTE 时隙同步，规避交叉干扰。

| 5.9 DC 的选择 |

5.9.1 DC 架构概述

为了满足 5G 业务“大带宽、低时延、广连接”的需求，5G 网络采用以数据中心（DC）为基础的云化架构，实现网络切片，支撑控制面和用户面分离，提升了资源的弹性和利用效率，并且通过数据中心下沉承载 MEC 业务，核心数据中心主要是承载全国性业务，在集团层面进行部署。未来数据中心将成为 5G 网络的基石。

基于满足 5G 业务的需求，DC 规划分为核心 DC、区域 DC、本地 DC、边缘 DC 以及综合接入 CO，具体架构如表 5-66 所示。

表 5-66　DC 架构层级

层级	名称	同址网元
集团	核心 DC	O、IMS、EPC、控制器
省级	区域 DC	O、IMS、EPC、控制器、BRAS-CP、5G-CP
城域	本地 DC	BRAS-UP、5G-UP、vCPE
	边缘 DC	BRAS-UP、5G CU、EC
接入	综合接入 CO	5G DU、VOLT

核心 DC：主要是承载全国性业务，在集团层面进行部署。

区域 DC：放置目标期各专业省级/全国骨干网络设备，可与现枢纽楼局点基本对应，一般可将现放置 IP 骨干网和骨干波分系统，及核心网设备的枢纽局点定位为目标区域 DC，主要承载省域控制面网元和媒体面网元。

本地 DC：放置目标期各专业本地网核心层的网络设备，可与现核心机楼局点基本对应。一般可将现放置城域网 CR、RAN ER 等设备，及本地大中型 OTN/DWDM 波分系统设备的核心机楼局点定位为目标核心 DC，主要承载用户面业务，以及地市级控制面网元和集中化的媒体面网元。

边缘 DC：放置目标期各专业本地网汇聚层的网络设备，可与现一般机楼局点基本对应。一般可将现放置城域网 MSE/BRAS、RAN B 等设备，且中继光缆资源丰富局点定位为目标边缘 DC，主要承载媒体面数据，以及专线类用户接入，满足超低时延或超大容量的需求。

综合接入 CO：放置目标期内各专业接入层的网络设备，与本地网现接入局所保持一致。一般可将现设备间、远端模块、移动基站等末端接入局点，以及 OLT/BBU/RAN A/汇聚交换机/汇聚传输设备等接入汇聚局点，统一定位为综合接入 CO。

5.9.2 影响 DC 规划的关键因素

影响 DC 规划的因素有很多，主要分为 3 个方面：覆盖需求、容量需求、成本要求。首先，覆盖需求指的是 DC 规划要满足 5G 业务长期规划的时延要求，即 URLLC<5 ms；eMBB<10（城区）~ 15（城郊）ms；mMTC <100 ms。不同的业务时延需求，影响着区域 DC 有效的业务覆盖范围，从而决定了不同的 DC 架构规划。其次，容量需求会要求高带宽需求业务下沉到更低层级的 DC，以满足传输带宽和 DC 空间的要求。最后，DC 通常会占用大量的机房配套资源，出于成本方面的考虑，会要求 DC 规划以集中化部署为主，并且通过 DC 化改造等方式利用已有的核心机房。其中业务时延是最关键的影响因素，因为它直接影响 DC 规划的架构。

1. 业务时延的参数设置和预算

在规划业务时延时，要对各环节的业务时延进行预估，预估时延时的关键参数假设如式（5-33）所示。

$$T_{业务}=T_{空口}+T_{承载网}+T_{核心网}+T_{业务处理} \tag{5-33}$$

式（5-33）中，

$T_{业务}$：业务时延，3GPP 协议规定空口时延：eMBB 8ms（DL+UL），URLLC 1ms（DL+UL）；

$T_{承载网}$：承载网时延；

$T_{核心网}$：核心网转发时延，0.5 ms；

$T_{业务处理}$：业务处理器等处理时延，0.5 ms。

$T_{业务}$：URLLC<5 ms，eMBB<10（城区）~ 15（城郊）ms，mMTC <100 ms；URLLC 业务将通过 FlexETH 等技术保障时延，不考虑等待时延，mMTC 时延要求较为宽松，不再单独计算。

从上面公式和参数设定可以计算出，URLLC 业务中：

$T_{承载网}=T_{业务}-T_{空口}-T_{核心网}-T_{业务处理}<3$ ms；

同理得出 eMBB 业务中，$T_{承载网}<1$ ms（城区）~ 6 ms（城郊）。

2. **承载网时延的参数设置和预算**

承载网时延 RTT 理论测算公式：

$$T_{承载网}=T_{网络设备转发}+T_{光纤}=2\times N_{设备跳数}\times T_{单设备转发}+5\ \mu s\times L_{光缆} \quad (5\text{-}34)$$

式（5-33）中，

$T_{单设备转发}$：单设备转发时延，50 μs；

$N_{设备跳数}$：9（可以通过目标网架构优化减少）；

$L_{光缆}$：光缆长度。

DC 机房覆盖半径的计算公式为：

$$R=L_{光缆}/2\pi \quad (5\text{-}35)$$

式（5-35）中，

R 为 DC 机房覆盖半径。

从上面公式和参数设定可以计算出：满足 5 ms URLLC 业务，核心机房对应的时延光缆长度为 820 km，覆盖半径为 130.5 km；满足 15 ms eMBB 业务，核心机房对应时延覆盖半径光缆长度为 2820 km，覆盖半径为 448 km。

3. **DC 架构优化**

在直辖市或者部分 5G 主要业务区域较小的省份，当 5G 业务处于核心机房的有效覆盖半径内时，可优先充分利用核心局房，做 DC 化改造。同时将原有的 DC 架构裁剪为两级 DC 部署，相当于本地 DC 已经起到了边缘 DC 的作用。

若有少量低时延或超大容量需求业务，可以针对性补充建设 MEC，满足此类需求。在此种情况下，DC 架构如图 5-41 所示。

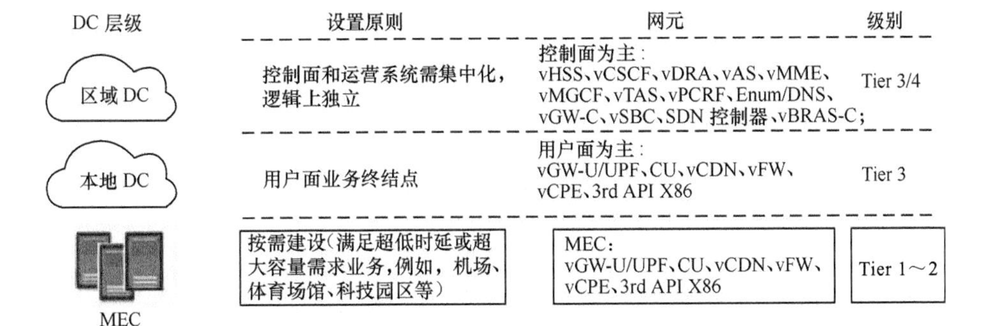

图 5-41　两级 DC 部署架构

5.9.3　DC 规划的思路

一个准确完整的 DC 规划需要根据目前和长远的业务需求，测算业务时延，初步建议 DC 架构层级，再分析现网机房资源，进行合理的选址和资源测算，结合特殊的场景业务需求，决定最终的边缘 DC 建设方式。具体步骤如下。

① 确定业务需求，分别包括 5G 初期发展阶段和 5G 稳态发展阶段的需求，并按业务场景等进行归类区分。

② 时延的测算，分别从现有网络架构和目标网络架构进行理论计算，同时最好能够从核心网位置至基站侧（不含空口），连续 Ping 包，完成实际的 RTT 承载时延测试，综合几种测算得到准确的时延数据。

③ 根据测算结果，结合业务需求分布和核心机房位置等因素，确定 DC 规划的层级划分，逻辑架构，物理架构及 DCI 组网。

④ 按照架构分层，设计区域 DC、本地 DC、边缘 DC 等的数量选择和位置分布。

⑤ 统计现网机房资源状况，进行 DC 规模数匡算和容量测算，确定机房 DC 化改造方式，如 IDC 客户腾退等。

⑥ 布置 DC 网元的部署节奏和容灾策略。

⑦ 进行 DC 方案的详细设计，具体到每个 DC 的机房配套资源设计方案。

⑧ 制订详尽的 DC 建设计划，按照计划时间节点去完成 DC 规划的部署。

参考文献

[1] NGMN. 5G White Paper[S]. 2015:2.

[2] IMT2020（5G）推进组. 高频段专题组技术报告[S]. 2019:3.

[3] 3GPP Technical Report 38.901. Study on channel model for frequencies from 0.5 to 100 GHz [R].v 15.0.0,2018.

[4] 3GPP TS 05.05. Technical Specification Group GSM/EDGE; Radio Access Network, Radio transmission and reception [S]. v 8.2.0, 2015.

[5] 3GPP TS 25.104. 3rd Generation Partnership Project; Base Station (BS) radio transmission and reception (FDD) [S]. v 15.2.0, 2018.

[6] 3GPP TS 25.105. 3rd Generation Partnership Project; Base Station (BS) radio transmission and reception (TDD) [S]. v 14.0.0, 2017.

[7] 中华人民共和国通信行业标准. YD/T 1029-1999. 800 MHz CDMA 数字蜂窝移动通信系统设备总技术规范：基站部分.[S]. 1999:12.

[8] 中华人民共和国通信行业标准. YD/T 1556-2007. 2 GHz cdma2000 数字

蜂窝移动通信网设备技术要求：基站子系统[S]. 2007.

[9] 3GPP TS 36.104. Evolved Universal Terrestrial Radio Access (E-UTRA); Base Station (BS) radio transmission and reception [S]. v 16.1.0, 2019.

[10] 3GPP TS 38.104. NR; Base Station (BS) radio transmission and reception [S].v 15.1.0, 2018.

[11] 3GPP TS 38.101. NR; User Equipment (UE) radio transmission and reception [S]. v 15.5.0, 2019.

[12] 3GPP TS 38.211. NR; Physical channels and modulation [S].v 15.2.0, 2018.

[13] 3GPP TS 38.413. NG-RAN; NG Application Protocol (NGAP) [S].v 15.3.0, 2019.

[14] 李洪波，高峰，高泽华，等. LTE 无线网络组网与工程实践[M]. 北京：人民邮电出版社. 2014. 100-140.

[15] 张海涛. 5G NR 系统频谱干扰协调分析[J]. 移动通信，2019，02-0038-05.

[16] 华为技术有限公司. 华为 5G 无线网络规划解决方案白皮书 v2[S]: 2018.

第6章 5G核心网方案

5G的核心网从网络架构和部署方式进行了全面重构。本章主要介绍5G核心网的技术演进，并对5G核心网的部署和规划提出建议。

6.1 5G 核心网的技术演进

3GPP 在 R15 版本中定义了 5G 核心网的系统架构，相比于传统移动核心网，5G 核心网采用原生适配云平台的设计思路，关键特性包括服务化架构、C/U 分离、C/D 分离和无状态设计、网络切片等。本节重点对 5G 核心网的架构及变革进行介绍。

6.1.1 5G 核心网的总体架构

1. 5G 核心网系统架构

3GPP 定义的 5G 系统（5G System，5GS）架构如图 6-1 所示，5GS 由用户终端（User Equipment，UE）、5G 接入网（5G Access Network，5G-AN）、5G 核心网（5G Core Network，5GC）组成。

5G 核心网架构被定义为支持数据连接和数据业务服务，基于 NFV 和 SDN 等技术，其控制面网络功能之间使用服务化的接口进行交互。对于 5G 核心网网络架构，3GPP 主要定义了以下内容。

- 5G 核心网基本功能单元是 NF，每个 NF 可提供一种或多种 NF 服务。
- 控制面 NF 进行服务化设计并采用服务化接口，其他授权 NF 可以订阅相关网络功能服务。

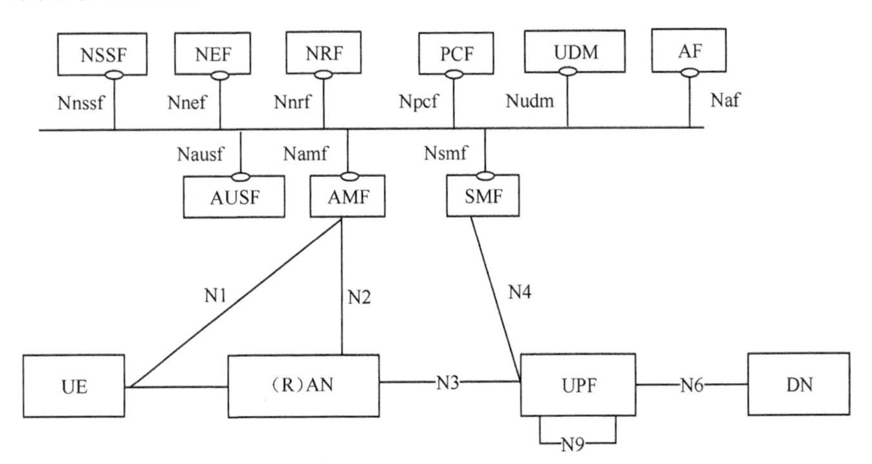

图 6-1 5G 系统架构示意（服务化方式）

- 定义 NRF NF 存储功能：用于 NF 及 NF Service 的注册与发现，为服务化提供基础功能。
- 支持网络切片：定义 NSSF 网络切片选择功能，用于为用户选择网络切片实例，如 eMBB、mMTC、URLLC 切片。
- 支持网络能力开放：定义 NEF 网络开放功能，用于开放网络功能及信息，如用户移动性及会话状态开放等。
- 支持统一的鉴权框架：定义 AUSF 鉴权服务器功能，为其他 NF 提供用户鉴权功能。
- 支持无状态 NF：将计算和存储分离，并定义了 UDR、UDSF 等相关功能。
- 支持移动性管理和会话管理功能的分离：在 AMF 中实现移动性管理功能，让会话管理功能完全在 SMF 中实现。
- 支持用户面与控制面的完全分离，允许 NF 各自独立演进、执行弹性以及灵活部署。
- 支持同时接入本地业务和中心业务，为支持低时延和接入本地网络，UPF 功能可以与接入网就近部署。

图 6-2 所示的 5G 系统架构是基于服务化接口来表述的，同时 3GPP 也提供了基于参考点描述的 5G 系统架构。

2. 5G 核心网网络功能

网络功能（Network Function，NF）是 5G 核心网的基本功能单元，提供 5G 网络的相关逻辑功能，NF 具体功能如表 6-1 所示。

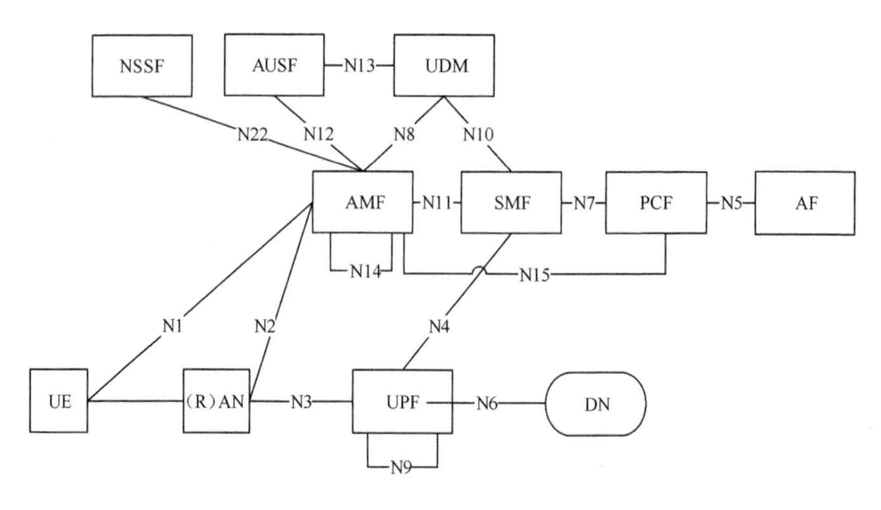

图 6-2　5G 系统架构示意（参考点方式）

表 6-1　5G 核心网 NF 及功能描述列表

5G 核心网 NF	功能描述
接入和移动性管理功能（Access and Mobility Management Function，AMF）	终结 RAN 控制面接口（N2）； 终结 N1 接口的 NAS 信令，NAS 加密和完整性保护； 注册管理、连接管理、可达性管理、移动性管理； NAS SM 信令路由等
会话管理功能（Session Management Function，SMF）	会话管理（会话建立、修改和发布，包括 UPF 和 AN 节点之间的隧道维护） UE IP 地址分配 UPF 的选择和控制 UPF 计费数据收集的控制和协调 终结 NAS SM 信令等
策略控制功能（Policy Control Function，PCF）	支持统一的策略控制框架，提供策略规则给其他 NF； 访问统一数据存储库（UDR）中与策略决策相关的订阅信息
网络开放功能（Network Exposure Function，NEF）	网络能力的收集、分析和重组； 网络能力的开放
存储库功能（NF Repository Function，NRF）	NF 及服务的注册和维护； 支持服务发现功能，对 NF 发现请求进行应答
统一数据管理功能（Unified Data Management，UDM)	生成 3GPP AKA 认证凭证； 对用户标识、签约数据等信息进行管理； 基于签约数据的访问授权等
鉴权服务器功能（Authentication Server Function，AUSF）	支持对 3GPP 接入和不可信任的非 3GPP 接入进行认证等
统一数据存储库（Unified Data Repository，UDR）	存储和检索用户签约数据； 存储和检索用户策略数据； 存储和检索用于网络能力开放的结构化数据

续表

5G核心网NF	功能描述
网络切片选择功能（Network Slice Selection Function，NSSF）	为用户选择网络切片实例； 基于配置为用户选择接入的AMF
用户平面功能（User Plane Function，UPF）	Intra/Inter-RAT移动性的锚点（适用时）； 与数据网络互连的外部PDU会话点； 分组路由和数据包检测； 策略规则执行的用户平面部分等

3. 5G核心网接口

5G核心网控制面采用服务化的接口。NF（NF服务生产者）通过服务化接口可向其他授权NF（NF服务消费者）提供NF服务。每个NF包含一个或多个NF服务。各服务化接口的具体说明以及可提供的NF服务如表6-2所示。

表6-2 5G核心网服务化接口列表

接口名称	接口说明	提供的服务	
		服务名称	服务说明
Namf	AMF服务化接口	Namf_Communication	通过N1 NAS消息或/与AN进行通信
		Namf_EventExposure	订阅并获得关于事件ID的通知
		Namf_MT	使其他NF确保UE是可达的
		Namf_Location	请求目标UE的位置信息
Nsmf	SMF服务化接口	Nsmf_PDUSession	管理PDU会话，并使用从PCF接收的策略及计费规则
		Nsmf_EventExposure	提供与PDU会话相关的事件
Npcf	PCF服务化接口	Npcf_AMPolicyControl	提供接入控制、网络选择、移动性管理、UE路由选择相关的策略
		Npcf_SMPolicyControl	提供会话相关的策略
		Npcf_Policy Authorization	授权AF请求，并创建策略作为响应。允许其他NF订阅/取消订阅接入类型、RAT类型、PLMN标识等通知
		Npcf_BDTPolicyControl	提供后台数据传输策略
Nnef	NEF服务化接口	Nnef_EventExposure	提供事件开放的支持
		Nnef_PFDManagement	提供PFD管理的支持
Nnef	NEF服务化接口	Nnef_ParameterProvision	允许外部方提供可在5GS中用于UE的信息
		Nnef_Trigger	为设备触发提供支持
		Nnef_BDTPNegotiation	为后台数据传输策略协商提供支持

续表

接口名称	接口说明	提供的服务	
		服务名称	服务说明
		Nnef_TrafficInfluence	提供影响传输路由的能力
Nnrf	NRF 服务化接口	Nnrf_NFManagement	提供服务的注册、注销和更新管理
		Nnrf_NFDiscovery	使一个 NF 能够发现一组具有特定 NF 服务或目标 NF 类型的 NF 实例
Nudm	UDM 服务化接口	Nudm_UECM	提供 UE 相关信息，允许其他 NF 在 UDM 中注册和注销 UE 相关信息，更新 UE 上下文信息
		Nudm_SDM	检索和更新用户签约信息
		Nudm_UEAuthentication	获取认证数据，并返回认证结果
		Nudm_EventExposure	允许其他 NF 订阅接收事件，并提供监视指示
Nausf	AUSF 服务化接口	Nausf_UEauthentication	提供用户鉴权服务
Nudr	UDR 服务化接口	Nudr_DM	对存储在 UDR 中的数据进行管理
Nnssf	NSSF 服务化接口	Nnssf_NSSelection	提供请求的网络切片信息
		Nnssf_NSSAIAvailability	提供 S-NSSAI 的可用性

为了表述特定两个 NF 间的数据交互，3GPP 也定义了基于参考点的接口，如表 6-3 所示。

表 6-3 5G 核心网参考点接口列表

接口名称	接口说明
N1	UE 和 AMF 之间的参考点接口
N2	(R)AN 和 AMF 之间的参考点接口
N3	(R)AN 和 UPF 之间的参考点接口
N4	SMF 和 UPF 之间的参考点接口
N6	UPF 和数据网络之间的参考点接口
N9	UPF 和 UPF 之间的参考点接口
以下参考点接口显示 NF 中各 NF 服务之间的交互。这些参考点由基于 NF 服务的相应接口实现，通过指定 NF 服务使用者和 NF 服务提供者及其之间的交互来实现特定的系统流程	
N5	PCF 和 AF 之间的参考点接口
N7	SMF 和 PCF 之间的参考点接口
N8	UDM 和 AMF 之间的参考点接口
N10	UDM 和 SMF 之间的参考点接口

续表

接口名称	接口说明
N11	AMF 和 SMF 之间的参考点接口
N12	AMF 和 AUSF 之间的参考点接口
N13	UDM 和 AUSF 之间的参考点接口
N14	AMF 和 AMF 之间的参考点接口
N15	PCF 和 AMF 之间的参考点接口
N16	SMF 和 SMF 之间的参考点接口
N17	AMF 和 EIR 之间的参考点接口
N18	任何 NF 和 UDSF 之间的参考点接口
N19	NEF 和 SDSF 之间的参考点接口
N22	AMF 和 NSSF 之间的参考点接口
N24	拜访地 PCF 和归属地 PCF 之间的参考点接口

6.1.2 5G 核心网的变革

从传统核心网演进到 5G 核心网，核心网的认证鉴权、移动性管理、会话管理等基本功能保持不变，只是实现的方式和技术手段更加灵活。5G 核心网的变革主要表现在以下几个方面。

1. 采用服务化架构

3GPP 将 5G 系统架构定义为服务化架构（Service Based Architecture，SBA）。

SBA 架构面向云原生（Cloud Native）设计，借鉴了互联网领域中面向服务的架构（Service-Oriented Architecture，SOA）、微服务架构等成熟理念，并结合通信网现状、特点和发展趋势，以软件服务的概念重构 5G 核心网，对 5G 核心网控制面各网络功能实施服务化定义，同时提供一系列的基于服务的接口（Service Based Interface，SBI），具备灵活化、开放化以及智能化的特点，并可根据需求进行灵活部署和扩展。

（1）服务化通信模型

服务化架构提供了“Request-Response”（见图 6-3）和“Subscribe-Notify”（见图 6-4）两种服务化通信模型。

① Request-Response 模式

Request-Response 模式下，NF_A 作为服务消费者向 NF_B（服务生产者）

请求特定的 NF 服务，服务内容可能是执行某种操作或提供相关信息；NF_B 根据 NF_A 发送的请求内容，响应服务结果。

② Subscribe-Notify 方式

Subscribe-Notify 模式下，控制平面 NF_A（服务消费者）向另一个控制平面 NF_B（服务生产者）订阅 NF 服务。多个控制平面的 NF 可以订阅相同的 NF 服务。NF_B 对所有订阅了该服务的 NF 发布通知并返回结果。消费者订阅的信息可以是定期更新的信息，或特定事件触发的通知（如请求的信息被改变、达到某个阈值等）。

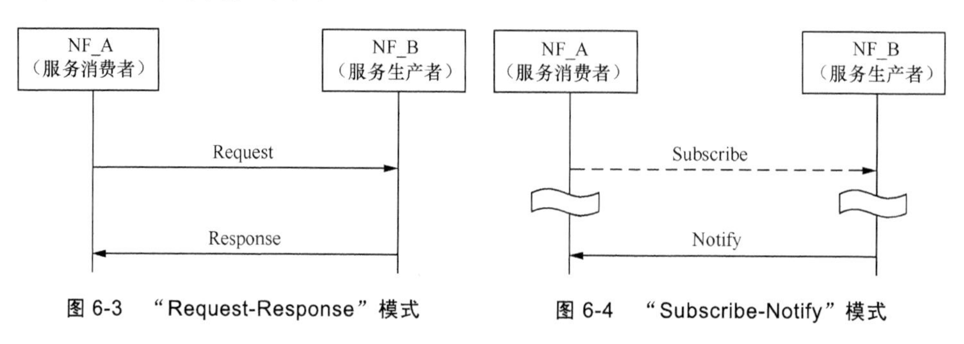

图 6-3 “Request-Response”模式　　图 6-4 “Subscribe-Notify”模式

（2）服务化接口

采用统一的服务化接口协议。目前定义的接口协议栈从下往上在传输层采用了 TCP，在应用层采用 HTTP/2.0，API 的设计方式采用 RESTFul 模式，在序列化协议方面采用了 JSON，接口描述语言采用 OpenAPI3.0。基于 TCP/HTTP2.0/JSON 的调用方式，使用轻量化 IT 技术框架，可以适应 5G 网络灵活组网定义、快速开发、动态部署的需求。在将来，服务化接口还可以使用 QUIC/HTTP2.0 进行通信，相比较 TCP/HTTP2.0 方式，可以获得更高的通信效率。

（3）服务的自动注册、发现与授权

NF 通过服务化接口，将自身的能力作为一种服务发布到网络中，并被其他 NF 复用；NF 通过服务化接口的发现流程，获取拥有所需 NF 服务的其他 NF 实例。这种注册和发现是通过 5G 核心网引入的新型网络功能 NRF 来实现的：NRF 接收其他 NF 发来的服务注册信息，维护 NF 实例的相关信息和支持的服务信息；NRF 接收其他 NF 发来的 NF 发现请求，返回对应的 NF 实例信息。

2. C/U 分离

3GPP 在 5G 系统架构中提出了控制面和用户面的彻底分离。

5G 网络的业务需求指标对 5G 网络架构设计提出了更高的要求，控制面与用户面的一体化集中实现架构不再适用于 5G 的核心应用。在 3GPP 定义的 5G 系统架构中，UPF 作为用户面设备与其他控制面设备（如 AMF、SMF 等）采用了解耦设计，将 EPC 网络中 SAEGW 的全部用户面功能集中到了 UPF，控制面功能则归至 SMF。5G 核心网实现了控制面和用户面的彻底分离，网络向控制功能集中化和转发功能分布化的趋势演进。

采用 C/U 分离设计后，控制面和用户面进行解耦，可以独立进行技术演进和部署。从技术层面上来说，用户面更加专注于业务数据的路由转发，具有简单、稳定和高性能等特性，可满足未来海量移动流量的转发需求；控制面可以更专注于逻辑控制和业务创新。从网络部署层面上来说，组网更加灵活，控制面仍可采用集中部署方式，用户面根据业务需求更贴近用户侧和接入侧，从而极大地降低用户时延，提升转发效率。同时，用户面的下沉部署使 5G 网络可以灵活地接入边缘计算资源，促进边缘计算的发展。

3. C/D 分离和无状态设计

3GPP 在 5G 系统架构中提出了计算和存储分离的概念。

在 5G 网络中设置 UDR 网络功能，对用户签约信息数据、策略信息数据、网络能力开放数据等结构化数据进行统一存储，并允许 UDM、PCF、NEF 等网元通过服务化接口进行访问，如图 6-5 所示。

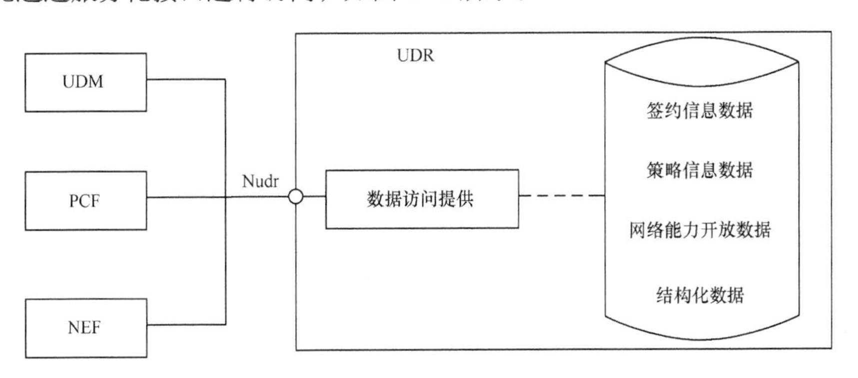

图 6-5　结构化数据存储架构（UDR）

设置 UDSF 网络功能，对 NF 的状态数据等非结构化数据进行统一存储，如图 6-6 所示。

Any NF　N18/Nudsf　UDSF

图 6-6　非结构化数据存储架构（UDSF）

5G 核心网采用无状态服务设计。服务状态是服务请求所需的数据，无状态服务不记录服务状态，不同请求之间也没有关联，所有状态数据从业务逻辑中抽取并独立存储。无状态设计可以使业务逻辑随时执行扩缩容、数据迁移、数据恢复等操作，并保证业务处理不受影响，但同时也增加了 NF 与数据库之间的频繁交互，拉长了业务流程。

4. **网络切片**

网络切片是 5G 网络的重要使能技术。5G 端到端网络切片是指将网络资源灵活分配，网络能力按需组合，基于一个 5G 网络虚拟出多个具备不同特性的逻辑子网。每个端到端切片均由核心网、传输网、无线网络切片组合而成，并通过端到端切片管理系统进行统一管理。网络切片可以基于统一的物理基础设施，更加灵活和敏捷地去满足不同行业、不同用户的业务需求以及网络特性。

eMBB、URLLC、mMTC 是 5G 网络的三大典型应用场景。在实际部署中，针对同种网络切片类型，如果业务模型差别较大，也可定义和提供不同的切片。

对于 5G 核心网来说，网络切片主要有以下几种部署方案。

方案 1：不同的网络切片实例完全独立部署，不共享任何网络功能，见图 6-7。

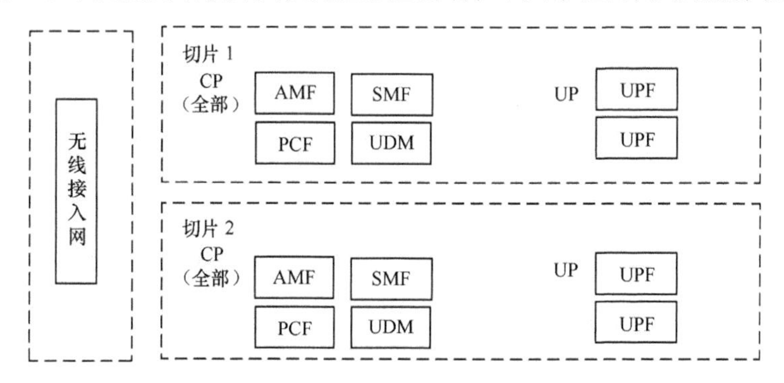

图 6-7 独立部署网络切片方案

此方案可应用于满足完全不同的业务类型的要求。

方案 2：不同的网络切片实例共享部分控制面网络功能，每个切片实例又拥有部分控制面功能，以及用户面功能，见图 6-8。

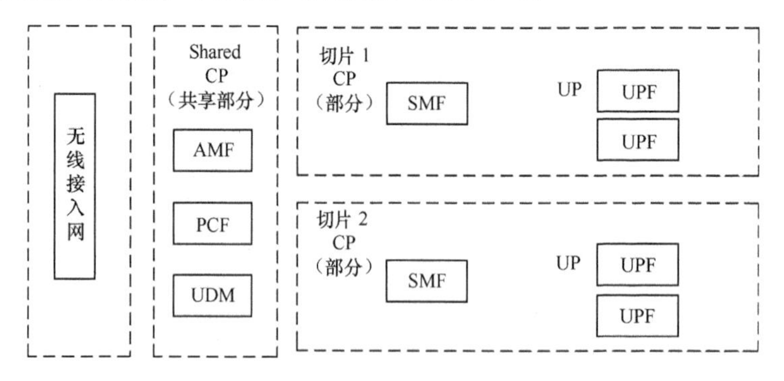

图 6-8 共享部分 CP 功能网络切片方案

此方案可应用于同种业务类型，但区分不同的用户。

方案 3：不同的网络切片实例共享全部的控制面功能，每个切片仅拥有各自的用户面功能，见图 6-9。

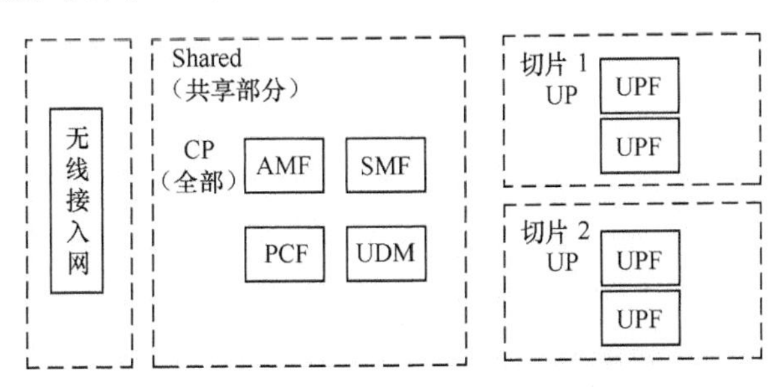

图 6-9　共享全部 CP 功能网络切片方案

此方案可应用于控制面功能要求类似，但用户面的路由转发要求差别较大的场景。

现阶段 EPC 仍主要采用传统 ATCA 架构设备，并不具备向云化的 5GC 直接演进升级的能力。从 EPC 向 5GC 演进，主要有两种方案：一种是直接在云资源池部署 5GC，传统 EPC 随着 4G 用户逐步迁移到 5G 而退网；另一种是先在云资源池部署 vEPC，满足近期 4G 业务的发展需求，并积累云化运营经验，然后适时将 vEPC 升级为 5GC。采用哪种方案取决于运营商自身的业务和网络发展规划，并且都需要考虑 EPC 与 5GC/vEPC 如何协同组网。

6.2　5G 核心网的部署

5G 核心网采用基于 NFV 的虚拟化部署方式，同时 5G 核心网的网络切片、无状态网元设计、C/U 分离等原生特性，使得 5G 核心网的部署与传统核心网差异巨大。本节从 5G 核心网网络架构设计、网络功能部署、云化平台部署等方面分析了 5G 核心网的部署方案，同时对 5G 的语音方案进行了简要说明。

6.2.1　网络架构设计

1．核心网总体架构

核心网总体架构如图 6-10 所示，5G 核心网的部署可采用“中心—边缘”两级数据中心的组网方案。在实际部署中，不同运营商可根据自身网络基础、

数据中心规划等因素灵活分解为多层次分布式组网形态。

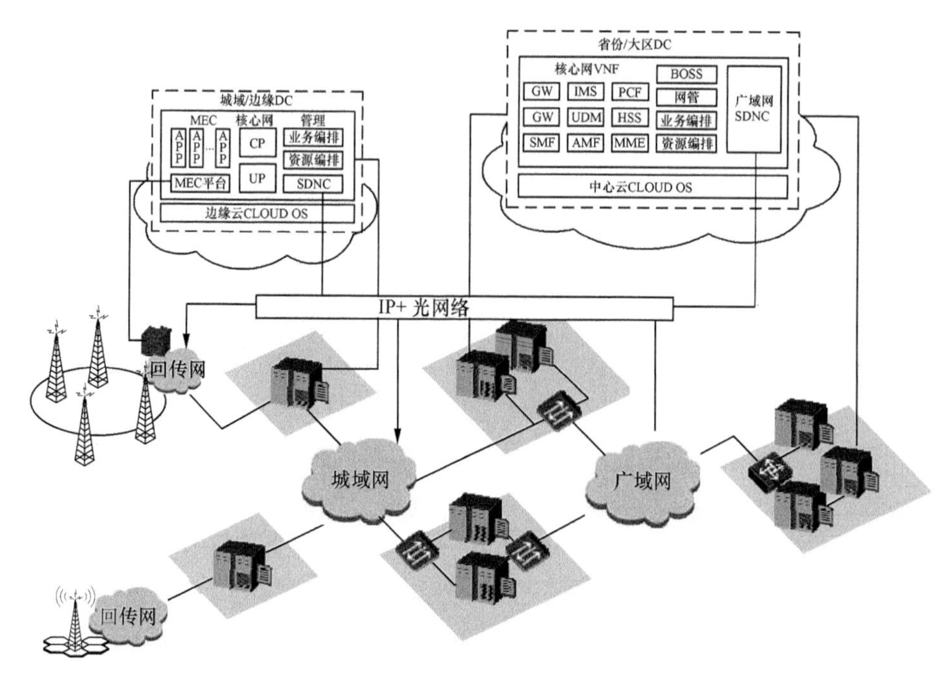

图 6-10 “中心—边缘”两级数据中心的 5G 核心网组网方案示意

5G 核心网实现彻底的转控分离，其中控制面仍将集中部署，用户转发面可以依据需求灵活部署。在实际部署中根据控制面的部署位置，可以考虑大区集中和省层面集中两种方案。

（1）大区集中部署

大区集中部署是指多个省的网络设备组成大区进行集中部署和集中运维，为本大区的所有用户提供网络服务。采用大区集中部署方案，5G 核心网所有控制面功能集中部署于大区层面，包括 AMF、SMF/GW-C、PCF/PCRF、BSF、NSSF、AUSF、UDM/HSS/UDR、NRF、NEF 等网络功能；用户转发面功能将依据需求灵活部署于省、地市甚至更低层面，包括 UPF/GW-U；部分对时延不敏感的用户转发面功能也可根据实际业务或管理需求部署在大区 DC 内。采用大区集中部署方案，5G 核心网网络架构如图 6-11 所示。

大区集中部署的优势在于集约和统一，具体包括核心控制面 NF 统一部署与管理，信令处理资源共享和全国性业务统一制定发放。同时，控制面 NF 高度集中还有助于减少 UE 移动过程中 AMF/SMF 重选带来的性能影响。

大区集中部署与目前按省份部署的网络差异很大，在网络建设中需重点考虑如下问题。

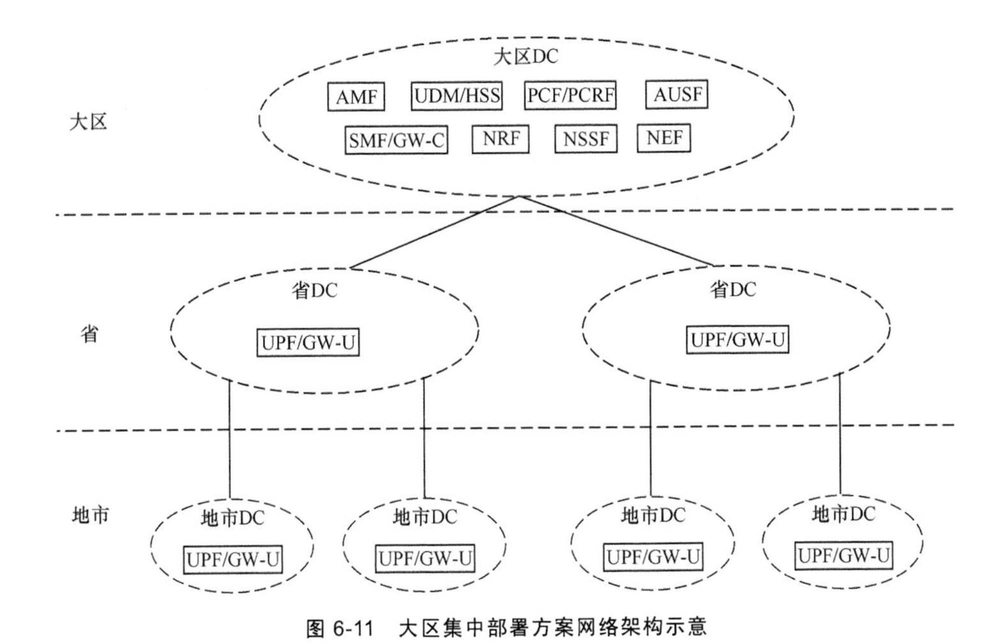

图 6-11 大区集中部署方案网络架构示意

- 传输问题：全部的控制面流量和部分用户面流量需要汇聚到大区 DC，将对省际传输造成较大压力。
- 时延问题：控制面高度集中将直接影响控制面时延性能，甚至会影响用户切换成功率和接入成功率。
- 业务迁移与互操作问题：5G 网络与现有 4G 网络将长期共存，必须保证用户平滑地从省份迁移至大区，同时考虑大区与省份现存网络进行互操作，满足业务连续性要求。
- 容灾问题：大区集中部署，必须考虑容灾方式，保证容灾能力不低于现有的分省部署方式。

（2）省层面集中部署

与传统 4G 核心网相同，采用省层面集中部署方案，大部分控制面 NF 集中部署于省层面，包括 AMF、SMF/GW-C、PCF/PCRF、BSF、NSSF、AUSF、UDM/HSS/UDR、省级 NRF、省级 NEF 等网络功能；集团/大区层面只部署骨干 NRF 和全国 NEF 功能节点，用于实现省际漫游和提供集团/大区层面的网络能力开放；用户面 UPF 功能仍将依据需求灵活部署于省、地市甚至更低层面。采用省层面集中部署方案，5G 核心网网络架构如图 6-12 所示。

省层面集中部署方案与 4G 网络部署模式一致，可以采用与 4G 相似的网络规划和运营模式，5G 与 4G 协同更易于操作实现。此外，省层面控制集中部署还有助于各省灵活开展 5G 创新，提供差异化业务。省层面控制集中部署方案的不足在于网络资源利用率不高，同时不利用统一集约管理。

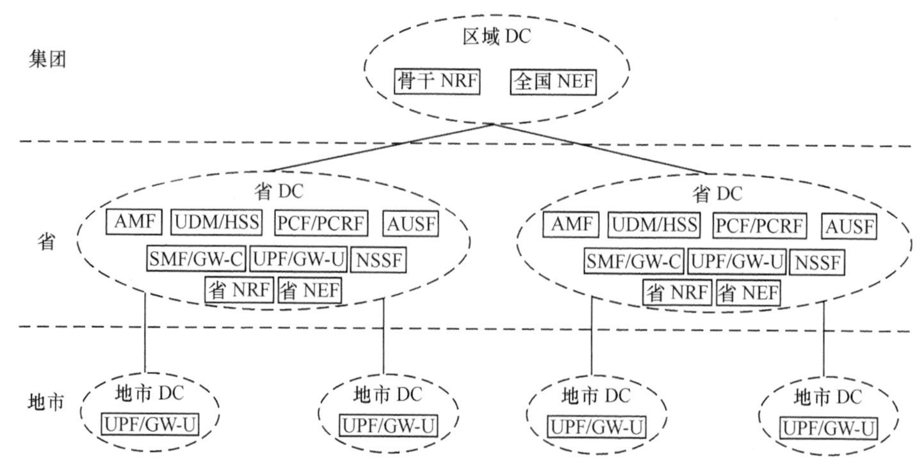

图 6-12　省层面集中部署方案网络架构示意

2. NRF 网络架构

NRF 采用两级结构：骨干 NRF 和省级 NRF（当采用大区集中部署方案时，两级结构为骨干 NRF 和大区 NRF）。下面以省集中部署方式为例，说明 NRF 的网络架构：每省份节点设置一对 NRF，负责省内核心网控制面网元的注册、发现与授权；全国集中设置一对骨干 NRF，负责省间控制面网元的发现。在实际部署中，可结合网络规模骨干 NRF 由省级 NRF 兼做。NRF 网络架构如图 6-13 所示。

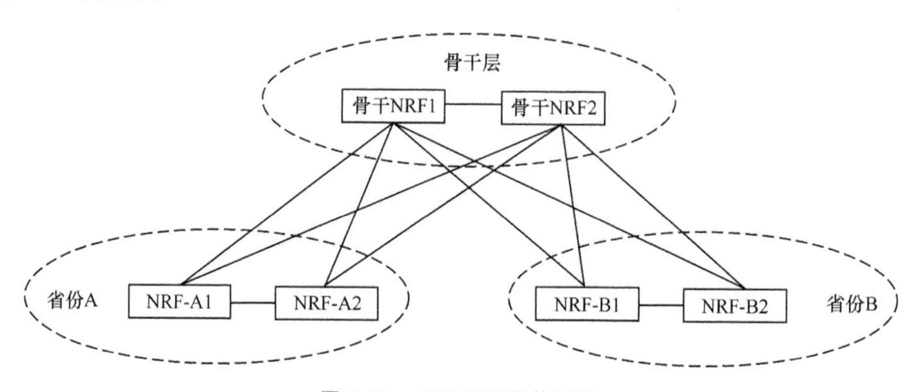

图 6-13　NRF 网络架构示意

3. 5GC/EPC 互操作网络架构

结合 5G 技术和产业链的发展情况，预计 5G 网络将与 4G 网络长期并存。SA 架构下，需要通过核心网互操作来实现 5G 网络和 4G 网络的协同。在互操作过程中，为保证用户签约数据、业务策略数据的一致性以及业务连续性，3GPP定义了专用于5GC/EPC互操作的融合网元：HSS+UDM、PCF+ PCRF、SMF+ PGW-C、UPF+PGW-U。5GC/EPC互操作网络架构如图6-14所示。

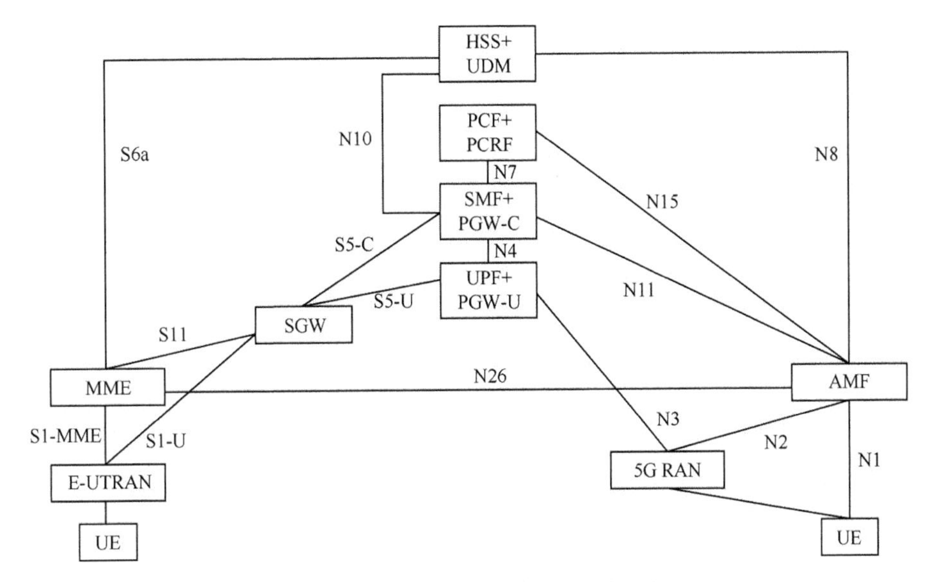

图6-14 5GC/EPC互操作网络架构示意

为了实现5G网络和4G网络的互操作，5GS针对同时支持5GC NAS和EPC NAS的UE定义了单注册和双注册两种模式。单注册模式下，UE仅保持一种激活态（5GC的RM状态或EPC的EMM状态），即仅接入EPC或5GC，当发生互操作时，UE会将当前的EPS-GUTI映射为5G-GUTI（当由4G移动到5G时），或将当前的5G-GUTI映射为EPS-GUTI（当由5G移动到4G时）；双注册模式下，UE可同时独立处理5GC和EPC的注册流程，并独立维护5G-GUTI和EPS-GUTI，支持双注册模式的UE可以单独地注册到5GC或EPC，也可以同时注册到5GC和EPC。

在5GC/EPC互操作网络架构中，3GPP定义了N26接口。N26接口为可选接口，主要用于实现在EPC(MME)和5GC(AMF)之间传递UE的MM和SM上下文信息。

（1）部署N26接口时的互操作

当网络中部署了N26接口时，N26接口可实现在源网络和目标网络之间传送移动性管理状态和会话管理状态。因此运营商部署了N26接口，UE仅需以单注册模式运行，即可保证用户无缝的业务和会话连续性。当UE从5GS移动到EPS时，由SMF基于EPS能力以及运营商具体的管理策略决定哪些PDU

会话可以重定位到目标 EPS，并释放无法迁移到 EPS 的那部分 PDU 会话。

（2）未部署 N26 接口时的互操作

当网络中未部署 N26 接口时，经由 HSS+UDM 存储和获取 UE 相关的 PGW-C+SMF 和 APN/DNN 信息，以此来保障 UE 的 IP 地址连续性。在未部署 N26 接口的情况下，网络侧应在 UE 初始附着的过程中指示网络具备双注册能力，以协助 UE 决定是否在互操作流程触发前提前在目标网络进行注册。如果 UE 在以双注册模式注册到网络后移动到支持 N26 接口的区域（如在漫游场景下 VPLMN 部署了 N26 接口），网络侧可以通过携带重注册指示的注销请求将 UE 从网络中注销，并在 UE 重注册过程中不再携带网络侧支持双注册模式的指示，让 UE 以单注册模式在网络中进行重注册。

6.2.2 网络功能部署

1. 初期建设网络功能集

综合考虑 5G 业务发展和产业进展，5G 核心网网元建议采用分阶段引入方式。

5G 网络建设初期，基于 5G 网络架构组网，仅部署 5G 商用必需的基本核心网网络功能，包括控制面网络功能 AMF、SMF/GW-C、NRF、PCF/PCRF、BSF、NSSF、AUSF、UDM/HSS/UDR，用户面网络功能 UPF/GW-U。

5G 网络建设中远期，基于业务需求、标准进展及设备成熟度，适时引入其他网络功能，如 NEF、UDSF、SEPP 等。

2. 网络功能设置与容灾备份

5G 核心网采用三级容灾备份机制：网元备份、VNF 组件备份和云资源服务器备份。其中网元备份和 VNF 组件备份与传统核心网类似，等同于网元级备份和板卡级备份；云资源服务器备份是 NFV 架构下的 5G 核心网新增备份方式。通过三级容灾备份机制克服 IT 服务器可靠性不足问题，提高网络整体可靠性。

各网络功能设置及容灾备份方式如下。

（1）AMF

AMF 宜采用 AMF POOL（AMF Region + AMF Set）组网，POOL 内包含多个功能相同的 AMF。AMF Region 与 MME POOL 共覆盖，AMF Set 内单厂家设置。

AMF Set 内的 AMF 可以在一个 DC 内或跨 DC 设置，采用 N+1 冗余备份。

（2）SMF

SMF 宜采用 SMF POOL（类似 EPC 的 GW Service Area）组网，POOL

内包含多个功能相同的SMF。SMF POOL区域与AMF Region区域一对一或一对多，SMF POOL内单厂家设置。

SMF POOL内的SMF可以在一个DC内或跨DC设置，采用*N*+1冗余备份。

（3）UPF

在大区（省）内设置集中式UPF，按需可在本地网核心或汇聚层设置分布式UPF。相同层次且相同UPF Serving Area（类似EPC的GW Service Area的用户面）部署的UPF之间实现容灾备份。UPF对接入gNB的个数理论上没有限制。

（4）UDM+UDR

参照3GPP标准，5G核心网数据库采用前后端架构，UDM作为数据库前端，UDR作为数据库后端，UDM访问UDR获取用户签约数据。

UDM宜采用*N*+1主备，主用负荷分担，可以在一个DC内或跨DC设置，备用1套UDM和主用UDM宜跨DC设置。UDR宜采用1+1主备，分别设置在不同DC。

（5）PCF

PCF宜采用*N*+1主备，主用负荷分担，可以在一个DC内或跨DC设置，备用一套PCF和主用PCF宜跨DC设置。

（6）NRF

NRF分两级设置：骨干NRF和大区(省级)NRF，骨干NRF在全国集中设置，大区(省级)NRF在大区(省)内分别设置，宜采用1+1主备的方式进行容灾备份。大区(省级)NRF与骨干NRF路由可达。

（7）NSSF

NSSF宜采用1+1主备的方式进行容灾备份。

（8）AUSF

AUSF一般宜与UDM/UDR融合设置，容灾备份方式同UDM/UDR。

（9）BSF

BSF独立设置，且支持Diameter接口，宜采用1+1主备的方式进行容灾备份。

6.2.3 云化平台部署

1. X86通用硬件性能

当前，基于通用服务器的虚拟化设备在性能和集成度方面低于物理设备是全产业共同面临的问题，这一问题在5G大吞吐量指标要求和边缘计算机房高

集成度要求的背景下显得尤为突出。NFV 系统需要针对 5G 核心网业务需求提供全面的加速能力。

- 优化通用 CPU 和存储单元，满足 5G 核心网、MANO 等网络功能对计算和数据存储能力的要求。

- 综合软件加速，如 DPDK+SR-IOV；和专用硬件加速技术，如 NP 和 FPGA 等，提升用户面转发性能和硬件集成度。优化服务化架构的信令交互性能：改进 HTTP2 Client/Server 通信机制，提升请求/响应处理能力，降低信令处理时延。

- 优化边缘计算性能：针对边缘平台语音图象识别、VR/AR 等计算密集型应用，提供 GPU、AISC 等硬件加速方案。

物理用户面设备是部署早期满足高性能、高密度流量处理以及保护现网投资的一种选择。基于 COTS 平台的软件加速技术和硬件加速技术能够实现从物理用户面设备的平滑演进，满足按需弹缩、部署灵活性和动态切片编排的需求，是 NFV 平台的关键技术环节。特别地，边缘计算业务要求网关下沉和边缘业务处理，需要同时具备高性能、高集成度和灵活部署业务的能力，X86+硬件加速技术在这一领域有广泛的应用和创新空间。

与服务器绑定的专用硬件模块会降低 NFV 平台的灵活性且成本较高。一种解决思路是将加速硬件同样视为 NFVI 统一管理下的一类资源，通过 VIM 北向接口对上层管理和编排功能暴露，实现统一的资源管理、业务编排和流量导入，即专用资源通用化。也可以通过独立的 PIM 或者专有设备能力直接提供北向接口，对上暴露资源给 MANO，减少 VIM 的复杂度，保持功能清晰独立。

2. 云化网络安全及运维配套

云化核心网通过云资源池的容灾机制和物理局点容灾设计，实现云化核心网的网络安全性容灾。由于核心网对硬件资源的计算处理能力、网络吞吐能力、时延保障能力、负荷均衡能力的特殊要求，核心网云资源池的建设中，对基础设施的设备能力和网络组织要予以特殊考虑。例如，资源池内服务器需配置高性能专用 CPU，网络设备配置大吞吐量高速网卡，以满足编解码转换等运算量大、带宽占用多、实时性要求高的网元需求。

云化核心网具备开放的架构和灵活部署能力，但同时也带来了信息和网络安全风险，现有信息安全系统主要针对通话、信息等基本业务进行管控和防护，还需针对未来的 5G 云化网络对重点业务、个人隐私、防攻击等方面加强安全防护保障。电信级的业务对数据中心的可靠性提出了更高要求，因为 NFV 系统较传统系统的业务节点更多，潜在的故障点和风险系数提高。IT 设计需要通过构建 VNF 系统多级容灾、备份体系来构建电信级高可靠性，应对运营挑战。

IT 级容灾：单数据中心支持硬件多路径、多可用区（AZ），提升单 DC 可靠性。每个可用域都配备独立的供电和网络，当 DC 内单 AZ 出现故障的时候，业务可以快速切换到另一个 AZ。

网元级容灾：采用多路架构应对多点故障，提升 VNF 可靠性。采用状态数据与业务处理解耦的无状态设计，即使系统内多虚机同时故障，也能将业务快速切换到剩余的虚拟机上，从容应对多服务器故障；开展 A/B 测试，提供敏捷业务发布，降低现网商用风险。

网络级容灾：跨 DC 网元间 Pool，提升网络可靠性。当单 DC、单虚拟网元功能（VNF）故障时，业务快速切换到其他 DC 的 VNF，保证业务可用；通过业务与多 DC 并联，达到业务的电信级高可靠性。

此外，5G 网管系统与云平台对接，实现编排、监控、升级等云网业务流程一体化和自动化是运维配套的另一重点任务，主要内容包括：

- 网管定制，支持 4G/5G 网元共管；
- 混合 Pool 管理；
- 支持虚拟机和容器资源的编排和管理；
- NFV 域编排和管理能力构建；
- 网管北向支持 EPC/5GC 网元共管；
- SDN 实现 5G 部署和切片网络配置；
- 网络切片的部署和管理能力构建；
- 端到端切片业务发放对接 BSS 平台。

6.2.4 语音方案

回顾 4G，VoLTE 是目标语音解决方案，考虑到 4G 网络覆盖的完善及终端的成熟，全球运营商普遍经历了从 CSFB 到 VoLTE 的演进。对于 5G 语音，运营商同样需要考虑 5G 网络的覆盖及终端生态系统的成熟等因素，同时还需要考虑 5G 组网部署选项的因素。5G 语音方案有如下选项及演进过程，如图 6-15 所示。

VoNR 即 Voice over NR，指话音承载在 gNB 上。根据不同的 5G 组网，存在两个不同选项：通过 5GC 和 gNB 承载 VoNR、通过 EPC 和 gNB 承载 VoNR。在 VoNR 下，终端驻留 NR，语音业务和数据业务均承载在 NR 网络。当用户移动到 NR 信号覆盖较差的区域时，应该发起基于覆盖的切换来实现和 4G 的互操作，由 VoLTE 来提供语音服务。

EPS FB 即 EPS Fallback。5G 建设初期不提供 VoNR 服务，当 gNB 在

NR 上建立 IMS 语音通道时触发切换，此时 gNB 向 5GC 发起重定向或者 inter-RAT 切换请求，回落到 LTE 网络，由 VoLTE 提供服务。

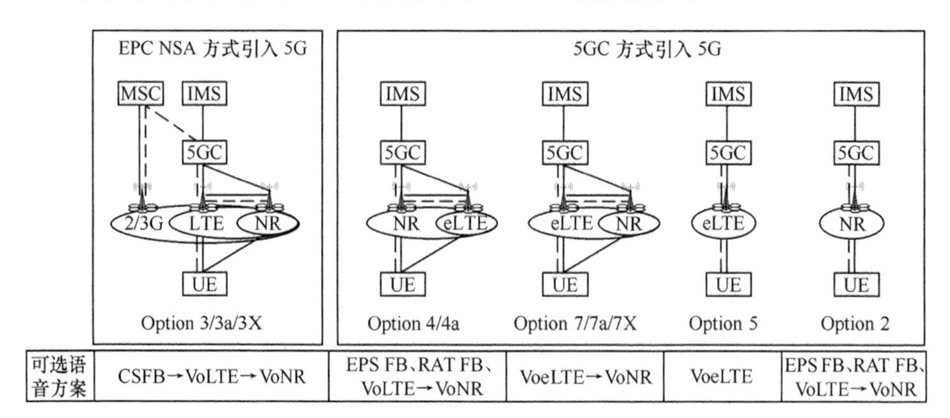

图 6-15　5G 语音方案选项及演进过程

VoeLTE 即 Voice over eLTE，指语音承载在 5GC 及 ng-eNB 上。在 VoeLTE 下，终端驻留 eLTE，语音业务和数据业务均承载在 eLTE 网络。当用户移动到 eLTE 信号覆盖较差的区域时，需发起基于覆盖的切换来实现和 4G 或 NR 的互操作，由 VoLTE 或 VoNR 来提供语音服务。

RAT FB 即 RAT Fallback。与 EPS FB 类似，5G 建设初期不提供 VoNR 服务，当 gNB 在 5G 上建立 IMS 语音通道时触发切换，此时 gNB 向 5GC 发起重定向或者 inter-RAT 切换请求，回落到 eLTE 网络，由 VoeLTE 提供服务。

6.3　5G 核心网的规划

NFV 技术的引入，增加了 5G 核心网网络的灵活性，加快了网络部署和业务上线的速度，但同时也增加了网络规划的复杂度。本节主要介绍 5G 核心网的规划思路、规划流程及方法。

6.3.1　规划思路

从移动通信发展规律来看，5G 技术和产业链的发展成熟需要一个长期的过程，预计 4G 将与 5G 长期并存，协同发展。因此 5G 网络的规划需遵循多网协同原则、分阶段演进原则、技术经济性原则等。

5G 网络建设初期，运营商将 5G 核心网原生支持 NFV，并采用网络切片、C/U 分离以及服务化架构（SBA）等一系列新技术来实现差异化业务服务能力、灵活的网络部署能力以及统一的网络开放能力。结合 5G 业务需求、5G 规划总体原则以及新技术引入，5G 核心网规划需要考虑以下问题。

- 5G 发展初期主要满足 eMBB 业务需求；mMTC 业务前期可利用 NB-IoT、eMTC、4G 等已有技术承载；5G 发展后期，根据业务需求和产业链成熟情况，逐步满足 URLLC 和 mMTC 等业务需求。
- 5G 核心网需要统筹考虑公众客户和政企客户的差异化业务需求，规划所使用的业务模型将由单一模型扩展为多个模型。
- 4G 与 5G 网络将长期并存、有效协同，核心网合设网元的容量规划需要考虑回落比，用户数据库容量规划需要考虑迁移策略。
- 5G 核心网采用云化架构，实现资源的统一编排、灵活共享。核心网规划除常规网元容量测算外，还应详细计算云资源需求。
- 5G 核心网采用全新 SBA 架构，网元及接口数量显著增加、标准成熟时间也不一致。因此，网元需要基于业务需求、规范及设备的成熟度分阶段部署。
- 5G 核心网实现了彻底的 C/U 分离，控制面、用户面将独立按需规划。

6.3.2 规划流程

目前基于传统硬件的核心网规划方法主要依据业务需求，结合业务模型输出完整的网络建设方案，如图 6-16 所示。规划过程分为以下 6 个阶段。

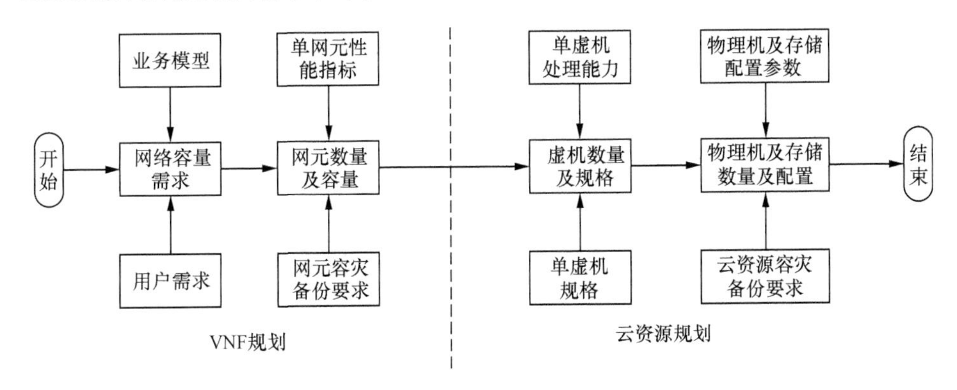

图 6-16　5G 核心网规划流程

业务需求统计→业务模型取定→网元主用容量测算→考虑容灾备份下网元数量及各网元软/硬件容量测算→组网方案制定→对外资源需求估算。

5G 核心网基于 NFV 云化带来了网元架构的本质变化。软/硬件的解耦以及硬件的通用化，使得跨厂商、跨平台、跨产品的资源共享成为可能，现有以独立网元为单位的规划思路演变为以资源池为单位的整体规划思路；同时，原有专用硬件对通信机房的需求也演变为通用硬件对 DC 机房的需求。因此，对 5G 核心网 NFV 网元的部署规划之前，应首先进行对 DC 的部署规划，协同核心网 NFV 部署规划与 DC 部署规划的关系，做到两者相互匹配。

5G 核心网的规划总体流程仍是以业务需求为输入，输出网络建设方案，但由于软/硬件的解耦，5G 核心网的规划须分为两部分：VNF 规划（核心网网元规划）和云资源规划。

（1）VNF 规划

根据用户需求（用户数、开机率等）和业务模型（吞吐量、信令消息等），结合各种网元的关键容量指标计算方法，得到整个网络各种网元的总体容量需求（附着用户数、吞吐量、消息转发量等）。

把网络容量需求除以各种网元单网元性能指标得到各种网元主用套数，并依据各种网元容灾备份方式（Pool、1+1 等）计算备用套数，进而计算每套网元主备总容量。

（2）云资源规划

每种网元的每种组件（VNFC 或微服务）都会对应一种规格（计算、内存、存储）的虚机。单套网元主备总容量除以单虚机处理能力，并根据虚机配置原则调整得到各种虚机数量。进而计算得到整个 DC 云资源需求（计算、内存、存储）。

根据拟采用的物理机型号（CPU、内存）、存储方式（磁阵、分布式存储），得到物理机、存储设备的虚拟化能力参数。整个 DC 云资源需求除以物理机、存储设备的虚拟化能力参数得到物理机、存储设备的硬件配置数量。最后根据 DC 容灾备份要求和 MANO 需求，增补硬件配置。

6.3.3 规划算法

5G 核心网的规划主要包括 VNF 规划和云资源池规划，本节主要介绍相关规划算法。

1. VNF 规划

（1）业务需求

与传统核心网规划相同，5G 核心网的业务需求主要包括各类业务的签约用户规模。考虑到 R16 版本标准尚未冻结，本书暂不考虑 URLLC、mMTC 业务以及 VoNR 业务需求，仅对 eMBB 和 EPS FB 业务需求进行网络规划。主要涉及以下用户指标：5G-签约用户数、5G-VoLTE 渗透率。而对于业务模型差别较大的用户类型，可以分别进行统计。

（2）业务模型

考虑到 5GC 与 EPC 的互操作，业务模型主要分为 3 部分：5G 接入用户业务模型、4G 接入用户业务模型、VoLTE 用户业务模型。5G 核心网业务模型主要业务参数如表 6-4 所示。

表 6-4　5G 核心网业务模型主要参数列表

类别	参数	单位
5G 接入用户	开机率	百分比
	每附着用户流数	流/用户
	平均每流吞吐量	kbit/s/流
	每附着用户 UDM 处理信令事务数	个/用户/小时
	每附着用户 PCF 处理信令事务数	个/用户/小时
	每流产生 CDR 数量	CDR/流/小时
	CDR 话单大小	Byte
	每天折合忙时（小时）	小时/天
	非压缩话单保留天数	天
	压缩话单保留天数	天
	话单压缩比	
	每附着用户忙时查询 NRF 次数	次/小时
	每附着用户忙时查询 NSSF 次数	次/小时
4G 接入用户	数据回落比（5G→4G）	百分比
	每附着用户流数	承载/用户
	平均每承载吞吐量	kbit/s/承载
	每附着用户 HSS 处理信令事务数	个/用户/小时
	每附着用户 PCRF 处理信令事务数	个/用户/小时
	每承载产生 CDR 数量	CDR/流/小时
	CDR 话单大小	Byte
VoLTE 用户	每用户话务量	Erl
	语音通话比例	
	视频通话比例	

续表

类别	参数	单位
VoLTE 用户	平均通话时长	秒
	语音编码带宽	kbit/s
	视频编码带宽	kbit/s
	每注册用户绑定事务数	
	每注册用户非绑定事务数	
	每用户产生 CDR 数量	CDR/用户/小时
	CDR 话单大小	Byte

业务模型的取定主要取决于相关业务的类别属性、运营商相关技术体制、网络覆盖情况、5G 产业链的成熟情况以及用户的业务使用习惯的养成等。

（3）VNF 数量及容量测算

5G 核心网 VNF 的网络容量主要包括 4 部分：5G eMBB 相关容量、4G eMBB 相关容量、5G 发生 EPS FB 的相关容量以及 4G VoLTE 相关容量。参考 EPC 网元规划，并结合 5G 核心网 NF 的网络功能定位，VNF 的相关容量指标主要如表 6-5 所示。

表 6-5　VNF 相关容量列表

网元	容量指标	单位	5G eMBB	4G eMBB	5G EPS FB	4G VoLTE
AMF	附着用户数	万户	√	×	√	×
SMF/GW-C	流	万个	√	√	√	√
UDM/AUSF/HSS-FE	动态用户数	万户	√	×	√	×
UDM/AUSF/HSS-BE	静态用户数	万户	√	×	√	×
PCF/PCRF-FE	动态会话数（100%PCC）	万个	√	×	√	×
PCF/PCRF-BE	静态用户数（100%PCC）	万户	√	×	×	×
UPF/GW-U	流	万个	√	√	√	√
	吞吐量	Gbit/s	√	√	√	√
CG（EPC 模式）	话单处理能力	万 CDR/s	√	×	√	×
	存储空间	TB	√	×	√	×
NRF	每秒查询次数	次/秒	√	×	×	×
NSSF	每秒查询次数	次/秒	√	×	×	×
BSF	消息处理能力（非绑定）	万 TPS	√	×	√	×
	消息处理能力（绑定）	万 TPS	×	×	√	×
	会话绑定数	万个	×	×	√	×

主要测算方法如下：

① 用户容量

- 5G 附着用户数 = 5G 出账用户数×开机率×容量冗余系数；
- 5G 静态用户数 = 5G 出账用户数×容量冗余系数；
- 5G VoLTE 注册用户数 = 5G 附着用户数×VoLTE 渗透率。

② AMF 容量

- AMF 用户总容量 = 5G 附着用户数（含 VoLTE 容量）；
- AMF 软件套数 = ROUNDUP (AMF 用户总容量/AMF 用户容量门限) + 1；
- 单套 AMF 用户容量 = AMF 用户总容量/(AMF 软件套数– 1)。

③ SMF 容量

- SMF 流容量 eMBB 需求 = 5G 附着用户数×每附着用户流数；
- SMF 流容量 VoLTE 需求 = VoLTE 注册用户数 × (1 + VoLTE 每用户忙时话务量)；
- SMF 软件套数 = ROUNDUP ((SMF 流容量 eMBB 需求+ SMF 流容量 VoLTE 需求) / SMF 流容量门限) + 1；
- 单套 SMF 流容量需求 = SMF 流容量总需求/ (SMF 软件套数 – 1)。

④ UPF 容量

- UPF 吞吐量 eMBB 需求 = UPF 管辖区域流容量 eMBB 需求×平均每流吞吐量；
- UPF 吞吐量 VoLTE 需求 = UPF 管辖区域 VoLTE 注册用户数×VoLTE 每用户忙时话务量×语音编码带宽 × 2；
- UPF 软件套数 = ROUNDUP ((UPF 吞吐量 eMBB 需求 + UPF 吞吐量 VoLTE 需求) / UPF 吞吐量门限) + 1；
- 单套 UPF 吞吐量需求 = (UPF 吞吐量 eMBB 需求 + UPF 吞吐量 VoLTE 需求) / (UPF 软件套数 – 1)。

根据目前 R15 规范，UPF 只能固定指向唯一 SMF，因此两者软件套数和单套容量需根据本地网数量和每个本地网容量比例进行调整。

⑤ UDM

- UDM 前台动态用户总容量 = 5G 附着用户数；
- UDM 前台软件套数 = ROUNDUP (UDM 前台用户容量总需求/UDM 前台用户容量门限) + 1；
- 单套 UDM 前台用户容量需求 = UDM 前台用户容量总需求/(UDM 前台软件套数 – 1)；
- UDM 后台静态用户总容量 = 5G 静态用户数（含 VoLTE 容量）；

• UDM 后台软件套数 = ROUNDUP (UDM 后台用户容量总需求/UDM 后台用户容量门限) × 2；

• 单套 UDM 后台用户容量需求 = UDM 后台用户容量总需求/(UDM 后台软件套数 / 2)。

⑥ PCF

• PCF 前台会话总容量 = 5G 附着用户数；

• PCF 前台软件套数 = ROUNDUP (PCF 前台会话容量总需求/PCF 前台会话容量门限) + 1；

• 单套 PCF 前台会话容量需求 = PCF 前台会话容量总需求/(PCF 前台软件套数 − 1)；

• PCF 后台静态用户总容量 = 5G 发卡用户数（含 VoLTE 容量）；

• PCF 后台软件套数 = ROUNDUP (PCF 后台用户容量总需求/PCF 后台用户容量门限) × 2；

• 单套 PCF 后台用户容量需求 = PCF 后台用户容量总需求/ (PCF 后台软件套数/ 2)。

2. 云资源池规划

假设 DC 内部署了 i 种 NF，每种 NF 分别有 j 套，第 i 种网元第 j 套用 NF_{ij} 表示。

• 单套 NF_{ij} 虚机数量 = ROUNDUP (NF_{ij} 容量/NF_i 单虚机容量处理能力)；

• NF_i 虚机总数量 = $\sum_j$(单套 NF_{ij} 虚机数量)；

• NF_i 计算能力总需求 = NF_i 虚机总数量 × NF_i 单虚机 vCPU 数量规格；

• NF_i 存储空间总需求 = NF_i 虚机总数量 × NF_i 单虚机存储空间数量规格；

• DC 计算能力总需求 = $\sum_i$ (NF_i 计算能力总需求)；

• DC 存储空间总需求 = $\sum_i$ (NF_i 存储空间总需求)；

• DC 物理机台数 = ROUNDUP ((DC 计算能力总需求 / 单台物理机提供 vCPU 能力 + MANO 物理服务器台数) × 物理机容灾调度系数)；

• 磁阵或分布式存储空间 = DC 存储空间总需求 × (1 + 副本份数)。

根据 DC 所部署的 NF 对计算、转发、存储的要求，配置不同规格的物理机及相应台数。

参考文献

[1] 3GPP Technical Specification 23.501. System Architecture for the 5G

System; Stage 2 [R]. v15.5.0, 2019. 3.

[2] 3GPP Technical Specification 23.502. Procedures for the 5G System; Stage 2 [R].v15.5.1, 2019. 4.

[3] 3GPP Technical Specification 29.500. Technical Realization of Service Based Architecture; Stage 3 [R] v15.3.0, 2019. 3.

[4] 中国移动研究院网络与 IT 技术研究所. 英特尔：独立组网的 5G 核心网实现优化白皮书. 2018. 7.

[5] 中国联合网络通信有限公司网络技术研究院：中国联通 5G 服务化网络白皮书. 2018. 6.

[6] 中国移动边缘计算开放实验室：中国移动边缘计算技术白皮书. 2019. 2

[7] 中国联合网络通信有限公司网络技术研究院：中国联通 5G 网络切片白皮书. 2018. 6.

[8] 聂衡，赵慧玲，毛聪杰. 5G 核心网关键技术研究[J]. 移动通信，2019，43（1）：2-6.

[9] IMT-2020（5G）推进组：5G 核心网云化部署需求与关键技术白皮书.

[10] 华为技术有限公司：华为 Vo5G 技术白皮. 2018. 7.

[11] 中国电信：中国电信 5G 技术白皮书. 2018. 6.

[12] 赵远，王计艳.NFV 引入对核心网网元及规划方法的影响[J].电信科学，2017，33（4）：127-132.

第7章 5G承载网规划

相对于4G网络，5G承载呈现出明显的差异化需求；网络在关键性能方面，大带宽、超低时延和高精度同步等需求非常突出；在组网及功能方面，呈现“多层级承载网络、灵活化连接调度、层次化网络切片、智能化协同管控、4G/5G混合承载以及低成本高速组网”等需求。“5G商用，承载先行”，随着5G承载技术及标准化研究的不断深入，组网技术也将更成熟。各大运营商将根据自身资源现状及技术条件提前部署相应的传送网络，为即将到来的5G时代做好储备。

7.1 5G 对承载网的关键性能要求

ITU-T 确定未来的 5G 具有以下三大主要应用场景：增强型移动宽带（eMBB）、大规模机器类通信（mMTC）、超可靠低时延通信（URLLC）。这 3 类业务场景各具不同特点，对 5G 承载网将在网络带宽、连接密度、组网灵活性、时延等方面有了更高的要求。

7.1.1 大带宽需求

1. 5G 前传带宽需求

5G 前传带宽需求与 CU/DU 物理层功能分割位置、基站参数配置（天线端口、层数、调制阶数等）、部署方式等密切相关。按照 3GPP 和 CPRI 组织等最新研究进展，CU 和 DU 在低层的物理层分割存在多种方式，典型包括射频模拟到数字转换后分割（选项 8，CPRI 接口）、低层物理层到高层物理层分割(选项 7)、高层物理层到 MAC 分割（选项 6）等，其中选项 7 又进一步可细分，CU/DU 物理层分割示意如图 7-1 所示。

为了估算前传所需的带宽，对基站前传相关的参数假设如下：

- 考虑下行带宽大于上行，仅估算下行[DL]带宽；

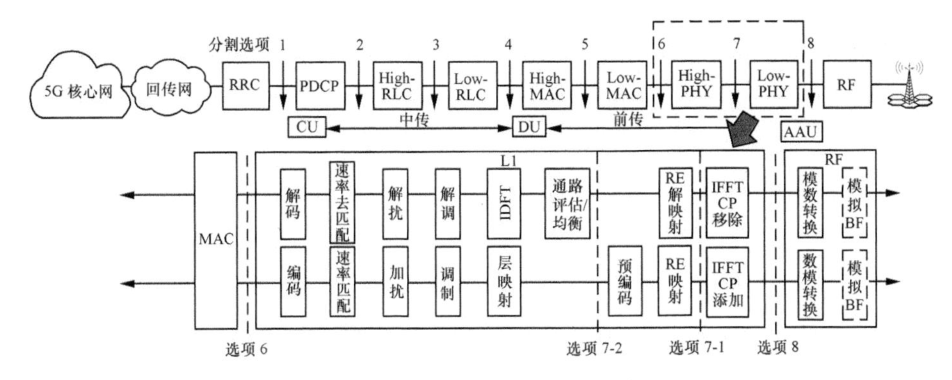

图 7-1 CU/DU 物理层分割示意

- 工作带宽：100 MHz 频宽；
- MIMO 参数：32T/32R，映射数据流/层为 8[DL]；
- I/Q 量化比特 2×16，调制格式：256QAM[DL]。

参考 3GPP TR38.801 和 3GPP TR38.816，对于不同分割方式的前传带宽估算结果见表 7-1。

表 7-1 前传带宽需求估算

CU/DU 分割方式	选项 8（CPRI）	选项 7-1	选项 7-2	选项 6
前传带宽[DL]（Gbit/s）	157.3	113.6	29.3	4.546

从估算结果可以看出，前传的带宽需求与 CU 和 DU 物理层分割的位置密切相关，范围为几 Gbit/s～几百 Gbit/s。因此，对于 5G 前传，需要根据实际的站点配置选择合理的承载接口和承载方案，目前业界对于选项 7-2 的关注度较高，也即前传将采用大于 10 Gbit/s 的接口，即 25 Gbit/s、N×25 Gbit/s 速率接口，对应的组网带宽将为 25 Gbit/s、50 Gbit/s、N×25/50 Gbit/s 或 100 Gbit/s 等，具体选择取决于技术成熟度和建设成本等多种因素。

2. 5G 中传/回传带宽需求

对于 5G 基站，低频站用于广覆盖，高频站主要用于补盲和热点覆盖。5G 业务目前在无线侧的切片机制尚未确定，带宽需求暂无法区分业务类型。参考 NGMN 带宽评估原则对单基站带宽进行如下测算。

基站场景一：5G 低频基站，频谱资源假设频宽为 100 MHz，小区峰值带宽按照频宽×频谱效率×（1+封装开销）×TDD 下行占比估算，小区均值带宽按照频宽×频谱效率×（1+封装开销）×TDD 下行占比估算×（1+Xn），则低频单小区峰值估算约为 100 MHz×30 bit/Hz×1.1×0.75=2.475 Gbit/s,低频单小区均值估算约为 100 MHz×9 bit/Hz×1.1×0.75×1.2=0.89 Gbit/s。

基站场景二：5G 高频基站，频谱资源假设频宽为 800 MHz，小区带宽按照频宽×频谱效率×（1+封装开销）×TDD 下行占比估算，则高频单小区峰值估算约为 800 MHz×15 bit/Hz×1.1×0.75=9.9 Gbit/s，高频单小区均值估算约为 800 MHz×2.6 bit/Hz×1.1×0.75=1.72 Gbit/s。

根据 NGMN 建议，一个三扇区的基站，其峰值带宽、均值带宽可分别由如下公式计算得出：基站峰值带宽=1×小区峰值+2×小区忙时均值，基站均值带宽=3×小区忙时均值。因此，当基站三扇区均考虑低频时，峰值带宽估算约为 4.26 Gbit/s，均值约为 2.67 Gbit/s。当基站三扇区均考虑高频时，峰值带宽估算约为 13.3 Gbit/s，均值约为 5.15 Gbit/s。5G 低频站的接口需求为 10 GE，5G 高频站的接口为 2×10 GE 或 1×25 GE，5G 低频+高频站的接口为 2×10 GE 或 1×25 GE，综上 5G 单站承载带宽需求为 10 GE/25 GE 接口。D-RAN 承载带宽需求测算见表 7-2。

表 7-2 D-RAN 承载带宽需求测算

	参数	5G 低频	5G 高频
配置参数	频谱资源	3.4～3.5 GHz，100 MHz 带宽	28 GHz 以上频谱，800 MHz 带宽
	基站配置	3 Cells，64T64R	3 Cells，4T4R
	频谱效率	峰值 30 bit/Hz，均值 9 bit/Hz	峰值 15 bit/Hz，均值 2.6 bit/Hz
	其他考虑	10%封装开销，20%Xn 流量，1∶3 TDD 上下行配比	10%封装开销，1∶3TDD 上下行配比
小区带宽需求	小区带宽=频带宽度×频谱效率×（1+封装开销）×TDD 下行占比		
	小区峰值带宽（Gbit/s）	100 MHz×30 bit/Hz×1.1×0.75=2.475 Gbit/s	800 MHz×15 bit/Hz×1.1×0.75=9.9 Gbit/s
	小区均值带宽（Gbit/s）	100 MHz×9 bit/Hz×1.1×1.2×0.75=0.891 Gbit/s（Xn 流量主要发生于均值场景）	800 MHz×2.6 bit/Hz×1.1×0.75=1.176 Gbit/s（高频站主要用于补盲补热，Xn 流量已计入低频站）
单站带宽需求	单站峰值带宽=小区峰值带宽+小区均值带宽×（N−1），单站均值带宽=小区均值带宽×N		
	单站峰值带宽（Gbit/s）	2.475+(3−1)×0.891=4.257 Gbit/s	9.9+(3−1)×1.176=13.33 Gbit/s
	单站均值带宽（Gbit/s）	0.891×3=2.673 Gbit/s	1.176×3=5.15 Gbit/s

3. 5G 回传对承载网带宽需求

承载网按照结构不同层次分为接入层、汇聚层和核心层，本地承载网仅考虑中/回传带宽的承载。5G 承载带宽需求与站型、站密度等众多因素相关，存在多种带宽需求评估模型。本模型按业务流量基本流向选取带宽收敛比、单基站配置等关键参数进行估算，并考虑 D-RAN 和 C-RAN 的不同部署方式。

（1）基本参数假设

承载网带宽估算假设的基础参数为：

- 按照业务流量较长期增长考虑，对于接入层、汇聚层和核心层不同承载层面的带宽收敛比为 8∶4∶1；
- 接入层：D-RAN 接入环节点个数为 8 个，C-RAN 小集中接入环节点个数为 3；汇聚层：汇聚层节点采用环形和口字型上连两种组网方式，每对汇聚节点下挂 6 个接入环，当采用环形组网时汇聚环上节点个数为 4；核心层：核心环节点个数为 4，每对核心节点下挂 8 个汇聚环或 16 个汇聚对设备。

（2）D-RAN 承载带宽需求

在 D-RAN 部署方式下，按照接入环单节点接入单基站估算，接入环带宽=单站均值×（N-1）+单站峰值；汇聚层采用环形和口字型组网，汇聚环带宽=接入环带宽×接入环数量×汇聚节点数/2×收敛比，口字型汇聚对节点上连带宽=接入环带宽×接入环数量×收敛比；核心层按下挂汇聚环和汇聚对两种情况估算，核心层带宽（下挂汇聚环）=汇聚环带宽×汇聚环数量×核心节点数/2×收敛比，核心层带宽（下挂汇聚对）=汇聚对节点带宽×汇聚对数量×核心节点数/2×收敛比；D-RAN 承载带宽需求详见表 7-3。

表 7-3 D-RAN 承载带宽需求

网络层次		5G 基站承载
接入层	参数选取	每个接入环按 8 个节点估算，每节点接入 1 个 5G 低频站，其中一个站取峰值
接入层	带宽估算	接入环带宽=2.67×7+4.26=22.95 Gbit/s
汇聚层	参数选取	每对汇聚节点下挂 6 个接入环
汇聚层	带宽估算	每汇聚环 4 个汇聚节点，汇聚环带宽=22.95×6×4/2×1/2=137.7 Gbit/s； 口字型汇聚节点上连带宽=22.95×6×1/2=68.85 Gbit/s
核心层	参数选取	按 4 个核心节点估算带宽，每对核心节点下挂 8 个汇聚环或 16 个汇聚对设备
核心层	带宽估算	核心层带宽（下挂汇聚环）=137.7×8×4/2×1/4=550.8 Gbit/s； 核心层带宽（下挂汇聚对）=68.85×16×4/2×1/4=550.8 Gbit/s

从估算结果看，在 D-RAN 方式下，承载接入环需具备 25/50 Gbit/s 带宽能力，汇聚/核心层需具备 N×100/200/400 Gbit/s 带宽能力。

（3）C-RAN 承载带宽需求

C-RAN 部署方式又分为小集中和大集中两种，小集中按单节点接入 5 个低频站估算，大集中按单节点接入 20 个低频站估算。本节假设在 C-RAN 小集中和大集中模式下，基站分别在综合接入节点和汇聚节点接入。

小集中方式下，接入环带宽=单站均值×（*N*-1）+单站峰值；汇聚层采用环形和口字型组网，汇聚环带宽=接入环带宽×接入环数量×汇聚节点数/2×收敛比，口字型汇聚对节点上连带宽=接入环带宽×接入环数量×收敛比；核心层按下挂汇聚环和汇聚对两种情况估算，核心层带宽（下挂汇聚环）=汇聚环带宽×汇聚环数量×核心节点数/2×收敛比，核心层带宽（下挂汇聚对）=汇聚对节点带宽×汇聚对数量×核心节点数/2×收敛比；小集中承载带宽需求详见表 7-4。

表 7-4　C-RAN 承载带宽需求（小集中）

网络层次		5G 基站承载
接入层	参数选取	每个接入环按 3 个节点估算，每节点接入 5 个 5G 低频站，其中一个站取峰值
	带宽估算	接入环带宽=2.67×14+4.26=41.64 Gbit/s
汇聚层	参数选取	每对汇聚节点下挂 6 个接入环
	带宽估算	每汇聚环 4 个汇聚节点，汇聚环带宽=41.64×6×4/2×1/2=249.84 Gbit/s 口字型汇聚对节点上连带宽=41.64×6×1/2=124.92 Gbit/s
核心层	参数选取	按 4 个核心节点估算，每对核心节点下挂 8 个汇聚环或 16 个汇聚对设备
	带宽估算	核心层带宽（下挂汇聚环）=249.84×8×4/2×1/4=999.36 Gbit/s 核心层带宽（下挂汇聚对）=124.92×16×4/2×1/4=999.36 Gbit/s

大集中情况下，基站在汇聚节点接入，承载网可采用汇聚层、核心层两层组网结构。汇聚层采用环形和口字型组网，汇聚节点带宽=单站均值×（*N*-1）+单站峰值，汇聚环带宽=汇聚节点带宽×汇聚环节点数/2×收敛比，口字型汇聚对节点上连带宽=汇聚节点带宽×收敛比；核心层按下挂汇聚环和汇聚对两种情况估算，核心层带宽（下挂汇聚环）=汇聚环带宽×汇聚环数量×核心节点数/2×收敛比，核心层带宽（下挂汇聚对）=汇聚对节点带宽×汇聚对数量×核心节点数/2×收敛比；大集中承载带宽需求详见表 7-5。

表 7-5　C-RAN 承载带宽需求（大集中）

网络层次		5G 基站承载
汇聚层	参数选取	每对汇聚节点接入 40 个 5G 低频站，其中一个站取峰值

续表

网络层次		5G 基站承载
汇聚层	带宽估算	汇聚节点带宽=2.67×（40–1）+4.26=108.39 Gbit/s 每个汇聚环 4 个汇聚节点，汇聚环带宽=108.39×4/2×1/2=108.39 Gbit/s 口字型汇聚对节点上连带宽=108.39×1/2=54.195 Gbit/s
核心层	参数选取	按 4 个核心节点估算，每对核心节点下挂 8 个汇聚环或 16 个口字型汇聚对
	带宽估算	核心层带宽（下挂汇聚环）=108.39×8×4/2×1/4=433.56 Gbit/s 核心层带宽（下挂汇聚对）= 54.195×16×4/2×1/4=433.56 Gbit/s

从估算结果看，对于 C-RAN 小集中和大集中两种方式，承载接入环需具备 50 Gbit/s 及以上带宽能力，汇聚/核心层需具备 *N*×100/200/400 Gbit/s 带宽能力。

7.1.2　低时延需求

5G 不同业务的时延差异化较大，5G 低时延业务，如 URLLC 业务的涌现，使得用户面和控制面的传输时延都需要大为降低。3GPP 在 TR38.913 定义 eMBB 业务控制平面时延（UE-CU，空口时延）是 10 ms，URLLC 是 10 ms，其中，eMBB 业务用户平面时延（UE-CU，空口时延）的目标是 4 ms，URLLC 业务用户平面时延（UE-CU，空口时延）的目标是 0.5 ms；3GPP TR 22.891 中要求 eV2X(enhanced Vehicle to Everything)的时延指标为 3～10 ms。eCPRI v1.1 中要求前传时延（AAU-DU）为 100 μs。对低时延要求可结合图 7-2 进行分析。

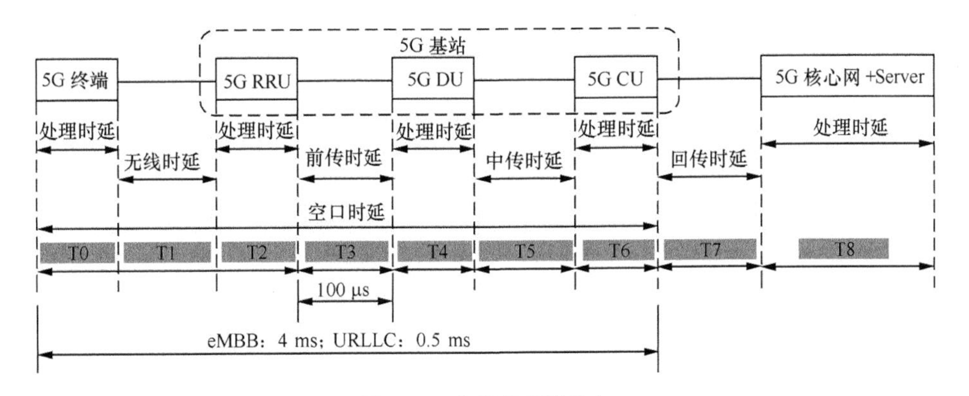

图 7-2　5G 网络时延分布

目前，eCPRI 定义的前传时延（AAU-DU）为 100 μs，按光纤传输时延 5 μs/km，前传距离为 20 km，目前承载网节点处理时延一般是 20～50 μs 量级，前传网络需引入承载设备，要尽量降低节点的处理时延。由于光纤传输的时延为确定值，无法优化，当前传承载节点处理时延降低到一定程度以后，进一步优化的空间不大。未来为了进一步支撑 URLLC 业务的应用与部署，无线网络与承载网络之间的时延分配协同日趋重要。

7.1.3 组网灵活化连接需求

5G 核心网、无线接入网的云化和功能分布式部署给承载网带来的最大变化是业务连接的灵活调度需求。在 4G 时代，基站到核心网的连接是以南北向 S1 流量为主，并且终结 S1-U 和 S1-C 的 EPC 网元部署位置基本相同。5G 核心网的 UPF 下移以后，基站到不同层面核心网元的 S1-C（N2 连接）和 S1-U（N3 连接）流量的终结位置存在差异，并且存在不同层面核心网元之间的网状东西向流量的传送需求，存在 UPF 与 UPF 之间的 N9 连接、UPF 与 SMF 之间的 N4 连接等。此外，无线接入网的相邻基站之间的 Xn 连接也属于动态的东西向流量，为了降低时延和提高带宽效率可部署 L3 功能到接入层节点以实现就近转发，或通过部署 L3 功能到汇聚节点实现间接转发。为了应对网状化的动态业务连接需求，5G 承载应至少将 L3 功能下移到 UPF 和 MEC 的位置，根据网元之间不同流向的业务需求，为 5G 网络提供业务连接的灵活调度和组网路由功能，提升业务质量体验和网络带宽效率。

7.1.4 多层级承载网络需求

5G 无线接入网可演进为 CU、DU、AAU 三级结构，与之对应，5G 承载网络也由 4G 时代的回传、前传演进为回传、中传和前传三级新型网络架构。在 CU、DU 合设情况下，则只有回传和前传两级架构。5G 前传网络与 4G 相比，接口速率（容量）和接口类型都发生了明显变化。对应于 5G CU 和 DU 物理层低层功能分割的几种典型方式，前传接口也将由 10 Gbit/s CPRI 升级到更高速率的 25 Gbit/s eCPRI 或自定义 CPRI 接口等。实际部署时，前传网络将根据基站数量、位置和传输距离等，灵活采用链型、树形或环网等结构。

中传是面向 5G 新引入的承载网络层次，在承载网络实际部署时城域接入层可能同时承载中传和前传业务。随着 CU 和 DU 归属关系由相对固定向云化部署的方向发展，中传也需要支持面向云化应用的灵活承载。

5G回传网络实现CU和核心网、CU和CU之间等相关流量的承载，由接入、汇聚和核心3层构成。考虑到移动核心网将由4G演进的分组核心网（EPC）发展为5G新核心网和移动边缘计算（MEC）等，同时核心网将云化部署在省干和城域核心的大型数据中心，MEC将部署在城域汇聚或更低位置的边缘数据中心。因此，城域核心汇聚网络将演进为面向5G回传和数据中心互联统一承载的网络。另外，承载网络可根据业务实际需求提供相应的保护、恢复等生存性机制，包括光层、L1、L2和L3等，以支撑5G业务的高可靠性需求。

7.1.5 其他关键性能需求

1. **高精度时间同步需求**

高精度时间同步是5G承载的关键需求之一。根据不同技术实现或业务场景，需要提供不同的同步精度。5G同步需求主要体现在3个方面：基本业务时间同步需求和协同业务时间同步需求。

基本业务时间同步需求是所有TDD制式无线系统的共性要求，主要是为了避免上下行时隙干扰。5G与4G TDD维持相同的基本时间同步需求，即要求不同基站空口间时间偏差优于3 μs。

协同业务时间同步需求是5G高精度时间同步需求的集中体现。在5G系统将广泛使用的MIMO、多点协同（CoMP）、载波聚合（CA）等协同技术对时间同步均有严格的要求。这些无线协同技术通常应用于同一RRU/AAU的不同天线，或是共站的两个RRU/AAU之间。根据3GPP规范，在不同应用场景下，同步需求可包括65 ns/130 ns/260 ns/ 3 μs等不同精度级别，其中，260 ns或优于260 ns的同步需求大部分发生在同一RRU/AAU的不同天线，其可通过RRU/AAU相对同步实现，无须外部网同步，部分百纳秒量级时间同步需求场景（如带内连续CA）可能发生在同一基站的不同RRU/AAU之间，需要基于前传网进行高精度网同步。

总体来看，在一般情况下，5G系统基站间同步需求仍为3 μs，与LTE相同，即同一基站的不同RRU/AAU之间的同步需求主要为3 μs，少量应用场景可能需要百纳秒量级。为了满足5G高精度同步需求，需专门设计同步组网架构，并加大同步关键技术研究。在同步组网架构方面，可考虑将同步源头设备下沉，减少时钟跳数，进行扁平化组网；在同步关键技术方面，需重点进行双频卫星、卫星共模共视、高精度时钟锁相环、高精度时间戳、单纤双向等技术的研究和应用。

2. **高可靠性**

移动业务丢包敏感，网络故障引起丢包对于用户感知有一定的影响，快速的业务恢复是承载网的基本要求。3GPP TR 38.913 定义的部分 URLLC 业务，对于网络的可靠性要求高于 99.999%，eCPRI Transport Network v1.1 定义的丢包率要求<10^{-7}，业务的可靠性对承载网络提出更高的要求。

云化和池化对承载网络的可靠性要求提高，部分业务要求近乎 100%的可靠性，具体体现在：

- 多 GW 池备份，云化的 GW 物理位置动态可调，灾难快速恢复，到不同位置 GW 灵活可达，均要求承载网络多路径、多层次协同保护；
- DU/CU/MCE 池化提升可靠性，承载网需支持灵活转发调度，Mesh 逻辑互联，任意可达。

3. **网络切片需求**

5G 网络切片对承载网的核心诉求体现在一张统一的物理网络中，将相关的业务功能、网络资源组织在一起，形成一个完整、自治、独立运维的虚拟网络（VN），满足特定的用户和业务需求。构建虚拟网络的关键技术包括 SDN/NFV 管控功能和转发面的网络切片技术。SDN/NFV 负责实现对资源的虚拟化抽象，转发面的网络切片负责实现对资源的隔离和分配，从而满足差异化的虚拟网络要求。

5G 承载需要提供支持硬隔离和软隔离的层次化网络切片方案，满足不同等级的 5G 网络切片需求。例如，URLLC 和金融政企专线等业务要求独享资源、低时延和高可靠性，承载网络可提供基于 L1 TDM 隔离的网络硬切片；eMBB 的互联网接入和 AR/VR 视频业务具有大带宽、时延不敏感、动态突发性等特点，承载网络可提供基于 L2 或 L3 逻辑隔离的网络软切片。

为了满足 5G 网络大带宽和网络硬切片的需求，承载网络需支持带宽捆绑和 L1 TDM 隔离的灵活带宽接口技术，其中基于以太网物理接口的 FlexE 技术和基于 OTN 的 ODUflex+FlexO 技术是 5G 承载网络切片的两种主要候选方案，结合多种 L2 和 L3 层技术可实现软切片承载方案。

7.2 承载网建设规划

5G 承载网在稳定性、智能化、分布式管理及开放性等方面有了更高的要求；目前，针对 5G 承载网建设规划上主要集中在技术选择及与现有承载网的衔接上。

7.2.1　传送网技术选择

5G 承载网络可以分为前传、中传/回传和云化数据中心互联；前传可以采用光纤直连、无源 CWDM、无源 DWDM、有源 OTN、WDM-PON、毫米波等技术；中传/回传对于承载网在带宽、组网灵活性、网络切片等方面需求基本一致，可以采用统一的承载方案；初期业务量不太大，可以采用比较成熟的 IPRAN，后续根据业务发展情况，在业务量大而集中的区域可以采用 OTN 方案；PON 技术在部分场景可作为补充；云化数据中心互联目前宜使用 OTN 系统承载，后期 SDN 部署后，为提高各项网络性能，可以逐步过渡到 ROADM。

7.2.2　前传技术方案

在光纤资源较为丰富的情况下，5G 前传方案以光纤直连为主；当光纤资源不足、布放困难且 DU 集中部署（C-RAN）时，为降低总体成本、便于快速部署，可采用 WDM、PON、微波等承载方案。

1. 光纤直连方案

在光纤资源充足或 DU 分布式部署（D-RAN）的场景，5G 前传方案以光纤直连为主。光纤直连方案应采用单纤双向（BiDi）技术，可节约 50%的光纤资源并为高精度同步传输提供性能保障。为配合 5G 前传建设，配线光缆也应该预先有计划地向目标区域推进，建设模式以环形为主；纤芯容量也应以大于 24 芯为主，以满足大量 AAU 接入的要求。其具体方案为 DU 与每个 AAU 的端口全部采用光纤点到点直连组网，如图 7-3 所示。

光纤直连方案实现简单，但最大的问题就是光纤资源占用很多。5G 时代，随着前传带宽和基站数量、载频数量的急剧增加，光纤直驱方案对光纤的占用量不容忽视。因此，光直驱方案适用于光纤资源非常丰富的区域，在光纤资源紧张的地区，可以采用设备承载方案克服光纤资源紧缺的问题。

2. 无源 CWDM 方案

无源 CWDM 方案采用波分复用（Wavelength Division Multiplexing，WDM）技术，将彩光模块安装在无线设备（AAU 和 DU）上，通过无源的合、分波板卡或设备完成 WDM 功能，利用一对甚至一根光纤可以提供多个 AAU 到 DU 之间的连接，具体如图 7-4 所示。

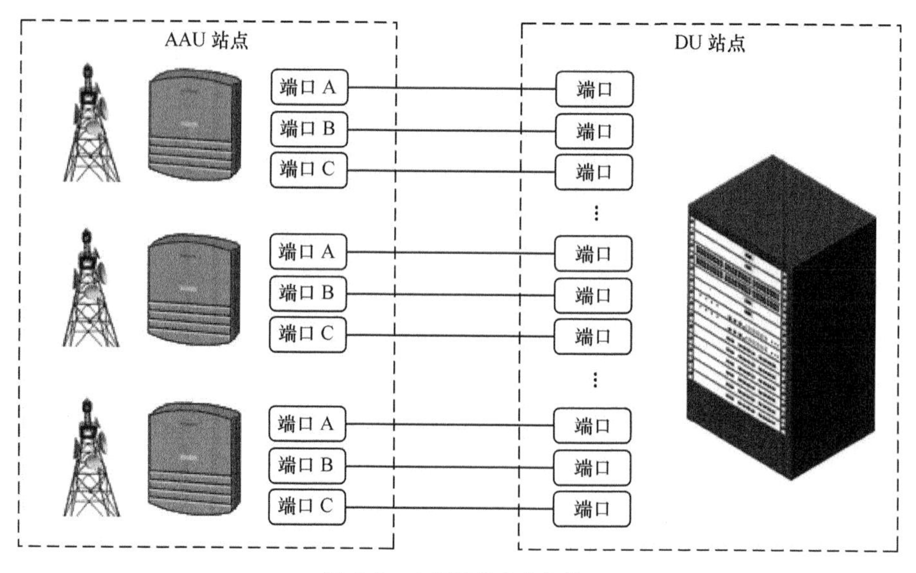

图 7-3 光纤直连方案架构

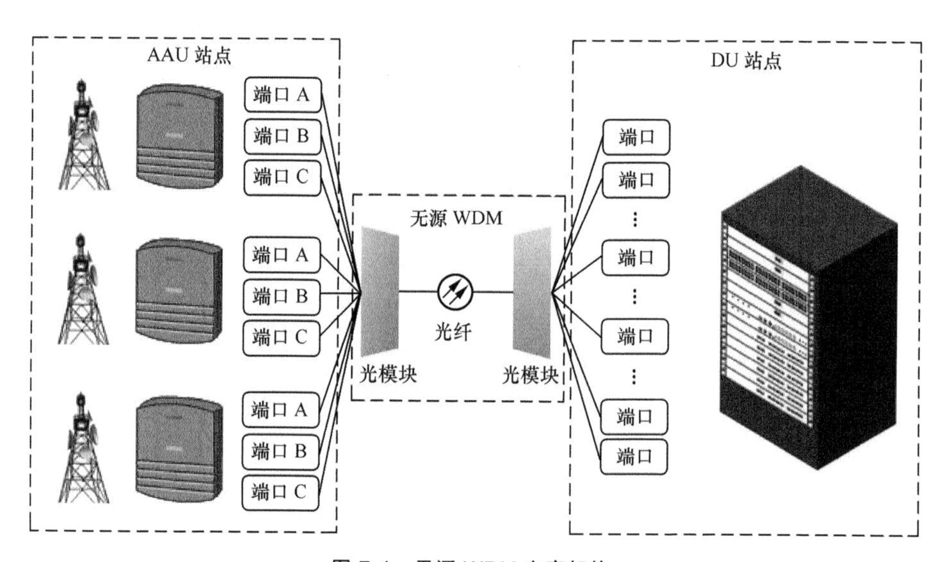

图 7-4 无源 WDM 方案架构

根据采用的波长属性，无源波分方案可以进一步区分为无源粗波分（Coarse Wavelength Division Multiplexing，CWDM）方案和无源密集波分（Dense Wavelength Division Multiplexing，DWDM）方案。

无源 CWDM 在现网已经有较为成熟的应用，主要用在光纤和管道资源紧张的繁华城区，目前常用的是 1∶6 收敛比设备。无源 CWDM 相对光缆建设投资较高，每对（1:6 收敛比）设备约 1.5 万元；此外还要求无线设备配置彩光接口；且段落中间也不能灵活下纤；因此无源 CWDM 设备的使用需要根据实际情况，综合考虑资源、投资、建设维护便利性。

具体方案是通过无源的合、分波设备完成 WDM 功能，利用一对或一根光纤提供多条 AAU 到 DU 之间传输通道。

相比光纤直驱方案，无源波分方案显而易见的好处是节省了光纤，实施条件要求低，便于安装使用，但是也存在一定的局限性，包括以下几点。

（1）波长通道数受限

虽然粗波分复用（CWDM）技术标准定义了 16 个通道，但考虑到色散问题，用于 5G 前传的无源 CWDM 方案只能利用了前几个通道（通常为 1271 ~ 1371 nm），波长数量有限，可扩展性较差。

（2）波长规划复杂

WDM 方案需要每个 AAU 使用不同波长，因此前期需要做好波长规划和管理。可调谐彩光光模块成本较高，但若采用固定波长的彩光光模块，则对波长规划、光模块的管理、备品备件等带来一系列的工作量。

（3）运维困难，不易管理

彩光光模块的使用可能导致安装和维护界面不够清晰，缺少运行管理和维护（Operation，Administration，and Maintenance，OAM）机制和保护机制。由于无法监测误码，无法在线路性能劣化时执行倒换。

（4）故障定位困难

无源 WDM 方案出了故障后，由于其故障定位的复杂度，难以具体定界出问题的责任方。

3. **无源 DWDM 方案**

相比无源 CWDM 方案，无源 DWDM 采用可调波长模块，投资远远高于固定波长模块，目前应用较少；且波长管理复杂，对控制器的要求高；不同厂家的网管也需要综合网管整合；该方案实施较为复杂，目前不建议使用。

为了适应 5G 承载的需求，基于可调谐波长的无源 DWDM 方案是一种可行方案，另外基于远端集中光源的新型无源 DWDM 方案也成为业界研究的一个热点。该方案在降低成本、特别是接入侧成本和提高性能和维护便利性方面具有一定的优势。

- AAU/RRU 侧光模块无源化：AAU/RRU 侧插入的光模块不含光源，因此所有光模块完全一样，不区分波长，称之为无色化或无源化，极大地降低了成本，提高了可靠性和维护便利性。
- 光源集中部署：在 CO 节点设置集中光源，并向各个无源模块节点输送

直流光信号（不带调制），无源光模块通过接收来自集中光源的连续光波并加以调制成为信号光后返回 CO 节点实现上行。

因此，基于集中光源的下一代无源方案，不但继承了传统无源方案节省光纤、成本低、方便插入无线设备的优势，还补齐了其可靠性和运维管理上的短板，成为 5G 前传承载领域有竞争力的一种方案。

对于无源 WDM 方案，同样建议线路侧采用 OTN 封装，基于 OTN 的 OAM 能力实现有效的维护管理和故障定位。

4. 有源 WDM/OTN 方案

有源 WDM/OTN 方案在 AAU 站点和 DU 机房配置城域接入型 WDM/OTN 设备，多个前传信号通过 WDM 技术共纤光纤资源，通过 OTN 开销实现管理和保护，提供质量保证。OTN 设备可以大量解决光纤不足的问题，但投资和供电限制了该方案的使用；同时节点间段落下光纤不灵活也是该方案的不足之处。因此有源 OTN 的应用场景不多，主要用于 DU/CU 数量特别大的局站周边。

接入型 WDM/OTN 设备与无线设备采用标准灰光接口对接，WDM/OTN 设备内部完成 OTN 承载、端口汇聚、彩光拉远等功能。相比无源波分方案，有源 WDM/OTN 方案有更加自由的组网方式，可以支持点对点及组环网两种场景，其中，环状组网模式如图 7-5 所示。

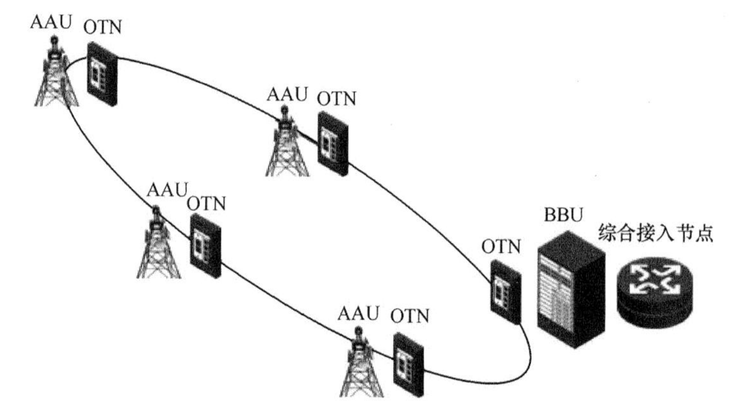

图 7-5 有源 WDM/OTN 方案环网架构

除了节约光纤以外，有源 WDM/OTN 方案可以进一步提供环网保护等功能，提高网络可靠性和资源利用率。此外，基于有源波分方案的 OTN 特性，还可以提供以下功能。

- 通过有源设备天然的汇聚功能，满足大量 AAU 的汇聚组网需求。
- 拥有高效完善的 OAM 管理，保障性能监控、告警上报和设备管理等网络功能，且维护界面清晰，提高前传网络的可管理性和可运维性。

- 提供保护和自动倒换机制，实现方式包括光层保护，如光线路保护（Optical Line Protection，OLP）和电层保护（如 ODUk 子网连接保护，Subnetwork Connection Protection，SNCP）等，通过不同管道的主—备光纤路由，实现前传链路的实时备份、容错容灾。
- 具有灵活的设备形态，适配 DU 集中部署后 AAU 设备形态和安装方式的多样化，包括室内型和室外型。对于室外型，如典型的全室外(Full Outdoor，FO)解决方案能够实现挂塔、抱杆和挂墙等多种安装方式，且能满足室外防护（防水、防尘、防雷等）和工作环境（更宽的工作温度范围等）要求。
- 支持固网移动融合承载，具备综合业务接入能力，包括固定宽带和专线业务。

当前有源 WDM/OTN 方案成本相对较高，未来可以通过采用非相干超频技术或低成本可插拔光模块来降低成本。同时，为了满足 5G 前传低成本和低时延的需求，还需要对 OTN 技术进行简化。

5. WDM-PON 方案

WDM-PON 可以兼顾宽带接入等业务，在光纤资源不足的区域，可以作为 5G 接入的可选方案。但业务质量和安全性不易保证，因此只适宜做其他接入方式的补充。

具体方案：利用 WDM-PON 组成星形或树形网络。

优势：高效率传输，逻辑点到点，节省开销；共享已有光纤基础设施，共享 OLT，实现综合接入。

缺陷：器件成本高，多数研究仍处在实验室理论研究阶段；星形结构，有一定安全隐患。

6. 无线接入方案

无线接入作为光纤通信的补充方式，在光纤难以通达或紧急开站的情况下，迅速开通基站。

（1）毫米波微波通信

具体方案：毫米波微波指 30 GHz 至 300 GHz 之间的无线电频谱，利用无线电磁波传输信息。毫米波通信在 35 GHz、45 GHz、94 GHz、140 GHz、220 GHz 频段附近衰减较小，适用于点对点通信；而在 60 GHz、120 GHz、180 GHz 频段附近衰减出现极大值，被用于隐蔽网络，满足网络安全需要。

优势：毫米波微波可用带宽大，单通道数据速率高达 10 Gbit/s 甚至更多；波束窄，方向性好，有极高的空间分辨力，毫米波频段的许可证价格低廉。

缺陷：毫米波微波通信受降雨衰减较大；单跳通信距离短。

（2）可见光通信

具体方案：可见光通信是利用快速的光脉冲传输信息，传输速率可达每秒数百兆，多用于照明与通信、视觉信号与数据传输、显示与室内定位等领域。

优势：可见光光谱比无线电频谱大 1 万倍，可提供更大的带宽和更高的速度，安全经济，建网成本低廉。

缺陷：可见光通信易受天气影响，传输距离短。

7. 应用场景分析

由于光纤直连具备投资少、建设方便、下纤方便等优势，且光纤也可以作为开通其他业务的资源，因此 5G 前传应以光纤直连为主；其他方式只应用于光纤和管道非常紧缺的区域。

在节约光纤的各类方法中，目前无源 CWDM 应用较多，也较为成熟，可以规模应用。有源 OTN 技术成熟，业务承载便利，可以在具备供电、安装的条件下应用。毫米波可以作为光纤接入的补充手段应用。这 3 种方案在近期可以规模应用，其他方式待技术成熟后，根据不同场景选择应用。前传应用场景情况见表 7-6。

表 7-6　前传应用场景情况分析表

技术方案	应用场景	应用阶段
光纤直连	光纤资源较为丰富的区域	全阶段
无源 CWDM	光纤、管道资源不足的区域；供电条件受限的局站；基站大集中、小集中场景均可应用	前期
无源 DWDM	光纤、管道资源不足的区域；供电条件受限的局站；基站大集中场景；控制层面需要较为成熟	中后期
有源 OTN	光纤、管道资源不足的区域；要求 AAU 局房具备供电、机柜等条件；适用于业务种类多、数量大、具有高可靠性要求的接入场景	全阶段
WDM-PON	光纤、管道资源不足的区域；人口密集的城市居民区，综合接入 5G、集团客户、家庭客户等	中后期
无线接入	光缆敷设受限；紧急开站	全阶段

7.2.3　中传/回传技术方案

1. 前期方案

以中国电信为例，中国电信在建设 5G 网络初期优先考虑 CU/DU 合设，中传、回传为一套系统，可以采用目前比较成熟的 IP RAN/PTN 网络，实现

4G/5G 业务统一承载。现有 IP RAN/PTN 网络在容量、网络功能等方面难以满足 5G 业务大规模开展的需要，新建 IP RAN 网络需要增加以下功能，以满足 5G 要求：

- 引入 25GE、50GE、100GE 等高速接口技术；
- 可引进 Flexe 接口支持网络切片；
- 可选择引入 EVPN 和 SR 优化技术；
- 长距离传输场景可采用 WDM/OTN 承载方式；
- 新建 IP RAN 网络结构不变，仍按照核心、汇聚和接入三层建设；核心、汇聚层为口字形结构，接入层为环形、链形结构。

2. 中后期方案

5G 中后期根据业务发展情况，在业务量大而集中的区域也采用 OTN 方案，OTN 系统还需要通过以下升级满足 5G 承载需求。

- 具备 ODUk 硬管道、以太网/MPLS-TP 分组业务处理能力，可满足高速率需求。路由转发增强型 OTN 可满足 5G 端到端承载的灵活组网需求。
- 支持破环成树的组网方式，根据业务需求配置波长或 ODUk 直达通道，保证 5G 业务的速率和低时延性能。
- 简化封装的 M-OTN 技术和 25G/50G FlexO 接口可降低 5G 承载 OTN 设备的时延和成本。

对于已部署的基于统一信元交换技术的分组增强型 OTN 设备，其增强路由转发功能可以重用已有交换板卡，但需开发新型路由转发线卡，并对主控板进行升级。需要说明的是，OTN 建设并非全面建设，只在 5G 业务量特别大的区域重点建设。目前，OTN 接入层容量以 $N\times$10GE 为主，难以满足 5G 业务的大规模开展的需要；核心、汇聚层以 $N\times$100GE 为主，通过扩容可以满足 5G 业务的大规模开展的需要。因此 OTN 建设的重点是根据业务分布，增加接入层 OTN 节点，同时提高单波长容量，以适应 5G 带宽提升的要求。

3. 中传/回传接入层承载模型

（1）整体模型概述

- 按照业务流量较长期增长考虑，对于接入层、汇聚层和核心层不同承载层面的带宽收敛比为 8∶4∶1。
- 模型 I，汇聚层节点环形组网：D-RAN 接入环节点个数为 8，C-RAN 小集中节点个数为 3 个，汇聚环节点个数为 4，每对汇聚节点下挂 6 个接入环，核心环节点个数为 4，每对核心节点带 8 个汇聚环。
- 模型 II，汇聚层节点口字型上连组网：D-RAN 接入环节点个数为 8，C-RAN 小集中节点个数为 3，汇聚双节点口字型上连，每对汇聚节点下挂 6

个接入环，核心环节点个数为 4，每对核心节点下挂 16 对汇聚设备。

（2）接入层承载模型

综合考虑光缆情况、环路容量、安全性、可扩展性等要素，根据基站的设置方式，承载模型见表 7-7。需要注意的是，目前带宽利用率按照 70%考虑，容量超过 70%时需要扩容或升级。

表 7-7　接入层承载模型表

网络层次		D-RAN 承载	C-RAN 小集中承载
接入层	参数选取	每个接入环按 8 个节点估算，每个节点接入 1 个 5G 低频站，其中一个站取峰值	每个接入环按 3 个节点估算，每节点接入 5 个 5G 低频站，其中一个站取峰值
	带宽估算	接入环带宽=单站均值×（N–1）+单站峰值=22.95 Gbit/s	接入环带宽=单站均值×(N–1）+单站峰值=41.64 Gbit/s

（3）汇聚层承载模型

综合考虑带宽利用率、网络容量，IP RAN 汇聚层采用口字形结构建设，OTN 汇聚层采用环形或 MESH 建设，容量超过 70%时需要扩容或升级。具体模型如表 7-8 所示。

表 7-8　汇聚层承载模型表

网络层次		D-RAN 承载	C-RAN 小集中承载	C-RAN 大集中承载
汇聚层	参数选取	每对汇聚节点下挂 6 个接入环	每对汇聚节点下挂 6 个接入环	每对汇聚节点接入 40 个 5G 低频站，其中一个站取峰值
	带宽估算	—	—	汇聚节点带宽=单站均值×（N–1）+单站峰值=108.39 Gbit/s
	带宽估算	每个汇聚环 4 个汇聚节点，汇聚环带宽=接入环带宽×接入环数量×汇聚节点数/2×收敛比=137.7 Gbit/s	每个汇聚环 4 个汇聚节点，汇聚环带宽=接入环带宽×接入环数量×汇聚节点数/2×收敛比=249.84 Gbit/s	每个汇聚环 4 个汇聚节点，汇聚环带宽=汇聚节点带宽×汇聚环节点数/2×收敛比=108.39 Gbit/s
		口字型汇聚节点上连单链路带宽=接入环带宽×接入环数量×收敛比=68.85 Gbit/s	口字型汇聚节点上连单链路带宽=接入环带宽×接入环数量×收敛比=124.92 Gbit/s	口字型汇聚节点上连带宽=汇聚节点带宽×收敛比=54.195 Gbit/s

（4）核心层承载模型

综合考虑带宽利用率、网络容量，核心层采用口字形结构建设，容量超过 70%时需要扩容或升级。具体模型如表 7-9 所示。

表 7-9　核心层承载模型表

<table>
<tr><th colspan="2">网络层次</th><th>D-RAN 承载</th><th>C-RAN 小集中承载</th><th>C-RAN 大集中承载</th></tr>
<tr><td rowspan="3">核心层</td><td>参数选取</td><td colspan="3">按 4 个核心节点估算带宽，每对核心节点下挂 8 个汇聚环或下挂 16 个汇聚对设备</td></tr>
<tr><td rowspan="2">带宽估算</td><td>核心层带宽=汇聚环带宽×汇聚环数量×核心节点数/2×收敛比=550.8 Gbit/s</td><td>核心层带宽=汇聚环带宽×汇聚环数量×核心节点数/2×收敛比=999.36 Gbit/s</td><td>核心层带宽=汇聚环带宽×汇聚环数量×核心节点数/2×收敛比=433.56 Gbit/s</td></tr>
<tr><td>核心层带宽=汇聚点带宽×汇聚对数量×核心节点数/2×收敛比=550.8 Gbit/s</td><td>核心层带宽=汇聚点带宽×汇聚对数量×核心节点数/2×收敛比=999.36 Gbit/s</td><td>核心层带宽=汇聚点带宽×汇聚对数量×核心节点数/2×收敛比=433.56 Gbit/s</td></tr>
</table>

7.2.4　云化数据中心互联

5G 时代的核心网下移并向云化架构转变，由此产生云化数据中心互联的需求，主要包括两项内容：一是核心大型数据中心互联，对应 5G 核心网 New Core 间及 New Core 与 MEC 间的连接；二是边缘中小型数据中心互联，本地 DC 互联承担 MEC、CDN 等功能。

1. **大型数据中心互联**

大型数据中心作为 5G 承载网中 New Core 核心网的重要组成部分，承担着海量数据长距离的交互功能，需要高可靠长距离传输、分钟级业务开通能力以及大容量波长级互联。

因此需要采用高维度 ROADM 进行 Mesh 化组网、光层一跳直达，减少中间大容量业务电穿通端口成本。同时，还需要结合 OTN 技术以及 100G、200G、400G 高速相干通信技术，实现核心 DC 之间的大容量高速互联，并兼容各种颗粒灵活调度能力。

在网络安全性的保障上采用光层、电层双重保护，使保护效果与保护资源配置最优化：光层波长交换光网络（Wavelength Switched Optical Network，WSON）通过 ROADM 在现有光层路径实现重路由，抵抗多次断纤，无须额外单板备份；电层自动交换光网络（Automatically Switched Optical Network，ASON）通过 OTN 电交叉备份能够迅速倒换保护路径，保护时间<50 ms。

2. **中小型数据中心互联**

中小型数据中心互联，网络结构应逐步由环网向 Mesh 网演进，由多层向扁平化演进，由电交叉向光交叉演进。

5G 初期，边缘互联流量较小，但接入业务种类繁多，颗粒度多样化。可充分利用现有的分组增强型 OTN 提供的低时延、高可靠互联通道，使用 ODU*k*

级别的互联方式即可。同时，分组增强型 OTN 能够很好地融合 OTN 硬性管道和分组特性，满足边缘 DC 接入业务多样化的要求。

5G 中期，本地业务流量逐渐增大，需要在分组增强型 OTN 互联的基础上，结合光层 ROADM 进行边缘 DC 之间 Mesh 互联。但由于链接维度数量较小，适合采用低维度 ROADM，如 4 维或 9 维。考虑到边缘计算的规模和下移成本，此时 DCI 网络分为两层，核心 DCI 层与边缘 DCI 层，两层之间存在一定数量的连接。

5G 后期，网络数据流量巨大，需要在全网范围内进行业务调度。此时需要在全网范围部署大量的高纬度 ROADM（如 20 维，甚至采用 32 维的下一代 ROADM 技术）实现边缘 DC、核心 DC 之间全光连接，以满足业务的低时延需求，同时采用 OTN 实现小颗粒业务的汇聚和交换。

7.2.5 承载网络建设与现有网络衔接

1. 与现网传输系统衔接

现有传输系统以 OTN 和 IP RAN 系统为主，承载能力分析如下。

（1）与 IP RAN 系统衔接

现网按核心、汇聚和接入三层建设。接入层容量以 10GE 和 GE 为主，核心、汇聚层以 10GE 和 N×10GE 为主，在容量方面只能承载少量试点基站业务，难以满足 5G 业务的大规模开展的需要，需要新建传输系统。

5G 网络建成后，可以承载 4G 业务，原有 4G 传输系统可以用于政企客户专线。

（2）与 OTN 系统衔接

本地网 OTN 系统按核心、汇聚和接入三层建设。接入层容量以 N×10GE 为主，难以满足 5G 业务的大规模开展的需要；核心、汇聚层以 N×100GE 为主，通过扩容可以满足 5G 业务的大规模开展的需要；但目前汇聚层以环形为主，还需要逐步向 Mesh 网推进，以满足 MEC 之间、MEC 与 New Core 之间连接的要求。

省干 OTN 系统以 N×100GE 为主，在容量方面通过扩容可以满足 5G 业务的大规模开展的需要；但目前省干 OTN 系统大都以省会为中心，按照环路方式建设，这种结构还需要逐步向 Mesh 网推进，以满足 New Core 之间连接的要求。

2. 与光缆网衔接

目前城域核心/汇聚层光缆以 48 芯以上为主，当前的容量可以满足 5G 建设要求。核心/汇聚层光缆结构以环形为主，需要逐步向 Mesh 连接演进。接入主干光缆以 96 芯以上为主，公用纤以 24 芯为主，通过扩容和优化使用方式，在容量方面可以满足 5G 建设要求。接入主干光缆以环路为主，通过分割、优化等方式也可以满足 5G 建设要求。目前接入配线光缆以 12~24 芯为主，采用星形方式建设；由于 5G 基站密度大幅增加，配线光缆也应该预先有计划地向目标区域推进，建设模式以环形为主；纤芯容量也应以 24 芯以上为主，以满足大量 AAU 接入的要求。

5G 对光缆需求量大，要求合理设置综合业务区，优化光缆配置、方式，综合承载各类业务，提高资源利用率。

参考文献

[1] 5G 时代光传送网技术白皮书[R]. 北京：中国电信 CTNet2025 网络重构开放实验室，2017.

[2] 中国电信 5G 技术白皮书[R]. 北京：中国电信，2018.

[3] 5G 承载网络架构和技术方案白皮书[R]. 北京：IMT-2020（5G）推进组，2018.

[4] 5G 承载光模块白皮书[R]. 北京：IMT-2020（5G）推进组，2019.

[5] Technical Vision of Slicing Packet Network(SPN)for 5G Transport[R], 北京：中国移动，2018.

[6] 面向 5G 的传送网新架构及关键技术[R]. 北京：中国移动，2018.

[7] 李晗. 面向 5G 的传送网新架构及关键技术[J]. 中兴通讯技术，2018（1）：53-57.

第 8 章

室内覆盖与微基站

从4G 到 5G，用户大流量业务需求大多发生在室内，室内业务的发展为运营商室内网络带来新的挑战。同时 5G 时代大流量、高容量的业务需求仍在增加，且组网频段更高，运营商将如何提升室内网络覆盖能力引起各方关注。未来在室内网络覆盖方面可逐步采用有源设备，扩展室内网络覆盖的能力，从而满足用户的新需求。

|8.1 传统 DAS 系统在 5G 网络中面临的挑战|

当前国内电信运营商室内环境覆盖主要还是依靠传统 DAS 系统解决，近年来随着国内移动互联网的飞速发展，国内运营商也逐渐转向了新型的数字化室内分布系统建设。传统 DAS 主要采用无源器件，产业链成熟，具有投资小、故障率低、系统简单有效、后期可以通过合路进行多系统扩容等优点。但是随着移动互联网的飞速变化，传统 DAS 方式面临巨大挑战。

首先，工程建设难度大，升级改造困难。传统室内覆盖系统需要部署大量无源器件，工程建设节点多，故障隐患多，与物业协调困难。4G 时代，对 LTE 室内覆盖系统进行双路改造时，某些区域可能已经没有改造空间，同时由于器件老化程度不同，施工工艺不同等，难以保证 LTE 系统双路平衡，更无法支持大规模 MIMO。

其次，故障排查难度大。室内覆盖系统进场安装与维护都需要和物业进行协调。传统 DAS 器件数量多，无源器件无法进行监控，一般靠投诉或巡检发现问题。而对于大型室内覆盖系统，巡检很难做到对每个天线末端都进行检查，尤其是做了隐蔽的室内覆盖系统，发现问题更为困难。同时，由于连接点数目过多、楼宇改造、图纸更新不及时等，对故障点的排查往往要投入更多的人力物力，直接增加了网络运维成本。

更重要的是现网 DAS 系统中，绝大多数器件不支持高频段。当前传统 DAS 的无源器件支持的最高频段多为 2.5 GHz 左右，对于 3.5 GHz 及以上频段，同轴电缆的传输损耗随着频段的升高而大幅度增加，具体损耗见表 8-1。

表 8-1　两种馈线在不同频段的传输损耗

传输损耗（dB/100m）	960 MHz	1.8 GHz	2.1 GHz	3.5 GHz	4.9 GHz	mmWave
7/8 英寸馈线	3.84	5.44	5.93	7.82	10.00	不可用
1/2 英寸馈线（低损）	7.04	9.91	10.8	14.4	17.60	不可用

另外传统 DAS 系统还存在着覆盖性能不足，高低频段性能差异大，支持 MIMO 的能力有限等问题，具体如下。

一是单天线覆盖范围下降。目前 LTE 使用频段最高为 2.6 GHz，该频段下单天线的覆盖范围已经缩小到 10 m，5G 系统使用 3.5 GHz 以上的频段组网，单天线的覆盖范围必然会进一步缩小。

二是频段跨度大，各系统覆盖不均衡。现网室内普遍使用 900～2300 MHz 频段，与 3.5 GHz 频段相比频段跨度大，射频电缆对不同频段的损耗相差较大，所以多网共建在边缘场强的平衡上很难取舍。

三是支持 MIMO 的能力有限。5G 系统使用更多通道的 MIMO 技术，对多路平衡和非相关性要求更高，当前室内分布系统受布线数量和天线点位所限，一般只能支持 2×2MIMO。更多通道 MIMO 技术的应用，意味着需要部署更多条馈线，即便不考虑业主接受程度，无论是器件成本、施工成本以及以后的维护成本都会显著提高。

由于传统 DAS 的不足，部分室内分布系统厂家推出 M-DAS（光纤分布系统），有利于实现可视化运维，但光纤分布系统仍需连接 RRU 作为信源，其直放站中继的本质不变，不利于扩容和系统的平滑演进。

8.2　5G 室内覆盖演变

8.2.1　5G 室内覆盖发展趋势

单一制式的室内覆盖系统在 LTE 网络建设的时代背景下，将会变得越来越没有竞争力。运营商在室内覆盖建设当中，不但要考虑如何利用原有室内覆盖系统，还要面临物联网时代、5G 时代室内覆盖系统的演进和兼容问题。

5G 更高的频段和更高的流量需求，将驱动"宏网补热分流"的传统建设方式向新的网络建设方式转变。

室内网络在 5G 时代将成为网络的高价值核心。大量数据业务发生在室内，而这部分业务又不像 4G 那样被室外宏站信号大量吸收，5G 在室内的建设需求相比 4G 会更为迫切。

2G/3G 时代，移动通信工作在低频段，用室外宏站信号覆盖室内和传统 DAS 系统都是解决室内覆盖的行之有效的方案。进入 4G 时代初期，传统 DAS 仍然是解决室内覆盖的主要手段，近两年随着移动互联网和物联网技术的发展，一些业务密集型场景（如交通枢纽、大型场馆等）开始引入新型数字化室内覆盖系统。和传统 DAS 相比，新型数字化室内覆盖系统具有部署简单、施工协调难度小、扩容灵活、运维可视等优点，可以大大提高网络容量，提升网络运维效率。

多制式合路是室内覆盖系统发展的必然趋势。这不仅意味着同一运营商不同制式在室内的合路，也意味着多运营商多制式的室内覆盖系统的整合。运营商为了满足不断演进的移动通信室内覆盖需求，多次对建筑物内的室分系统进行施工改造，造成了不必要的浪费。因此，理想的解决方案是在建筑物建设过程中，同步建设室内分布系统，使其具备多个无线系统的统一接入点，支持现网的所有移动通信制式，并考虑未来的发展，这样既避免了反复的物业准入申请，又避免了重复建设。

信源小型化是室内覆盖系统的又一个发展趋势。小型化的目的是方便灵活安装，尽可能地使信源靠近天线，实现小功率天线的多点覆盖，使无线信号更加均匀地分布在室内场景中。最终小型化的信源可能进入家庭，类似于电视机上的机顶盒，满足智能家居中无线数据业务的高速大容量需求。

5G 时代，室内覆盖解决方案要具备灵活、智能、高效的特点，由于其使用 3.5 GHz、4.9 GHz 等高频段，室内覆盖系统末端设备数量将会大幅度增加，这就要求 5G 室内覆盖设备体积小、重量轻、安装简便、部署迅速，需要因地制宜地选用微基站（Small Cell）、皮基站（Pico Cell）、飞基站（Femto Cell）等新型信源设备，这些设备集成度高，部署方便，站址及场景选择灵活，不需要机房等配套设施，而且能有效满足高流量、高连接、高移动的业务需求。

针对传统 DAS 及 M-DAS 面临的技术挑战，各厂家纷纷推出新型数字化室内覆盖系统，如华为的 Lampsite、中兴的 QCell、爱立信的 Radio DOT、诺基亚的 FlexiZone 等。和传统 DAS 相比，新型数字化室内覆盖系统具有工程实施简单、可实现可视化运维和多通道 MIMO、容易扩容及演进等优点，各大运营商在大中型场景均有部署。

一是工程实施简单，可以平滑升级。新型数字化室内覆盖系统采用简单的三级架构，基站（类似于 BBU）、Hub、远端射频发射单元。这种架构连接点少，减少了故障隐患；网线和复合光电缆作为传输介质的同时，还能为远端射频单元进行供电，具备重量轻、布放容易等特点，逐步取代了射频同轴电缆，从而降低了施工难度，使其建设工期比传统 DAS 缩短 1/5~1/3。而且减少了视觉冲击，更容易被业主所接受。当前各大运营商在一些大中型室内场景（如交通枢纽、商场、医院等）都已经规模部署新型数字化室内覆盖系统，系统运行良好，用户体验速率明显上升。

此外，考虑到最大限度地减少运营商的重复投资，在部署 4G 新型数字化室内覆盖系统时，就预埋了 6A 网线，尽量保证向 5G 升级时做到“点不动，线不增”，快速叠加 5G NR，在保障可实施性的同时，最大限度地降低二次进场成本。

二是实现可视化运维，便于系统维护及故障排查。5G 时代，网络密集组网成为常态，末端射频发射单元数量将大幅度增加，因此对网络设备及末端发射单元进行实时监控是系统的基本功能之一。新型数字化室内覆盖系统基本采用有源器件，能够对所有设备的工作状态进行实时监控，快速定位故障点，实现运营维护可视化；同时还能够自动根据周边的信道情况和用户密度实现自诊断、自优化、自愈合，最大限度减少人工介入，有效降低维护成本。

三是升级改造方便。Massive MIMO 是 5G 网络的关键技术之一，未来 5G 室分系统至少应该支持 4×4MIMO。新型数字化室内覆盖系统主要采用光纤和网线传输数字信号，支持高频段，有利于平滑过渡。同时，新型数字化室内覆盖系统在设计时就考虑了 MIMO，目前设备默认都支持 2T2R，并且可以通过软件升级至 4T4R。

新型数字化室内覆盖系统拥有部署方式灵活、可视化的运营模式以及方便管理与维护等特点，并且可以平滑演进，最大限度保护运营商的投资，将是 5G 时代室内覆盖系统的主要解决方案。

同时需要指出的是，传统 DAS 仍将占有一席之地，主要应用于对容量要求不高，解决覆盖问题的特殊场景（如电梯、地下停车场、隧道等）。

8.2.2　5G 室内覆盖解决方式

5G 时代，由于 DAS 的无源器件和馈线不支持高频段、不能对器件进行监控、改造成本高、不能大规模扩容等，因此只能用于部分低频段、低容量场景（如隧道、地下停场、电梯等）。而新型数字化室内覆盖系统由于部署简单、运维可视化、支持大规模 MIMO 等优点，更适合向 5G 平滑过渡，将是 5G 室内覆盖系统的主角。5G 的室内覆盖系统从技术发展和当前应用可以分为如下几类。

1. 传统 DAS 方式

传统 DAS 方式是以 RRU 为信源，馈线、无源器件及无源天线组成的室内覆盖系统，是目前存量最大的方式，通常已经实现了 2G/3G/4G 的合路，馈线及天馈系统仅支持 700~2700 MHz，并且现有的功分器和耦合器在 3.5 GHz 和 4.9 GHz 频段下无法使用，需要全部更换。对于馈线而言，当频段扩展到 3.5 GHz 和 4.9 GHz 时，馈线损耗急剧增加。

如果使用 2.6 GHz 进行 5G NR 组网，5G 网络建设初期可利旧存量室内覆盖系统，快速实现室内环境的覆盖。目前，中国移动要求各 5G 设备厂家提供 2.6 GHz 频段的双通道室分型 5G RRU，可以为这种利旧场景提供信源。

这种模式的主要优点是便于快速部署 5G 网络，并且成本低廉，目前大量的室内站点还是通过传统室内覆盖实现的，并且很多站点都已经布放了双路馈线和室分天线，实现了 LTE 信号的 2T2R 覆盖，到了 5G 阶段只需要在信源馈入端增加合路器，就能够快速实现 5G NR 覆盖，可以作为过渡阶段的备选方案或者某些覆盖性能损耗不大的场景情况下使用。当然，其主要的缺点也很明显。

- 原有的绝大多数室分器件支持到 2.5 GHz，对于 3.5 GHz 频段需要更换器件。
- 传统室内覆盖系统较少涉及容量能力覆盖，不适合高话务量的区域场景。
- 天馈线最多支持 2T2R，难以充分发挥 5G 技术中的多天线优势。

2. 室外覆盖室内

随着频段的升高，信号覆盖能力下降，5G 室内覆盖系统相比目前的 4G 系统，5G NR 组网频段已经提高到 3.5 GHz 或者 4.9 GHz 甚至更高，无线信号衰减很快，穿透损耗也相应加剧，难以做到深度室内覆盖，只能满足建筑物边缘及简单建筑的室内覆盖。对于覆盖要求较高的场景，效果并不理想，仍然需要单独建设室内覆盖系统。

对于一些简单建筑和特殊场景，用室外站覆盖室内，一方面，可以和原来的 4G 室外站共站址，施工简单方便，不需要额外的物业协调和选址；另一方面，5G NR 室外站采用 64T64R 大规模天线，可以最大限度地体现 5G 的技术优势，并且提供多样化增值业务，给客户最好的 5G 体验。

3. 微基站（Small Cell）

Small Cell 是低功率、集成的无线接入节点，是利用智能化技术对传统蜂窝网络的补充和完善。在 3G 时代，Small Cell 更多被视为容量分流技术。在 4G 网络部署中，引入了异构网络（HetNet），移动网络由宏蜂窝及 Small Cell

协同组成。Small Cell 承担着特定区域的补盲覆盖任务、室内深度覆盖任务和容量提升任务。

随着移动互联网业务的高速发展和智能手机的普及，室内热点区域的网络覆盖和容量遇到了前所未有的挑战。传统的“室外宏站+室内分布”组网模型已经难以应对急剧增长的数据业务需求。Small Cell 因具有体积小、功耗低、部署灵活并且贴近用户等特点，因而可以有效解决室内热点区域的网络性能和服务质量问题，将会成为解决异构网络底层覆盖的重要手段。

这类产品外观形态看起来和微功率分布式 RRU 相似，但实现上有很大的不同。微功率分布式 RRU 是不能脱离 BBU 存在的，而这类 Small Cell 其本身就是一个完整的基站，可以通过固网宽带直接接入到核心网，考虑安全控制和性能原因，Small Cell 会通过网关接入核心网，构成一个类似于 Wi-Fi 网络中的 AP 和 AC 结构的两层模型。Small Cell 最初就是为了应对室内信号覆盖问题而提出的概念，从最初的家庭用 Femto Cell（家庭式小基站）解决方案一直扩展到目前的多场景多应用的复合解决方案，展现了 Small Cell 的良好发展态势。

根据 Small Cell 的室内覆盖应用场景，Small Cell 可以分为两种形态。

（1）Femto Cell

Femto Cell 应用于写字楼、宾馆酒店、高校宿舍楼等相对封闭的室内场景，以保证室内覆盖效果，并解决室外站室内覆盖难的问题。在楼宇密集区域，无线规划是难题，简单地提高室外站功率无法解决问题。5G 网络的工作频谱多数分配在更高频段，穿透损耗更加明显，Femto Cell 可以很好解决上述难点。Femto Cell 的设计初衷就是为了解决室内覆盖问题，在实际使用中，一个 Femto Cell 可以解决 100～200 m^2 的室内覆盖问题。同时可有效起到分流室内数据业务的作用，减轻了室外站的负荷。

（2）Pico Cell

Pico Cell 应用于交通枢纽、商场、大型室内场馆等空旷的室内场景。Pico Cell 的发射功率一般为 0.1～5 W，覆盖半径在 100 m 左右。与主要面向个人或者家庭的 Femto Cell 不同的是，Pico Cell 可以为政企客户提供运营商级的覆盖。从技术上看，Pico Cell 支持多种回传方式（包括电口、光口），部分产品与 Wi-Fi 设备整合能解决“最后一公里”难题，真正做到随插随用。Pico Cell 以其功耗低、占用空间小、设备美观等优势，减小了运营商的建设及维护成本。

Pico Cell 在多天线技术、建设成本、网络结构、部署周期等方面优势明显，可以在小范围地区吸收高话务量，通过安全网关也可以实现安全回传。既可以快速补盲，也可以大规模大容量部署。

5G 阶段，由于频率的升高，业务量的大幅增加，必然会给 Small Cell 带来更多的市场空间。和微功率分布式 RRU 一样，在 5G 时代，无论是中低频还是在毫米波频段，Pico Cell 在室内覆盖中都会承担越来越重要的角色。

4. 基带馈入式数字室内覆盖系统

基带馈入式数字室内覆盖系统是目前国内运营商采用较多的建设方式，具备可视化运维能力、支持小区分裂扩容、支持 4T4R 以及支持室内定位能力，但是其建设成本较高、有源系统故障概率高、频段扩展能力和整机能耗效率仍有待提升。

在系统容量方面，基带馈入式数字室内覆盖系统具有较强的扩容能力。每个单元均可以作为独立小区，通过系统升级实现几十倍的容量增加，特别适合机场、演唱会等超大容量的特殊场景。

在设备成本方面，目前基带馈入式数字室内覆盖系统成本相对较高，大规模应用时需要解决高成本问题。

5. 射频馈入式数字室内覆盖系统

射频馈入式数字室内覆盖系统是基带馈入式数字室内覆盖系统的低成本演进形态，采用数字化技术，基于光纤或网线承载无线信号传输和分布的微功率室内覆盖方案，其由基带单元、扩展单元、远端单元三部分组成。与基带馈入式数字室内覆盖系统相比，基带馈入式数字室内覆盖系统的基带单元由通用 x86 服务器平台实现，具有低成本优势，但是小区分裂扩容能力不强，主要适用于商场、停车场等中低业务需求且空间开放的场景。

6. 漏缆

漏缆是泄漏同轴电缆（Leaky Coaxial Cable）的简称，通常又简称为泄漏电缆或泄漏同轴电缆。漏缆适应现有的各种无线通信体制，在 4G 网络中，漏缆被广泛应用在无线传播受限的地铁、铁路隧道和公路隧道等。

近年来，电缆厂家推出了新型广角漏缆，辐射张角 170°，相比传统室内覆盖技术，有降低互调干扰、降低建设维护成本、提升施工效率、信号覆盖均匀等优点。广角漏缆弥补了普通漏缆的辐射角度较小的缺点，扩展了应用场景，适用于普通的室内环境，广角漏缆一般安装在建筑物顶部，由于采用了槽型设计，扩展了辐射角度，可以实现在较宽的辐射角度范围内仍有较优的辐射性能。目前，我国已在北京、郑州等地实现地铁内 5G 信号漏缆覆盖。

7. 各种室分技术对比分析

除室外宏站覆盖室内方案，5G 的室内覆盖技术可以归纳为传统 DAS、Small Cell、基带馈入式数字室内覆盖系统、射频馈入式数字室内覆盖系统、广角漏缆室内覆盖技术等，各种技术的对比分析情况见表 8-2。

表 8-2　各种室分技术对比分析表

方案	方案细分	有源/无源	MIMO 能力	小区分裂扩容	运维可视化	精确定位	大数据能力	建设成本	场景选择
传统 DAS	传统 DAS	无源	2T2R	不支持	不支持	不支持	不支持	低	低价值
室外覆盖室内	室外覆盖室内	有源	64T64R	支持	支持	支持	支持	低	低价值
数字室分	Small Cell	有源	2T2R	支持	支持	支持	支持	较高	高价值
	基带馈入式数字室内覆盖系统	有源	4T4R	支持	支持	支持	支持	高	高价值
	射频馈入式数字室内覆盖系统	有源	2T2R	支持	支持	支持	支持	较高	中价值
漏缆	广角漏缆	无源	2T2R	不支持	不支持	不支持	不支持	高	高价值

传统 DAS 可演进为支持智能化、支持运维可视化和精确定位，但是较难支持小区分裂扩容、可提供的数据容量有限，主要适用于居民小区等低价值场景；基带馈入式数字室内分布系统支持 4T4R、小区分裂扩容等，建设成本较高，适用于体育场馆、交通枢纽、校园、高端写字楼、五星级酒店等高价值高容量场景；射频馈入式数字室内分布系统的建网成本是基带馈入式数字室内分布系统的 60%，为有源数字室分系统的低成本建设方案，同时兼具精确定位和大数据能力。

不同场景下 5G 室内分布系统的建设可以参考图 8-1 的方式进行。

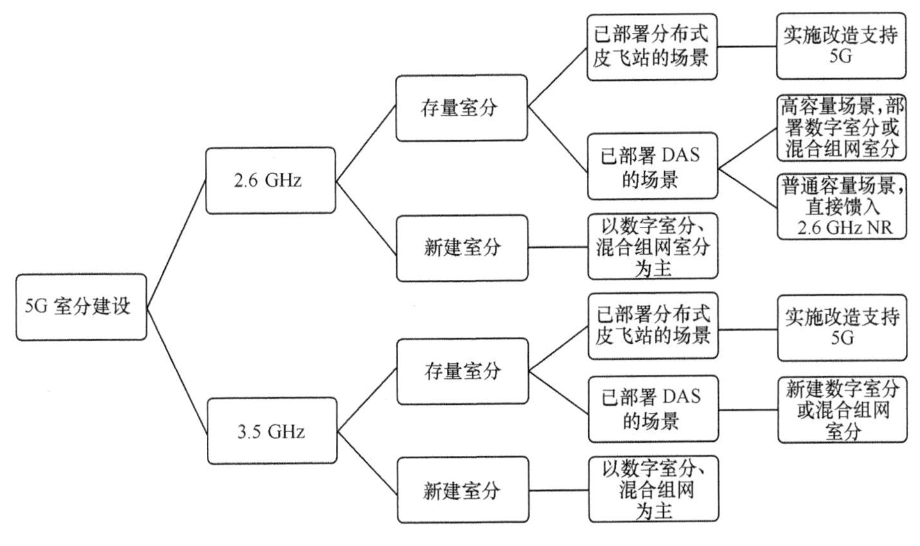

图 8-1　5G 室分参考建设方式

为了保护既有投资，存量室内覆盖系统优先利旧改造，如果不具备利旧改造条件，则同新建场景一样，部署数字室内覆盖系统。

| 8.3 5G 室内覆盖规划与建设 |

3G/4G 室内连续覆盖依靠宏基站、Small Cell 和无源室内覆盖 3 种手段协同完成。有源室内覆盖因造价高，主要定位高容量建设，在楼宇内主要部署在高业务区域，在楼内低业务区主要依靠 Small Cell 和无源室内覆盖解决。5G 时代室内覆盖方式有了明显变化，室内覆盖模型如图 8-2 所示。

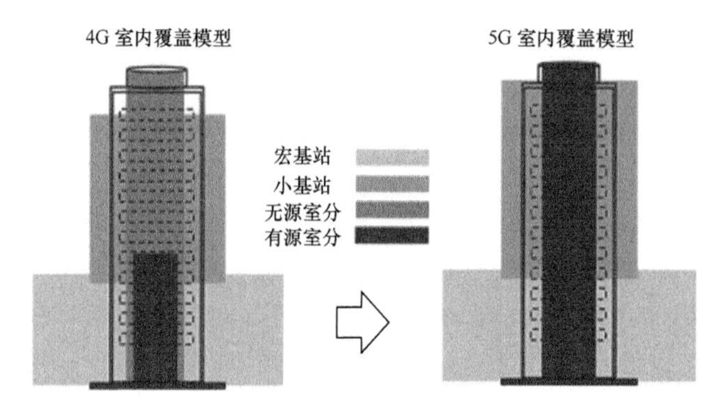

图 8-2 4G、5G 室内覆盖模型变化示意

5G 时代室内连续覆盖手段为 Small Cell 与有源室内覆盖协同。5G Small Cell 的适用场景将发生改变。

- 增加部署场景：覆盖居民小区、商业街为主的全场景部署。
- 提高部署密度：由于频率，Small Cell 覆盖能力有所下降，需要增加部署密度来弥补。

5G 有源室内覆盖系统使用场景变化。

- 由容量建设到覆盖建设：有源室分在 4G 建设定位为容量建设，在 5G 定位为容量与覆盖建设共存。
- 从布局覆盖到全覆盖：5G 有源室分需要立足全覆盖部署。

8.3.1 5G 室内覆盖网络的设计要求

5G 室内覆盖网络设计应根据 5G 业务要求及技术发展趋势，开发出兼具高

度灵活性、扩展能力及定制能力的新型移动接入网络架构，可以根据设备能力、频谱资源、业务性能要求及用户需求，实现网络资源灵活调配和网络功能灵活部署，同时兼顾网络的成本和能耗。

5G 室内覆盖设计应考虑以下因素。

- 灵活：不局限于传统组网方案，大胆运用新技术，实现基于不同场景及条件的灵活部署。
- 智能：实现控制与承载资源分离，支持控制面与用户面独立扩展和演进，基于集中控制功能，实现多种网络部署场景下网络智能优化和高效管理。
- 高效：综合考虑网络部署成本和运维成本。

8.3.2　室内信号传播模型及链路预算

室内传播的特点是：覆盖距离更小、环境变化更大。受到的影响因素很多，例如，门窗开闭状态、天线的放置位置、人员的分布情况等。建筑物内传播受诸如建筑内部布局、材料结构和建筑物类型等因素的强烈影响。

室内无线传播与室外具有同样的机理：反射、绕射和散射。但是传播条件却与室外环境相差很大。天线的安装高度、房间门的开闭等都会影响到室内无线信号的传播。一般来说，室内信道分为视距（LOS）和阻挡（OBS）两种，并随着环境杂乱程度而变化。

建筑物具有大量的分隔和阻挡，一般来说，建筑物都是被分隔成一个个小房间。这种分隔采用了不同的建筑材料，而不同建筑材料造成的无线信号损耗是不同的。除了同层楼面的分隔会造成无线信号的损耗，楼层间的分隔也会造成无线信号的损耗。建筑物楼层间的损耗由建筑物外部面积和材料及建筑物的类型决定，甚至建筑物窗口的数量也会影响到楼层间的损耗。

室内信号传播模型是基于自由空间传播模型：

$$L(\text{dB})=32.45+20\lg d(\text{km})+20\lg f(\text{MHz}) \tag{8-1}$$

在自由空间中，无线制式的频率增加 1 倍，路径传播损耗将增加 6 dB；距离增加 1 倍，传播损耗同样增加 6 dB。

空旷的室内环境下，衰减因子模型如下：

$$L=L_0+10n\lg d(\text{m}) \tag{8-2}$$

L：室内环境下距离无线电波发射端 d m 处的路损；

L_0：某一无线制式在距离室内无线电波发射端 1 m 处的路损；

n：环境因子，也叫衰减系数，一般取值为 2.5~5，如表 8-3 所示。

表 8-3 衰减系数

场景	一般室内场景	同层	隔层	隔两层
环境因子（n）	3.14	2.76	4.19	5.04

办公大楼、住宅、商场等实际场景中，可使用修正过的模型：

$$L=L_0+10n\lg d(\mathrm{m})+\delta \tag{8-3}$$

δ 是阴影衰落余量，由边缘覆盖概率和室内环境地物标准差来决定。

室内覆盖的链路预算分为三段：

- 第一段：从信源发射端口到天线口。包括馈线损耗、功分器和耦合器的分配损耗与介质的物理损耗；
- 第二段：室内无线环境。室内无线环境主要的损耗是路损、隔墙隔层穿透损耗以及一定阴影衰落余量；
- 第三段：无线电波在终端的接收和发送，这一段主要考虑的是终端的最小接收电平和边缘覆盖电平。

终端允许的最远传输距离是由最大允许路径损耗决定的：

$$\mathrm{MAPL}=\mathrm{EIRP}-P_{\mathrm{sensity}}-\mathrm{Margin} \tag{8-4}$$

最大允许路径损耗越大，天线覆盖的范围越大。应该计算上下行两个方向，对公共信道、业务信道两种类型的信道进行计算，取受限的最大允许路损作为手机允许的最远距离计算依据。

终端离天线口的最小距离是由最小耦合损耗决定的。

$$\mathrm{MCL}=P_{\mathrm{Tx\_min}}-N_{\mathrm{b}} \tag{8-5}$$

工程上一般只要满足从信源端口到距离天线口 1 m 处的损耗大于最小耦合损耗便可。也就是说一般把 1 m 作为天线的最小覆盖范围。

天线口功率是室分系统设计要考虑的关键因素。

不同制式、不同场景对天线口功率的要求不同，多制式共天馈的室分系统要做到天线口的功率匹配。所谓功率匹配，是指能够使不同制式的单天线覆盖范围尽量一致的天线口发射功率。

在规划天线布置时，以覆盖最受限的制式来确定天线间距，根据最弱系统天线间距与现有设计天线间距之间的差值，然后反推出其他制式的天线口功率要求。

8.3.3 多系统干扰造成的影响

现有室内网络存在多系统干扰的问题。原因是在多个无线通信系统共存时，由于发射和接收频段的重叠、邻近，发射机和接收机的非理想化（无法将信号范围完美局限于设定的频段内），以及多个不同频率作用在非线性器件会产生谐波和组合频率分量等因素。

室内网络中出现的干扰主要有杂散干扰、互调干扰、阻塞干扰等，具体可参见 5.5 节。

杂散和阻塞干扰：在标准制定时，就要对各系统发射机和接收机性能提出严格限制，以尽量规避相互间可能产生的杂散和阻塞干扰。

互调干扰：产生于信号传输的整个媒介器件系统，是多系统共享室分时的主要干扰来源，且难以控制。

针对室内覆盖系统现有系统间干扰，可采用以下规避措施：

- 频率协调；
- 选用高品质器件，提高互调抑制指标要求；
- 提高施工工艺要求，严控互调指标。

8.3.4 不同场景下室内覆盖解决方式

在进行室内覆盖系统规划时，不同的细分场景，具有差异化的场景特征及覆盖难点，需要针对不同场景采用合理有效的覆盖方式，详见表 8-4。

表 8-4　不同室内场景特征及覆盖难点

场景		场景特征	覆盖难点
住宅小区	多栋高层	eMBB 场景； 楼高 15 层以内； 综合穿损 15～25 dB	方案要进小区，物业困难，美化要求高
	独栋高层	eMBB 场景； 楼高 15 层以上； 综合穿损 20～30 dB	室内覆盖系统效果一般，需控制宏站干扰
	中低层楼房	eMBB 场景； 楼高 6～15 层； 楼间距 20～50 m； 综合穿损 15～20 dB	周边宏站无法全部覆盖，物业准入困难
	城中村	eMBB 场景； 楼间距 5～10 m； 楼高 6 层左右； 综合穿损 15～25 dB	遮挡严重，宏站无法全覆盖；建设成本高
商业楼宇		eMBB 场景； 内部开阔、纵深很大； 楼体很厚	室外覆盖效果受限，室内覆盖系统容易

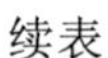

续表

场景	场景特征	覆盖难点
办公楼宇	eMBB 场景； 墙体很厚、玻璃外墙； 纵向很深	室外覆盖效果受限，室内覆盖系统较容易
大型场馆	eMBB 场景； 内部开阔、部分露天	用户多，业务潮汐特征明显
交通枢纽	eMBB 场景； 内部开阔、占地面积大	人流密集，移动业务量大
地铁隧道	eMBB 场景； 覆盖距离长	人流密集，移动业务量大

室内分布系统的规划设计应结合各室内覆盖系统场景特点采用合理的覆盖方式。

1. **住宅小区场景**

住宅小区种类多样，建筑物组合形式复杂，根据其特点大致可分为：多层小区、高层小区、独立高层、城中村及别墅区场景，共同特点是物业协调困难，一般难以做到天线入户覆盖。

- 多层小区内楼房密集，布局基本整齐，一般楼高 6~8 层，低层信号较差。
- 高层小区楼层一般在 20 层以上，高层部分信号杂乱、干扰严重，底层部分弱覆盖，电梯及地下室为信号盲区。
- 城中村建筑物密集，无线信号阻挡严重，室内一般为弱覆盖或覆盖盲区，物业协调难度极大。
- 别墅型居民区场景由成片住宅小区组成，其建筑以 2~3 层为主，单个房间面积较大且内部纵深较大。

整体覆盖思路主要采取室内外协同覆盖、以外为主的覆盖策略。

- 优先采用室外宏站覆盖住宅小区室外区域及楼宇靠近窗边区域。
- 采用室内分布系统覆盖地下停车场、电梯及部分平层弱覆盖区或覆盖盲区。
- 室外宏站无法覆盖的楼宇或无法建设室外宏站时，采用在小区内建设室外分布系统的方式覆盖楼宇靠近窗边区域。

住宅小区很难入户，一般只能在平层和电梯建设室内覆盖系统。

- L 型、T 型、工型走道，采用基带馈入式室内覆盖系统安装在住户门口，天线主瓣朝住户内覆盖；使用传统 DAS 天线兼顾电梯厅和走道覆盖。
- 一字型走道且距离较短，可以通过住户门口室内分布系统天线的背瓣兼顾电梯厅覆盖。

• 纵深较小的高层住宅小区，如单身公寓、小户型廉租房等，宜采用走廊布放基带馈入式室内覆盖系统末端天线的方式覆盖，单个天线覆盖 4～6 个住户。

住宅小区覆盖效果如图 8-3 所示。

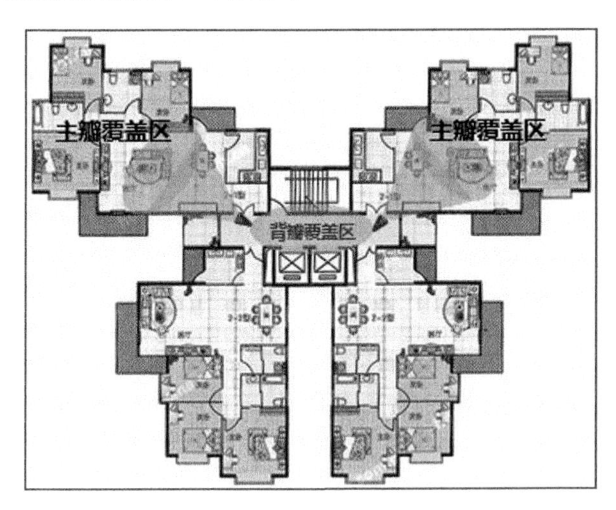

图 8-3　住宅小区覆盖效果图

2. **商业楼宇场景**

商业楼宇类场景可分为购物中心、大型超市、聚类市场。

购物中心：通常多栋楼宇连在一起组成，划分购物区、餐饮区、娱乐区等功能性区，平层面积大，通常楼体中空，各楼层之间可以直视，购物区相对空旷，隔断少或者墙体损耗小。

大型超市：楼层少，单层面积大，由于墙体、超市货架等障碍物的阻挡，大部分区域信号衰减大。

聚类市场：楼层不高，单层面积大，内部空间拥挤，结构复杂，整体隔断多，信号衰减严重。

商业楼宇类场景根据功能、隔断类型，可划分为：密集型购物区、开放型购物区、餐饮区、电影院、地下停车场、电梯等（见表 8-5）。

表 8-5　商业楼宇覆盖

功能区	覆盖要点
密集型购物区	一般有简易材料间隔，采用基带馈入式室内覆盖系统末端天线安装在交叉路口处进行覆盖
开放型购物区	较为空旷，有货架或娱乐机械等遮挡，采用基带馈入式室内覆盖系统末端天线进行覆盖

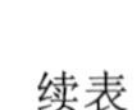
续表

功能区	覆盖要点
餐饮区	店内区域较为空旷，采用基带馈入式室内覆盖系统末端天线进行覆盖
电影院	电影院面积较大，室内空旷无遮挡，可以在墙面安装基带馈入式室内覆盖系统末端天线进行覆盖

3. **办公楼宇场景**

办公楼包括商业写字楼、医院、党政机关等。

- 商业写字楼一般都是大型、高层建筑，内有多部电梯，结构复杂，无线信号覆盖较差。
- 党政机关办公楼建筑恢宏，单层面积较大，内部区域无线信号较弱。
- 医院单层建筑面积大，宏站无线信号无法良好覆盖，医院门诊大厅人流量极大。

办公楼建筑物内部按照功能区域可分为大厅、平层、电梯、地下停车场等（见表 8-6）。

表 8-6　办公楼宇覆盖

功能区	覆盖要点
大厅	• 大厅一般位于建筑物首层，结构空旷，阻断较少，高度一般较高，宜采用基带馈入式室内覆盖系统末端天线覆盖，布放在有阻挡的位置，或者贴墙朝向大厅内部，以控制信号外泄； • 大厅高度较低时，宜安装基带馈入式室内覆盖系统末端天线进行覆盖
平层	• 走廊+单双边房间：一般在走廊安装基带馈入式室内覆盖系统末端天线进行覆盖；对于单边房间情况，可采用基带馈入式室内覆盖系统末端天线覆盖； • 会议室、报告厅等人群聚集区域，应将末端天线直接设置在会议室、报告厅内
电梯	• 电梯井道内布放基带馈入式室内覆盖系统末端天线，主瓣方向朝下覆盖； • 电梯井道内布放基带馈入式室内覆盖系统末端天线，主瓣方向朝向电梯厅，兼顾对电梯厅覆盖； • 观光电梯一般为 180 度玻璃隔断面向室外，低层一般无须专门覆盖；高层的观光电梯需要进行信号测试，无线信号不能满足网络覆盖需求时，宜在楼层的电梯厅口布放基带馈入式室内覆盖系统末端天线进行覆盖； • 对于超高电梯或高速电梯，在运营商认可的前提下，可采用漏缆进行覆盖； • 对于经过协调确实无法进入电梯井道内施工的楼宇，可在每层电梯厅安装基带馈入式室内覆盖系统末端天线覆盖电梯
地下停车场	• 对于狭长的地下停车场，在隔断较多的情况下，宜采用中轴线上布放基带馈入式室内覆盖系统末端天线的方式覆盖；在隔断较少的情况下，宜采用在离信源较近的单侧墙壁上安装基带馈入式室内覆盖系统末端天线的方式覆盖； • 对于宽度较大的停车场，可以采用两侧墙壁上交替安装基带馈入式室内覆盖系统末端天线的方式覆盖

4. **大型场馆场景**

大型场馆主要指承担重大体育赛事、大型会务的大型体育场所、会展中心等建筑体或建筑群（见表 8-7）。

- 该类建筑单体建筑面积大，空间跨度大。
- 主会场单层高度高，钢架结构为主。
- 传播环境简单，信号视距传输，能量以直达为主。
- 活动期间大量人流涌入会场，话务具有突发性。

表 8-7　大型场馆覆盖

场景	覆盖要点
单层看台、顶棚可以覆盖到最前排座位	天线宜安装在顶棚边缘位置，朝内向看台覆盖。天线的主瓣宜垂直于看台的斜面
顶棚面积较少	天线宜安装在顶棚边缘，垂直向下或斜向下覆盖，应设置较大的下倾角，以此控制覆盖及干扰
多层看台、顶棚可以覆盖到最前排座位	最上层天线宜安装在顶棚边缘，朝内向看台方向覆盖，天线主瓣垂直于最上层看台的斜面； 中下层看台天线宜安装在上一层看台底部边缘，向内或垂直向下覆盖
无顶棚体育场馆，有照明灯塔	天线宜安装在灯塔上以近似宏站的方式覆盖看台及场地中央
内场覆盖	大型体育场内场覆盖一般采用天线安装在顶棚向内覆盖的方式
外场覆盖	大型场馆一般会有几个集中的出入口，入场、退场人员比较密集。采用天线安装在体育场馆的楼顶或外立面，朝向主要的出入口进行覆盖
功能区域	主体育场至平层的通道：布放基带馈入式室内覆盖系统末端天线，以保证从体育场至室内区域的连续覆盖； 餐厅：比较空旷，可采用基带馈入式室内覆盖系统末端天线进行覆盖； 洗手间：墙体阻挡较为严重，在门口位置布放天线保证其内部覆盖效果

5. **交通枢纽场景**

交通枢纽场景包括机场、火车站、汽车站等。

机场、高铁站、大型汽车站建筑结构一般以钢结构为主，用钢化玻璃与外部隔离，内部结构复杂，楼层内空旷，占地面积大。

机场按照功能分区一般可分为值机大厅、候机厅、VIP 休息室、候机楼通道、到达厅、办公区等（见表 8-8）。

表 8-8　大型场馆覆盖

场景	覆盖方式
值机大厅	宜采用基带馈入式室内覆盖系统末端天线安装于顶部钢架进行覆盖
候机厅	宜采用基带馈入式室内覆盖系统末端天线

续表

场景	覆盖方式
VIP 休息室	宜采用基带馈入式室内覆盖系统末端天线安装的方式，采用内装有吊顶时，可适当提高天线口功率
候机楼通道	各候机楼之间一般有较为狭长的通道，宜采用基带馈入式室内覆盖系统末端天线进行覆盖

高铁站、汽车站按照功能分区一般可分为售票区、候车区、办公区。

火车站候车室内较为空旷，仅存在旅客座椅以及部分低矮商铺，一般在候车厅立柱或墙壁等合适的位置加装基带馈入式室内覆盖系统末端天线进行覆盖。

汽车站一般建筑规模相对较小，房间结构相对简单，天花高度较低，宜采用基带馈入式室内覆盖系统进行覆盖。

6. **地铁隧道场景**

组网方式：原则上应和各家基础网络运营商协商并达成一致，一般采用 POI+双路漏泄电缆组网，支持 LTE /5G NR，2G/3G 可灵活选用分缆或合缆方式（见图 8-4）。

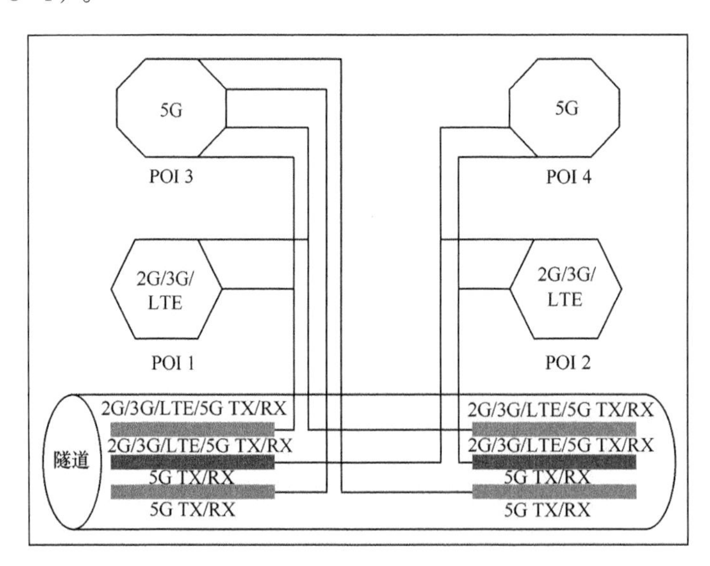

图 8-4 地铁隧道 5G NR+2G/3G/LTE 合缆方式覆盖效果

地铁隧道内除公网移动通信系统外，还存在警用 350 MHz、政务 800 MHz 数字集群通信系统和 2.4 GHz 列车控制系统 CBTC 等地铁专用通信系统。

警用 350 MHz、政务 800 MHz 数字集群通信系统通常采用漏泄电缆方式覆盖，一般来说，公网移动通信系统的漏泄电缆与其保持 0.5 m 的间距可以避免系统间的相互干扰。

地铁列车控制系统 CBTC 基于 WLAN 技术，一般采用定向壁挂天线进行覆盖，天线挂高与列车车顶位置相当。一般来说，公网移动通信系统的漏泄电缆与其天线保持 1 m 的间距可以避免系统间的相互干扰。

高铁隧道和地铁隧道结构类似，隧道跨度较小，列车距两侧隧道壁较近，宜采用漏缆覆盖；覆盖原理和地铁隧道类似，但车体损耗大于地铁列车约 20 dB，设备一般安装于固定的设备洞中；高铁列车车速快，宜在隧道口顶部或在隧道口附近抱杆安装对数周期天线将隧道信号延伸进行覆盖。

公路隧道一般比较宽敞，弯曲度较小、高度较高；进场协调门槛低，工程实施相对容易，基于覆盖效果及成本综合考虑，宜采用对数周期天线进行覆盖，单天线覆盖范围 200～350 m；在运营商网络覆盖要求较高的隧道，可采用漏泄电缆方式进行覆盖。

8.4　微基站的应用

由于 5G 网络的高速率和大容量需求，基站的覆盖范围有可能从 4G 网络的数百米缩小至数十米，因此在未来 5G 网络建设中，微基站有可能成为未来 5G 网络建设的主要形式。

8.4.1　微基站的概念与优势

Small Cell 是低功率的无线接入节点，是利用智能化技术对传统宏蜂窝网络的补充与完善。Small Cell 信号可以覆盖 10～200 m 的区域范围，与 Small Cell 相比较，传统宏蜂窝的信号覆盖范围可以达到数千米。Small Cell 融合了 Femto Cell、Pico Cell、Micro Cell 和分布式无线技术，与传统通信网基站的一个共同点是 Small Cell 也是由运营商进行管理，并且 Small Cell 支持多种标准。在 3G 网络中，Small Cell 被视为分流技术。在 4G 网络中，随着异构网络（HetNet）概念的引入，移动网络通常由 Small Cell 和宏蜂窝组成多层面网络。对于典型蜂窝网络，通常采用宏基站进行连续覆盖和室内浅层的部署，并在相关场景采用 Small Cell 进行道路、室外覆盖，以及采用室内深度覆盖的室内覆盖系统进行部署。

Small Cell 在室内外都可部署，因此应用的地方较为广泛。运营商可利用

Small Cell 延伸网络的覆盖范围和提升网络容量。在实际运用中，运营商可利用 Small Cell 进行业务分流。

由于 5G 网络频段普遍较高，有可能当工作于高频段时，传统建设方式覆盖效果不佳，因此 5G 网络将主要采用异构网络进行深度覆盖和热点容量吸收：国内外相关厂商、研究机构提出了多种异构网络底层网络覆盖的技术和设备，其中 Small Cell 由于具有体积小、功耗低、部署灵活、贴近用户等特点，因而可以有效提高网络性能和服务质量。近年来受到了广泛的关注，Small Cell 有望成为未来解决异构网络底层覆盖的重要手段。

Small Cell 最初是为应对室内信号覆盖问题而提出的概念。从最初的家庭用 Femto Cell 开始发展，该概念一直发展和扩展到目前的多场景多解决方案的复合应用背景，体现了 Small Cell 良好的发展趋势，并且 Small Cell 作为应对未来无线通信业务量爆炸型增长的主要技术已经进入标准化阶段。

Small Cell 具有以下技术优势。

（1）Small Cell 对网络容量的提升

Small Cell 对网络容量的提升作用远大于传统宏基站优化及其小区分裂，更适应移动数据业流量巨大增长的变化。

高通公司对 Small Cell 部署的作用进行了仿真研究。仿真结果表明，在宏小区内有 200 个活跃用户的情况下，随着 Small Cell 渗透率的不断提高（5%、10%、20%、30%、40%和 50%，对应的 Small Cell 数量分别为 36、72、144、186、288 和 360 个），网络下行数据吞吐量不断提升，在渗透率为 50%时吞吐量可达到仅有宏基站情况下的 180 倍。而这一提升是宏蜂窝采取任何措施都无法达到的。

（2）Small Cell 带来业务收入的增长

Small Cell 在吸收容量的同时，能带来特有的数据业务收入的明显增长。Small Cell 不仅能在高密度区提升容量，而且与 Wi-Fi 相比用户可以接受适度收费，带来业务收入的明显提高，因此受到运营商的青睐。

（3）Small Cell 投入成本低

Small Cell 便于安装建设，投资不高，收益有保障：国外多家公司认为 Small Cell 建设和运行维护的综合投资比传统宏基站低。Heavy Reading 公司的 Berge Ayvazian 等高级咨询师客观地列出 14 项相关技术经济参数，模拟对伦敦市区全覆盖建设 LTE 宏基站和 Small Cell 以及发展宏基站加 Small Cell 互补优化做对比，在考虑了设备、站点、传输回送建设、运营维护等费用后，得到的结果为：在不考虑设施利旧下的 Small Cell 建设环节的投资较小，在回传和维护环节的费用较高；两者综合的互补方案的投资最少，其净现金流和内部收益率等收入指标最高；若再考虑利旧因素，则建设 Small Cell 的财务指标将更好。

8.4.2　微基站的应用场景

Small Cell 应用广泛，可应用于各种场景，包括酒店、商场办公楼、车站、机场、商业街、居民小区、广场等。

Small Cell 可以根据覆盖需求灵活部署，将不同设备形态与宏蜂窝进行协同覆盖，解决以下问题：室内的深度覆盖、室外热点地区的容量需求、室外宏蜂窝弱区补充覆盖、宏蜂窝边缘的延伸覆盖等。为了更有针对性地分析 Small Cell 的部署策略，可以根据环境特点和覆盖需求，将 Small Cell 应用的主要场景归纳为以下几类。

- 居民区，包括城中村、多层小区、高层小区、别墅区、独栋住宅等。这类场景的主要特点是建筑物密集、室内单位面积用户多、建筑物穿透损耗大、室外受遮挡、覆盖效果差。而宏基站由于进场困难，建站成本高等原因，难以新建站点，需要引入 Small Cell 来提供室内深度覆盖及室外弱覆盖补充。
- 交通枢纽，包括机场、火车站、汽车站等。这类场景的主要特点是用户量大、容量要求高。由于建筑物的穿透损耗及容量限制，宏基站很难完全满足需求，可以通过引入 Small Cell 来提供足够的容量。
- 公共场所，包括医院、体育馆、商场、景区等。这类场景的特点是规模和用户密度大，需要兼顾室内和室外，业务具有突发性和流动性。由于建筑物遮挡和业务量大，宏基站不能很好地满足覆盖要求，需要部署 Small Cell 进行协调覆盖。
- 写字楼，包括办公区、休闲区、停车场等。场景特点是高端用户多、用户体验要求高，建筑物有封闭性，需要引入 Small Cell 进行全方位的部署，满足深度覆盖需求。

Small Cell 通常用于解决以下场景的一些问题。

① 立体覆盖优化

宏站一般位于楼顶和铁塔等高处，波束覆盖范围大，但因受到建筑物、树木的影响，覆盖效果不均匀，存在大量的盲区。Small Cell 体积小易安装，可实现与天线的一体化安装，节省站点成本，缩短施工周期，可实现精确覆盖，可灵活安装在灯杆、监控杆或者建筑物外墙表面，也可安装在建筑内部进行室内覆盖，在不影响市容的情况下与宏站形成一体化立体覆盖。

② 大容量室内覆盖

宏站信号穿透建筑物进入室内会有 10~20 dB 的穿透损耗。现有室内覆盖

DAS 系统无法支持 4×4MIMO，不能发挥 5G 性能优势。通过在室内覆盖中引入 Small Cell 产品，可以支持 MIMO，提升室内覆盖的容量能力。Small Cell 可以直接部署在办公区内或者高校的大阶梯教室，能有效覆盖这种大量集中用户的场景，大幅改善室内用户的高速数据业务体验。

③ 对整个网络容量的提升及负荷分担

Small Cell 引入宏网之后，通过引入干扰管理算法和协同机制，在频域、时域、空域 3 个维度上有效协同，网络整体容量可以获得数倍甚至数十倍的显著提升。

8.4.3 微基站的部署

5G 时代，微基站在网络建设中会发挥更为重要的作用，在进行网络规划及建设时，针对微基站的设置，需要考虑选址、回传、供电等多种因素。

1. **总体部署要求**

微基站在 5G 网络中主要起到补盲和分流的作用，总体要求如下。

- 室外部署时，Small Cell 定位于为宏站提供快速有效的补充，可用于解决宏站站址协调困难、建站成本过高等问题。
- 室内部署时，Small Cell 定位于一种解决室内网络覆盖问题的有效技术手段。

Small Cell 的部署应尽量避免或减少对周围宏站或已建室内分布系统的影响。

- 数据回传建议优先采用有线传输方式，并优选专网回传；使用公网回传时，应在 Small Cell 设备与安全网关之间建立 IP 安全隧道，并配合使用其他安全设备保障网络安全。
- 供电方案建议优先采用交流（220 V）或直流（-48 V）方式；对于不具备交直流供电能力或实施交直流供电改造成本较高的场景，可根据 Small Cell 设备能力使用 PoE 供电，采用 PoE 供电时须注意供电距离限制。

2. **微基站的设置**

根据用途及部署环境不同，微基站可分为室外部署和室内部署两种情况，不同环境，部署要求不尽相同。

（1）室外微基站的设置

Small Cell 用于室外建设时，原则上，应采用宏、微小区间同频组网方式，为减少对宏小区的干扰，可使用干扰消除等技术手段，或通过控制设备挂高、使用定向天线方法等调整 Small Cell 覆盖范围。将 Small Cell 用于解决热点容量需求时，可酌情使用宏、微小区异频组网，从而获得较好的容量分流效果。

Small Cell 与宏站协同组网时，驻留策略应根据 Small Cell 应用目的设置：

- 解决覆盖问题时，可配置为用户在微小区和宏小区之间基于覆盖随机驻留；
- 解决容量问题时，建议配置为用户优先驻留在微小区。

Small Cell 在室外建设时，可灵活选择部署方式：

- 可挑选公共基础设施悬挂 Small Cell 设备，如路灯杆、监控杆、广告牌、公共建筑物外墙等；
- 对于楼宇交错复杂的场景，可在道路拐点布放 Small Cell 设备以保障覆盖效果；
- 对于存在长直道路、楼宇分列两侧的场景，可使用交叉布放的方式减少 Small Cell 设备投放数量。

（2）室内微基站的设置

应综合考虑成本造价、容量分配、后续扩容、物业协调和后期维护等因素，选用 Small Cell 或其他室内网络技术方案。

在具备以下特点的场景中，可以选用 Small Cell 设备：

- 对于建筑物内部隔断复杂、物业协调困难、施工难度大的场景，可以使用 Small Cell 设备新建、改造室内网络，或对弱覆盖区域补强；
- 对于后续需要通过小区分裂方式扩容的场景，可使用 Small Cell 设备新建、改造室内网络。

Small Cell 作为室内站解决网络问题时，应根据成本造价和施工要求综合选择室内 Small Cell 建设方案：

- 对于部署规模较大的场景，建议优先选用基带馈入型室内覆盖系统；
- 对于部署规模极小的场景，或解决单点投诉、局部室内深度覆盖问题时，建议优先选用低功率一体化微基站；
- 若目标建设场景不具备有线专网回传资源，可以选用低功率一体化微基站，并使用 xDSL 或 xPON 技术通过有线公网进行数据回传。

3. 微基站的回传

微基站部署位置的多样性导致单一的传输技术不能满足所有的部署场景，这样需要能提 供支持多样传输技术的灵活传输方案，主要包括有线传输和无线传输。微基站的 RAN 组网与宏站相同，都是通过传输网络连接到核心站点。

实际部署中，为了降低成本，原则上不会使用宏站传输的建设方式为微基站新建部署一个到核心节点的传输网络，应利用已有的传输汇聚节点和核心节点间的网络。

Small Cell 回传技术可以分为无线回传技术和有线回传技术两大类。有线回传技术方案有光纤接入方案、xDSL 接入方案和同轴电缆接入方案：在 3 种有线接入方案中，随着国家宽带工程的建设，光纤接入方案可以为 Small Cell

提供带宽和服务速率的可靠保障，必将在网络部署中得到广泛应用。IPRAN、PON 网络具有大带宽的优势，非常适合用作 Small Cell 回传连接核心网。

无线回传方案可以选择采用毫米波传输技术、微波传输技术、Sub 6 GHz 频段和卫星回传方式等无线回传方案，在有线回传受限的环境下，可以提供更灵活的解决方案。

对于应用在热点吸收场景的 Small Cell，对传输带宽有较高的要求，若静态配置分配给 其的传输带宽，对传输网络资源占用较多，如何高效利用传输带宽资源是亟待研究的课题。由于 PON 等公众宽带网络还同时承载了大量固定宽带用户，高峰时会出现拥塞、丢包等现象，而 5G 网络信令、OAM 及交互业务对丢包和时延都要求较高，必须能够在传输层面保障不同业务的 QoS (Quality of Service)。

（1）有线专网回传方案

该方案中，基带单元通过光纤直驱、网线、xDSL 技术或 xPON 技术直接接入回传网络。有线专网回传方案如图 8-5 所示。

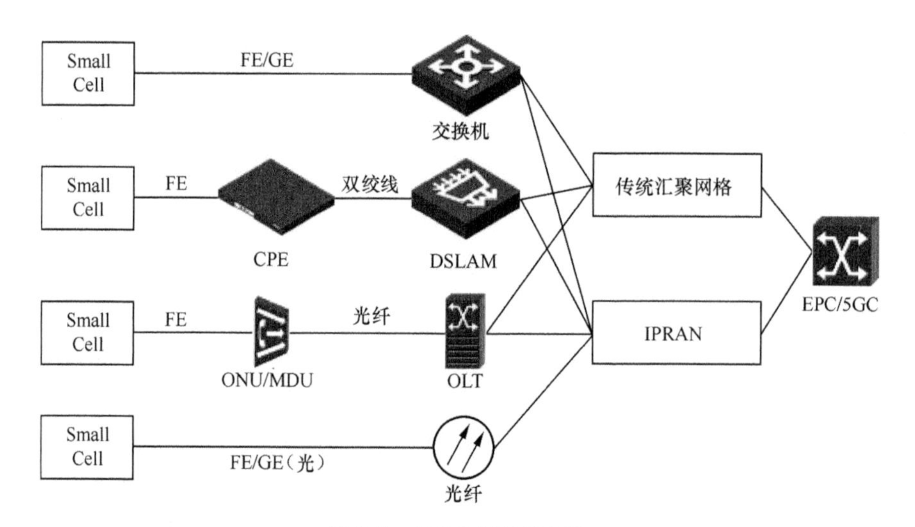

图 8-5 有线专网回传方案

接入 xPON 方式：Small Cell 设备可通过外置 GPON ONU 连接到宽带无源光接入网络中，部署时建议使用同厂家的设备进行对接。

接入 xDSL 方式：Small Cell 设备通过 xDSL CPE 连接到以电话线为传输介质的 xDSL 网络，充分利用广泛部署铜缆资源。对于室外双绞线资源较丰富，部分双绞线已经到杆的场景，采用 DSL 回传；小灵通场景具备大量双绞线，Small Cell 可利旧小灵通站址时推荐采用 DSL 回传；室内双绞线资源丰富时，室内 Small Cell 部署可利旧 DSL 线路；推荐使用同厂家的设备进行对接。

接入以太网/P2P 光纤方式：Small Cell 设备支持 FE/GE 接口，根据微基站与直联设备的传输距离，可以通过光纤直连或者以太网线与支持以太网的回传设备相连。

（2）有线公网回传方案

该方案中，基带单元通过 xDSL 技术或 xPON 技术借助已经敷设的公共网络将数据回传至核心网。有线公网回传方案如图 8-6 所示。

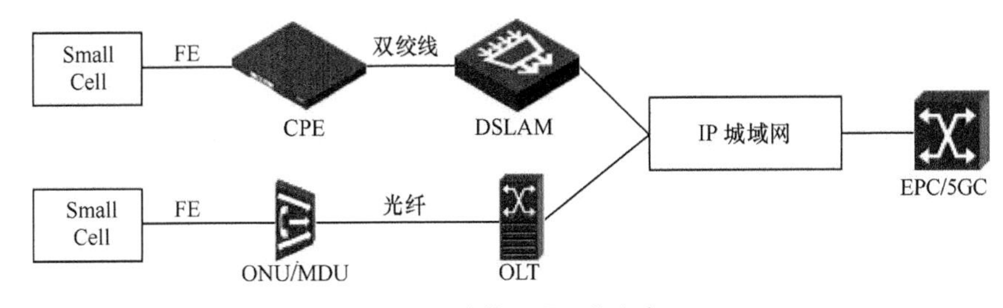

图 8-6 有线公网回传方案

（3）无线回传方案

该方案中，基带单元通过 IP 微波技术、Wi-Fi 技术、LTE 技术以及其他技术手段将数据以无线方式回传至某一传输节点后，继而通过现有有线传输网络回传至核心网。该方案需要在 Small Cell 设备侧和某个适当的传输节点位置配置无线回传终端设备，该传输节点可以为宏站。无线回传方案应作为解决 Small Cell 传输问题的临时解决方案，后续具备有线传输条件时可替换为有线回传以保障回传的稳定性。

对于采用 IP 微波作为回传解决手段时，可参考以下几种微波设备：全室外微波（FO MW)、E-Band、V-Band、SubLink。几种方案的主要区别可参见表 8-9。

表 8-9 几种方案的主要区别

	全室外微波	E-Band	V-Band	SubLink
频段	6~42 GHz	71~86 GHz	60 GHz	<6 GHz
传输地形	LOS	LOS	LOS	LOS, n-LOS & N-LOS (PTP & PMP)
传输距离（典型值）	<50 km	<3 km	< 1 km	<2 km
传输带宽（典型值）	—	> 1 Gbit/s	>300 Mbit/s	>300 Mbit/s

室外站建设从 Small Cell 微站到宏站的无线回传，如果传输带宽较大，距离在几千米内的场景，建议 E-Band，传输距离远可以使用 FOMW。如果微波设备支持 CPRI 接口，可以满足 BBU 和 RRU 的射频拉远条件。

如果传输较短，传输带宽较小，建议 V-Band、SubLink，可以满足小区域内的简易安装，和点到点或者点到多点的无线回传场景。

Small Cell 的无线回传方案的传输示意如图 8-7 所示。

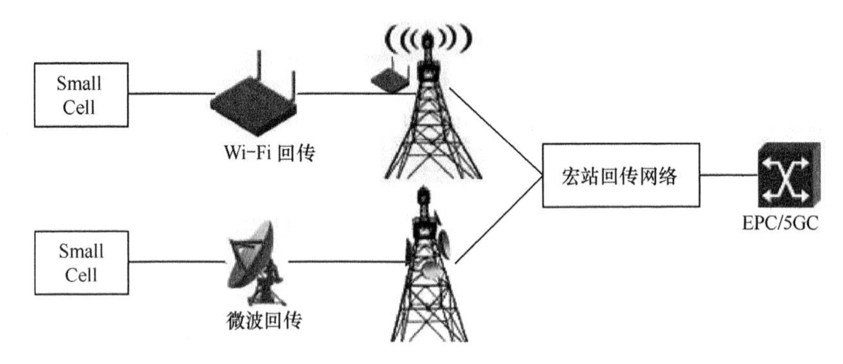

图 8-7 Small Cell 无线回传方案

（4）传输安全保障方案

Small Cell 部署时，若经过公网实现回传，应考虑 Small Cell 设备端口存在被非法入侵的情况，需要采用增加安全网关等技术手段对 Small Cell 接入进行安全防护。现有网络需要部署相应安全网关设备与 Small Cell 设备间建立 IP 安全隧道传输。传输安全保障方案如图 8-8 所示。

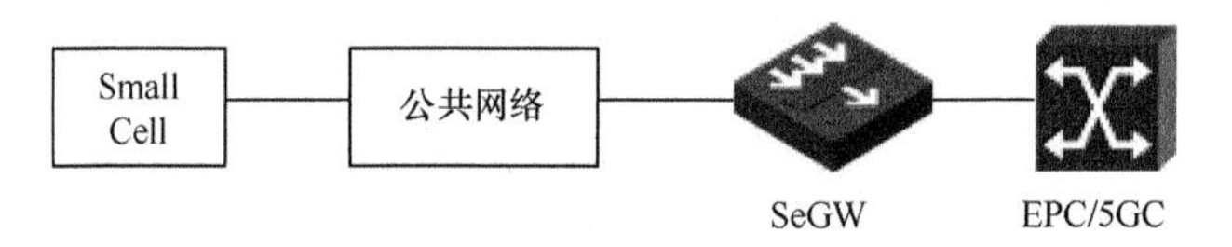

图 8-8 传输安全保障方案

4. 微基站的供电

为适应不同 Small Cell 基站的供电需求，以及不同的部署场景，需要多样化的供电解决方案以满足 Small Cell 基站部署的要求。

（1）本地交流（AC）供电方式

对于 AC 供电的 Small Cell 站点设备，在站点能够方便获取市电的情况下，有两种供电方式。第一，不需要备电的情况下，可直接采用市电接入供电，这是最为经济的供电方式。市电停电会导致业务中断，通信质量降低，此方式适用于在市电条件好且通信质量要求不高的通信站点。第二，需要备电的情况下，可采用交流不间断电源（UPS）供电，如图 8-9（a）所示。此外，当初次部署不需要备电，后期随着站点的业务发展，重要性提高，改造为有备电的情况，也可采用此方案。此外，当前大部分支持 AC 输入的 Small Cell 基站设备一般兼容 240 V 高压直流（HVDC）输入，也可以采用 HVDC 电源（带电池）提高通信基站供电可靠性，如图 8-9（b）所示。考虑电池成本和通用性，宜采用 48 V 电压等级的电池组作为备电，这种情况下电源设备的内部复杂度会有所提高。

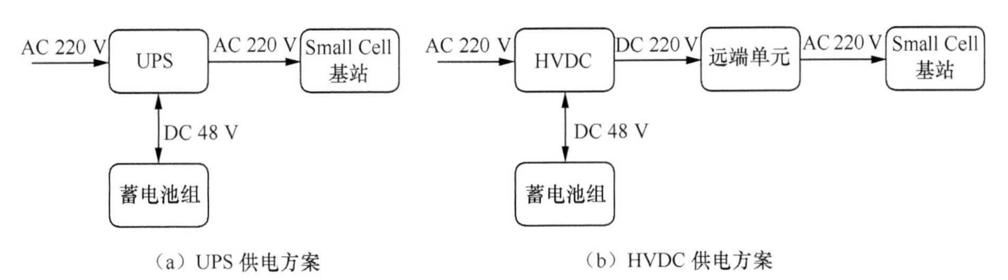

图 8-9　本地 AC 供电解决方案（有备电）

（2）本地直流（DC）48 V 供电方式

对于 DC 48 V 供电的 Small Cell 基站通信设备，在站点能够方便获取市电的情况下，可采用小型 DC 电源供电，根据站点市电的可用度、用户对业务可用度要求，及综合投资成本，选用配备或者不配备蓄电池组的方案，如图 8-10 所示。小型电源输出 DC 48 V，功率模块功率等级从 800 W 到 3000 W 有多种规格可供选择，可并联扩容。电池采用 48 V 电池组，保证 0.5～1 h 备电时长，可并联扩容以延长备电时间。考虑壁挂、抱杆时的可安装性，宜采用体积小、重量轻的锂电池组。本地 DC 48 V 供电解决方案为相对比较通用经济的供电方案。

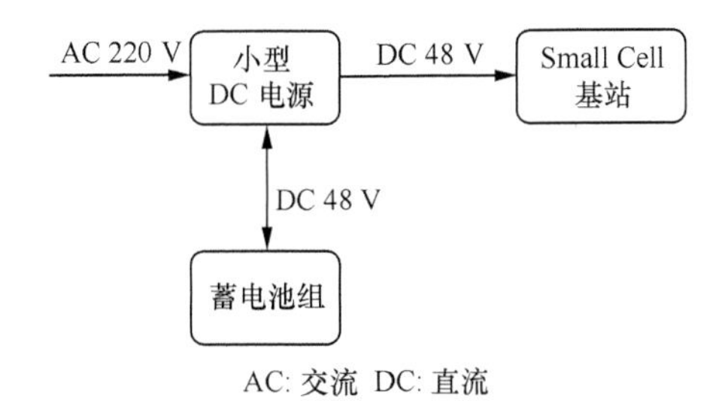

图 8-10　本地直流（DC）48V 供电解决方案（有备电或无备电）

（3）本地 AC 与 DC 48 V 混合供电方式

部分 Small Cell 站点，存在既需要 AC 供电，也需要 DC 48 V 供电的情况。

这种情况的产生一般是前期部署了部分通信设备，后期新增通信设备与之前的设备供电需求不同。例如，某站点前期部署了市电直接供电的 4G 设备（无备电，直接接入市电），后来站点扩容新增 DC 48 V 供电的 5G 设备，且两次部署的通信设备均需要备电。此种场景下采用的供电方案如图 8-11 所示。图 8-11（a）为采用小型 DC 电源加独立逆变器方案，图 8-11（b）则采用一个双路 DC 输出的电源系统，同时提供 DC 48 V 和 DC 240 V 输出。采用独立逆变器方案相对通用，但设备多、成本高。采用双路 DC 输出的电源系统方案不通用，但设备少、占用空间小。本地 AC 与 DC 48 V 混合供电方案的应用场景相对较少。

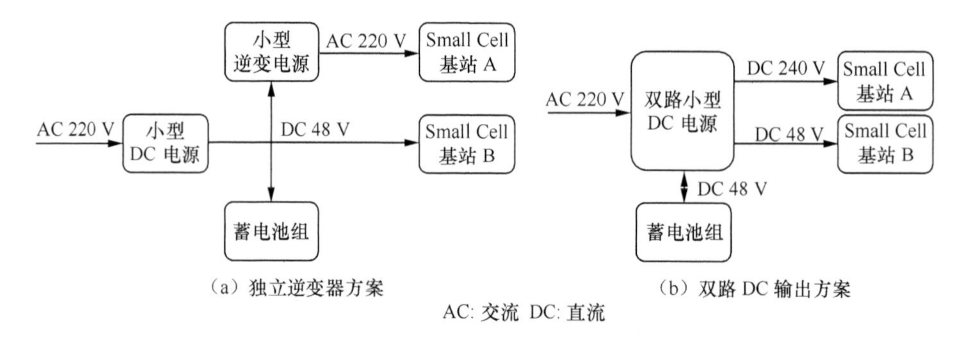

图 8-11 本地 AC 与 DC 48 V 混合供电解决方案

（4）直流远端供电方式

部分 Small Cell 站点，难以在站点直接获取市电，例如，隧道或无市电覆盖的山顶等。此种场景下，可考虑采用直流远端供电方案，如图 8-12 所示。在局站端，增加一个 DC/DC 电源，将原有的 48 V 电源升压至某一更高电压，例如，280 V DC，然后通过电缆将电源拉到远端站点。对于可采用 AC 220 V（兼容高压直流输入）的 Small Cell 通信设备，直接采用高压直流供电。对于 DC 48 V 供电的 Small Cell 通信设备，则需增加一个小型 DC 电源（此处小型 DC 电源与采用本地 DC 48 V 供电方案中的小型 DC 电源相同），转换为 48 V 后给设备供电。对直流远端电压没有严格规定，但业界比较通用的电压等级为 DC 280 V，也可选用其他电压，如采用 DC 270 V（标称 240 V）、DC 380 V（标称 336 V），与通信设备用的高压直流电源系统电压一致，此时远端 AC 供电的 Small Cell 通信设备需兼容这些电压输入。

直流远端供电方案，考虑拉远供电线缆成本及电能损耗的影响，对通信设备功耗、拉远距离均有要求，功耗不易过大，一般不超过 500 W，拉远距离不宜超过 5 km。

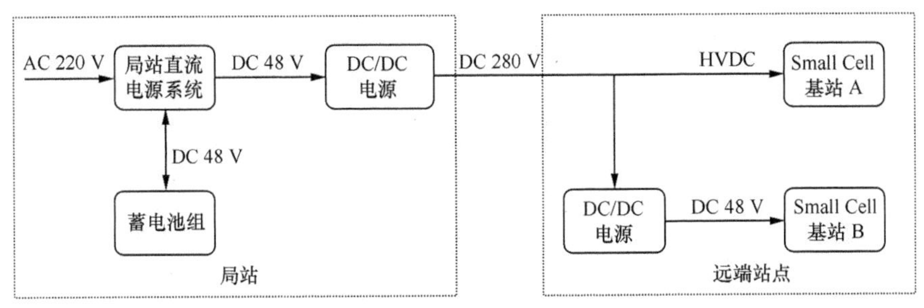

图 8-12　直流远端供电解决方案

（5）以太网（POE）供电方式

对于功率为 15 W 左右的末端 Femto Cell 站点，可采用 POE 供电。POE 供电是利用标准以太网传输电缆，同时传送数据和电功率的方案，如图 8-13 所示。在 Small Cell 站点上级的通信设备，通过以太网线将数据和 DC 48 V 电源混合传送到 Small Cell 站点。按照 IEEE802.3at 标准，采用 CAT-5e 及以上网线时，POE 最大供电功率可达 25.5 W，供电电压范围为 42.5 ~ 57 V。

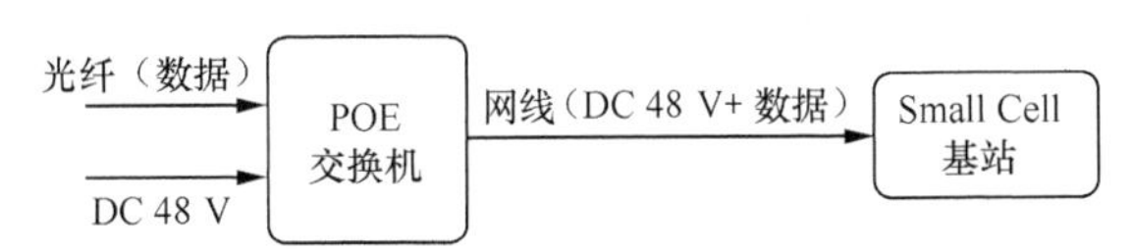

图 8-13　POE 供电解决方案

（6）供电方式比较

不同供电方式适用于不同的应用场景，在建设成本、运维成本、供电可靠性等方面均有差异，需根据实际场景选取合适的供电解决方案。上述几种供电方式的比较见表 8-10。相比而言，本地 DC 48 V 供电方式和 POE 供电方式是比较通用的、经济的解决方案，推荐优先使用。

表 8-10　Small Cell 基站供电方案比较

方案类型	成本建设	运维成本	供电可靠性	说明	推荐程度
本地交流（AC）供电	低	中	中	适用 AC 供电设备	★★★
本地 DC 48 V 供电	低	中	高	适用 DC 供电设备	★★★★★
本地 AC 与 DC 48 V 混合供电	中	高	中	AC 与 DC 48V 供电共存设备	★★
直流远端供电	高	低	高	本地取电困难	★
POE 供电	最低	低	高	室内，功率不超过 25 W	★★★★★

5. 微基站部署总结

Small Cell 和宏基站的组网需要考虑频率使用、室内/室外部署场景、网络架构等重要因素，6 种典型的组网方案如表 8-11 所示。

表 8-11 Small Cell 组网方案

方案名称	重点问题
异频组网	用户网络选择策略，移动性管理和 Small Cell 基站间干扰控制
同频组网	宏基站和 Small Cell 之间干扰控制，移动性管理
室外组网	室外覆盖盲区或者话务集中区域连续覆盖质量和业务分流效果，Small Cell 与宏基站之间干扰控制，移动性管理
室内组网	室外覆盖盲区或者话务集中区域连续覆盖质量和业务分流效果，Small Cell 与宏基站之间干扰控制，移动性管理
直连核心网	Small Cell 直接接入核心网，需要考虑核心网接口数量的限制
网关连接	Small Cell 通过网关连接到核心网，解决用户移动性管理以及评估组网性能

根据 Small Cell 外场测试和组网试验，Small Cell 适用于表 8-12 所示的 4 种典型场景。在大规模商用前，需要开展 Small Cell 关键技术性能验证和典型场景的组网性能验证测试工作。

表 8-12 典型组网场景

场景	典型环境
室外弱覆盖	如商业街道、居民区、宏基站边缘区域
室内弱覆盖	如校园、居民区、写字楼、商场等
热点话务区域	宏基站容量受限场景，如话务量激增区域
深度覆盖	宏基站覆盖受限场景，有覆盖及容量需求，如住宅小区、CBD 等区域

参考文献

[1] 中国通信建设集团设计院有限公司. LTE 组网与工程实践[M]. 北京：人民邮电出版社，2014.

[2] 戴源. TD-LTE 无线网络规划与设计[M]. 北京：人民邮电出版社，2012.

[3] Ge X, Ye J, Yang Y, et al. User Mobility Evaluation for 5G Small Cell

Networks Based on Individual Mobility Model[J]. IEEE Journal on Selected Areas in Communications, 2016, 34(3):528-541.

[4] Zhang H, Dong Y, Cheng J, et al. Fronthauling for 5G LTE-U Ultra Dense Cloud Small Cell Networks[J]. IEEE Wireless Communications, 2017, 23(6):48-53.

[5] Pitaval R A, Tirkkonen O, Wichman R, et al. Full-duplex self-backhauling for small-cell 5G networks[J]. IEEE Wireless Communications, 2015, 22(5):83-89.

[6] Mahmood N H, Berardinelli G, Tavares F M L, et al. On the Potential of Full Duplex Communication in 5G Small Cell Networks[C]. // Vehicular Technology Conference. 2015.

[7] Ge X, Yang J, Gharavi H, et al. Energy Efficiency Challenges of 5G Small Cell Networks[J]. IEEE Communications Magazine, 2017, 55(5): 184-191.

[8] Xiao Z, Liu H, Havyarimana V, et al. Analytical Study on Multi-Tier 5G Heterogeneous Small Cell Networks: Coverage Performance and Energy Efficiency[J]. Sensors, 2016, 16(11):1854.

[9] Jang J, Chung M K, Hwang H G, et al. Smart Small Cell with Hybrid Beamforming for 5G: Theoretical Feasibility and Prototype Results[J]. IEEE Wireless Communications, 2016, 23(6):124-131.

[10] Chen S, Xing C, Fei Z, et al. Dynamic clustering algorithm design for ultra dense small cell networks in 5G[C]. // International Conference on Communications & Networking in China. 2016.

[11] 朱元德. 5G 网络小基站应用场景及需求分析[J]. 数字通信世界，2018，166（10）：71.

[12] 肖智维. 5G 网络室内覆盖解决方案研究[J]. 数字通信世界，2018（2）.

[13] 樊恒波，查昊. 5G 网络室内覆盖方案分析[J]. 电信快报，2018，No.563(5)：25-29.

[14] 洪康. 5G 网络室内覆盖解决方案的分析[J]. 信息通信，2017(8)：259-260.

[15] 张建强，冯博，王春宇. 5G 网络室内覆盖解决方案[J]. 电信快报，2017(5)：9-11.

[16] 周宏成. 5G 无线接入网络架构设计[J]. 电子科学技术（北京），2017(5)：102-105.

[17] 宋方婷. 面向5G移动通信系统的Small Cell最优功率和位置的研究[D]. 西

南交通大学，2016.

[18] 黄海峰. 中国联通盛煜:面向 5G 数字化方案将成为室内覆盖重要手段[J]. 通信世界，2018, 776(18):46.

[19] 马颖. 分布式皮基站在 5G 室内覆盖中的应用与挑战[J]. 通信世界，2018, 778(20):44-45.

[20] 程琳琳. 信通院吴翔:建立面向 5G 的行业标准 促进室内覆盖数字化发展[J]. 通信世界，2018，777(19):45.

[21] 叶辉，刘海玲. 5G 时代室内分布系统发展趋势分析[J]. 通信世界，2018, 776(18):47-48.

[22] 胡先红,刘明明. 移动通信 Small Cell 基站供电解决方案与趋势分析[J]. 中兴通讯技术，2017，23（4）：51-55.

[23] 刁兆坤. 5G 时代小基站的建设需求及现实考虑要素分析[J]. 通信世界，2018, 772(14):35-37.

[24] 苏航. TD-LTE 网络规划设计研究[D]. 北京邮电大学，2012.

第9章 工程实施

本章介绍目前主流的5G无线设备，并对站址建设及基站的安装工艺要求进行了论述。

移动通信工程是一项复杂的系统工程，需要多工种、多专业、多学科协同工作，包括交换、无线、传输、动力空调、土木建筑，甚至地质、环境等专业共同协作。这种性质决定了移动通信工程具有以下特点。

① 工程点多、面广：无线网络规划必须满足覆盖和容量两个方面的要求。为了实现覆盖，必须在一些交通不发达的偏远地区建设基站。为了满足容量需求，人口密集地区往往集中了大量的基站。除基站外，还需要建设交换局站和传输线路，为了保证网络的及时开通，需要同时开工建设的工程数目众多，地理位置也比较分散。

② 传输路由长且分散：移动通信工程中，传输光缆项目的总里程一般较长，但通常都是由多段市区内的光缆距离较短路由组合而成，所以经常存在多个地段同时施工的情况。

③ 施工工种多：典型的新建基站工程通常包括机房土建和装修、铁塔、地网、市电引入、消防、走线架、天馈线、空调、整流器、蓄电池、基站和传输等多种设备的安装工程分项，需要多工种统筹配合。

④ 单位工程量小：虽然移动通信项目的总工程量巨大，但对于每个基站而言，工程量并不大。

⑤ 单位工程工期短：根据工程实践经验，典型的租赁基站（无铁塔）从入场装修开始到完成割接入网前的准备，最快只需十天左右的时间。

⑥ 制约因素多、工程变更多：在城市中建设移动通信基站时，多数租用

民用建筑，原建筑图纸不易查找，为楼面建塔或摆放设备的楼板荷载确认工作带来困难；此外由于不明真相的楼宇住户担心电磁辐射，对基站建设进行阻挠刁难的现象时有发生，也会影响基站工程实施；城市管理部门的规划变更也经常导致传输线路工程变更。这些因素都导致基站建设困难、变更多以及随机性大。

在5G网络工程实施中，由于5G核心网、承载网设备形态与4G网络变化不大，所以本章主要针对5G的无线网工程实施进行讨论。

9.1　工程实施流程

正是由于移动通信网络建设具有上述的特点，其工程实施需要遵循以下程序，才能实现基站建设工程保质保量地进行，如图9-1所示。

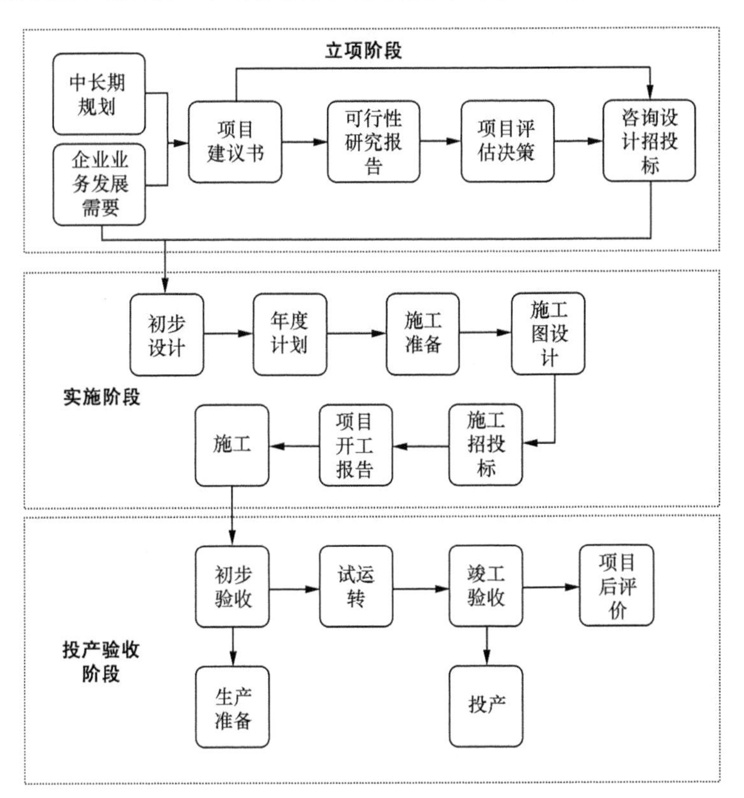

图9-1　工程实施流程示意

通常，移动基站的工程工序是环环相扣，不能颠倒或逆序进行，才能保证

移动通信网建设目标的顺利实现。移动基站工程建设的 3 个阶段包括立项阶段、实施阶段和投产验收阶段，每个阶段的工作都是下一阶段工程实施的基础。在典型的施工阶段，有些工程项目可以并行，有些工程项目只能串行实施。只有统筹安排所需的工程项目，合理分配人员和时间，才能实现移动基站工程建设安全、优质、快速地完成。

9.1.1 项目建议书

项目建议书是要求建设某一具体项目的建议文件，是基本建设程序中最初阶段的工作，是投资决策前对拟建项目的轮廓设想，论述项目建设的必要性、条件的可行性和获得的可能性。

项目建议书报经有审批权限的部门批准后，可以进行可行性研究工作，但并不表明项目非上不可，项目建议书不是项目的最终决策。

移动通信网络工程的项目建议书的主要内容包括：

- 项目名称；
- 建设项目提出的必要性和依据；
- 产品方案、市场预测、拟建规模和建设地点的初步设想；
- 资源情况、建设条件、协作关系和技术、通信基站设备的初步分析；
- 环境保护；
- 投资估算和资金筹措设想，包括偿还贷款能力的大体测算；
- 项目实施规划设想；
- 经济效果和社会效益的初步评价。

9.1.2 可行性研究报告

可行性研究报告是从事一种经济活动（投资）之前，双方要从经济、技术、生产、供销直到社会各种环境、法律等各种因素进行具体调查、研究、分析，确定有利和不利的因素、项目是否可行，估计成功率大小、经济效益和社会效果程度，为决策者和主管机关审批的上报文件。移动通信网络项目的可行性研究报告包括以下内容：

- 对通信项目有关的工程、技术、经济、市场等各方面条件和情况进行调查、研究、分析；
- 对通信项目的建设方案和技术方案进行比较论证；
- 对基站建成后的经济效益、风险状况进行预测和评价。

可行性研究是一种科学分析方法，由此考查项目技术上的先进性和适用性，经济上的营利性和合理性，建设的可能性和可行性。它从项目建设和生产经营的全过程考察分析项目的可行性，其目的是回答项目是否有必要建设，是否可能建设和如何进行建设的问题，其结论为投资者对项目的最终决策提供直接的依据。

在可行性研究的基础上编制可行性研究报告。可行性研究报告是确定建设项目、编制设计文件和项目最终决策的重要依据，要求必须有相当的深度和准确性。

《邮电通信建设项目可行性研究编制内容试行草案》规定通信建设工程可行性研究报告一般包括以下几项主要内容：

- 总论；
- 需求预测和建设规模；
- 建设与技术方案论证；
- 建设可行性条件；
- 配套及协调建设项目的建议；
- 项目实施进度安排的建议；
- 维护组织、劳动定员与人员培训；
- 主要工程量与投资估算；
- 经济评价，包括财务评价和国民经济评价；
- 需要说明的问题。

9.1.3　项目评估决策

项目可行性研究报告提出后，由具备一定资质的咨询评估单位对拟建项目本身及可行性研究报告进行技术上、经济上的评价论证。可行性研究报告主要是根据市场的需求，重点审查经济、财务评价、方案和造价的合理性等几个方面。

这种评价论证是站在客观的角度，对项目进行分析评价，为决策部门、单位或业主对项目的审批决策提供依据。

可行性研究报告经评价认证后按项目审批权限由各级审批部门进行审批。可行性研究报告批准后即政府或企业同意该项目进行投资建设，一般先列入预备项目计划。何时列入年度计划，要根据其前期工作进展情况、国家经济政策及企业财力、物力等因素进行综合平衡后决定。

9.1.4　初步设计

一般通信建设项目设计过程划分为初步设计和施工图设计两个阶段。对技术复杂而又缺乏经验的项目，增加技术设计阶段。对一些规模不大、技术成熟或可以套用标准设计的项目，经主管部门同意，不分阶段一次完成的设计，称为一阶段设计。

一阶段设计的依据与初步设计相同。它包含初步设计和施工图设计有关部分的内容以及工程预算，其深度应能满足设计方案和技术措施的确定，并能指导设备安装、线路敷设或建筑物施工。

初步设计是根据批准的可行性研究报告，以及有关的设计标准、规范，并通过现场勘查工作取得可靠的实际基础资料后进行编制。

初步设计的主要任务是确定项目的建设方案、进行设备的选型、编制工程项目总概算量。初步设计文件应当满足编制施工招标文件、主要设备材料订货和编制施工图设计文件的需要，是下一阶段施工图设计的基础。

初步设计（包括项目概算），根据审批权限，由企业相关计划部门委托或组织投资项目评审专家进行审查，通过后，按照项目实际情况，由企业计划部门或会同其他有关部门进行审批。

9.1.5 年度计划

年度计划文件包括基本建设拨款计划、设备和主要材料采购、储备计划、贷款计划、工期组织配合计划等。

年度计划中应包括整个工程项目的和年度的投资及进度计划，是保证工程项目总进度要求的重要文件。

建设项目必须具有经过批准的初步设计和总概算，经资金、物资、设计、施工能力等综合平衡后，才能列入年度建设计划。

经批准的年度建设计划是进行基本建设拨款或贷款的主要依据。

9.1.6 施工准备

施工准备是基本建设程序中的重要环节，是衔接基本建设和生产的桥梁。建设单位应根据建设项目或单项工程的技术特点，适时组织机构，做好以下工作：

- 制定建设工程管理制度，落实管理人员；
- 汇总技术资料；
- 落实施工和生产物资的供货来源；
- 落实施工环境的准备工作，如征地、拆迁、“三通一平”（水、电、路通和平整土地）等工程。

9.1.7 施工图设计

施工图设计主要内容是根据批准的初步设计和主要设备订货合同，绘制出正确、完整和尽可能详细的施工图纸，包括标明房屋、建筑物、设备的结构尺寸，安装设备的配置关系和布线，施工工艺和提供设备、材料明细表，并编制施工图预算。

9.1.8 项目开工报告

在签订施工及监理合同后，建设单位在落实了年度资金拨款、设备和主材供应及工程管理组织等各项准备工作就绪后，建设项目于开工前由建设单位会同施工单位提出开工报告。

9.1.9 施工

施工单位应按批准的施工图设计进行施工。施工监理代表建设单位对施工过程中的工程质量、进度、资金使用进行全过程管理控制。随工验收是指建设项目的单项工程由建设单位、设备厂家、监理公司、施工单位等在现场边施工、边测试、边进行验收（指隐蔽工程）。单项验收是指单项工程完工后组织相关部门进行的验收（通常都是按专业）。

9.1.10 初步验收

初步验收是由施工企业完成施工承包合同工程量后，依据合同条款向建设单位申请完工验收。初步验收由建设单位或监理公司组织，相关设计、施工、维护、工程档案及质量管理部门参加，初步验收应在原定计划建设工期内进行。

初步验收工作包括：检查过程质量、审查交工资料、分析投资效益、对发现的问题提出处理意见，并组织相关责任单位落实解决。

初步验收应以批复的初步设计或一阶段设计为单位。初步验收后应向该项目主管部门报送初步验收报告、初步决算，同时进行建设项目预转固。

9.1.11 试运转

试运转由建设单位负责组织，供货厂商、设计、施工和维护部门参加，对设备、系统的性能、功能和各项技术指标以及设计和施工质量等进行全面考核。经过试运转，如发现有质量问题，由相关责任单位免费返修，试运转期一般为 3 个月。

9.1.12 竣工验收

竣工验收是工程建设过程的最后一个环节，是全面考核建设成果、检验设计和工程质量是否符合要求，审查投资使用是否合理的重要步骤。

竣工验收对保证工程质量，促进建设项目及时投产，发挥投资效益，总结经验教训有重要作用。

竣工验收前，建设单位向负责验收的单位提出竣工验收报告，并编制项目过程总决算，分析预（概）算执行情况，并整理出相关技术资料（包括竣工图纸、测试资料、重大障碍和事故处理记录等），清理所有财产、物资和未花完或应收回的资金等。

竣工验收必须提供的资料文件：项目的审批文件、竣工验收申请报告、工程决算报告、工程质量检查报告、工程质量评估报告、工程质量监督报告、工程竣工财务决算批复、工程竣工审计报告、其他需要提供的资料。

按国家现行规定，竣工验收的依据是经过上级审批机关批准的可行性研究报告、初步设计、施工图纸和说明、设备技术说明书、招投标文件和工程承包合同、施工过程中的设计修改签证、现行的施工技术验收标准及规范以及主管部门有关审批、修改、调整文件等。

竣工验收要根据工程的规模大小和复杂程度组成验收委员会或验收组。验收委员会或验收组负责审查工程建设的各个环节，听取各有关单位的工作总结汇报，审阅工程档案并实地查验建筑工程和设备安装，并对工程设计、施工和设备质量等方面做出全面评价。不合格的工程不予验收；对遗留问题提出具体解决意见，限期落实完成。最后经验收委员会或验收组一致通过，形成验收鉴定意见书。验收鉴定意见书由验收会议的组织单位印发各有关单位执行。

竣工项目经过验收交接后，应迅速办理固定资产交付使用的转账手续，（竣工验收 3 个月内应办理固定资产交付使用的转账手续），技术档案移交维护单位统一保管。

9.1.13 项目后评价

项目后评价是工程项目竣工投产、生产运营一段时间后，再对项目的立项决策、设计施工、竣工投产、生产运营等全过程进行系统评价的一项技术经济活动。通过建设项目后评价以达到肯定成绩、总结经验、研究问题、吸取教训、提出建议、改进工作、不断提高项目决策水平和投资效果的目的。

9.2　5G 无线设备

当前 5G 基站的主要设备形态以覆盖室外的 AAU+BBU（CU/DU 合设）宏站设备、覆盖室内与热点区域的一体化小型设备和小型化拉远射频单元为主。

对于 BBU 设备，考虑产业成熟情况，为实现减少网元数量、降低时延、降低网络规划和工程实施难度，缩短建设周期的目的，5G 网络发展初期一般采用 CU/DU 合设方式，并随着标准和产业的成熟，适时引入 CU/DU 分离架构，支持业务切片，支持 URLLC 和 mMTC 业务场景。

对于 AAU 设备中的大规模天线可以应用不同的通道数目，根据网络覆盖场景，覆盖、容量、建设和运营成本等方面综合考虑，选择不同通道的 AAU 设备。对于密集城区以及高流量高价值业务场景，初期建议采用 64TR AAU 设备，同时满足容量和覆盖需求；对于其他区域及业务场景，后期根据多天线性能测试结果，以降低建设及运营成本为原则，分场景进行设备选型。

对于 5G NR 的室内覆盖，由于传统 DAS 系统无法满足 3.5 GHz 及以上射频信号传输需求，在高流量和战略地标场景可采用 5G 有源分布系统和微 AAU 等方式进行覆盖，兼顾考虑覆盖和容量需求。

现阶段典型设备（BBU、AAU）介绍如表 9-1 和表 9-2 所示。

表 9-1　厂家 BBU 设备

尺寸	86 mm×442 mm×310 mm
质量	≤18 kg（满配置）
输入电压	–38.4 V DC～–57 V DC
输入电流空开	双路输入，每路空开 30 A
外观	

表 9-2　厂家 AAU 产品

尺寸	795 mm×395 mm×220 mm
质量	40 kg（不含安装件）
典型功耗	3.5 G：950 W； 注：环境温度 25℃、负载 50%的功耗值；不同模块间存在 10%差异
最大功耗	1220 W
电源	–48V DC 电源，正常工作电压范围为–36V DC～–57V DC
迎风面积	正面：550 N（150 km/h）、侧面：222 N（150 km/h）、后面：515 N（150 km/h）
工作温度	–40℃～+55℃（无太阳辐射）
机械臂下倾角	–20°～+20°
通道数	64T64R
载波带宽	40 MHz，60 MHz，80 MHz，100 MHz
频率范围	3400～3600 MHz
外观	

从以上设备说明可知，当前的 5G BBU 设备与 4G BBU 设备相比，尺寸、外形变化不大，但是功耗、发热功率明显提升，为工程实施带来新的挑战；AAU 设备相比 4G 天线，质量明显提升，长度降低，宽度增加，迎风面积减少，对塔桅、抱杆的整体影响不大，但对天支抱杆的壁厚有了新的要求。

| 9.3　5G 站址建设分析 |

9.3.1　站址选择

为了节约投资，缩短建设周期，5G 基站站址规划时原则上应充分利用现有站址资源。基站布局上，尽可能在目标覆盖区域内均匀分布，以满足蜂窝网络结构的要求；对于无法利用现有站址资源的新建基站，在满足覆盖要求的情况下，站址应选在交通方便，市电可用、环境安全的地方。

BBU 站点的站址选择应综合考虑业务及覆盖要求，如无线站点拓扑结构、光缆资源、电源条件、站址长期运营的安全性等因素，结合无线覆盖站址规划及现有光缆资源分布、现有站址分布，统筹兼顾室内外 BBU 的建设模式，以满足当前及未来无线网络站址及业务发展的需求。基带单元池站址选择时应满足以下需求。

- 无线需求：必须基于信号覆盖进行站址规划、同时满足容量要求，将连续成片的区域设置为一个基带单元池，同地理区域范围内的宏基站、小基站、室分站应尽量包含在一个基带单元池内。
- 光缆需求：BBU 池对基带单元和射频单元之间的光缆需求量巨大，因此需要将 BBU 池设置在光缆资源和管道/杆路资源丰富、光缆局向多的站点，或改造或扩容路由比较容易的站点。
- 电源需求：基带单元集中放置的机房必须有稳定可靠的电源供给系统。要求至少引入一路稳定可靠的 2 类及以上市电，直流供电系统应配置容量足够大的整流能力。
- 传输需求：BBU 池承载数据流量大，后续业务需求较多。承载网建设须预留一定的扩容能力。
- 长期安全运营需求：BBU 池覆盖范围广，承载业务大，站点的重要性高。为了保证网络的稳定性及运营安全，要求所选择的机房尽量为自有物业或可长期租赁的机房，且机房所在建筑的防火、防震、防水、防洪等能力强，不宜选在结构不安全、易拆迁的建筑内，以及地质不稳定、地势过低、易坍塌等危险区域。

基站共享式建设方式，可以实现基带容量动态共享和基带资源的动态分配，能够用于具有“呼吸效应”的区域：具体应用场景如下。

（1）商业区与相邻居民区

商业区与相邻居民区是业务量迁徙的典型场景，业务“呼吸效应”比较明显。在白天时间段，商业区的业务比较繁忙，晚上业务有所回落；而周边居民区业务情况在时间分布上则刚好相反。同时，这两种地域的业务量短时间内保持稳定，在周末、节假日期间，由于商业区流动人口大增，整片区域可能会出现突发业务，高于平时的总业务量。在这一场景下，可以采用共享式建设方式，在保证无线容量需求的前提下，提高无线利用率，以减少建设投资需求。

（2）校园区域

单从容量角度来说，短时间内校园用户的业务总量变化不大，学生只是在校园内进行流动，业务量也随之流动，而整体业务量并没有增加或减少。在校园区域内是很明显的“呼吸效应”，白天教学楼、图书馆、体育场等区域业务量相对较高，夜间学生宿舍、家属楼等区域业务量达到峰值。在此种场景下，采用共享式建设方式，在保证较高利用率的同时，又可以应对突发的高业务需求。

（3）突发话务区域

体育场馆及周边区域是很典型的突发业务场景，在该区域内，随着赛事的开始、进行、结束，体育场馆内以及外广场、运动员村、酒店等区域汇聚大量的人流，无线业务量有明显的“呼吸效应”，因此在该场景下，可以采用共享方式建设基站。

基站采用共享方式建设，在局房、传输、电源与监控等方面的需求较高，有其技术局限性。

- 局房：要求机房局址交通方便，空间充足、配套资源丰富且有预留。
- 传输：要求具备双路由局向、传输资源丰富且可达程度较高。
- 电源与监控：要求监控、检测设施齐全，设备供电可靠性较好。

9.3.2 基站建设方式

当网络建设从广度覆盖向深度覆盖不断推进后，基站建设站点资源需求将急剧增加，使得可用站点资源数量不断减少，站点资源的不足会严重影响网络质量，这是未来网络建设中必然面临的问题。

目前 5G 网络的基站设备主要以分布式基站［BBU（CU/DU）和 AAU］为主，与传统机柜式建站方式相比，分布式基站设备小、功耗低、投资少、建设周期短，大大降低了建设难度，加快了网络建设速度。这种设备形态可以使基站的建设方式分为分布式建设和集中建设。

（1）分布式建设

分布式建设方式为 CU/DU 合设，可以减少网元数量、降低网络规划和工程实施难度，减少时延，缩短建设周期，5G 网络建设初期建议采用 CU/DU 合设方式，并随着标准和产业的成熟，适时引入 CU/DU 分离架构，以便支持业务切片，支持 URLLC 和 mMTC 业务场景。

（2）集中建设

随着设备虚拟化程度的提高和相关标准的完善，CU/DU 实现物理分离，将 CU 集中云化，部署在虚拟化平台，实现 CU、DU 和 AAU 分离的 CRAN 部署，符合 5G 控制面集中和组网灵活性的需求。

9.3.3 天馈系统

与4G宏站的RRU+天线的安装方式不同,5G宏站天馈系统通常采用AAU的形态，即RRU与天线集成在一起，内含192或128天线阵子，组成二维平面阵列的有源天线。由于5G AAU中RRU与天线不可拆分，且大多数系统不兼容1.8G/2.1G等其他现有频段，所以只能与现网2G/3G/4G无源天线相互独立部署。故而，三扇区的5G宏站需要增加三副AAU，争夺2G/3G/4G原本就已拥挤的天面空间，尤其是移动、电信、联通三家运营商的共用站址，很容易出现由于天面空间不足而导致站点不可用的情况，这极大地增加了5G网络选址和建设难度。

5G网络的建设要最大限度地利用现有的天面资源，首先从塔体结构考虑，有空余天支的铁塔可直接加挂5G AAU，没有空余天支的铁塔可通过改造加固、新建塔桅等方式加挂5G AAU，加固及改造的方案前必须对存量铁塔进行专业安全评估。其次考虑原有天线合路方案，为5G AAU的设置腾退安装位置。对于新增AAU可兼容现有频段的情况，可使用双模设备替换元天线。无法通过新建或改造满足天面需求的，可以考虑换址新建。天馈系统建设方案如图9-2所示。

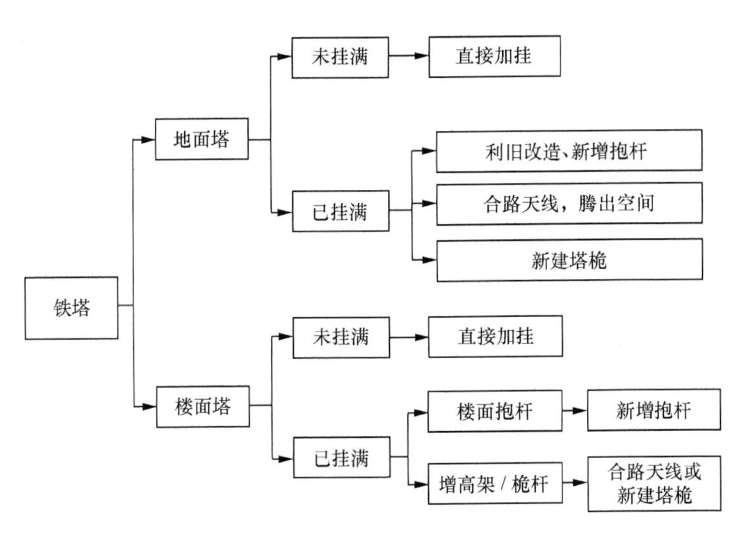

图9-2 天馈系统建设方案

1. *新增独立天馈*

在进行5G天馈部署时，原则上不增加天线点位，因此，如果天面和机房空间、配套都满足或可新增抱杆，可以直接新增 5G 设备。根据 5G 的链路预算和测试结果，5G 网络建设的 AAU 挂高原则上不低于 20 m。从 5G 试验网目前工程建设的情况来看，5G 基站 AAU 风荷载相比 4G 天线略小，安装方式仍以杆塔抱杆为主，其他如挂墙、美化罩等安装方式为辅，具体建设要求如下。

（1）普通楼顶抱杆安装空间要求

采用楼顶的安装方式，AAU 底部应预留 600 mm 布线空间，为方便维护建议底部距地面至少 1200 mm，AAU 顶部应预留 300 mm 布线和维护空间，AAU 左侧应预留 300 mm 布线和维护空间，AAU 右侧应预留 300 mm 布线和维护空间。

（2）楼顶美化方柱的安装空间要求

AAU 在楼顶美化方柱罩体内安装时，要求罩体具备通风散热能力，其空间要求如下。

- 标高 40 m 左右及以下的建筑物屋面美化方柱场景，AAU 设备下倾角需求 0° ~ 12°，方位角 ± 30° 时，方柱尺寸（截面长×宽，最小取整）：900 mm× 650 mm，且要方便将来 AAU 维护的拆装。
- 标高 60 m 以上的建（构）筑物屋面美化方柱场景，AAU 设备下倾角需求 0° ~ ± 20°，方位角 ± 30° 时，方柱尺寸（截面长×宽，取整）：750 mm× 1050 mm，且要方便将来 AAU 维护的拆装。

（3）地面景观塔场景美化罩安装空间要求

AAU 设备于地面景观塔美化罩内安装时，安装的罩体要求通透率不小于 60%，美化罩上下通风，其空间要求以 30 ~ 40 m 灯杆景观单管塔为例，在 AAU 设备下倾角需求 0° ~ ± 7° 时，将 AAU 安装在美化罩最下段，应满足 AAU 散热空间要求、倾角设置要求和未来维护的拆装要求。

2. 现网天馈融合改造

5G 网络建设中天馈系统的安装条件是制约基站建设的一个关键因素，在共享现有基站天面时，应复核新增设备对原结构的影响。新增 5G 天馈系统应满足相关设计要求，因地制宜选择合理的天馈支撑结构方案，需利旧的塔架应根据工艺需求进行结构承载复核，不能盲目使用。由于 5G 网络的 AAU 单元与现有天线存在较大的差异，质量和综合风阻都有变化，应充分考虑天线的风荷和天线支撑结构的固定问题，新增的 AAU 单元安装方式应经过专门设计，天馈支撑结构锚固位置的选择，需综合考虑锚固基材、锚栓品种、节点受力特点，力求支撑结构的长期安全可靠。在砌体结构上进行天馈支撑结构安装时，应首先鉴别砌体的可靠性，必要时应对砌体进行加固。美化天线应确保基础结构和自身结构的安全可靠，并应采用多重锚固措施，避免在极限荷载下美化天线倾倒、坠落等危险情况的发生。

根据现有天线所处的位置，天馈系统可分为地面站和楼面站两大场景，充分利用现网的天面资源是快速建网的关键，针对这两大场景，确定设备与天线的配置，确保 5G 天馈系统的设计方案得以快速实施。

（1）地面站

地面站点为新标准塔且有空抱杆的情况下，可直接安装 5G 网络的 AAU 单元。有空抱杆且老塔的塔桅抱杆经复核满足要求也可安装新增 AAU 单元；有空抱杆但因老化严重，质量较差或承重负荷不够，则参见不可增加抱杆和平台的情况。在无空抱杆的情况下，根据现有天馈及塔桅抱杆做出对应的解决方案。

（2）楼面站

楼面站点塔桅在有空抱杆的条件下，经复核满足要求可直接安装 5G 网络的 AAU 单元；在无空抱杆的情况下，根据现有天馈及塔桅抱杆给出相应的解决方案。

当天面需求紧张，可以选择整合原有系统的天面，然后叠加 5G 系统。在进行天面整合时，优先替换无业务天线，需要腾退时应在投资收益可行的条件下使用多频多端口天线替换现网天线，将站点打造成设备极简、维护方便的智能化自动化站址。整合后天线的方向角及倾角等参数设置通常按照原有 4G 系统部署要求，优先保证 4G 系统网络质量。

5G 天馈融合改造方案主要基于现网天馈资源及融合改造原则而定，故在勘察设计审核的过程中需采集的现网天馈信息主要有：天线类型、承载网络制式、天线组数、天线工参、天面配套资源等。在保持网络竞争优势和现网网络质量的前提下，现网天馈融合改造应尽量减少现网天面组数，一般建议现网天线共存方式不超过两组，否则应对现网天线进行整合，以确保不增加租金成本。天馈融合改造原则如下。

- 在不影响网络质量的前提下，现网天馈融合改造过程中应兼顾工程改造量和实施难度，以降低建设成本，减少现网系统割接量，可利旧现网天线的情景，则尽量不采用新增替换方式。
- 现网天面仅有 2G 或 4G 单制式且两组天线情况。对于现网仅有 2G 单制式且两组天线系统时，依据政策，优先拆除可退网天线冗余空间给 5G，新增 4+4 天线替换另一组天线；对于现网仅有 4G（FDD）单制式两组天线系统时，应根据 5G 天面位置最优原则考虑拆除、替换或利旧方案。
- 现网天面 2G 与 4G 天馈线共存情况。原则上不再保证 2G 系统的独立优化空间，尽量将现网天线系统合成一组，对于 2G 业务量承载较高区域，可酌情考虑保留两组现网天线。

• 现网天面 4G FDD 与 4G TDD 系统共存(包括同时存在 2G 系统)情况:若现网 4G TDD 与 4G FDD 系统协同优化和实施难度较小时,尽量采用多端口天线将各制式天线融合成一组天线。

现网各场景天线融合改造方案见表 9-3。

表 9-3　现网各场景天线融合改造方案表

现网天线承载制式	现网天线组数	现网天线融合改造方案	现网天线融合后组数
2G 单制式	2	优先拆除可退网天线,新增多端口天线替换另一组天线	1 组
4G 单制式	2	拆除较优位置天线,新增多端口天线替换另一组天线	1 组
仅 2G 与 4G(TDD 或 FDD)	≥2	优先拆除 2G,综合考虑安装位置、工程改造量及难易程度进行融合改造	原则上 1 组,特殊情况下 2 组
4G FDD 与 4G TDD 共存(包括同时存在 2G 系统)	≥2	若 FDD、TDD 独立优化和实施难度较小,则采用多端口天线融合为一组天线	1 组

9.3.4　配套设施

基站配套设施的安装分为共享存量站址与新建站址两种不同的情况。针对共享存量站址,首先要全面梳理站址资源,评估站址资源的可用性。5G 基站配套改造要求如表 9-4 所示。

表 9-4　5G 基站配套改造要求

评估基础信息(含改造后)		单套 5G 设备标准要求
塔桅/天面	最低平台距地面高度	一般不低于 20 m
	冗余抱杆数	≥3 个
机房	室内机房冗余机架空间	15U
	室外机柜冗余机架空间	
动力配套	外电冗余容量	15 kVA
	开关电源冗余容量	300 A
	整流模块冗余数	6 个
	冗余空开数	5 个

1. **外市电**

新建站址场景结合 5G 设备功耗情况，外电容量计算公式为：

$$C_{市电}=\frac{P_{通信设备+}P_{电池充电}}{\eta}+P_{空调}+P_{照明}+P_{其他} \tag{9-1}$$

确定 5G 站点的外市电引入需求，原则上新引入一路优于三类（平均月市电故障≤4.5 次，平均每次故障持续时间≤8 h）市电电源，优选从公共电网引入一路 380 V 的交流电源；如无法引入，则在满足供电质量的前提下，建议按以下 3 种方案处理：

- 从基站所在或附近的建筑物就近引入一路 380 V 的交流电源；
- 取电费用高、市电引入难度大的场景，可选用直流远供设备进行供电；
- 根据目前外电容量，采用替换大容量的空开形式对外电进行扩容。

存量站场景，应因地制宜、灵活选择，采用精细化配置方案，适当考虑预留。外市电容量改造应参考以下要求。

- 直供电优先：优先引入直供电，提高供电可靠性、降低成本。
- 充分利旧：充分利用原有线缆、杆路资源，减少重复施工，降低改造投资。
- 一步到位：市电容量应考虑 5G 共享及拓展业务需求，避免二次改造，外市电容量应优先按 40 kVA 考虑，有困难的站点宜不低于 30 kVA。

对于市电容量不足，需综合考虑附近市电资源分布、改造成本、工期等因素，进行增容改造。

- 更换原市电供电线路的瓶颈材料和设备，如变压器、进线开关、电缆等，利旧杆路资源。
- 重新引入 1 路市电，替换原有外市电，利旧原有站内的交、直流电源设备。
- 重新引入 1 路市电，新建 1 套交直流电源设备，为 5G 设备供电，与原有设备并行。

2. **开关电源**

结合 5G 设备功耗情况，确定 5G 基站的开关电源容量需求。

（1）新建站址以优化基站电源配置，降低建设成本为目标，新建基站开关电源的整流模块容量采用 n（$n\geqslant 2$）配置方式。其中，n 个主用整流模块总容量应由负荷电流和蓄电池均充电流（10 小时充电电流）之和确定。

（2）共享存量站址优先考虑现有电源扩容，根据现有和新增设备负荷需求，考虑蓄电池充电电流，判断现有开关电源是否满足需求，若不满足需求则有以下方案：

- 依据 n+1 的原则，对整流模块进行扩容，扩容模块必须与原有型号完全一致；
- 若满架容量较小，无法扩容，则考虑替换或新增开关电源；
- 若现有电源整流模块停产无法扩容，也考虑替换或者新增开关电源。

考虑基站设备直流负荷、蓄电池充电电流、N+1 冗余整流模块。

整流模块按本期负荷配置，整流模块数按 N+1 冗余方式配置，计算方法见式（9-2）：

$$N_{\text{模块}} = \frac{P_{\text{新增}} + P_{\text{蓄}}}{48\ \text{V} \times M_{\text{模块}}} \tag{9-2}$$

其中：

$N_{\text{模块}}$：整流模块数量；

$P_{\text{新增}}$：本期新增设备功耗；

$P_{\text{蓄}}$：蓄电池组均充功耗；

$M_{\text{模块}}$：开关电源模块规格一般选 50 A。

3. **蓄电池**

蓄电池组的容量应按近期负荷配置，依据蓄电池的寿命，并考虑网络的长期发展。直流供电系统蓄电池应设置两组。交流不间断电源设备（UPS）的蓄电池组每台宜设一组。当容量不足时可并联，蓄电池组最多的并联组数不宜超过 4 组。

蓄电池组并联应符合以下规定：

- 不同厂家、不同容量、不同型号的蓄电池组不应并联使用；
- 不同时期的蓄电池组不宜并联使用。

根据目前 5G 试验网设备功耗情况和运营商提出的后备时长等因素确定蓄电池改造方案。电池容量计算原则：

$$Q=K\times a\times(P_1\times T_1+P_2\times T_2)/51.2 \tag{9-3}$$

其中：

Q：电池容量（Ah）；

K：安全系数，取 1.25；

P_1：一次下电侧通信设备工作实际功率（W）；

P_2：二次下电侧通信设备工作实际功率（W）；

T_1：一次下电侧设备备电总时长（h），T_1不应小于等于 1 h；

T_2：二次下电侧设备备电总时长（h）；

a：温度调整系数，寒冷、寒温 I、寒温 II 地区取 1.25，其余地区取 1.0。

由于新型铁锂电池在电池放电效率，安装空间和建设成本上较铅酸电池都有一定优势，因此蓄电池组配置也可选用 48V500Ah 铁锂电池。

4. **空调**

空调选型应根据 5G 设备负荷、机房结构、区域（温度带）等因素确定空调冷量，根据基站冷量需求选择最适合的空调规格，负荷计算原则：

$$Q_{12}=K\times(Q_1\times1.06+Q_2) \quad (9\text{-}4)$$

其中：

1.06：指开关电源工作热效率补偿系数；

Q_{12}：基站空调总热负荷；

K：分区域制冷系数；

Q_1：通信设备热负荷（基站开关电源总直流负载功率）；

Q_2：建筑结构热负荷，Q_2=单位面积热负荷×房间面积（单位面积热负荷基准：150 W/m^2）。

空调容量（$Q_{总}$）的选取，采用公式计算制冷量：

$$Q_{总}=Q_{设}+Q_{传} \quad (9\text{-}5)$$

其中：

$Q_{设}$为机房内所有设备发热量，$Q_{传}$为室外传到室内热量。

对于均匀墙体封闭式机房：

$$Q_{传}=S\times(T_{外}-T_{内})\times\lambda/D \quad (9\text{-}6)$$

其中：

S：传热面积；

$T_{外}$：室外温度（℃）；

$T_{内}$：室内要保持的温度（℃）；

λ：墙壁传热系数（W/(m·℃)）；

D：墙壁厚度（m）。

机房墙体为砖混墙、混凝土墙或泡沫塑料填充墙，相应的 λ 取值为：

$\lambda_{砖混}=0.87$、$\lambda_{混凝土}=0.79$、$\lambda_{泡沫塑料填充}\approx0.045$。

$$Q_{设}=无线设备功耗+传输设备功耗+电源额定功率\times0.1 \quad (9\text{-}7)$$

$$空调\ P数\approx Q_{总}/2\,500\ \text{W}（按能耗比\ 2.5\ 估算） \quad (9\text{-}8)$$

5. **电力电缆**

负载电流计算如式（9-9）所示：

$$I=P/U \quad (9\text{-}9)$$

I：负载电流（A）；

P：负载功率（W）；

U：负载电压（V）。

直流电源线压降计算公式：

$$\Delta U=（I\times L\times 2）/（r\times S） \tag{9-10}$$

其中：

ΔU：该段电缆上的压降（V）；

I：该段电缆所承载的设计电流（A）；

L：该段电缆布放的路由长度（m）；

S：该段电缆的截面积（mm^2）；

r：导体电导率（$m/(\Omega\cdot mm^2)$），$r_{铜}=57$，$r_{铝}=34$；

- 铜电阻率（20℃时）为 0.0175 $\Omega\cdot mm^2/m=1/57\ \Omega\cdot mm^2/m$；
- 铝电阻率（20℃时）为 0.0294 $\Omega\cdot mm^2/m=1/34\ \Omega\cdot mm^2/m$。

对于全程电压降中的各段电缆的压降，设计人员可根据机房实际作适当调整，但要求至通信设备的总压降≤3.2 V（48 V 电源）。即整个直流供电回路中各段电缆及配电屏上的压降之和 $U_1+U_2+U_3=\Sigma U\leqslant 3.2$ V，如图 9-3 所示。

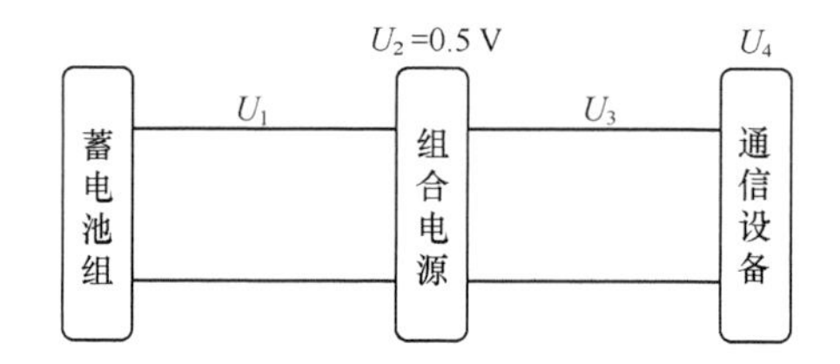

图 9-3　直流供电回路压降

25℃时，电缆载流量如表 9-5 所示。

表 9-5　电缆载流量

标称截面（mm^2）	最大载流量（A）					标称截面（mm^2）	最大载流量（A）				
	1 芯	2 芯	3 芯	4 芯	5 芯		1 芯	2 芯	3 芯	4 芯	5 芯
1.5	30	25	21	18	13	70	304	248	234	210	191
2.5	40	33	28	26	18	95	336	275	264	238	217
4	50	43	36	33	24	120	417	361	323	294	268
6	62	59	51	46	43	150	467	427	370	349	314
10	83	71	63	57	52	185	545	487	412	385	347

续表

标称截面（mm²）	最大载流量（A）					标称截面（mm²）	最大载流量（A）				
	1芯	2芯	3芯	4芯	5芯		1芯	2芯	3芯	4芯	5芯
16	113	98	88	82	75	240	628	522	489	457	411
25	151	133	121	113	103	300	744	/	/	/	/
35	188	162	145	134	122	400	909	/	/	/	/
50	244	207	188	170	155	500	1065	/	/	/	/

电缆敷设于支撑架上，由于多根电缆的相互散热的影响，载流量应乘以校正系数，电缆在空气中并列排放敷设时的载流量校正系数如表 9-6 所示。

表 9-6　载流量校正系数

电缆并列根数	1	2	3	4	6
载流量校正系数	1.00	0.85	0.80	0.70	0.70

为了保证供电的安全可靠性，出于对电缆载流量校正系数的考虑，在电缆的设计中一般可取 0.7 的校正系数。

参考 9.2 节 5G 无线设备，5G AAU 功耗与 4G 相比变化较大，因此在机房设备电缆截面积选取时主要考虑 AAU 设备需求。目前，5G AAU 典型设备功率约 1200 W，开关电源的二级脱离电压一般设置在 43.2 V（蓄电池单体电压 1.8 V），此时蓄电池放电的全程压降为 43.2−40=3.2（V）；取定开关电源压降为 0.5 V，蓄电池放电时，蓄电池线缆、设备线缆的全程压降应小于 3.2−0.5=2.7（V）。

开关电源至主设备端的最大负载电流为 30 A，因此计算对比不同 AAU 线缆截面积，可得相应最大支持线缆长度，如表 9-7 所示。

表 9-7　不同 AAU 线缆截面积所支持最大线缆长度

蓄电池放电压降（V）	取定开关电源压降（V）	蓄电池线缆压降（V）	AAU 线缆压降（V）	AAU 直流负荷（W）	最低工作电压（V）	最大直流负载（A）	AAU 线缆截面积（mm²）	线缆电阻率（Ω·mm²/m）	最大支持线缆长度（m）
3.2	0.5	0.6	2.1	1200	40	30	10	0.0175	20
3.2	0.5	0.6	2.1	1200	40	30	16	0.0175	32
3.2	0.5	0.6	2.1	1200	40	30	25	0.0175	50
3.2	0.5	0.6	2.1	1200	40	30	35	0.0175	70
3.2	0.5	0.6	2.1	1200	40	30	50	0.0175	100

9.3.5 C-RAN 场景的资源配置

5G C-RAN 部署对于 CU 集中机房的资源提出了相应的需求，从网络安全、光纤拉远距离、功耗等应用综合考虑，建议小集中单节点接入不超过 5 个基站，大集中单节点接入不超过 20 个基站。CU 集中部署（C-RAN）场景选择包括：

（1）现网 4G 采用 C-RAN 建网的区域

为达到 4G、5G 机房及配套协同，减少配套投资及运维成本的目的，5G 基站应采取与 4G 基站相同的建设方式，进行协同规划。在 4G 以分布式部署的区域，5G 网络建设应尽量利旧 4G 基站接入机房，改造电源及传输，仍然以分布式方式部署；在 4G BBU 集中的区域，考虑到 BBU 集中具有的降本增效优势，应将同区域内的 4G、5G 基站采用统筹集中的方式。

（2）新址新建的 5G 建设区域

考虑到网络的长期演进和投资收益比等因素，可结合实际情况采用集中方式建设 5G 网络。

（3）其他区域

在 4G 和 5G 高重叠覆盖的区域和有边缘计算（MEC）需求的区域，也可以采用 C-RAN 组网建设。

1. **机房选择**

机房是承载 C-RAN 组网最基础的资源，布局合理的机房资源是 C-RAN 组网落地的关键。

机房应选在环境安全、交通方便、市电引入方便、进出维护方便、传输条件较好的场所。原则上，不建议建设地下室机房。

新建集中化部署机房应确保有 GNSS 天线安装位置并确保 GNSS 天线南面无阻挡，具体要求如下。

- 产权及设置要求：新增 BBU 应优先使用自有机房进行安装；无法利用自有机房的情况下，按大型化集中部署配套资源需求改造自有机房或新建机房。
- 设备空间要求：考虑现有机房情况，建议增加不少于 2 个标准有源机架（功耗不少于 10 kW）用于放置 5G 无线设备，基站传输设备空间和无源 ODF 机架考虑原有 4G 资源酌情增加。
- 其他要求：集中化部署机房应结构良好，以矩形为主，避免选择形状不规则的机房，自建机房净高应不低于 3 m；购置或租用的机房净高原则上应不低于 2.8 m。

机房应按照功能不同设置电力电池区和设备区。自建机房的承重应满足

《通信建筑工程设计规范》（YD 5003-2014）中电力电池和设备的承重要求。购置、租用机房，当机房不在底层时，应根据机房蓄电池组、设备的平面布置图和重量，核算机房承重，不满足时应通过机房加固处理及蓄电池组和设备合理布局等确保符合承重要求。

2. 机房及相关配套配置

参照本章 9.3.4 节相关配套设施配置计算方法，典型 C-RAN 场景机房相关配套配置如下。

（1）蓄电池配置

C-RAN BBU 机房蓄电池备电应按照《通信电源设备安装工程设计规范》（GB 51194-2016）中相关要求配置。

（2）开关电源配置

典型场景开关电源配置如表 9-8 所示。

表 9-8 C-RAN 机房开关电源典型配置示例

厂家	设备功耗合计（W）	蓄电池配置	整流模块配置（50 A）
A	4000	500 Ah×2 组	5

（3）空调需求

C-RAN 机房一般与综合业务区汇聚机房合设，因此可以不考虑 $Q_{传}$，仅计算 C-RAN 相关设备的空调需求增量，再与原汇聚机房空调配置综合勘查、核实、计算后决定是否需要增设空调。C-RAN 机房空调典型配置示例如表 9-9 所示。

表 9-9 C-RAN 机房空调需求典型配置示例

厂家	设备功耗合计（W）	蓄电池配置	整流模块配置（50 A）	空调制冷量（W）	空调配置（P）
A	4000	500 Ah×2 组	5	4125	1.65

（4）交流市电引入容量

C-RAN 机房一般与综合业务区汇聚机房合设，因此需先核算 C-RAN 相关设备的交流市电引入增量，再与原汇聚机房交流市电引入余量综合计算后决定是否需要增容。典型配置的交流市电引入增量示例如表 9-10 所示。

表 9-10 典型配置的交流市电引入增量示例

厂家	设备功耗合计（W）	电蓄电池配置	整流模块配置（50 A）	空调配置（P）	市电引入容量增量（kW）
A	4000	500 Ah×2 组	5	1.65	11.05

3. 传输资源配置

参照 7.2.2 节前传技术方案以及 9.3.3 节 5G 站址天馈系统，D-RAN 场景下，5G 前传方案以光纤直连为主；当光纤资源不足、布放困难且 DU 集中部署（C-RAN）时，为降低总体成本、便于快速部署，可采用 WDM、PON、微波等承载方案。

D-RAN 场景下可能存在微站、拉远站的情况，即一个机房可能存在多个 5G 基站。因此，传输资源的配置要同时考虑 2G/3G/4G 网络及多个 5G 网络，一个站点则需要 24 芯甚至更多的纤芯资源，如图 9-4 所示（以一个物理站点设置 2G/3G/4G 系统 BBU 及 1 个 5G 系统 BBU 为例）。

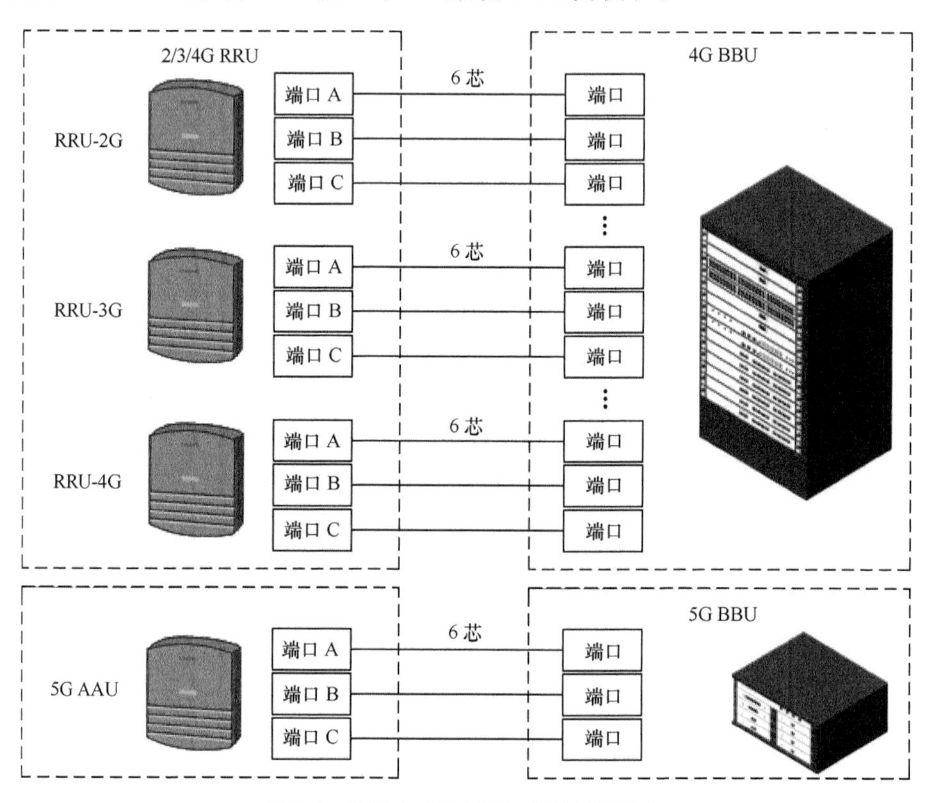

图 9-4　单站点（D-RAN）光纤资源需求

5G 时代，考虑到基站密度的增加和潜在的多频点组网方案，光纤直驱需要消耗大量的光纤，某些光纤资源紧张的地区难以满足光纤需求，需要设备承载方案作为补充，具体传输方案见 7.2.2 节。

针对 D-RAN、C-RAN 前传的 3 个组网场景，可选择的承载技术方案建议如表 9-11 所示。

表 9-11 前传场景与相应的承载方案

组网场景	D-RAN	C-RAN 小集中	C-RAN 大集中
物理站点数量	1	5	20
物理 BBU 数量	4	20	32
前传光纤要求（芯数）	24	24×5=120	24×20=480
适用方案	光纤直连	有源/无源 CWDM/DWDM	有源/无源 DWDM

9.3.6 5G 基站配套改造标准方案

由于 5G 基站设备功耗的增加，对机房空间、外电容量、电源配置及空调散热等提出更高的要求。参考前期部分城市 5G 试验网建设情况，现阶段 5G 基站配套改造参考标准见表 9-12。

表 9-12 5G 基站配套改造参考标准（以厂家 A 设备为例）

序号	站址部署情况	机房类型	机房配套要求						
			设备安装空间	交流负荷要求（kW）	外电容量（kVA）	直流负荷要求（A）	开关电源容量（Ah）	蓄电池要求（Ah）	空调制冷量（kW）
1	SA 组网	室内机房	10U	11.42	14	215	350	600	3.75
2	NSA 组网	室内机房	15U	14.6	18	283	350	800	3.75
3	SA 组网	迷你机房	10U	11.42	14	215	350	600	3.75
4	NSA 组网	迷你机房	15U	14.6	18	283	350	800	3.75

备注：

（1）各地可根据本地区 5G 设备厂家的参数及运营商提出的后备时长要求，选择适合当地的配置标准；

（2）此表为单一电信企业 5G 典型需求，多家电信企业共用，可按需增加。

9.4 基站设备的安装工艺

随着移动通信的发展，基站无线设备从“大尺寸机柜式”逐步变为“拉远组网”模式，无线设备体积越来越小；通道配置从单输入单输出（Simple Input Simple Output，SISO）变为 MIMO；塔桅和机房配套设施由“大塔桅+机房”变为“小塔桅+室外一体化机柜”；基带处理部分部署由“下沉到基站”变为

“集中部署”及资源池化。5G 基站建设模式将延续以上发展趋势，并在微基站、MIMO 技术、设备资源池化等方面有进一步提高。因此，5G 基站设备的安装工艺较 4G 设备发生一些变化，本节将主要讲解 5G 室内设备、AAU 设备、微站设备以及 GNSS 系统、接地系统的安装工艺要求。

9.4.1 室内设备

5G 室内设备的安装主要包括机架安装、CU/DU 安装和线缆布放。在设备安装时要充分考虑机房空间的合理利用，避免发生因后期安装设备需要而调整现有基站设备位置的情况。设备无论是安装在靠墙位置还是在机房中间位置，都要预留出足够的维护空间。在基站设备靠墙安装时，需要重点考虑机房墙壁的防水性能，避免雨水渗漏对设备性能的影响。在基站线缆施工时，需要重点注意的是信号线缆和电源线缆不交叉。

（1）机柜的安装

机架安装工艺要求包括：

- 机柜安装位置正确，符合施工图纸的要求；
- 机柜加固件正确安装，螺栓紧固装全；
- 机柜加固件安装后紧固螺栓应拧紧；
- 支架与地面、支架与机柜间固定的螺栓应全部正确安装，查看螺栓安装齐全，螺栓紧固，弹垫、平垫安装顺序正确；
- 绝缘板、绝缘垫应安装正确；
- 设备各部件不能存在变形、影响设备外观，机柜按要求贴放标签；
- 空余槽位假拉手条及盖板应全部安装；
- 子架中各部件不能有油漆脱落、碰伤、污迹等影响设备外观现象，否则应进行补漆、清洁处理；
- 对整机观察，机柜排列应紧密整齐，垂直偏差度应小于 3 mm；相邻机柜应紧密靠拢，整列机柜前、后应平齐；
- 整行机柜表面应在同一平面上，机柜排列应紧密整齐，无凹凸现象；
- 主走道侧的机柜门板全部装上后，应对齐成直线，误差应小于 5 mm；
- 机柜接地线缆安装正确；
- 机柜内没有其他杂物；
- 机柜顶部出电缆孔正对准机房走线槽的下方；
- 防静电腕带没有丢失，且不能挪作它用；
- 单板拔插应顺畅；

- 门、门锁等开关顺畅；
- 钥匙不能插在门锁上。

同一列机架的设备正面面板应成一直线，机架门应开、关自如，相邻机架间缝隙不应大于 3 mm。设备机架应垂直，垂直偏差应小于 ±1°，因机房空间受限或机架设备有侧面走线或散热等特殊要求的除外，但应保证机架排列尽量整齐并便于维护。施工过程中要保护好机架的漆面，如有损伤按原样进行修补。机架中空闲的板卡插槽安装有假面板。

（2）线缆的布放

① 电源线和地线的布放工艺要求

- 设备的电源线、地线线径符合设备配电要求；线缆走线路由与工程设计文件相符；
- 电源线、地线与信号电缆分开布放；
- 电源线、地线一定要采用整段铜芯材料，中间不能有接头；
- 电源线、地线在走线架上走线应平直，绑扎整齐；在走线槽中电源线布放应顺直，无明显扭绞和交叉；电源线、地线走线转弯处应圆滑；
- 电源线铜鼻子压接：选用与电源线线径相符的铜鼻子，用专用工具压接牢固，压接数不少于两道（根据铜鼻子尾部长度，可以压多道的应压多道，但不能少于 2 道）；
- 铜鼻子套绝缘套管：选择和线缆颜色及线径相匹配的绝缘套管；并用热风枪将套管热缩固定（应从铜鼻子侧向线缆侧热缩）；套管在铜鼻子侧以不覆盖鼻子接线端面为宜，在线缆侧以超出线缆切口处 20~30 mm 为宜，各线缆套管长度应一致；
- 带有告警功能的熔断器，告警线应安装在铜鼻子外侧；
- 线缆接点应保持一定的直线段（至少 50 mm 左右），铜鼻子不应受力；
- 连接螺栓穿向应由内向外（根据操作面）、由下向上、由左向右，以保证安全和操作方便；平垫、弹垫齐全（弹簧垫片应加装于螺帽一侧）；
- 电源线、地线标签填写正确，粘贴位置整齐、朝向一致，建议出电源柜的电源线标签粘贴在距端头约 100 mm 处，出传输设备的电源线标签粘贴在距端头约 30 m 处；标签根据运营商有关标签标识办法要求统一制作，配电开关标识明确。

② 机架信号缆线布放工艺要求

- 信号缆线走线路由与工程设计文件相符，电缆布放时应顺直、不交叉，便于维护扩容；
- 信号缆线不应有破损、断裂、中间接头；信号缆线不能布放于传输设备的散热网孔上；

• 信号缆线绑扎间距均匀，松紧适度，线扣整齐，扎好后应将多余部分齐根剪掉，不留尖刺；

• 光跳线应布放在光纤保护槽（或管）内，应顺直，无明显扭绞和交叉；光跳线在光纤保护槽内不得出现迂回、调头现象；若无光纤槽道可用，须加硬管保护，硬管两端需入机架；硬套管切口应光滑，并要用绝缘胶布等做防割处理；

• 光跳纤在机架外至塑料槽道间布放时，须加保护软管；保护软管两端要进入机架及槽道；

• 光跳纤绑扎不应过紧，光跳纤在线扣环中可抽动为宜；布放后不应有其他电缆或物品压在光跳纤槽道或硬管上面；

• 在综合架内布放尾纤时，尾纤走综合架侧壁，用缠绕软管保护，并用活扣扎带绑扎均匀，不宜过紧，经过绑扎后的尾纤应该顺直，不应该有明显的扭绞。

③ 标签、标识的粘贴要求

• 标签、标识要求机打、内容清晰明了、材质持久耐用；

• 全部机架的同类标签、标识在粘贴时要求朝向和粘贴高度尽可能一致，整齐美观；

• 用户有要求时，可以使用用户规定的标签；

• 电源柜、电源分配柜内使用挂签时，严禁使用金属挂签。

（3）BBU（CU/DU）的安装规范

BBU 集中化部署是将 BBU 基带资源集中部署在同一物理机房，组成基带池，以提高 BBU 的利用率。在 BBU 集中化部署网络架构下，5G 网络能轻易迅速地实现网络覆盖的扩展及网络容量的增加。

BBU 安装时通常有以下安装方式：挂墙安装、机架安装和龙门架安装。其中机架安装包括室内落地机架安装和室外一体化机柜安装，其安装工艺相同。

① 挂墙安装

BBU 挂墙安装既可以节约机房空间，又减少了对设备局部空间散热和线缆交叉的影响。BBU 设备安装位置应与工程设计图纸相符，安装墙体应为水泥墙或非空心砖墙，并具有足够的硬度方可进行安装。严禁安装在馈线窗或者壁挂空调正下方，以免馈线窗渗水或者空调发生故障滴水损坏 BBU 设备。设备安装可以采用水平安装方式或竖直安装方式，设备安装位置应便于线缆布放及维护操作且不影响机房整体美观。

挂墙安装设备配件的要点是使用水平仪，水平仪的使用有两次，第一次由设备底边中心点划出底边距地面高度平行线，这就是设备底边安装确定位置；

第二次在设备紧固膨胀螺丝时，放置在设备上平面作为螺丝紧固的调整标准。一般情况下，要求 BBU 前方需预留不小于 600 mm 的维护空间，两侧预留出不小于 200 mm 空间便于散热，建议 BBU 底部距地 1.2 m，或与室内其他设备底部距地保持一致，上端距地不超过 1.8 m。

膨胀螺栓安装完成后，在 4 个膨胀螺栓垫上 4 块绝缘垫片，将挂墙机架挂在绝缘垫片上，依次垫上绝缘垫套、平垫、弹垫，用扳手旋紧螺母，完成挂墙机架安装（绝缘垫套要穿过挂墙机架的背板和绝缘垫片，直到前端接触墙面）。板卡安装完成后，锁紧板卡两边的螺丝；BBU 的空槽位，应安装假面板。

② 机柜安装

采用机架安装方式时，机柜内空间能够满足所需安装 BBU 的高度和深度要求，方可采用机架安装方式。机架中安装时，必须考虑 BBU 和其他设备的相对位置和散热问题，上下左右都要预留出一定的空间用于设备散热，具体数值参见厂家的产品说明。此外需要注意 BBU 的线缆和已有设备的线缆排列要整齐，机柜内的线缆应沿着机柜内部线槽进行布放并绑扎结实，线缆避免交叉，电源线和信号线应分别从机柜两侧分开布放，避免相互干扰。

接地时先用相应线径的黄绿线将 BBU 接入机架，再使用保护地线从机柜连接至室内地排。设备的保护地不能只接到机柜机架，以免因接地问题导致设备的故障。

③ BBU 龙门架安装

如果机房内空间足够，为了避免和其他设备共用机架，可以单独为 BBU 设备做简易架进行安装。

- BBU 在简易架安装时要求所有线缆必须排放整齐，电源线和信号线做到不交叉。
- 龙门架两侧的立柱设计有内凹走线槽，所有线缆均应放入内凹走线槽中。
- 从 BBU 正面看，要求所有电源线、地线走左侧立柱（包括 RRU 的电源线地线），包括户外光缆、射频跳线、GNSS 馈线、尾纤等在内的所有信号线走右侧立柱；电源线和信号线在水平走线架上尽量不交叉。

④ BBU 设备安装其他要求

在各种场景下安装 BBU 设备，需要注意设备在安装过程中不能有损坏，所有板卡和防静电手环必须完整并且安装正确，施工时要注意尾纤和光缆的安装和保护。

- BBU 设备安装水平误差应小于 3 mm，垂直偏差应小于 3 mm。设备安装应保持表面干净整洁，外部漆饰应完好。

- 单板与假面板上的手柄完全插入，相关板卡拨码开关设置正确，机框及板卡所有螺钉全部拧紧。对单板进行操作时务必戴上防静电手环，防静电手环配的金属夹子不能夹在防静电手环的接地引线上。
- 在 GNSS 避雷器上安装避雷器跳线时，如果 GNSS 避雷器跳线两端均为 SMA 弯头，为减少馈线弯曲，N 型弯式公头指向 1 点方向，同时要避免线缆遮挡单板槽位。
- 在 BBU 侧布放户外光缆前，尾纤从面板出来后自然下垂至走线导风插箱的走线槽，与光纤弧度基本一致，适当预留一定余量，避免遮挡其他板卡的插拔。
- 走线需要规范整齐美观，不能飞线，光纤不能扎得太紧，光纤末端要用缠绕管进行保护光纤。
- 信号线与电源线需要分开走线。
- 所有线缆均需要在两端粘贴标签，标签上需标明本端和对端位置。

9.4.2 AAU 设备

AAU 采用多通道的产品架构，射频和天线合一。5G 采用 Massive MIMO，由原来的 2×2MIMO 演进到 64×64MIMO，甚至到 128×128MIMO。大规模天线的应用要求工程上必须考虑 AAU 的迎风面积、抱杆的直径及厚度、挂墙安装时墙面的承重。5G AAU（64T64R）的挡风面积约为 0.4 m^2，相比传统设备（天线+RRU）平均降低了 21%；质量为 40～50 kg，相比传统设备增加 27%。

5G 试验网基站的 AAU 对铁塔承载能力的要求相比传统基站有所降低。根据测算，5G AAU 面积的变化，使铁塔风荷载降低 15%～20%，对铁塔承载力的要求有所降低。通信铁塔属于高耸结构，对风荷载较为敏感。风荷载对铁塔产生的影响超过 90%，需关注天线、设备的面积而不是质量。

总的来说，5G AAU 在面积和质量上的变化，对原抱杆的强度和变形能力的要求降低约 30%（满足 0.65 风压、规格为直径 70 mm，壁厚 4 mm 的抱杆测算）。

由于 5G 基站 AAU 采用了 64T/64R 天线阵列，相比传统 8T/8R 的 4G 天线，单通道的平均功耗虽然下降，但通道数量大幅度提升，AAU 功耗明显上升。从 5G 第三阶段试验各厂家的基站设备功耗来看，单系统按 1 个 BBU（CU/DU 合设）和 3 个 AAU 计算，5G 单系统功耗为 4G 系统的 3～5 倍。各厂家设备仍在不断优化，功耗仍有下降空间，如表 9-13 所示。

表 9-13 各厂家设备功耗（满载）

厂家	CU/DU 合设功耗（W）	AAU		单系统功耗（W）
		规格	功耗（W）	
厂家 1	1400	64T64R	1150	4850
厂家 2	600	64T64R	1360	4780
厂家 3	1660	64T64R	1500	6160
厂家 4	1850	64T64R	1700	6950
厂家 5	1700	64T64R	1200	5300

9.4.3 微站设备

5G 在密集城区将采用“宏微结合、微站为主”的建网方式。微基站是一种从产品形态、发射功率、覆盖范围等方面，都相比传统宏站小得多的基站设备。从施工工艺角度来说，5G 时代宏基站设备、微站、RRU/AAU 等与 4G 时代区别不大；不同之处在于超密集基站的大量部署，需要大量的杆塔、楼宇建筑物等社会资源，站址的获取需要秉持利旧为主、新建为辅、实现方案标准化、产品化、简美化，同时充分利用政策优势，批量获取社会资源，实现部署成本控制。本节以基站楼顶桅杆工艺要求为例，介绍相关施工工艺要求。

（1）桅杆工艺要求

- 支架、抱杆的安装应考虑天线在抗风能力方面和承重方面的要求，应根据要求特别加固。
- 桅杆应满足桅杆自重、天线、室外单元和操作人员合计的负荷要求。桅杆的加固可用拉线、三角支撑、贴墙抱箍等方式。
- 需要在建筑物上加建天线支撑杆时，应先提出建设方案，经确认建筑物结构能满足强度、变形和稳定性要求后，方可进行。
- 加建于建筑物上的天线支撑杆应与屋面结构有可靠的连接，支撑脚及拉线锚固点应固定于可靠的结构构件，而不宜直接搁置在屋面防水层、保温层及砖砌女儿墙上。
- 抱杆垂直度各向偏差不得超过 1°，抱杆直径要求在天线厂家要求范围内。
- 抱杆顶端应高出天线至少 100 mm。
- 抱杆与悬臂应用焊接或螺栓固定连接，抱杆与塔架的固定点至少有两处。对于楼顶站，抱杆支撑体应用螺栓、膨胀钉等坚固可靠的金属紧固件固定在墙体或屋顶楼板。在使用的紧固组件中，不应包含木料、塑料、编织绳等非耐用材料附件。

- 抱杆要求牢固，无晃动，与之连接的紧固件应完好。天线固定支架、U 型抱箍、固定螺栓无松动，无锈蚀；对于楼顶桅杆，与之在墙体的结合点不应出现裂纹和破损。
- 楼顶桅杆顶端应安装避雷针，避雷针长度应大于 400 mm，桅杆长度超过 4 m 应设有爬梯。

设备安装位置应无强电、强磁和强腐蚀等可能对设备造成影响的隐患，室外安装的设备应具备与环境相应的物理防护等级。设备挂墙或挂杆安装件的安装应符合设备供应商的安装及固定技术要求；设备安装正面面板朝向应便于操作和维护。设备的安装位置应保留足够空间，以满足调测、维护和散热的需要，具体空间大小以设备供应商要求为准，一般要求微站设备底部距离地面或楼面 500 mm 以上，以防设备被雪埋或水淹。

（2）杆塔安装要求

杆塔安装是指利用现有的或新建的路灯杆、监控杆、传输杆、广告杆、水泥杆、运营商目前自有的杆塔等具备承载能力的杆塔进行设备安装。利旧资源均要从杆塔、外电、配套三方面入手，提高微站建设的可靠性、安全性。

进行杆塔安装时，应确定利旧杆塔及主要构件无裂缝无变形或已进行加固，新装杆塔和构件材料质量合格，承重符合要求，取电方便、配套设备简洁高效，抱箍/抱杆安装牢靠，螺栓紧固合格。

具体安装步骤如下：

- 在杆塔上标记安装件的位置；
- 组装上部和下部夹具支架以及相关安装件，并用力矩扳手检查安装支架是否紧固到位，保证螺栓、弹簧垫圈、平垫圈无遗漏；
- 将组装好的夹具支架与抱杆紧贴，使用喉箍完成紧固；
- 将安装支架的设备紧固件和安装支架固定到整机上；
- 将安装支架的角度调节件安装至设备紧固件上，根据需求调整下倾角度，并紧固角度调整螺钉；
- 吊装整机上抱杆，通过牵引绳牵引设备紧靠安装位置，将整机固定在抱杆上；
- 需调节左右旋转角度或下倾角时，松开相应螺栓并进行调节，角度调节完成后重新拧紧螺栓；
- 检查并连接相关线缆，包括电源线、接地线、光缆、尾纤等；
- 设备安装完成。

具体步骤根据现场实际情况可以灵活调整。安装完成后，需注意杆塔安装牢靠，抱箍抱杆安装牢靠，螺栓紧固合格；利旧杆塔上开孔大小符合供方和运营商的要求；杆塔有进行接地保护（可采用新建地网或利用杆体埋地部分作为接地系统），电缆规格符合要求，电箱安装牢靠，不漏水，箱体安装牢靠，孔洞封堵完好；线缆优先在杆体内部走线，走线规范整齐，杆体外部走线有穿杆保护；设备有做接地保护（可采用新建地网、接 PE 线或利用杆体埋地部分作为接地系统），连接牢靠。

（3）挂墙安装要求

挂墙安装时，安装墙体应为水泥墙或非空心墙，并具有足够的强度。安装步骤如下：

- 在墙面上标记安装件的位置；
- 按顺序安装膨胀螺栓，使用冲击钻头在标记的位置上打孔，并用吸尘器吸除灰尘；
- 将膨胀栓垂直放入孔中，用橡皮锤敲击膨胀螺栓，直至全部进入孔内，并用扳手拧紧使膨胀管充分膨胀，取下膨胀螺栓的螺母、弹垫、平垫；
- 组装墙面和设备两端的相关安装件后，将固定架固定在墙上；
- 将设备安装在墙面的固定架上；
- 将安装支架的角度调节件安装至设备紧固件上，根据需求调整下倾角度，并紧固角度调整螺钉；
- 需调节左右旋转角度或下倾角时，松开相应螺栓并进行调节，调节完成后重新拧紧螺栓；
- 检查并连接相关线缆：包括电源线、接地线、光缆、尾纤等；
- 设备安装完成。

安装完成后，墙体牢固无裂缝，或已进行加固处理，螺栓紧固合格；设备有接地保护（可采用新建地网或利用杆体埋地部分作为接地系统），电缆规格符合要求，电箱安装牢靠，不漏水，箱体安装牢靠，孔洞封堵完好；走线规范整齐，设备有做接地保护（可采用新建地网、接 PE 线或利用杆体埋地部分作为接地系统），连接牢靠。

（4）供电系统安装要求

微站供电应根据现场的具体情况，以及设备的型号要求，就近采取相应的供电方式。对于利旧的路灯杆安装场景，考虑就近从路灯杆接电；租用民房的基站，从租用民房的总交流配电箱处引电；对于现场取电不便的场景，可以采用直流远供，通过母端基站将直流升压给远端基站，远端基站通过调压给设备供电；此外还可以采用交流远供的方式。

5G 超密集的微站给集中供电带来了应用场景，主要采用直流远供技术，即以现网宏基站/机房为中心起点，按需新增直流远供电源局端设备，局端设备再借助光电混合电缆，连接到微站 RRU/AAU，解决微站的供电和传输回传问题，同时提供必要的后备电池。

与 4G 微站供电不同，5G 微站 AAU 采用电池作为后备电源保障的建设方式，如铁锂电池。铁锂电池可以根据实际需求进行封装样式，其尺寸小，地理环境适应性强，容量配置灵活，安装方便，能够很好满足多类型微站后备电源保障需要。片状铁锂电池可以很好地用于楼顶、楼面、室分、拉远站等远端的备电。在公共基础设施上设置微站，可以根据其结构特点，将铁锂电池进行隐藏封装，用于后备供电。

电源线施工要求布放整齐，不能有交叉现象。所有与设备相连的线要求接触良好，不能有松动的现象；交直流电源线不能混放，电源线接头处必须用绝缘胶带包裹，不能有铜丝裸露。

9.4.4 室外一体化机柜

随着网络建设环境的日趋复杂，建设成本持续增加，室外一体化机柜因其低建设成本，高部署效率等优势，成为常用的基站建设形式。室外一体化机柜如图 9-5 所示。

图 9-5 室外一体化机柜

建站成本高的场景。如果使用传统的基站设备需要租赁机房或自建机房，而租赁和自建机房的建设成本又比较高，这种情况可以选择使用室外一体化机柜来建设。

敏感区域的基站建设。在居民区或者景观区等特殊场景，基站建设的选址难度比较大，可以利用公共空地建设一体化基站。特别是 5G 网络的覆盖要靠近用户聚集区域，一体化机柜能满足此类建设场景的需求。

需要扩容或覆盖的区域。因为室外一体化机柜搬迁方便，而且搬迁的成本比较低。在城中村改造或者正在规划建设的施工工地等需要紧急扩容的区域可以采用室外一体化机柜结合快装塔建站。在农村山区等需要扩大覆盖的区域也可以采用室外一体化机柜的方式进行基站建设。

（1）室外一体化机柜地面基础要求

室外一体化机柜的地面通常要求为水泥平台，水泥平台通常要高出附近地面 200 mm 以上，且水泥平台要沿机柜底座外延 100 mm 以上，以满足机柜的防水散热以及清洁要求。制作水泥平台时要使用水平仪抄平，水平误差控制在

5 mm 以内，避免因水泥台不平而积水造成设备故障。制作水泥平台时要预留出引电及光缆的走线孔，一般用 PVC 管或不锈钢管做预留。

（2）室外一体化机柜线缆施工要求

机柜安装在地面的水泥平台时，所有的线缆包括电源线和光缆要从水泥平台预留的 PVC 管或钢管中走线。进出机柜的线缆从 PVC 管或钢管引出后必须地埋敷设，一方面避免线缆的损坏引起的安全问题；另一方面避免因线缆外露引起线缆被盗等现象。由于一体化机柜空间有限，在施工时所有的线缆预留不宜过长，线缆预留的长度在 1000 mm 左右即可，预留的线缆不能盘放在机柜内部。地埋敷设线缆时可以做出预留线缆盘放的线槽，线槽内径不能小于线缆要求的曲率半径。

（3）室外一体化机柜安装要求

室外一体化机柜的外部应无裸露的螺丝以免可以通过外部拆卸的方式盗窃电池及设备。立式电源内防盗钢条可以采用螺丝固定也可以焊接在机柜内部。机柜安装底部应采用膨胀螺丝固定牢固，从不同方位晃动机柜不能有松动或摇晃的感觉。机柜内所有的设备应采用 19 英寸（约 48 cm）的标准模块。

（4）其他要求

室外一体化机柜防雷接地参考普通机房的防雷接地。如果是楼顶放置的室外一体化机柜，施工要求参照楼顶彩钢房机房的建设要求。

9.4.5 GNSS 系统

基站设备支持 GNSS 同步、IEEE 1588V2 功能（采用 FTP 报文方式进行时间恢复）和 1PPS+ToD 的外同步时间输入/输出接口。GNSS 同步可采用 GPS、Glonass 和北斗接收机、GPS/Glonass 双模或 GPS/北斗双模。下面主要以 GPS 为例，介绍 GNSS 系统的施工规范。

（1）GNSS 安装的总原则

- 为便于接收到卫星信号，GNSS 天线应安装在较空旷位置；由于我国位于北半球，应保证 GNSS 天线上方 90° 范围内（至少南向 45°）无建筑物遮挡。为避免 GNSS 信号受周围较大体积的金属物体反射等影响造成信号失真，建议 GNSS 天线离周围尺寸大于 200 mm 的金属物体的水平距离不宜小于 1500 mm。
- 为避免 GNSS 信号受到其他信号的干扰，要求 GNSS 天线与通信发射天线在水平及垂直方向上的距离应符合工程设计要求，应避免近距离内其他发射天线的辐射方向对准 GNSS 天线。
- GNSS 天线安装位置应符合工程设计要求，GNSS 天线应处在避雷针顶点下倾 45° 保护范围内，如果在多雷区域，GNSS 天线应安装在避雷针顶点下倾 30° 范围内。

- GNSS 天线应垂直安装，垂直度各向允许偏差为 1° 。
- 对于安装两套及以上 GNSS 天馈系统的，其 GNSS 天线间距应符合设计要求。
- 单个 GNSS 信号需要提供给多个基站设备使用时，应根据 GNSS 线缆长度，合理选择馈线类型、分路器类型，以及是否需要配置放大器。

GNSS 天线安装示意如图 9-6 所示。

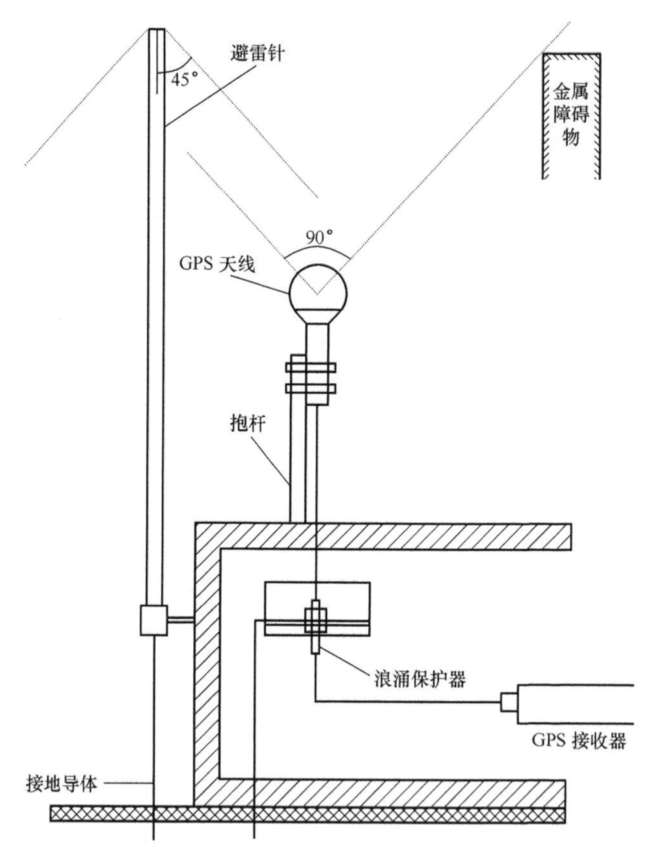

图 9-6 GNSS 天线安装示意

（2）GNSS 天线安装方式

① 落地安装方式

对于较宽阔的平台可以采用落地安装，为避免影响 GNSS 天线的正常工作，将天线和缆桥至少分开 2 m，如果分开较困难，可以架高天线使其距离缆桥至少 2 m。从防雷的角度考虑，安装位置应尽量选择楼顶的中央，尽量不要安装在楼顶四周的矮墙上，一定不要安装在楼顶的角上，楼顶的角最易遭到雷击。

② 铁塔安装方式

将 GNSS 天线安装在铁塔上时，应选择将 GNSS 天线安装在塔南面并距离塔底 5～10 m 处，不能将 GNSS 天线安装在铁塔平台上；GNSS 抱杆离塔身不小于 1.5 m，GNSS 天线不宜架设太高，否则会导致 GNSS 信号的馈线损耗过大，施工难度增加。如果塔下有机房且周围无阻挡，可以将 GNSS 天线安装在机房顶上，以缩短线缆长度。

③ 抱杆安装方式

抱杆安装时，天线底部高出抱杆顶部 200 mm，不要选择尖端的抱杆，减少感应雷电的机率；天线和抱杆不宜太高，避免成为区域最高点。

④ 挂墙安装方式

挂墙安装时，尽量选择南面的女儿墙（对于北半球），GNSS 天线应高于女儿墙 1 m。

（3）GNSS 馈线安装

GNSS 馈线一般选用 1/4"馈线，每百米衰耗为 20 dB，最长可支持 120 m；GNSS 馈线长度大于 120 m 时，按长度增配功率放大器。确定安装位置时需考虑 GNSS 馈线长度。GNSS 馈线在室外走线架走线时要求走线平直、无交叉，采用 GNSS 馈线 2 联固定卡固定；无走线架时用膨胀螺丝打入墙体，用馈线卡固定或用金属卡固定。

GNSS 天线与馈线的接头需要做防水，做到 3+3+3 工艺（3 层胶带+3 层胶泥+3 层胶带)。GNSS 馈线在进入馈线窗或室外机柜前需要用馈线接地卡进行接地并连接到室外地排。GNSS 馈线在铁塔上的长度超过 50 m 时，每 30 m 增加一处接地。GNSS 馈线进入室内后使用射频跳线连接到 GNSS 接收器。

（4）GNSS 避雷器安装

GNSS 室内馈线应加装同轴防雷器保护，同轴防雷器独立安装时，其接地线应接到馈窗接地汇流排。当馈线室外绝缘安装时，同轴防雷器的接地线也可接到室内接地汇集线或总接地汇流排。当通信设备内 GNSS 馈线输入、输出端已内置防雷器时，不应增加外置的同轴馈线防雷器。GNSS 避雷器根据现场安装环境，可以放在走线架上、放在机柜顶部或扎线带放在机柜侧面等。安装在走线架时，GNSS 避雷器外壳注意和走线架绝缘，不要和走线架直接接触。

（5）GNSS 放大器的选择

GNSS 放大器是可选器件，不同厂家稍有不同，一般情况下，无分路器，馈线长度超过 150 m 需加装放大器；使用分路器时，超过 100 m 就要加装放大器。

9.4.6 接地系统

通信局站一般采用联合接地的方式，即将通信局（站）各类通信设备不同的接地方式，包括通信设备的工作接地、保护接地、防雷接地、直流工作地和建筑物金属构件及各部分防雷装置、防雷器的保护接地连接在一起，并与建筑物防雷接地共用建筑物的基础接地体及外设接地系统。其中交流接地可保证相间电压稳定；直流工作地可保证直流通信电源的电压为负值；保护接地可避免电源设备的金属外壳带电；防雷接地可防止因雷电瞬间过压而损坏设备。

1. **总体工艺要求**

由于大多数机房均为购买或租用方式，故根据实际情况，除在各站敷设地线外，在个别位于雷电活动频繁区的站址增加防雷设施。

移动通信基站所在地区土壤电阻率小于 700 Ωm 时，基站地网的工频接地电阻宜控制在 10 Ω以内；当基站的土壤电阻率大于 700 Ωm 时，可不对基站的工频接地电阻予以限制，此时地网的等效半径应大于等于 20 m，并在地网四角敷设 20～30 m 的辐射型水平接地体。

进入基站的低压电力电缆宜从地下引入机房，其长度不应小于 50 m（当变压器高压侧已采用电力电缆时，低压侧电力电缆长度不限）。电力电缆在进入机房交流屏处应加装避雷器，从屏内引出的零线不作重复接地。

基站供电设备的正常不带电的金属部分，避雷器的接地端，均应作保护接地，严禁作接零保护。

基站直流工作地，应从室内接地汇集线上就近引接，接地线截面积应满足最大负荷的要求，一般为 35～95 mm^2，材料为多股铜线。当直流馈电线水平长度大于 60 m 时，应在直流馈电线中部增加一个接地点。

基站电源应按相关标准、规范关于耐雷电冲击指标的规定，交流屏、整流器（或高频开关电源）应设有分级防护装置。

电源避雷器和天馈线避雷器的耐雷电冲击指标等参数应符合相关标准、规范的规定。

基站同轴电缆天馈线的金属外护层，应在上部、下部和经走线架进机房入口处就近接地，在机房入口处的接地应就近与地网引出的接地线妥善连通，当铁塔高度大于或等于 60 m 时，同轴电缆天馈线的金属外护层还应在铁塔中部增加一处接地。

同轴电缆进入机房后与通信设备连接处应安装馈线避雷器，以防来自天馈线引入的感应雷。馈线避雷器接地端子应接至室外馈线入口处的接地排上，选择馈线避雷器时应考虑阻抗、衰耗、工作频段等指标与通信设备相适应。

信号电缆应穿钢管或选用具有金属外护套的电缆，由地下进出基站，其金属外护套或钢管在入站处应作接地保护，电缆内芯线在进站处应加装相应的信号避雷器，避雷器和电缆内的空线对均应作接地保护。站内严禁布放架空缆线。

机房内的走线架应每隔 5 m 作一次接地。走线架、吊挂铁件、机架（或机壳）、金属门窗以及其他金属管线，均应作接地保护。

基站和铁塔应有完善的防直击雷及抑制二次感应雷的防雷装置（避雷网、避雷带和避雷针等）。

机房顶部的各种金属设施，均应分别与屋顶避雷带就近连接。具体要求如图 9-7 及图 9-8 所示。

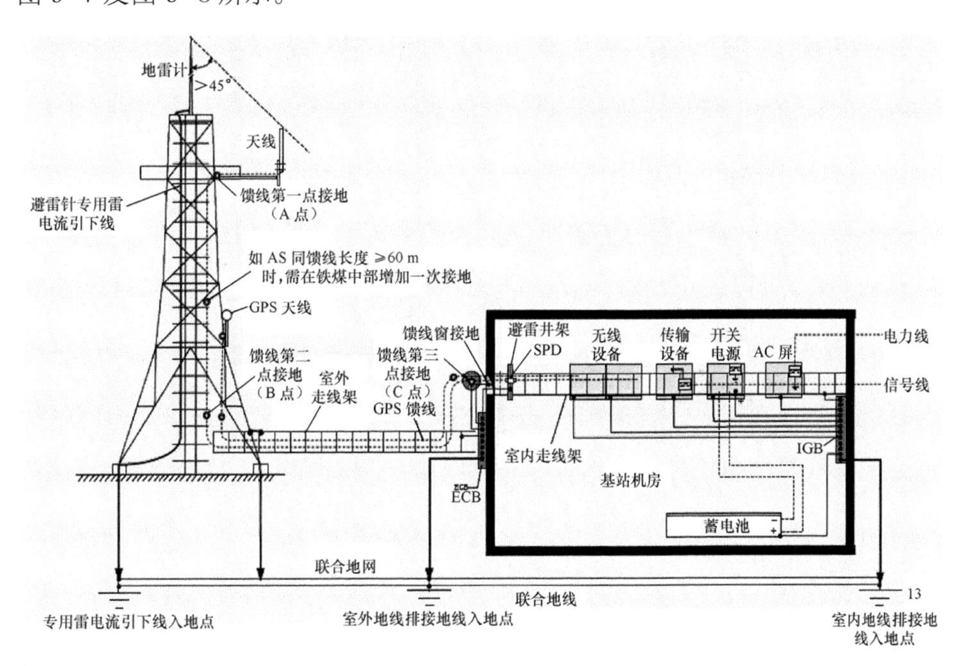

图 9-7 地面塔基站接地系统示意

2. 室外接地系统的安装工艺

（1）避雷针的安装规范

室外站应在其杆塔或通信平台上方安装避雷针，避雷针的针尖应高出天线顶端 1 m，天线及设备应在避雷针或其他避雷装置的保护范围内。避雷针宜采用圆钢或钢管，采用圆钢时其直径不应小于 16 mm；采用钢管时其直径不应小于 25 mm，管壁厚度不应小于 2.5 mm。避雷针应垂直固定牢固，避雷针与基座以及避雷针各部件间的连接应牢固可靠。避雷针至地网、接地排至地网应设置专门的接地引下线。接地引下线应采 40 mm×4 mm 的热镀锌扁钢或截面积不小于 35 mm^2的多股铜线。

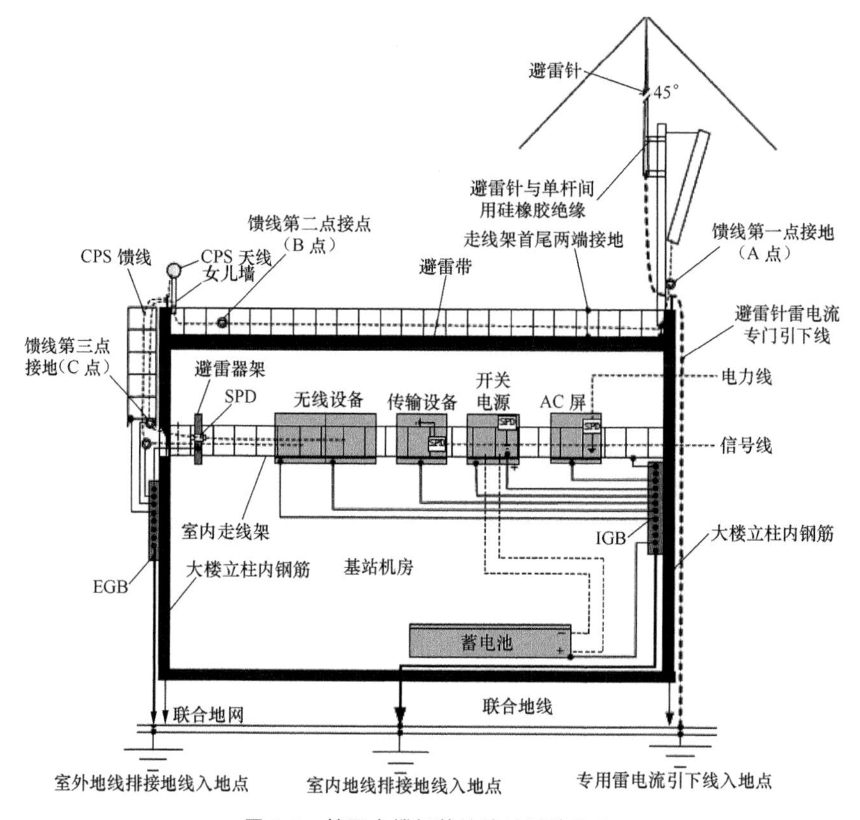

图 9-8 楼面支撑杆基站接地系统示意

建筑物上小型无线通信站避雷针的接地，应符合下列要求。

- 建筑物有完善的雷电流引下线或建筑物为钢结构时，避雷针应通过二条不小于 40 mm×4 mm 的热镀锌扁钢与楼顶预留的端子或避雷带可靠连接。
- 建筑物无合格的避雷带和接地引下线或其避雷带和接地引下线不能确定是否完善时，应新建接地引下线与地网相连，接地引下线应采用 40 mm×4 mm 的热镀锌扁钢或截面积不小于 50 mm^2的多股铜线，在入地端距地面 1 m 内还应套金属管做防机械碰撞处理。

（2）避雷带、接地排等器件的安装规范

避雷带及避雷网导线应平整顺直，不得过度扭曲、弯折变形；跨越建筑物变形缝处应留有 100～200 mm 伸缩余量。避雷带及避雷网导线应固定可靠，每个支持件应能承受 49 N 的垂直拉力；支持件间距应均匀，直线部分不宜大于 2 m，转弯部分不宜大于 0.5 m，高度不宜小于 150 mm；支持件应与避雷带或避雷网的接头位置错开。利用混凝土内主钢筋作为引下线时，应全程焊接连通；利用建筑物的消防梯、钢柱、钢梁等金属构件做接地引下线时，各构件间应电气贯通。引下线两端与接闪器、接地装置之间的连接以及引下线的接头应采用焊接。引下线路径宜短，在直线段上应平直，不得过度扭曲、弯折变形；当需要拐弯时，不应构成锐角，不宜构成直角，应做成弯曲半径较大的漫弯。引下线应固定可靠，每个支持件应能承受 49 N 的垂直拉力；支持件间距应均匀，直线部分不宜大于 2 m，转弯部分不宜大于 0.5 m，支持件应与引下线的接头位置错开。缆线严禁系挂在避雷网或避雷带上。

接地排和接地汇集线表面应无毛刺、明显伤痕、残余焊渣，安装应平整端正、牢固可靠。接地排上应设置永久保留的标识，并应标明接地排用途。

基站的室外接地排应通过接地线直接与地网连接，不应连接在塔身或者室外走线架上，不应与室内接地装置连接。建筑物顶部各种设备的金属外壳、桅杆、抱杆及室外走线架应通过扁钢与楼顶避雷带（网）可靠焊接，并应做好防腐措施。

接地线上靠近端子处应设置永久保留的标识，并应标明对端位置。严禁在接地线中加装开关或熔断器。接地线的敷设应短直、整齐，多余的线缆应截断，不得盘绕；接地线在线槽或走线架上绑扎间距应均匀合理，绑扎扣应整齐，绑扎扣刨头不宜外露。接地线与设备或接地排连接时必须加装铜接线端子，且应压（焊）接牢固。接线端子尺寸应与接地线线径吻合；接线端子的平面接触部分应平整、无锈蚀、无氧化；接线端子压（焊）接好后，宜套上黄绿双色的热塑套管，也可缠绕黄绿双色绝缘塑料带。接线端子与接地排之间应采用镀锌螺栓连接，应一个螺栓压接一根地线，连接应可靠、美观，接地排连接处应进行热搪锡处理。

（3）室外走线架的安装要求

室外走线架始末两端均应接地，接地连接线应采用截面积不小于 10 mm^2 的多股铜线。馈线及同轴电缆应在机房馈线窗处设一个接地排作为馈线的接地点，接地排应直接与地网相连。接地排严禁连接到铁塔塔角。安装在建筑物顶的天线、抱杆及室外走线架，其接地线宜就近与楼顶避雷带或预留接地端子连接。建在城市内孤立的高大建筑物或建在郊区及山区地处中雷区以上的基站，当馈线较长时，应在机房入口处安装馈线 SPD，也可在设备中内置 SPD，馈线 SPD 的接地线应连接到馈线窗接地排。

（4）室外小型基站的接地系统施工要求

建在城市中的小型通信站接地，宜利用建筑物原有的避雷带或建筑物接地作为直击雷防护的措施。安装在桅杆或抱杆上的小站宜直接利用桅杆或抱杆的杆体接地。桅杆或抱杆应通过镀锌扁钢与避雷带（网）、楼顶接地端子焊接连通。馈线金属外护层与接地线的连接宜采用专用接地卡连接，馈线破口处应做好防水处理。

安装在公共建筑物、办公大楼上的小型通信站宜直接利用建筑物的防雷接地系统；安装在民用建筑物宜直接利用建筑基础钢筋混凝土内钢筋作为地网，应将避雷带与基础钢筋混凝土内钢筋相连。避雷针和设备的接地线应直接连到避雷带上，应专门设置引下线。

在建筑基础结构质量差的民用建筑物中，当建筑物没有合格的避雷带或建筑物为砖混结构时，应在楼下设置接地体（网），并应根据周围环境和地质条件，选择不同的接地方式或采用专用接地体。新设地网中的接地线应与建筑物基础钢筋混凝土内的钢筋相连，并应引至楼顶接地排。

小型无线站点设备下方应安装专用接地排，作为其接地参考点。基站设备、基站外部防雷装置、电源 SPD、信号 SPD 及天馈线 SPD 的接地线应接至专用接地排。

出入小型通信站的缆线应选用具有金属保护层的电缆，也可将缆线穿入金属管内布放，电缆金属护层或金属管应与接地排或基站金属支架进行可靠的电气连接。小型通信站设备的机壳及机架等非通信用的金属构件应进行接地处理。入站的电缆空余线对应进行接地处理。

3. 室内接地排的安装工艺

一般情况下，设计文件中只指定地线排的安装位置，其与走线架的相对高度由施工人员确定，原则上地线排和走线架之间的距离应保证所有电缆自由弯曲后没有或者有较小的弹力，以使得铜鼻子面平行于地线排面。利用机架上的接地螺栓对通信设备外壳接地时，可使用花刺垫片，花刺垫片应位于设备外壳与接地端子之间。

室内接地排引入线应采用整根电缆，引入线的扁铁部分如有焊接则必须符合接地体焊接要求，避免出现因为每段接地线之间的接触不良影响接地系统应起到的作用。接地线缆的规格要采用 40 mm×4 mm 的热镀锌扁铁或 95 mm^2 的多股软电缆。光纤分配架内终端的光缆金属加强芯禁止和光纤分配架相连，应在光纤终端单元的专门防雷接线端子上与防雷保护线连接，光缆防雷保护缆另一端直接连接至机房总接地铜排。室内铜排、电缆铜接头、室内走线架的连接处应涂导电油膏防止接触点被氧化。设备的保护地线使用黄绿线。

室内接地线使用的规格要考虑安全和经济两方面的因素，对于不同的设备和地网条件，在保证安全的前提下，选择较小截面积的地线可以大大降低建网成本。接地线的最小截面积一般根据其材料的热稳定度来确定，其计算公式为

$$S \geqslant \frac{I}{C}\sqrt{T} \tag{9-11}$$

式中：

S：接地线的最小截面积（mm^2）；

I：流经接地线的最大雷电流或故障电流的稳定值；

T：电流持续时间；

C：与材料有关的热稳定系数，钢材料取 70，铜材料取 210，铝材料取 120。

各种设备接地线缆使用的规格如下所示：

- 浪涌保护器接地极引接采用不小于 25 mm^2的多股软电缆；
- 交流开关箱接地极引接采用不小于 25 mm^2的多股软电缆；
- 设备机架或外壳［传输设备、开关电源、数字分配架（DDF Digital Distribution Frame）］、走线架和室内接地铜排采用不小于 16 mm^2的多股软电缆（黄绿线）；
- 开关电源直流工作地采用 95 mm^2的多股软电缆（黑线）；
- 开关电源保护地采用不小于 35 mm^2的多股软电缆（黄绿线）；
- 室内走线架之间短接采用 16 mm^2的多股软电缆（黄绿线）；
- 交流电缆铠装外皮采用 16 mm^2的多股软电缆（黄绿线）；
- 光缆保护地线应采用不小于 16 mm^2的多股软铜缆。

参考文献

[1] 室内数字化面向 5G 演进白皮书. 2018.

[2] 工业和信息化部. 移动通信基站工程技术规范 YD/T5230-2016. 2016.

[3] 工业和信息化部. 数字蜂窝移动通信网 LTE FDD 无线网工程设计规范 YD/T5224-2015. 2015.

[4] 中国通信建设集团设计院有限公司. LTE 组网与工程实践[M]. 北京：人民邮电出版社，2014.

[5] 沈爱国. 5G 无线网络基站建设模式探讨[J]. 电信快报，2018，565（7）：20-23，28.
[6] 中华人民共和国住房和城乡建设部. 通信局（站）防雷与接地工程设计规范 GB50689-2011. 2011.
[7] 爱立信. 爱立信督导工作手册. 2018.
[8] IMT-2020（5G）推进组. 5G 网络架构设计白皮书.
[9] IMT-2020（5G）推进组. 5G 网络技术架构白皮书.
[10] 中国铁塔股份有限公司北京市分公司. 5G 建设安装指导意见(试行). 2019.
[11] 北京中网华通设计咨询有限公司. 5G 移动通信系统及关键技术[M]. 北京：电子工业出版社，2018.
[12] Dahlman E, Parkvall S, Skold J. 4G, LTE-advanced Pro and the Road to 5G[M]. Academic Press, 2016.
[13] 张建强，付道繁. 5G 技术演进对通信基础设施的影响及解决建议[J]. 电信快报：网络与通信，2019（1）：6-8.
[14] Nysen P, Liu C W, Emmanuel J A A. Antenna structures and associated methods for construction and use: U.S. Patent Application 10/236, 578[P]. 2019.
[15] 张海涛. 5G NR 系统频谱干扰协调分析[J]. 移动通信，2019（2）：38-42.
[16] 丁超. 5G 网络技术研究现状和发展趋势[J]. 数字通信世界，2018，160(4):139+170.
[17] 孙嘉琪，李玉娟，杨广铭，等. 5G 承载网演进方案探讨[J]. 移动通信，2018，42（1）：1-6.
[18] 张卫民，赵新颖. 5G 移动通信关键技术及发展趋势分析[J]. 无线互联科技，2018，15（13）：15-16，27.
[19] 张一戈. 5G 移动通信技术及发展探究[J]. 科技经济导刊，2018（18）：27.
[20] 赵静，孙一，刘淑凡. 5G 网络部署方案研究[J]. 中国新通信，2018，20（10）：74.
[21] 孙俊立，吴琼，郑静雯. 5G 无线通信技术概念分析及其应用研究[J]. 数码世界，2018（2）：138.
[22] 潘永球. 面向 5G 中传和回传网络承载解决方案[J]. 移动通信，2018（1）：54-57.
[23] 李俊杰，唐建军. 5G 承载的挑战与技术方案探讨[J]. 中兴通讯技术，2018（1）：49-52.
[24] Kabalci Y. 5G Mobile Communication Systems: Fundamentals, Challenges,

and Key Technologies[M]. //Smart Grids and Their Communication Systems. Springer, Singapore, 2019: 329-359.

[25] Mishra A R. Fundamentals of Network Planning and Optimisation 2G/3G/4G: Evolution to 5G[M]. John Wiley & Sons, 2018.

[26] Frias Z, Martínez J P. The Challenge of Net Neutrality Policies for 5G Networks[J]. Challenge, 2018, 2017.

[27] Ultra-dense networks for 5G and beyond: modelling, analysis, and applications[M]. Wiley, 2019.

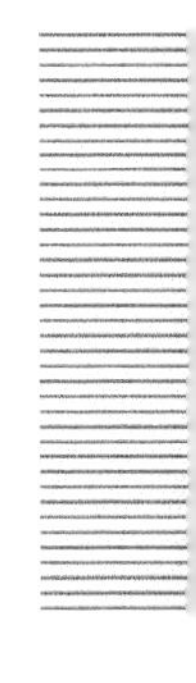